向为创建中国卫星导航事业

并使之立于世界最前列而做出卓越贡献的北斗功臣们

致以深深的敬意！

"十三五"国家重点出版物
出版规划项目

卫星导航工程技术丛书

主　编　杨元喜
副主编　蔚保国

北斗导航卫星自主导航原理与方法

Autonomous Navigation Principles and Methods for BeiDou Navigation Satellite System

宋小勇　毛悦　著

国防工业出版社
·北京·

内 容 简 介

本书介绍了自主导航概念、原理及关键技术的实现方法,内容包括自主导航基础理论、星间测量及数据传输技术、自主定轨技术、自主时间同步技术、自主完好性监测、自主导航广播电文参数设计、自主导航用户算法等内容,全面展示了北斗导航卫星系统自主导航理论研究和总体设计方面的最新成果。

本书可作为从事卫星导航系统设计、卫星导航系统应用、飞行器精密定轨、时间频率技术等工作的科研人员和工程技术人员的参考资料,也可作为高等院校相关专业教师和研究生的参考书。

图书在版编目(CIP)数据

北斗导航卫星自主导航原理与方法/宋小勇,毛悦著. —北京:国防工业出版社,2021.3
(卫星导航工程技术丛书)
ISBN 978-7-118-12279-4

Ⅰ. ①北… Ⅱ. ①宋… ②毛… Ⅲ. ①卫星导航-全球定位系统 Ⅳ. ①P228.4

中国版本图书馆 CIP 数据核字(2020)第 273043 号

审图号 GS(2020)3060 号

※

国防工業出版社出版发行
(北京市海淀区紫竹院南路 23 号 邮政编码 100048)
天津嘉恒印务有限公司印刷
新华书店经售

*

开本 710×1000 1/16 **插页** 8 **印张** 15¼ **字数** 280 千字
2021 年 3 月第 1 版第 1 次印刷 **印数** 1—2000 册 **定价** 108.00 元

国防书店:(010)88540777 书店传真:(010)88540776
发行业务:(010)88540717 发行传真:(010)88540762

孙家栋院士为本套丛书致辞

探索中国北斗自主创新之路
凝练卫星导航工程技术之果

当今世界,卫星导航系统覆盖全球,应用服务广泛渗透,科技影响如日中天。

我国卫星导航事业从北斗一号工程开始到北斗三号工程,已经走过了二十六个春秋。在长达四分之一世纪的艰辛发展历程中,北斗卫星导航系统从无到有,从小到大,从弱到强,从区域到全球,从单一星座到高中轨混合星座,从 RDSS 到 RNSS,从定位授时到位置报告,从差分增强到精密单点定位,从星地站间组网到星间链路组网,不断演进和升级,形成了包括卫星导航及其增强系统的研究规划、研制生产、测试运行及产业化应用的综合体系,培养造就了一支高水平、高素质的专业人才队伍,为我国卫星导航事业的蓬勃发展奠定了坚实基础。

如今北斗已开启全球时代,打造“天上好用,地上用好”的自主卫星导航系统任务已初步实现,我国卫星导航事业也已跻身于国际先进水平,领域专家们认为有必要对以往的工作进行回顾和总结,将积累的工程技术、管理成果进行系统的梳理、凝练和提高,以利再战,同时也有必要充分利用前期积累的成果指导工程研制、系统应用和人才培养,因此决定撰写一套卫星导航工程技术丛书,为国家导航事业,也为参与者留下宝贵的知识财富和经验积淀。

在各位北斗专家及国防工业出版社的共同努力下,历经八年时间,这套导航丛书终于得以顺利出版。这是一件十分可喜可贺的大事!丛书展示了从北斗二号到北斗三号的历史性跨越,体系完整,理论与工程实践相结合，突出北斗卫星导航自主创新精神，注意与国际先进技术融合与接轨，展现了“中国的北斗，世界的北斗，一流的北斗”之大气！每一本书都是作者亲身工作成果的凝练和升华，相信能够为相关领域的发展和人才培养做出贡献。

“只要你管这件事，就要认认真真负责到底。”这是中国航天界的习惯，也是本套丛书作者的特点。我与丛书作者多有相识与共事，深知他们在北斗卫星导航科研和工程实践中取得了巨大成就，并积累了丰富经验。现在他们又在百忙之中牺牲休息时间来著书立说，继续弘扬“自主创新、开放融合、万众一心、追求卓越”的北斗精神，力争在学术出版界再现北斗的光辉形象，为北斗事业的后续发展鼎力相助，为导航技术的代代相传添砖加瓦。为他们喝彩！更由衷地感谢他们的巨大付出！由这些科研骨干潜心写成的著作，内蓄十足的含金量！我相信这套丛书一定具有鲜明的中国北斗特色，一定经得起时间的考验。

我一辈子都在航天战线工作，虽然已年逾九旬，但仍愿为北斗卫星导航事业的发展而思考和实践。人才培养是我国科技发展第一要事，令人欣慰的是，这套丛书非常及时地全面总结了中国北斗卫星导航的工程经验、理论方法、技术成果，可谓承前启后，必将有助于我国卫星导航系统的推广应用以及人才培养。我推荐从事这方面工作的科研人员以及在校师生都能读好这套丛书，它一定能给你启发和帮助，有助于你的进步与成长，从而为我国全球北斗卫星导航事业又好又快发展做出更多更大的贡献。

2020 年 8 月

祝贺卫星导航工程技术丛书

圆满出版

杨元喜

于 2019 年第十届中国卫星导航年会期间题词。

期待卫星导航工程技术丛书

助力中国北斗系统发展

周承芝

于 2019 年第十届中国卫星导航年会期间题词。

卫星导航工程技术丛书
编审委员会

卫星导航工程技术丛书
编写委员会

从书序

宇宙浩瀚、海洋无际、大漠无垠、丛林层密、山峦叠嶂，这就是我们生活的空间，这就是我们探索的远方。我在何处？我之去向？这是我们每天都必须面对的问题。从原始人巡游狩猎、航行海洋，到近代人周游世界、遨游太空，无一不需要定位和导航。

正如《北斗赋》所描述，乘舟而惑，不知东西，见斗则寤矣。又戒之，瀚海识途，昼则观日，夜则观星矣。我们的祖先不仅为后人指明了“昼观日，夜观星”的天文导航法，而且还发明了“司南”或“指南针”定向法。我们为祖先的聪颖智慧而自豪，但是又不得不面临新的定位、导航与授时（PNT）需求。信息化社会、智能化建设、智慧城市、数字地球、物联网、大数据等，无一不需要统一时间、空间信息的支持。为顺应新的需求，“卫星导航”应运而生。

卫星导航始于美国子午仪系统，成形于美国的全球定位系统（GPS）和俄罗斯的全球卫星导航系统（GLONASS），发展于中国的北斗卫星导航系统（BDS）（简称“北斗系统”）和欧盟的伽利略卫星导航系统（简称“Galileo 系统”），补充于印度及日本的区域卫星导航系统。卫星导航系统是时间、空间信息服务的基础设施，是国防建设和国家经济建设的基础设施，也是政治大国、经济强国、科技强国的基本象征。

中国的北斗系统不仅是我国 PNT 体系的重要基础设施，也是国家经济、科技与社会发展的重要标志，是改革开放的重要成果之一。北斗系统不仅“标新”“立异”，而且“特色”鲜明。标新于设计（混合星座、信号调制、云平台运控、星间链路、全球报文通信等），立异于功能（一体化星基增强、嵌入式精密单点定位、嵌入式全球搜救等服务），特色于应用（报文通信、精密位置服务等）。标新立异和特色服务是北斗系统的立身之本，也是北斗系统推广应用的基础。

2020 年 6 月 23 日，北斗系统最后一颗卫星发射升空，标志着中国北斗全球卫星导航系统卫星组网完成；2020 年 7 月 31 日，北斗系统正式向全球用户开通服务，标志着中国北斗全球卫星导航系统进入运行维护阶段。为了全面反映中国北斗系统建设成果,同时也为了推进北斗系统的广泛应用,我们紧跟北斗工程的成功进展,组织北斗系统建设的部分技术骨干,撰写了卫星导航工程技术丛书,系统地描述北斗系统的最新发展、创新设计和特色应用成果。丛书共26个分册,分别介绍如下:

卫星导航定位遵循几何交会原理,但又涉及无线电信号传输的大气物理特性以及卫星动力学效应。《卫星导航定位原理》全面阐述卫星导航定位的基本概念和基本原理,侧重卫星导航概念描述和理论论述,包括北斗系统的卫星无线电测定业务(RDSS)原理、卫星无线电导航业务(RNSS)原理、北斗三频信号最优组合、精密定轨与时间同步、精密定位模型和自主导航理论与算法等。其中北斗三频信号最优组合、自适应卫星轨道测定、自主定轨理论与方法、自适应导航定位等均是作者团队近年来的研究成果。此外,该书第一次较详细地描述了"综合PNT"、"微PNT"和"弹性PNT"基本框架,这些都可望成为未来PNT的主要发展方向。

北斗系统由空间段、地面运行控制系统和用户段三部分构成,其中空间段的组网卫星是系统建设最关键的核心组成部分。《北斗导航卫星》描述我国北斗导航卫星研制历程及其取得的成果,论述导航卫星环境和任务要求、导航卫星总体设计、导航卫星平台、卫星有效载荷和星间链路等内容,并对未来卫星导航系统和关键技术的发展进行展望,特色的载荷、特色的功能设计、特色的组网,成就了特色的北斗导航卫星星座。

卫星导航信号的连续可用是卫星导航系统的根本要求。《北斗导航卫星可靠性工程》描述北斗导航卫星在工程研制中的系列可靠性研究成果和经验。围绕高可靠性、高可用性,论述导航卫星及星座的可靠性定性定量要求、可靠性设计、可靠性建模与分析等,侧重描述可靠性指标论证和分解、星座及卫星可用性设计、中断及可用性分析、可靠性试验、可靠性专项实施等内容。围绕导航卫星批量研制,分析可靠性工作的特殊性,介绍工艺可靠性、过程故障模式及其影响、贮存可靠性、备份星论证等批产可靠性保证技术内容。

卫星导航系统的运行与服务需要精密的时间同步和高精度的卫星轨道支持。《卫星导航时间同步与精密定轨》侧重描述北斗导航卫星高精度时间同步与精密定轨相关理论与方法,包括:相对论框架下时间比对基本原理、星地/站间各种时间比对技术及误差分析、高精度钟差预报方法、常规状态下导航卫星轨道精密测定与预报等;围绕北斗系统独有的技术体制和运行服务特点,详细论述星地无线电双向时间比对、地球静止轨道/倾斜地球同步轨道/中圆地球轨道(GEO/IGSO/MEO)混合星座精密定轨及轨道快速恢复、基于星间链路的时间同步与精密定轨、多源数据系统性偏差综合解算等前沿技术与方法；同时，从系统信息生成者角度，给出用户使用北斗卫星导航电文的具体建议。

北斗卫星发射与早期轨道段测控、长期运行段卫星及星座高效测控是北斗卫星发射组网、补网，系统连续、稳定、可靠运行与服务的核心要素之一。《导航星座测控管理系统》详细描述北斗系统的卫星/星座测控管理总体设计、系列关键技术及其解决途径，如测控系统总体设计、地面测控网总体设计、基于轨道参数偏置的 MEO 和 IGSO 卫星摄动补偿方法、MEO 卫星轨道构型重构控制评价指标体系及优化方案、分布式数据中心设计方法、数据一体化存储与多级共享自动迁移设计等。

波束测量是卫星测控的重要创新技术。《卫星导航数字多波束测量系统》阐述数字波束形成与扩频测量传输深度融合机理，梳理数字多波束多星测量技术体制的最新成果，包括全分散式数字多波束测量装备体系架构、单站系统对多星的高效测量管理技术、数字波束时延概念、数字多波束时延综合处理方法、收发链路波束时延误差控制、数字波束时延在线精确标校管理等，描述复杂星座时空测量的地面基准确定、恒相位中心多波束动态优化算法、多波束相位中心恒定解决方案、数字波束合成条件下高精度星地链路测量、数字多波束测量系统性能测试方法等。

工程测试是北斗系统建设与应用的重要环节。《卫星导航系统工程测试技术》结合我国北斗三号工程建设中的重大测试、联试及试验，成体系地介绍卫星导航系统工程的测试评估技术，既包括卫星导航工程的卫星、地面运行控制、应用三大组成部分的测试技术及系统间大型测试与试验，也包括工程测试中的组织管理、基础理论和时延测量等关键技术。其中星地对接试验、卫星在轨测试技术、地面运行控制系统测试等内容都是我国北斗三号工程建设的实践成果。

卫星之间的星间链路体系是北斗三号卫星导航系统的重要标志之一，为北斗系统的全球服务奠定了坚实基础，也为构建未来天基信息网络提供了技术支撑。《卫星导航系统星间链路测量与通信原理》介绍卫星导航系统星间链路测量通信概念、理论与方法，论述星间链路在星历预报、卫星之间数据传输、动态无线组网、卫星导航系统性能提升等方面的重要作用，反映了我国全球卫星导航系统星间链路测量通信技术的最新成果。

自主导航技术是保证北斗地面系统应对突发灾难事件、可靠维持系统常规服务性能的重要手段。《北斗导航卫星自主导航原理与方法》详细介绍了自主导航的基本理论、星座自主定轨与时间同步技术、卫星自主完好性监测技术等自主导航关键技术及解决方法。内容既有理论分析，也有仿真和实测数据验证。其中在自主时空基准维持、自主定轨与时间同步算法设计等方面的研究成果，反映了北斗自主导航理论和工程应用方面的新进展。

卫星导航“完好性”是安全导航定位的核心指标之一。《卫星导航系统完好性原理与方法》全面阐述系统基本完好性监测、接收机自主完好性监测、星基增强系统完好性监测、地基增强系统完好性监测、卫星自主完好性监测等原理和方法，重点介绍相应的系统方案设计、监测处理方法、算法原理、完好性性能保证等内容，详细描述我国北斗系统完好性设计与实现技术，如基于地面运行控制系统的基本完好性的监测体系、顾及卫星自主完好性的监测体系、系统基本完好性和用户端有机结合的监测体系、完好性性能测试评估方法等。

时间是卫星导航的基础，也是卫星导航服务的重要内容。《时间基准与授时服务》从时间的概念形成开始：阐述从古代到现代人类关于时间的基本认识，时间频率的理论形成、技术发展、工程应用及未来前景等；介绍早期的牛顿绝对时空观、现代的爱因斯坦相对时空观及以霍金为代表的宇宙学时空观等；总结梳理各类时空观的内涵、特点、关系，重点分析相对论框架下的常用理论时标，并给出相互转换关系；重点阐述针对我国北斗系统的时间频率体系研究、体制设计、工程应用等关键问题，特别对时间频率与卫星导航系统地面、卫星、用户等各部分之间的密切关系进行了较深入的理论分析。

卫星导航系统本质上是一种高精度的时间频率测量系统，通过对时间信号的测量实现精密测距，进而实现高精度的定位、导航和授时服务。《卫星导航精密时间传递系统及应用》以卫星导航系统中的时间为切入点，全面系统地阐述卫星导航系统中的高精度时间传递技术，包括卫星导航授时技术、星地时间传递技术、卫星双向时间传递技术、光纤时间频率传递技术、卫星共视时间传递技术，以及时间传递技术在多个领域中的应用案例。

空间导航信号是连接导航卫星、地面运行控制系统和用户之间的纽带，其质量的好坏直接关系到全球卫星导航系统（GNSS）的定位、测速和授时性能。《GNSS空间信号质量监测评估》从卫星导航系统地面运行控制和测试角度出发，介绍导航信号生成、空间传播、接收处理等环节的数学模型，并从时域、频域、测量域、调制域和相关域监测评估等方面，系统描述工程实现算法，分析实测数据，重点阐述低失真接收、交替采样、信号重构与监测评估等关键技术，最后对空间信号质量监测评估系统体系结构、工作原理、工作模式等进行论述，同时对空间信号质量监测评估应用实践进行总结。

北斗系统地面运行控制系统建设与维护是一项极其复杂的工程。地面运行控制系统的仿真测试与模拟训练是北斗系统建设的重要支撑。《卫星导航地面运行控制系统仿真测试与模拟训练技术》详细阐述地面运行控制系统主要业务的仿真测试理论与方法,系统分析全球主要卫星导航系统地面控制段的功能组成及特点,描述地面控制段一整套仿真测试理论和方法,包括卫星导航数学建模与仿真方法、仿真模型的有效性验证方法、虚-实结合的仿真测试方法、面向协议测试的通用接口仿真方法、复杂仿真系统的开放式体系架构设计方法等。最后分析了地面运行控制系统操作人员岗前培训对训练环境和训练设备的需求,提出利用仿真系统支持地面操作人员岗前培训的技术和具体实施方法。

卫星导航信号严重受制于地球空间电离层延迟的影响,利用该影响可实现电离层变化的精细监测,进而提升卫星导航电离层延迟修正效果。《卫星导航电离层建模与应用》结合北斗系统建设和应用需求,重点论述了北斗系统广播电离层延迟及区域增强电离层延迟改正模型、码偏差处理方法及电离层模型精化与电离层变化监测等内容,主要包括北斗全球广播电离层时延改正模型、北斗全球卫星导航差分码偏差处理方法、面向我国低纬地区的北斗区域增强电离层延迟修正模型、卫星导航全球广播电离层模型改进、卫星导航全球与区域电离层延迟精确建模、卫星导航电离层层析反演及扰动探测方法、卫星导航定位电离层时延修正的典型方法等,体系化地阐述和总结了北斗系统电离层建模的理论、方法与应用成果及特色。

卫星导航终端是卫星导航系统服务的端点,也是体现系统服务性能的重要载体,所以卫星导航终端本身必须具备良好的性能。《卫星导航终端测试系统原理与应用》详细介绍并分析卫星导航终端测试系统的分类和实现原理,包括卫星导航终端的室内测试、室外测试、抗干扰测试等系统的构成和实现方法以及我国第一个大型室外导航终端测试环境的设计技术,并详述各种测试系统的工程实践技术,形成卫星导航终端测试系统理论研究和工程应用的较完整体系。

卫星导航系统 PNT 服务的精度、完好性、连续性、可用性是系统的关键指标,而卫星导航系统必然存在卫星轨道误差、钟差以及信号大气传播误差,需要增强系统来提高服务精度和完好性等关键指标。卫星导航增强系统是有效削弱大多数系统误差的重要手段。《卫星导航增强系统原理与应用》根据国际民航组织有关全球卫星导航系统服务的标准和操作规范,详细阐述了卫星导航系统的星基增强系统、地基增强系统、空基增强系统以及差分系统和低轨移动卫星导航增强系统的原理与应用。

与卫星导航增强系统原理相似,实时动态(RTK)定位也采用差分定位原理削弱各类系统误差的影响。《GNSS 网络 RTK 技术原理与工程应用》侧重介绍网络 RTK 技术原理和工作模式。结合北斗系统发展应用,详细分析网络 RTK 定位模型和各类误差特性以及处理方法、基于基准站的大气延迟和整周模糊度估计与北斗三频模糊度快速固定算法等,论述空间相关误差区域建模原理、基准站双差模糊度转换为非差模糊度相关技术途径以及基准站双差和非差一体化定位方法,综合介绍网络 RTK 技术在测绘、精准农业、变形监测等方面的应用。

GNSS 精密单点定位(PPP)技术是在卫星导航增强原理和 RTK 原理的基础上发展起来的精密定位技术,PPP 方法一经提出即得到同行的极大关注。《GNSS 精密单点定位理论方法及其应用》是国内第一本全面系统论述 GNSS 精密单点定位理论、模型、技术方法和应用的学术专著。该书从非差观测方程出发,推导并建立 BDS/GNSS 单频、双频、三频及多频 PPP 的函数模型和随机模型,详细讨论非差观测数据预处理及各类误差处理策略、缩短 PPP 收敛时间的系列创新模型和技术,介绍 PPP 质量控制与质量评估方法、PPP 整周模糊度解算理论和方法,包括基于原始观测模型的北斗三频载波相位小数偏差的分离、估计和外推问题,以及利用连续运行参考站网增强 PPP 的概念和方法,阐述实时精密单点定位的关键技术和典型应用。

GNSS 信号到达地表产生多路径延迟,是 GNSS 导航定位的主要误差源之一,反过来可以估计地表介质特征,即 GNSS 反射测量。《GNSS 反射测量原理与应用》详细、全面地介绍全球卫星导航系统反射测量原理、方法及应用,包括 GNSS 反射信号特征、多路径反射测量、干涉模式技术、多普勒时延图、空基 GNSS 反射测量理论、海洋遥感、水文遥感、植被遥感和冰川遥感等,其中利用 BDS/GNSS 反射测量估计海平面变化、海面风场、有效波高、积雪变化、土壤湿度、冻土变化和植被生长量等内容都是作者的最新研究成果。

伪卫星定位系统是卫星导航系统的重要补充和增强手段。《GNSS 伪卫星定位系统原理与应用》首先系统总结国际上伪卫星定位系统发展的历程,进而系统描述北斗伪卫星导航系统的应用需求和相关理论方法,涵盖信号传输与多路径效应、测量误差模型等多个方面,系统描述 GNSS 伪卫星定位系统(中国伽利略测试场测试型伪卫星)、自组网伪卫星系统(Locata 伪卫星和转发式伪卫星)、GNSS 伪卫星增强系统(闭环同步伪卫星和非同步伪卫星)等体系结构、组网与高精度时间同步技术、测量与定位方法等,系统总结 GNSS 伪卫星在各个领域的成功应用案例,包括测绘、工业控制、军事导航和 GNSS 测试试验等，充分体现出 GNSS 伪卫星的“高精度、高完好性、高连续性和高可用性”的应用特性和应用趋势。

GNSS 存在易受干扰和欺骗的缺点，但若与惯性导航系统（INS）组合，则能发挥两者的优势，提高导航系统的综合性能。《高精度 GNSS/INS 组合定位及测姿技术》系统描述北斗卫星导航/惯性导航相结合的组合定位基础理论、关键技术以及工程实践，重点阐述不同方式组合定位的基本原理、误差建模、关键技术以及工程实践等，并将组合定位与高精度定位相互融合，依托移动测绘车组合定位系统进行典型设计，然后详细介绍组合定位系统的多种应用。

未来 PNT 应用需求逐渐呈现出多样化的特征，单一导航源在可用性、连续性和稳健性方面通常不能全面满足需求，多源信息融合能够实现不同导航源的优势互补，提升 PNT 服务的连续性和可靠性。《多源融合导航技术及其演进》系统分析现有主要导航手段的特点、多源融合导航终端的总体构架、多源导航信息时空基准统一方法、导航源质量评估与故障检测方法、多源融合导航场景感知技术、多源融合数据处理方法等，依托车辆的室内外无缝定位应用进行典型设计，探讨多源融合导航技术未来发展趋势，以及多源融合导航在 PNT 体系中的作用和地位等。

卫星导航系统是典型的军民两用系统，一定程度上改变了人类的生产、生活和斗争方式。《卫星导航系统典型应用》从定位服务、位置报告、导航服务、授时服务和军事应用 5 个维度系统阐述卫星导航系统的应用范例。“天上好用，地上用好”，北斗卫星导航系统只有服务于国计民生，才能产生价值。

海洋定位、导航、授时、报文通信以及搜救是北斗系统对海事应用的重要特色贡献。《北斗卫星导航系统海事应用》梳理分析国际海事组织、国际电信联盟、国际海事无线电技术委员会等相关国际组织发布的 GNSS 在海事领域应用的相关技术标准，详细阐述全球海上遇险与安全系统、船舶自动识别系统、船舶动态监控系统、船舶远程识别与跟踪系统以及海事增强系统等的工作原理及在海事导航领域的具体应用。

将卫星导航技术应用于民用航空，并满足飞行安全性对导航完好性的严格要求，其核心是卫星导航增强技术。未来的全球卫星导航系统将呈现多个星座共同运行的局面，每个星座均向民航用户提供至少 2 个频率的导航信号。双频多星座卫星导航增强技术已经成为国际民航下一代航空运输系统的核心技术。《民用航空卫星导航增强新技术与应用》系统阐述多星座卫星导航系统的运行概念、先进接收机自主完好性监测技术、双频多星座星基增强技术、双频多星座地基增强技术和实时精密定位技术等的原理和方法,介绍双频多星座卫星导航系统在民航领域应用的关键技术、算法实现和应用实施等。

本丛书全面反映了我国北斗系统建设工程的主要成就,包括导航定位原理,工程实现技术,卫星平台和各类载荷技术,信号传输与处理理论及技术,用户定位、导航、授时处理技术等。各分册:虽有侧重,但又相互衔接;虽自成体系,又避免大量重复。整套丛书力求理论严密、方法实用,工程建设内容力求系统,应用领域力求全面,适合从事卫星导航工程建设、科研与教学人员学习参考,同时也为从事北斗系统应用研究和开发的广大科技人员提供技术借鉴,从而为建成更加完善的北斗综合 PNT 体系做出贡献。

最后,让我们从中国科技发展史的角度,来评价编撰和出版本丛书的深远意义,那就是:将中国卫星导航事业发展的重要的里程碑式的阶段永远地铭刻在历史的丰碑上!

杨元喜

2020 年 8 月

前 言

星座自主导航,是指卫星导航系统在地面运行控制(简称“运控”)系统不能正常工作时,通过星座自主运行管理、星间/星地测量与数据交换以及卫星自主数据处理,实现导航电文自主更新、维持基本导航定位服务的过程。

从20世纪80年代开始,以GPS为代表的卫星导航技术逐渐在军用和民用领域得到广泛应用,卫星导航系统成为不可或缺的国家重要基础设施。卫星导航系统主要依靠地面运控系统维持其导航定位服务,当地面运控系统遭受重大自然或人为灾害(如战争等)不能正常工作时,卫星导航系统将失去服务能力,对军事行动或国民经济正常运行产生灾难性影响。为此,GPS在建设初期就提出了自主导航概念,其目标是:当地面运控系统不能正常工作时,卫星能够依靠星间测量和星载数据处理在一定时间内维持基本导航服务功能。相比地面运控运行模式,采用自主导航具有三大优势:①减少卫星对地面系统的依赖,提高导航系统自主生存能力;②热备份运行状态下,自主导航星历可作为在轨检核信息,保证运控上注导航星历的可靠性;③星载处理有利于提高导航星历更新频度。

我国北斗全球卫星导航系统采用了自主导航技术。尽管美国在GPS Block ⅡR系列卫星上已将自主导航技术工程化,但鲜有文献或论著系统介绍其理论基础和实现方法。我国自主导航技术早期研究主要由部分高校或科研院所主导,多限于零散的关键技术研究,缺乏系统的自主导航理论体系研究。为此,作者总结西安测绘研究所多年从事自主导航理论研究和参与北斗卫星导航系统(简称“北斗系统”)建设的相关成果,综合国内外相关领域最新文献资料撰写此书,希望为自主导航理论研究和工程建设提供参考。

第1章是绪论,重点介绍自主导航概念、基本特点和国内外发展现状,在此基础上,结合我国自主导航需求,介绍我国北斗系统自主导航基本情况。第2章介绍自主导航基础理论,以及自主导航区别常规卫星导航的主要特点,如自主时空基准维持、星载自主数据处理技术等。第3章介绍星间测量和数据传输技术,以及不同技术测量误差和数据传输能力分析。第4章介绍自主定轨技术,包括测量模型、动力学模型、星载自主定轨数据处理方法等。第5章介绍自主时间同步技术,包括原子钟噪声特性分析，自主时间同步和时间基准维持数据处理方法。第6章介绍卫星自主完好性概念和卫星自主完好性实现方法。第7章介绍自主导航电文参数相关技术。第8章介绍自主导航用户算法及精度评估方法。第9章是对自主导航发展方向的展望和分析。

本书内容是对以杨元喜院士、魏子卿院士为代表的西安测绘研究所研究团队多年从事的自主导航研究工作的总结与提炼。杨元喜院士对理论问题解决提供了关键性指导；北京跟踪与通信技术研究所杨强文研究员、焦文海研究员、高为广高级工程师对本书编写提供了重要的支持。中国科学院上海天文台胡小工研究员、唐成盼博士在实测数据处理方面提供了有力支持；中国科学院精密测量科学与技术创新研究院袁运斌研究员在自主导航电离层模型构建方面提供了支撑；西安测绘研究所任夏博士无私提供了自己的部分成果，西安测绘研究所贾小林、姬剑锋、冯来平、阮仁桂、朱永兴、刘宇玺、王元明、蒋庆仙等各位同事对于本书撰写提供了充分的支持，国家自然科学基金委员会和国防工业出版社对本项工作给予了大力支持，在此一并表示感谢。

自主导航技术作为一种新型的卫星导航运控技术，涉及时空基准维持、星载处理算法优化设计等多项关键技术，存在多种技术风险。美国 GPS 自主导航技术已发展了近 30 年，但主要成果仍然以仿真试验结果为主，在轨性能评估成果很少，现阶段其技术状态与预期仍有差距。本书针对自主导航技术理论和方法的介绍，受作者和相关参与人员认识水平和知识面限制，存在许多片面和不完整之处，敬请读者谅解并指导。

作者

2020 年 8 月

目 录

第1章 绪论 …… 1

1.1 自主导航概念 …… 1

1.1.1 自主导航起源 …… 1

1.1.2 自主导航优势 …… 1

1.2 国外自主导航发展现状 …… 2

1.2.1 GPS 自主导航 …… 2

1.2.2 GLONASS 自主导航 …… 5

1.2.3 Galileo 系统自主导航 …… 6

1.2.4 小结 …… 7

1.3 自主导航技术实现难点 …… 8

1.3.1 星载数据处理能力有限 …… 8

1.3.2 星间相对测量对时间、空间基准不敏感 …… 8

1.3.3 卫星平台/载荷设备自主运行能力受限问题 …… 9

参考文献 …… 9

第2章 自主导航基础理论 …… 11

2.1 常规地面运行控制原理 …… 11

2.2 自主导航原理 …… 13

2.3 导航卫星自主定轨 …… 14

2.3.1 自主定轨观测方程和动力学方程 …… 14

2.3.2 星间链路自主定轨秩亏问题 …… 16

2.3.3 星间测距自主定轨基准不确定的一般性 …… 20

2.3.4 星座整体旋转不确定问题的两种形式 …… 22

2.4 导航卫星自主时间同步 …… 26

2.4.1 自主时间同步原理 …… 26

2.4.2 经典加权平均算法 …… 27

2.4.3 主钟约束卡尔曼滤波算法 …… 31
2.4.4 隐含组合钟卡尔曼滤波算法 …… 34
2.5 星载数据处理运算量评估 …… 43
参考文献 …… 45

第3章 星间测量和数据传输技术 …… 46

3.1 微波星间链路 …… 46
3.1.1 UHF 频段星间距离测量 …… 46
3.1.2 S 频段星间距离测量 …… 47
3.1.3 Ka 频段星间距离测量 …… 48
3.1.4 S 频段或 UHF 频段星间多普勒测量 …… 48
3.2 光学星间链路 …… 49
3.2.1 激光星间链路测量 …… 49
3.2.2 星间指向测量 …… 51
3.3 星间测量误差模型修正 …… 51
3.3.1 相对论修正 …… 52
3.3.2 天线相位中心修正 …… 52
3.3.3 卫星星体坐标系到卫星轨道坐标系的旋转 …… 52
3.3.4 星间测距收发时延修正 …… 54
3.3.5 多径误差 …… 54
3.3.6 接收机热噪声 …… 55
3.4 星间测量数据预处理 …… 56
3.4.1 星间测距数据归化 …… 56
3.4.2 星间测距数据矢量改正归化法 …… 57
3.4.3 星间测距数据位置差直接归化法 …… 58
3.4.4 星间测距数据粗差剔除 …… 59
参考文献 …… 59

第4章 自主定轨技术 …… 61

4.1 自主定轨动力学模型 …… 61
4.1.1 导航卫星定轨动力学模型 …… 61
4.1.2 地面运控模式导航卫星运动方程求解 …… 63
4.1.3 自主定轨动力学模型选择 …… 64
4.1.4 自主定轨运动方程求解 …… 65
4.2 集中式自主定轨 …… 68
4.2.1 集中式处理观测方程 …… 68

4.2.2 集中式处理参数估计 …… 70
4.2.3 集中式处理实测数据处理结果 …… 71
4.3 分布式自主定轨 …… 74
4.3.1 分布式处理原理 …… 74
4.3.2 分布式处理观测方程 …… 78
4.3.3 分布式参数估计 …… 79
4.3.4 试验卫星分布式自主定轨结果 …… 81
4.4 星座整体旋转修正 …… 85
4.4.1 卫星轨道定向参数预报精度 …… 86
4.4.2 星座整体旋转与轨道根数关系 …… 88
4.4.3 星座整体旋转的轨道根数约束 …… 90
4.4.4 星座整体旋转的锚固站修正法 …… 91
4.5 不同数据处理方法对空间基准维持的影响分析 …… 92
4.5.1 基本思路 …… 92
4.5.2 基于地面跟踪站的空间基准维持 …… 93
4.5.3 基于星间链路观测的卫星基准维持 …… 97
4.5.4 算例分析 …… 99
4.5.5 本节主要结论 …… 103
4.6 轨道精度评估 …… 103
4.6.1 内符合精度评估 …… 103
4.6.2 外符合精度评估 …… 104
4.7 导航星历轨道参数拟合 …… 105
4.7.1 拟合 18 参数广播星历 …… 106
4.7.2 参数的偏导数表达式 …… 108
4.8 改进自主导航星历参数拟合效率的方法 …… 110
4.8.1 降参数导航星历拟合方法 …… 110
4.8.2 基于广播星历参数的集中式运动学定轨 …… 119
参考文献 …… 127
第 5 章 自主时间同步技术 …… 129
5.1 导航卫星钟差 …… 129
5.1.1 卫星钟差解算 …… 129
5.1.2 卫星钟差参数预报 …… 131
5.2 原子钟建模 …… 132
5.2.1 原子钟随机噪声模型 …… 132
5.2.2 原子钟误差确定性分量建模 …… 133

5.3 集中式时间同步 …… 136
5.3.1 集中式时间同步观测方程 …… 136
5.3.2 集中式时间同步参数估计 …… 138
5.4 分布式时间同步 …… 139
5.4.1 最小二乘解算模式 …… 140
5.4.2 卡尔曼滤波解算模式 …… 144
5.4.3 分布式时间同步处理 …… 146
5.4.4 仿真处理结果 …… 150
5.5 自主导航时间基准维持 …… 155
5.5.1 无主钟卡尔曼滤波时间基准维持 …… 155
5.5.2 分布式时间基准维持 …… 156
5.6 钟差星历参数生成 …… 156
参考文献 …… 157
第6章 卫星自主完好性 …… 158
6.1 卫星自主完好性概念 …… 158
6.2 卫星自主完好性保障实现方式 …… 161
6.2.1 运控段完好性监测 …… 161
6.2.2 卫星自主完好性监测 …… 161
6.3 自主导航信息完好性监测方法 …… 162
6.3.1 自主导航URA信息的确定 …… 163
6.3.2 直接利用星间测量监测卫星完好性的方法 …… 169
参考文献 …… 173
第7章 自主导航广播电文参数 …… 174
7.1 自主导航UTC参数 …… 174
7.2 自主导航卫星端时延参数 …… 175
7.2.1 常规导航时延参数 …… 175
7.2.2 自主导航时延参数 …… 177
7.3 自主导航电离层参数 …… 178
7.3.1 常规导航电离层参数 …… 178
7.3.2 自主导航电离层参数确定策略 …… 180
7.3.3 Klobuchar电离层模型长期变化分析 …… 184
7.3.4 北斗全球广播电离层模型长期变化特性分析 …… 186
7.4 地球自转参数 …… 191
7.5 自主导航历书参数 …… 192

7.6　自主导航差分改正参数 …… 194
7.7　小结 …… 196
参考文献 …… 196

第8章　自主导航用户算法及应用 …… 197

8.1　卫星导航定位授时原理 …… 197
8.1.1　卫星定位原理 …… 197
8.1.2　常规卫星导航星历 …… 198
8.1.3　自主导航星历 …… 200
8.2　自主导航模式下用户单点定位授时方法 …… 201
8.2.1　常规导航伪距单点定位 …… 201
8.2.2　自主导航伪距单点定位 …… 202
8.2.3　自主导航定位结果修正 …… 203
8.3　自主导航模式下用户相对定位方法 …… 203
8.4　自主导航对多卫星导航系统融合定位的影响 …… 205
8.5　自主导航对 GNSS 星载低轨卫星定轨影响 …… 205
8.6　自主导航系统设计 …… 205
8.6.1　自主导航系统组成 …… 205
8.6.2　自主导航数据流程 …… 207
8.6.3　自主导航工作模式 …… 208
参考文献 …… 210

第9章　自主导航发展方向展望 …… 212

9.1　现有自主导航方法存在的主要问题 …… 212
9.2　自主导航技术的发展方向 …… 213

缩略语 …… 214

第1章　绪　　论

1.1　自主导航概念

1.1.1　自主导航起源

自从美国全球定位系统(GPS)出现以来,卫星导航技术在军用和民用领域发挥着越来越重要的作用。出于军事安全以及商业利益的考虑,世界主要军事大国及经济体都已经或正在发展自己的导航系统。如美国GPS、俄罗斯全球卫星导航系统(GLONASS)、欧盟Galileo系统、日本准天顶卫星系统(QZSS)、印度区域卫星导航系统(IRNSS)等,我国也建设了自己的北斗卫星导航系统。

卫星导航系统是以卫星位置作为空间参考点的定位、测速和授时系统,因此,卫星轨道钟差确定是保证卫星导航系统运行的关键因素之一。目前卫星导航系统定轨主要采用的模式是:地面监测站收集卫星观测资料,并将数据集中发送到主控站,由主控站完成定轨处理并定期将星历参数上注到卫星。这种模式的缺点是主控站承担的系统运行风险较大。为了增强GPS在战时或重大灾害条件下的生存能力[1],自20世纪80年代以来,美国一直在进行GPS自主导航技术的研究和试验,目前GPS卫星已完成了自主导航在轨测试[2]。

导航星座自主导航定义:卫星导航系统在地面运控系统不能正常工作时,通过星座自主运行管理、星间/星地测量与数据交换以及卫星自主数据处理[3-4],实现导航电文自主更新,维持基本导航定位服务的过程。

自主导航定义指出,星座自主导航的主体是导航卫星,区别于深空探测器自主导航概念;其次,定义明确指出,保证卫星导航系统基本导航定位服务能力,提升系统生存能力是自主导航主要目标;再次,上述定义确定星间测量、星载处理为自主导航主要特征,但不排除地面辅助信息支持。

1.1.2　自主导航优势

导航星座自主导航是卫星导航系统一种新的运控方式,是对现行以地面主控站为主体的运控模式的一种补充和完善。导航星座自主导航具备如下显著特点:

(1) 对地面系统依赖少。导航星座自主导航立足于利用星间测量和卫星自主数据处理自主更新导航星历，因此，即使地面运控、测控等支持系统完全被毁，自主导航模式仍能够保证卫星导航系统在一定时间内维持常规导航定位服务性能。

（2）星历更新频度可进一步提高。在常规地面运控模式下，导航星历更新需要经过监测站数据采集、主控站数据处理以及导航星历上注三个阶段，需要经过远程地面站之间数据传输、星地之间数据传输等过程，由于地面注入站与卫星之间可见性的影响，导航星历更新频度的提高受到很多限制。自主导航直接利用星间测量和星载处理更新导航星历，减少了星地之间数据传输环节，相比而言，导航星历数据龄期可以更短。

（3）系统可靠性增强。自主导航产生的导航星历作为一种相对独立的数据源可用于在轨评估地面运控系统上注星历，为地面运控广播星历精度在轨实时评估提供了一种新的手段，增强了系统运行稳定性。另外，星间测量的高可见性及高测量频度，可有效提高卫星可监测弧段，增强系统完好性监测能力。

当然，相比以地面主控站为主体的运控模式，自主导航模式同样存在明显不足。首先，自主导航依靠星载处理完成定轨及时间同步计算，而星载处理器能力的限制使得自主导航数据处理很难采用最优算法，从而限制了其精度水平的提高。但随着星载处理器技术水平的进步，上述限制有望得到改善。其次，自主导航主要依靠星间测量观测数据改进轨道，而独立星间测距数据对时间、空间基准不敏感，使得自主导航需要解决基准不确定问题。再次，自主导航对卫星载荷以及平台技术能力提出了更高的要求，星载设备复杂性增加，系统运行的可靠性相对降低。

1.2 国外自主导航发展现状

1.2.1 GPS 自主导航

为了强化 GPS 在战时或重大灾害条件下的生存能力，20 世纪 80 年代初，在 GPS 具有的快速监测全球重大核事件功能基础上，Ananda 等人提出了自主导航基本框架[5]。随后，得克萨斯大学、美国宇航公司及 IBM 公司对星间自主导航技术进行了深入的研究，提出了自主导航试验方案，并用仿真数据对可行性进行了验证[6]。Ananda 的方案重点描述了实现自主导航的三个过程，即星间测距过程、数据通信过程及星历计算过程，并对星间自主定轨中出现的星座整体旋转、地球自转及极移三种不可测问题进行了初步说明，指出星座整体旋转主要由于地球引力场 J2 项引起，且主要表现为卫星升交点经度的长期变化，提出了采用约束星座平均升交点经度控制星座整体旋转的解决方案。Ananda 基于 21 颗卫星模拟了星间观测数据，并进行了自主定轨试验，结果表明基于 GPS 星座，采用特高频（UHF）星间测距技术，在地面预报星历支持下，自主运行 180 天后，轨道径向精度优于 5.78m，切向及法向精度优于

32m，卫星钟差精度优于1.3m，用户测距误差(URE)优于7.33m。国际电话电报公司(ITT)空间与通信部在其承担卫星有效载荷合同中改进了Ananda的方案，设计了自主导航原型系统，并由美国宇航公司进行了地面验证试验，证明了方案的可行性，该方案于1990年进行了飞行搭载试验。

GPS自主导航工程实现从Block ⅡR开始，随后的Block ⅡF[7]、Block Ⅲ系列卫星在设计上均具备该功能。GPS自主导航将地面运控系统被毁条件下用户定位精度不显著降低作为设计目标，以满足军事用户精密定位精度优于16m作为主要需求。考虑到GPS Block ⅡR卫星正常运行期间的指标为URE优于6m，因此，自主导航最初设计指标为自主运行180天，URE精度优于6m。该指标不包含地球定向参数(EOP)预报误差影响，实际用户定位误差远超过16m。由于不能有效解决星座整体旋转问题，目前GPS Block ⅡR卫星在轨验证精度为自主运行75天，URE精度优于3m[8]。GPS Block ⅡF卫星将自主运行60天，URE优于3m作为系统设计指标，该指标与授权双频用户定位精度16m需求能够对应。考虑到星间链路在提升星历更新频度方面的优势，Block ⅡF系列卫星将基于星间链路的运行模式作为系统主要模式之一。在这种运行模式下，地面运控系统利用星间、星地数据联合定轨，改进的导航星历通过星地链路和星间链路中继到每颗卫星，可将导航星历数据龄期缩短到3h，URE精度优于1m。

GPS自主导航功能由卫星系统、地面系统(运控、测控系统)组合实现。地面系统主要功能是管理、控制和监视自主导航在轨运行，计算预报轨道及状态转移矩阵并上注，下载星间测距信息并进行自主导航精度的地面检核。卫星系统自主导航功能由星间链路数据传输单元(CTDU)和导航业务处理单元(MDU)实现。星间链路载荷主要功能是实现星间测量与通信。GPS星间链路采用特高频(UHF)星间测量与通信体制，能够实现双频双向星间测量与通信。导航任务处理载荷主要功能是管理控制星间链路载荷、存储地面上注的预报轨道信息、利用星间测距更新导航卫星轨道及钟差。GPS Block ⅡR自主导航星间链路载荷、导航任务处理载荷均由统一的时间维持系统(TKS)提供基准时间。图1.1所示为GPS自主导航系统组成图。

GPS自主导航采用分布式处理模式，地面运控系统生成预报轨道并定期上注到每颗卫星，卫星的星间链路载荷完成星间测量及星间数据交换，使得每颗卫星均具有可视卫星的卫星状态及协方差信息、星间测距信息等；卫星导航任务处理载荷分别利用自主定轨和自主时间同步两个卡尔曼滤波器进行滤波处理，得到改进卫星轨道及钟差信息；星间链路载荷将每颗卫星的轨道定向参数信息分发给所有其他卫星，每颗卫星利用这些信息结合上注的预报轨道信息完成星座整体旋转修正。经过星座整体旋转修正后的轨道经过星载轨道/钟差预报及广播星历拟合生成自主导航星历播发给用户。图1.2所示为GPS Block ⅡR自主导航处理流程图。

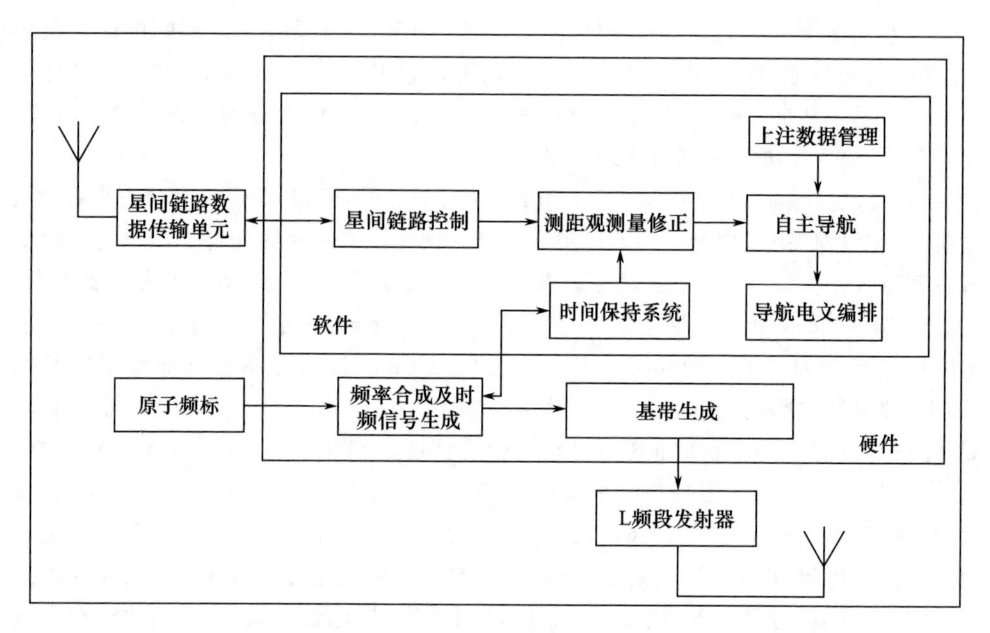

图 1.1　GPS 自主导航系统组成图

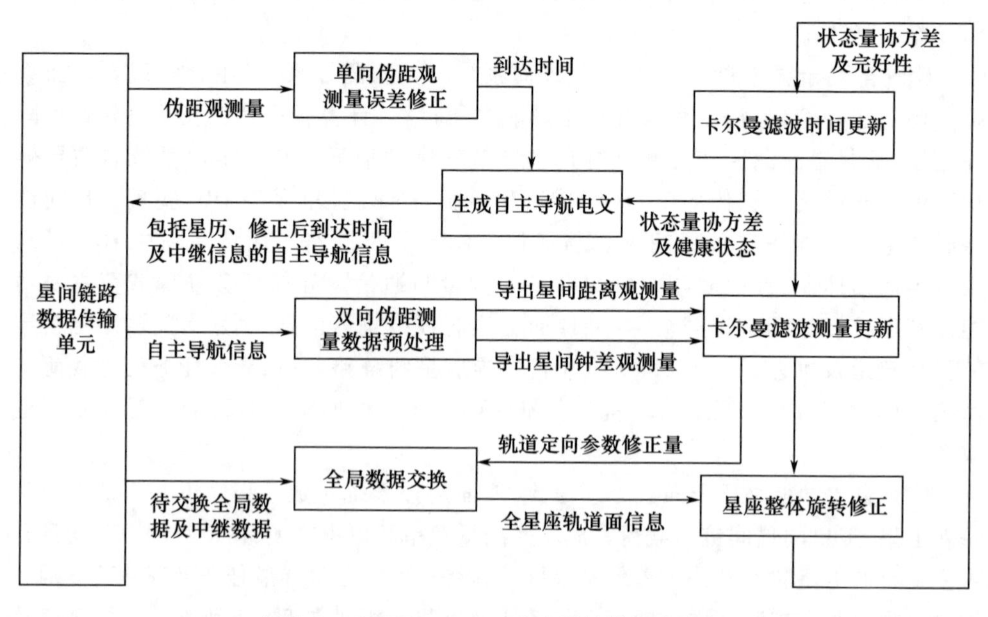

图 1.2　GPS Block ⅡR 自主导航处理流程图

GPS 自主导航给出的精度指标均不考虑地球定向参数(EOP)预报误差,而从用户角度分析,影响 GPS 自主导航定位精度最主要的因素是 EOP 预报误差引起的星座整体旋转误差,同时 UHF 星间链路较差的抗干扰能力也成为限制自主导航运行可靠性的主要障碍。为解决上述问题,在 GPS 第三代定位系统 GPS Ⅲ 初步规划中,考虑

采用抗干扰能力更强、数据传输容量和实时性更好的Ka频段或V频段指向链路取代UHF,但指向链路星间拓扑结构较复杂、链路数量少也是其主要缺点。为保证系统性能平稳过渡,GPS Ⅲ原计划采用A、B、C三阶段逐步演化的方案。2018年底发射的ⅢA星方案仍采用UHF,而ⅢB卫星则拟增加Ka频段或V频段指向链路,ⅢC增加点波束区域增强功能。GPS Ⅲ方案论证阶段同时分析了采用地面"锚固站"约束星座整体旋转的可行性,并进行了仿真试验。锚固站为具备星地双向测距及通信功能的已知地面站[7],相当于放置在地面的"伪卫星",其作用是建立卫星与地面基准之间的关联,从而解决基于星间测距的空间定向基准和时间基准的不确定问题。仿真结果表明,仅需一个地面锚固站,就可以控制星座整体旋转的影响,同时改进自主导航精度。采用UHF星间链路时,一个锚固站和星间链路自主定轨精度约为0.73m,时间同步精度约为2.43ns。相对无锚固站时的1m定轨精度和3ns时间同步精度有一定提高。

纵观GPS自主导航技术发展,可以看出:首先GPS始终坚持以提升URE指标和可靠性作为目标,而其自主导航精度指标则参考正常导航系统的URE指标确定;其次,完好性在自主导航中的作用逐步加强。从GPS Block ⅡF卫星以后,美国提出的基于GPS Ⅲ的GPS现代化进程开始关注如下几点[9-10]:

(1) 更好地为民用和军用用户提供可靠服务。

(2) GPS高层开始关注GPS信号抗干扰和导航战需求。具体体现在以下两方面:①增加导航信号频段;②引入星间链路实现完好性需求、零数据龄期星历注入、高安全近实时遥控遥测、高安全性自主导航,最终实现卓越的导航战。

在GPS应对导航战策略中扮演核心角色的完全无地面支持自主导航技术,存在先天性不足,面临的主要困难在于无法解决由于EOP长期预报误差而引起的星座整体旋转问题,同时GPS星间链路采用的UHF体制在抗干扰能力方面存在先天不足,使得GPS自主导航只是部分实现了设计目标。

目前以洛克希德·马丁和波音公司为代表的GPS Ⅲ研发团队在导航战条件下,从星间高速数据传输、零数据龄期、差分与完好性监测等需求出发,同时考虑高安全以及抗干扰性能提升,开始关注3个V频段反射面天线建立星间持续测量与数据传输方案。该方案的数据传输速率可以达到150kbit/s,满足完好性监测、测控信息实时传输以及自主导航测量及通信需求。但是,V频段反射面方案相比Ka频段反射面方案具有波束狭窄、增益较高等特点,对卫星平台姿控精度与天线指向精度要求较高。

1.2.2 GLONASS自主导航

为弥补俄罗斯GLONASS区域布站缺陷,增强系统生存能力,GLONASS M及K系列卫星均在系统设计阶段重点考虑了自主导航功能[11]。GLONASS M系列卫星拟采用S频段星间测距、测速体制。S频段星间链路为宽波束链路,其测量及通信模式采用时分结合频分的模式。每颗卫星同时测量的卫星数不少于6颗,星间双向测量时间间隔小于20s,全星座24颗卫星分为4组,每组6颗星。考虑到完全基于星间测量的自主导航不能约束EOP预报误差引起的星座整体旋转,GLONASS卫星采用以星间链路地面指控站辅助自主导航为主的模式。星间链路地面指控站作为伪卫星可提供自主导航需要的空间基准信息。分别利用伪卫星或地面放置导航接收机确定地球自转参数。自主导航数据处理采用集中式或分区平差数据处理模式,自主导航数据处理在星上实现。GLONASS M系列卫星URE精度为1.4m。

GLONASS K系列卫星拟采用通信能力更强、测量精度更高的激光星间链路,其主要优点是数据速率和容量以及星间时间同步精度显著提高,导航卫星URE精度提高到0.6m。激光星间链路易于构建固定测量链路,存在的问题是较难实现星间测量拓扑结构切换,星间测量几何构型相对较差,星间链路测量设备对准技术难度大,星载设备技术复杂度较高。

1.2.3 Galileo系统自主导航

除了GPS具有利用星间链路进行自主导航的成功经验外,欧盟Galileo系统在方案论证阶段也系统研究了利用星间测距技术改进星历的可行性。R. WOLF分别针对倾斜地球同步轨道(IGSO)、地球静止轨道(GEO)、低地球轨道(LEO)、中圆地球轨道(MEO)星座或其组合星座研究了组合利用星地/星间链路数据定轨的方法,其研究结果表明,增加星间测距技术,对于GEO、IGSO卫星,其轨道径向精度能够从30cm提高到10cm,沿迹及法向精度改进更为明显,可以从100cm提高到20cm。对于MEO卫星,增加星间测距资料,其轨道径向精度从36cm提高到5cm,沿迹精度从317cm提高到79cm。J. Hammfahr系统研究了多种星间测距技术的精度水平及其在导航卫星定轨中应用的可能性,并用仿真数据进行了试算[12]。数据处理结果表明,星间测距资料对卫星轨道沿迹及法向精度的改善明显。采用5min间隔星间测距数据,当测距精度在厘米级时,星间时间同步精度能够优于0.3ns,卫星轨道精度能够优于0.1m。

V. Bobrov系统地分析了GPS方案对Galileo系统的适用性,指出GPS采用的星间链路和自主导航技术路线并不适合Galileo系统,主要原因有两点:一是GPS采用星间链路辅助星历上注方式后所具备的导航能力与Galileo系统本身的设计能力相当,Galileo系统不支持这种需求;二是GPS采用的自主导航技术不能完全解决星座自主运行问题,尤其是星座整体旋转问题,不能脱离地面监测站独立提供自主导航服务。

为支撑欧洲GNSS持续发展。在欧洲空间局(ESA)支持下,A. J. Fernandez等开展了“GNSS+”研究项目,为下一代Galileo系统的技术发展探索新途径。该项目将目标定位于:

(1) 增强GNSS的自主运行能力,减少地面支持设施;

(2) 提高广播星历更新频度,减小卫星轨道及钟差预报误差;

(3) 减少系统正常维护成本。

项目研究重点是星间测距和星间通信问题以及导航卫星自主星历生成问题。初步设想采用以星间双向测量为主、星地双向测量为辅的方式，正常模式下采用地面集中处理、自主模式下采用卫星分布式处理，实现正常定轨精度优于1cm，自主定轨精度14天后优于1m的需求。

德国慕尼黑的Hein教授也开展了基于星间链路与地面监测站数据的组合定轨仿真试验。在星间测距精度2cm条件下，采用卡尔曼滤波进行组合数据处理，6个地面站时定轨精度优于20cm，1个地面站时优于30cm。

总体看来，Galileo系统对自主导航的研究重点在于关注其对导航星历更新频度的提高及减少系统运行维护成本两方面，而对主控站的备份作用并没有突出。

1.2.4 小结

国内外卫星导航系统自主导航主要特点可归纳为表1.1。

表1.1 国内外自主导航特征比较表

类别	GPS	GLONASS	Galileo系统	BDS
主要目标	自主更新星历； 独立的星历评估； 提高星历更新频度； 减少运行成本	自主更新星历； 提高导航星历更新频度； 减小运行成本	自主更新星历； 减少地面设施； 改进轨道钟差预报精度； 减少运行成本	自主更新星历； 提高星历更新频度
主要性能	180天，URE<6m； 60天，URE<3m[13]； 能满足部分完好性监测需求	URE<1.4m； URE<0.6m（激光）； 能满足完好性监测需求	位置误差<0.45m（单地面站）	60天，URE<3m
技术特点	UHF链路（Ka/V频段链路），分布式星载处理。EOP采用预报值	S频段链路（激光链路），分布式处理，地面伪卫星支持	Ku频段星间链路，分布式处理，有地面站支持	Ka频段星间链路，分布式处理，地面锚固站支持
技术优势	UHF技术成熟度较高，Ka/V频段空间测量拓扑弱； 星载算法易实现	测量技术成熟，顾及EOP影响，S频段空间拓扑扩展能力强。满足完好性需求	链路抗干扰能力强，同时兼顾空间拓扑和精度，无EOP预报问题	链路抗干扰能力强，同时兼顾空间拓扑和精度，无EOP预报问题
存在问题	UHF抗干扰能力差，EOP预报误差不易控制	激光链路时间同步精度高而空间测量拓扑弱。S频段受限制	数据传输实时性较弱	地面锚固站增加了实现成本
工程成熟度	已进行在轨试验	试验阶段	论证阶段	设计阶段

由表1.1看出，国内外主流导航卫星自主导航技术发展体现如下特点：

（1）以主控站被毁条件下导航星历的维持为首要需求，而导航性能提高和减小运行成本为次要需求；

（2）以保证基本导航服务性能即空间信号精度不显著降低为优先需求，而完好性等增强功能为次要需求；

（3）自主导航模式下的空间基准维持问题是系统建设重点考虑的问题；

(4) 主流自主导航数据处理是以星载处理为主,但没有完全排斥地面站测量数据支持。

1.3 自主导航技术实现难点

自主导航运行模式作为卫星导航系统运行控制的一种新模式,其实施过程涉及的核心技术与传统以地面运控系统为主的运行方式有显著差异。在传统地面运控运行模式下,导航星历生成采用地面监测站 L 频段观测数据或激光观测数据,数据处理依靠地面运控系统实现,而自主导航主要采用星间观测数据,主要导航星历参数通过星载数据处理形成。由于卫星与地面的技术实现能力差异较大,这就导致自主导航技术实施必须面对如下核心技术难点。

1.3.1 星载数据处理能力有限

导航星历参数是卫星导航系统赖以实现导航定位的核心信息。传统卫星导航系统依靠主控站收集全部地面监测站 L 频段观测数据,采用动力学方法定轨并生成改进的预报轨道钟差参数,进而拟合生成导航星历。在上述过程中,卫星轨道积分、定轨参数解算等过程需要的处理运算量较大。由于地面运控系统可以采用最先进的地面数据处理设备,现阶段,由于计算机技术的发展,定轨算法的复杂程度相对地面计算设备处理能力而言已不是主要问题;但对于星载处理而言,情况则完全不同。星载处理器必须考虑功耗、抗空间辐射加固以及长期运行可靠性等因素。现阶段我国具有在轨运行测试的主流星载处理器主频仅有 30MHz 左右,最新设计的主频 1GHz 的星载中央处理器(CPU)未经过充分的空间环境验证测试。对于上述星载 CPU 处理能力而言,如果采用地面运控系统使用的导航星历参数更新处理算法,则单次数据处理耗时将不能满足自主导航星历参数更新频度要求。如何解决星载处理器能力受限问题是自主导航技术工程实施需要解决的首要问题。为此采取的应对策略是对地面运控系统采用的导航星历更新算法进行简化,以适应星载处理能力要求。算法简化意味着精度损失,如何在平衡处理精度和处理耗时的前提下设计星载算法是由此衍生的核心技术问题。

1.3.2 星间相对测量对时间、空间基准不敏感

如前所述,常规地面运控模式采用的原始观测数据为地面监测站 L 频段数据;监测站坐标精确已知,且预先统一到特定高精度空间基准框架中,如 GPS 采用 1984 世界大地坐标系(WGS-84)、GLONASS 采用 PZ-90 坐标系、北斗系统采用 2000 中国大地坐标系(CGCS2000)等;部分地面监测站和运控系统配备高精度原子钟,地面运控系统原子钟与特定协调世界时(UTC)基准之间定期进行时间同步。如 GPS 时间同步到美国海军天文台 UTC,GLONASS 时间同步到俄罗斯 UTC,北斗系统时间同步

到我国 UTC。利用这种监测站数据进行精密定轨和钟差测定时，卫星轨道及卫星钟自然统一到地面空间基准及时间基准中，不存在基准确定问题。

在自主导航模式下，卫星完全利用星间测量数据确定轨道及钟差参数，星间测量为相对测量，不包含时间及空间基准信息，因而造成依靠星间测量产生的导航星历参数与用户常规使用的地面时间、空间基准不一致，这种不一致性不能通过星间测量改进，造成自主导航基准偏差随时间累计，导致自主导航长期运行精度不能保持。这是自主导航运行模式必须解决的另一个问题。

1.3.3 卫星平台/载荷设备自主运行能力受限问题

卫星导航系统采用传统地面运控模式时，系统运控涉及的数据采集、数据传输以及数据处理上注等运行管理业务操作完全在地面，出现软件故障可以随时进行人工干预，硬件故障可随时进行更换，需要补充的监测信息资源可较方便地增加。而采用自主导航运行模式时，更新导航星历相关的数据采集及数据处理工作主要由卫星实现，卫星硬件环境在卫星发射升空后基本不能更改，地面对卫星软件处理故障干涉能力很有限，卫星设计完成并发射升空后，星间、星地之间数据接口和测量通信能力基本固定，系统新增功能和性能需求很难通过后期技术改进实现。上述问题使得自主导航模式的运行可靠性、完好性保障需求相对地面运控模式差异较大，如何确保自主导航模式下系统完好性、可靠性相对地面运行模式不显著降低是需要解决的问题。

参考文献

[1] RAJAN J A. Highlights of GPS Ⅱ-R autonomous navigation[C]//The ION 58th Annual Meeting and the CIGTF 21st Guidance Test Symposium, Albuquerque, NM, June 24-26, 2002:354-363.

[2] RAJAN J A, ORR M, WANG P. On-orbit validation of GPS ⅡR autonomous navigation[C]//The ION 59th Annual Meeting and the CIGTF 22st Guidance Test Symposium, Albuquerque, NM, June 23-25, 2002:411-419.

[3] 帅平，曲广吉．导航星座自主导航的时间同步技术[J]．宇航学报，2005，26(6)：768-772.

[4] 帅平，曲广吉．导航星座自主星历更新技术[J]．宇航学报，2006，27(2)：187-191.

[5] ANANDA M P, BERNSTEIN H, CUNNINGHAM W A, et al. Global positioning system(GPS) autonomous navigation[C]//Location and Navigation Symposium, Las Vegas, Nevada, March 20-23, 1990: 497-508.

[6] MENN M D, BERNSTEIN H. Ephemeris observability issues in the global positioning system(GPS) autonomous navigation (AUTONAV)[J]. IEEE, 1994, 94: 677-680.

[7] RAJAN J A, BRODIE P, RAWICZ H. Modernizing GPS autonomous navigation with anchor capability [C]//ION GPS/GNSS 2003, Portland, Sept. 9-12, 2003: 1534-1542.

[8] FISHER S C, GHASSEMI K. GPS ⅡF-the next generation[J]. Proceedings of the IEEE, 1999, 87(1): 24-47.

[9] KRISTINE P,PAUL A,JOHN L. Crosslinks for the next-generation GPS[J]. IEEE Access,2003(4):1589-1596.

[10] KOVACH K,DOBYNE J,CREWS M,et al. GPS Ⅲ integrity concept[C]//ION GNSS 21st International Technical Meeting of the Satellite Division,Savannah GA,Sept. 16-19,2008:2250-2257.

[11] IGNATOVICH E J,SCHEKUTIEV A F. Research-analysis of opportunities of GNSS GLONASS ephemerides-time maintenance modernization using intersatellite measurement system[C]//XⅢ ST. Petersburg International Conference on the integrate navigation systems,2006:202-210.

[12] HAMMFAHR J,HORNBOSTEL A,HAHN J,et al. Using of two-directional link techniques for determination of the satellite state for GNSS-2[C]//Proceedings of 1999 National Technical Meeting & 19th Biennial Guidance Test Symposium,San Diego,CA,January 25-27,1999: 531-540.

[13] HARTMAN T,BOYD L R,KOSTER D,et al. Modernizing the GPS block ⅡR spacecraft[C]//ION GPS 2000,Salt Lake City,UT,Sept. 19-22,2000:2115-2121.

第2章 自主导航基础理论

2.1 常规地面运行控制原理

导航是确定用户位置、方位及时间的过程。尽管不同的导航技术方法各异,但基本原理均是通过测量与用户位置和时间信息相关的几何或物理量确定用户空间位置。卫星导航是利用卫星作为空间参考点,通过测定用户与多颗位置已知的卫星之间的几何距离,通过几何交会方式确定用户位置。导航卫星测距通常采用伪码测距模式,伪码测距观测量实质上观测的物理量为信号发射时刻与接收时刻之间的时差。因此,要获取卫星与用户之间伪距以便实现用户单点导航定位就需要预先确定卫星钟差信息。由此可见,卫星位置信息、卫星钟差信息和卫星与用户之间距离观测量精度是决定卫星导航定位精度的主要因素。

按照用户与卫星之间的测距方式,可分为单程测距和双程测距两种。不同测距模式对应不同的用户端算法。现有的主流卫星导航系统均采用单程测距模式,需要用户能够实时获取卫星位置和钟差信息。卫星实时位置和钟差信息是通过卫星播发广播星历方式传递给用户的。卫星导航系统如何产生并及时更新广播星历参数是系统运行控制需要重点解决的问题。

现有的卫星导航系统在常规运行状态下均通过地面运控系统实现导航星历参数更新。地面运控模式的导航星历更新流程为:全球或区域分布的地面监测站在地面原子频标驱动下采集可见导航卫星发射的L频段伪距及载波相位观测量,该信息与地面监测站获取的大气压、温度、湿度等环境信息一起发送到主控站;主控站综合利用多个地面监测站观测数据定轨并解算卫星钟差、电离层参数、设备时延参数等,随后利用改进的轨道及钟差参数生成预报轨道及钟差时间序列并将其拟合为广播星历参数,该参数结合电离层参数、完好性参数等信息编码形成导航星历,按照特定上注策略定期注入卫星,实现广播星历参数更新。常规导航运行原理如图2.1所示。

常规地面运控模式采用的观测量为L频段伪距及载波相位数据,采用动力学定轨方法,解算参数为卫星初始轨道参数、卫星动力学参数和卫星/地面站钟差参数。在定轨解算过程中即使将地面站坐标固定或加以强约束,如果需要同时解算卫星钟差和地面站钟差,定轨观测方程也是秩亏的,其秩亏数为1,其原因在于星地相对测量只能得到星地钟差之间相对观测量,缺少一个绝对钟差基准参数。如果在地面监测站配备高精度原子钟,且通过时间同步链路将监测站钟同步到协调世界时(UTC)

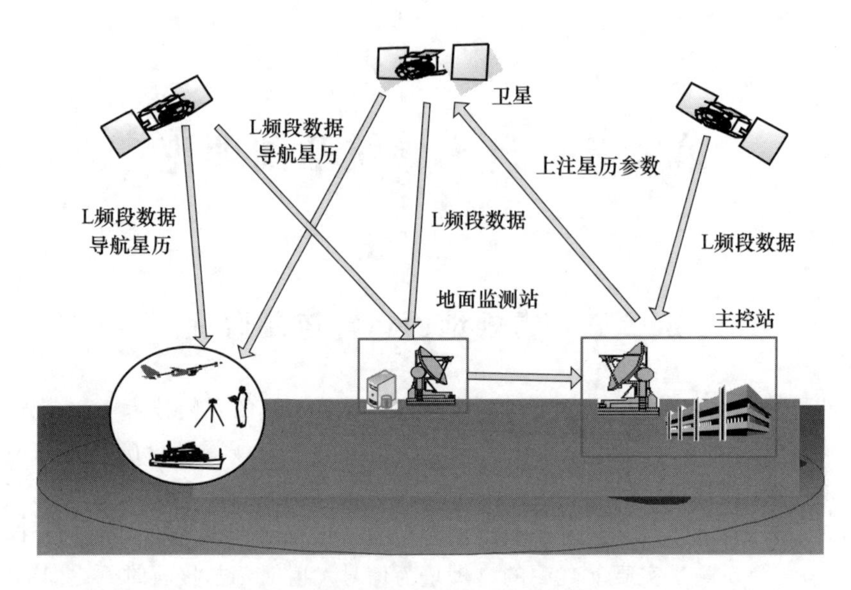

图 2.1　常规导航运行原理图(见彩图)

或其他系统时间,并固定该监测站钟差或加以强约束,则上述观测方程有唯一确定最小二乘解。其定轨结果得到的卫星轨道坐标系将统一到地面站采用的空间坐标系中,卫星及地面测站时间系统则同步到地面监测站时间系统中。

上述常规地面运控方式存在如下问题:

(1) 数据更新周期相对较长,主要是由于地面数据通信环节多,首先需要将远程监测站数据传输到主控站,主控站进行处理后再将结果发送到注入站,由注入站上注到卫星,由于主控站及数据注入站很难实现对全部卫星的连续可视,数据更新受注入站可见性约束。对于北斗 MEO 卫星,如果注入站区域布设,卫星平均不可视时间通常接近 7h。即便注入站全球布设,早期 GPS 星历参数通常 8h 注入一次。

(2) 地面数据处理采用的轨道及钟差模型精度要求高。导航卫星为了实现实时导航定位服务需要对轨道及钟差参数进行预报,预报时长需要超过数据更新周期。较长的星历更新周期意味着星历预报时间长度也需要同步增加,为了保证星历预报精度满足导航性能要求,则需要提高轨道及钟差动力学模型精度。动力学模型精度的提高意味着算法复杂性增加。

(3) 运算量相对较大。常规地面运控模式地面主控站同时处理多站多星观测数据,待解算的参数包括每颗卫星轨道参数、每个历元卫星和测站钟差参数、对流层参数,待估参数数量相对较多,导致数据处理运算耗时较多,需要高性能处理器和大容量数据存储设备。

上述地面运控模式主要优势在于地面数据处理设备能力较强,数据处理算法受处理器能力的约束相对较少,处理过程可随时监视和控制,处理过程中产生的软硬件问题可及时人工干预处理。

2.2 自主导航原理

自主导航是卫星导航系统的一种新的运控方式。与常规地面运控方式类似，自主导航运行控制同样以监视控制卫星运行状态、及时更新导航星历参数作为主要目标。与地面运控方式不同，自主导航采用的观测量主要为星间测距观测量，导航星历的更新处理在卫星平台上完成，卫星故障诊断及处理主要依靠卫星平台本身，地面干预较少。无锚固站支持的自主导航原理如图 2.2 所示。

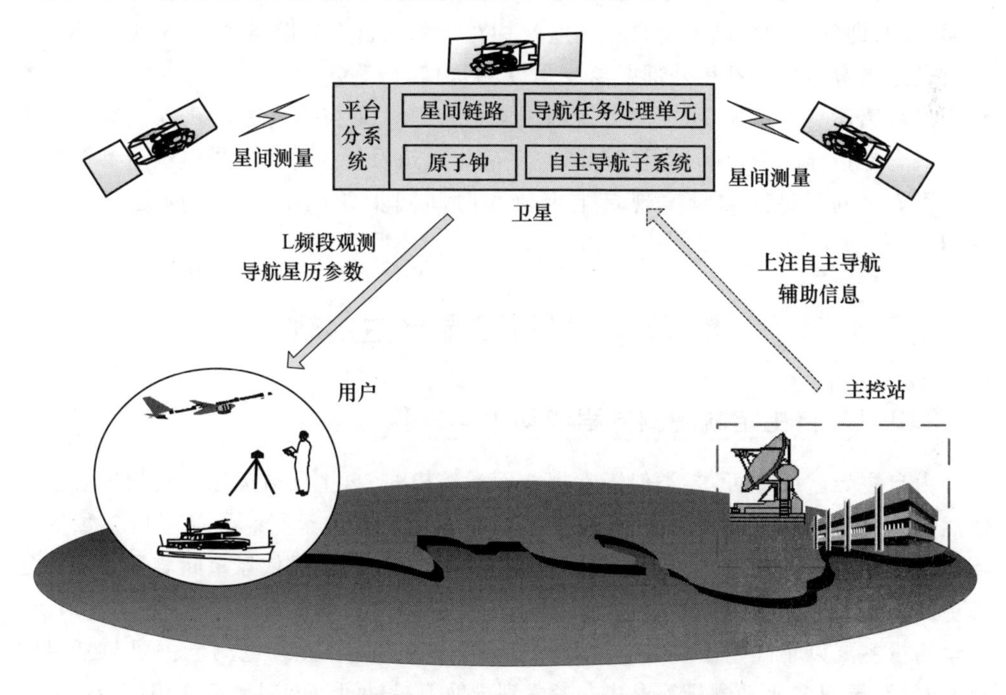

图 2.2 无锚固站支持的自主导航原理图(见彩图)

在自主导航运控模式下，地面主控站仅在自主导航模式启动前提供星载处理必需的初始化信息，无需定期上注导航星历参数。每颗卫星搭载星间测量与通信设备以及星载处理设备，并按照链路测量规划定期获取星间测量数据，然后通过对星间测量数据的处理改进卫星的轨道及钟差，进而形成广播星历参数，该参数通过卫星内部链路发送到信号发射单元从而播发给用户。

对比自主导航运控模式与常规地面运控模式可以看出：

(1) 自主导航采用的观测量为星间测距观测量，不包含星地观测量，因此自主导航星历并不能与地面空间基准之间建立直接关联，同时，由于整个星间测量系统中没有星地时间基准比对信息，因此自主导航卫星钟与 UTC 之间也没有直接关联；

(2) 自主导航轨道及钟差更新处理是利用星载处理器完成的，生成的广播星历

参数可直接发送给卫星,相比地面运控方式,减少了数据传输时间,且不存在卫星可见性影响问题,理论上可提高导航星历更新频度;

(3) 自主导航运控主要由卫星自主完成,减少了地面系统干预;

(4) 由于自主导航数据处理未采用地面监测站 L 频段数据,因此自主导航模式不能更新导航星历参数中电离层参数、频间偏差参数等信息。总之,星间测量和星载数据处理是自主导航的两大主要特征。利用星间测量自主改进卫星轨道及钟差参数是自主导航数据处理两大主要任务。

需要指出的是,上述自主导航概念是针对导航卫星精密定轨和精密时间同步处理而言的,即狭义的导航卫星自主导航。相对于狭义自主导航概念,广义飞行器自主导航是指飞行器自主利用外部距离或角度测量信息,确定自己位置。如深空飞行器利用星敏感器自主定轨、深空飞行器利用脉冲星等测量技术自主定轨等。本书自主导航概念是指导航卫星利用星间测量自主确定轨道及钟差并更新导航星历参数。

下面对利用星间测量实现自主定轨和时间同步处理中涉及的问题进行详细介绍。

2.3 导航卫星自主定轨

2.3.1 自主定轨观测方程和动力学方程

由自主导航原理可知,类似于常规地面运控模式,自主导航运控模式的核心任务依然是产生并更新导航星历参数,维持卫星导航系统正常运行。导航星历参数的主要组成部分为卫星轨道及钟差参数。自主定轨即为导航卫星依靠星间测量和星载处理更新卫星轨道的过程。现阶段,星间测量手段分为光学测量和无线电测量两类。光学测量主要以星间角度测量、星间激光测距方式为主。无线电测量主要包括星间距离测量、星间多普勒测量等形式。考虑到导航卫星星间角度测量精度相比距离或多普勒测量相差近两个数量级,难以满足导航星历确定精度要求,因此本书重点讨论星间距离和多普勒测量技术。更进一步,考虑到星间多普勒测量与星间距离测量具有类似的精密定轨数据处理原理。因此,本节以星间距离测量为例介绍自主定轨原理。

依靠距离观测量更新卫星轨道通常需要综合使用几何测量信息和卫星动力学信息。按照两种信息在定轨中的作用不同,定轨方法可分为几何法、动力学法、动态法、简化动力学法等多种。几何法不考虑卫星动力学信息,完全采用星间观测几何构型逐历元解算卫星位置参数。几何法优点是方法简单,结果不受卫星动力学模型误差影响,缺点是每个历元需要大量观测量支持,同时轨道预报精度较差;动力学法通过构建卫星运动动力学模型,建立卫星动力学模型参数与观测量之间的函数方程,解算参数为卫星初始轨道参数和动力学模型参数。动力学法优点是轨道预报精度较高,且当单历元观测量不足以确定卫星位置时,能够综合利用多历元信息定轨。动力学法缺点是定轨精度受动力学模型误差影响,当处理类似轨道机动等不宜进行动力学建模情况时,定轨精度反而会降低。简化动力学法是对几何法与动力学法的一种加权组合。简化动力学法与动力学定轨方法过程类似。区别在于,对于难以精确建模的卫星摄动力,采用经验力模型替代动力学模型,利用分段估计多个经验力模型参数尽可能拟合卫星真实动力学性态。简化动力学法弱化了动力学模型误差影响,同时保留了动力学模型的主要优点,是相对较优的参数估计策略。简化动力学法的主要缺点:由于经验力模型的局部性,导致简化动力学法定轨结果仅适用于短期预报而不适用于长期轨道预报。考虑到导航卫星需要提供实时导航定位服务,而利用地面或星间观测经过数据处理直接获取的轨道为事后轨道,不能满足用户实时导航定位服务要求。为此,需要对定轨结果进行预报,同时利用定轨结果和轨道预报结果生成导航星历参数。轨道预报精度直接影响用户服务性能。考虑到几何法或动态法仅依靠没有物理背景的高阶函数进行轨道预报,同等条件下,其轨道预报精度与动力学法或简化动力学相比差距太大,因此,现阶段导航卫星定轨主要采用动力学法或简化动力学法。这也是自主定轨通常采用的方法。动力学法与简化动力学法数据处理流程相近,本节重点介绍动力学法自主定轨原理。

动力学法定轨也称为轨道改进法。该方法首先需要依据导航卫星受到的摄动力建立卫星动力学运动微分方程,利用该方程和先验卫星轨道状态量和动力学模型参数,通过数值积分方法或分析方法可计算卫星在测量时刻的理论位置,利用星间/星地观测量可获得卫星在测量时刻真实位置。以卫星轨道状态量和卫星动力学模型参数为待估算参数,以测量理论值和实测值之差作为观测量残差,两者组合可形成卫星运动观测方程。通过最小二乘法、卡尔曼滤波法等最优参数估计方法解算观测方程,可得到改进的卫星初轨参数和动力学模型参数[1-2]。

按照牛顿运动定律,在惯性系中,物体受力与物体加速度直接关联。用加速度表示的卫星动力学方程为[1-2]

$$\ddot{\boldsymbol{r}}_i = f(\boldsymbol{r}_i, \dot{\boldsymbol{r}}_i, p, t) \tag{2.1}$$

式中:$\boldsymbol{r}_i$、$\dot{\boldsymbol{r}}_i$、$\ddot{\boldsymbol{r}}_i$ 分别为惯性系中卫星位置、速度、加速度矢量;p 为动力学模型参数;t 为时间参数;f 为惯性系中表示的卫星动力学模型。

在一定初始或边界条件约束下,上述常微分方程存在唯一解,假设为

$$\boldsymbol{r}_i(t) = \boldsymbol{F}(\boldsymbol{r}_{i,0}, \dot{\boldsymbol{r}}_{i,0}, p, t), \quad \dot{\boldsymbol{r}}_i(t) = \dot{\boldsymbol{F}}(\boldsymbol{r}_{i,0}, \dot{\boldsymbol{r}}_{i,0}, p, t) \tag{2.2}$$

式中:$\boldsymbol{r}_{i,0}$、$\dot{\boldsymbol{r}}_{i,0}$ 分别为卫星初始时刻的位置及速度矢量;$\boldsymbol{F}$、$\dot{\boldsymbol{F}}$ 分别为利用微分方程和初值求取的位置和速度解函数。上述解函数表明,卫星任意时刻的位置及速度状态量完全依赖于卫星初始时刻状态、卫星动力学参数和卫星时间信息。即已知卫星初始轨道参数及动力学参数,可计算任意时刻卫星理论位置。

如果将卫星简化为质点,则测量时刻对应的瞬间卫星 i 与卫星 j 之间的星间测距观测方程可写为如下形式:

$$\rho_{ij} = |\boldsymbol{r}_i(t) - \boldsymbol{r}_j(t)| + \varepsilon_{ij} \tag{2.3}$$

式中：$\boldsymbol{r}_i(t)$、$\boldsymbol{r}_j(t)$ 分别为 t 时刻卫星 i、卫星 j 位置矢量；ρ_{ij} 为星间测距观测量；ε_{ij} 为测量噪声。

将动力学方程积分得到的卫星位置矢量 $\boldsymbol{r}_i(t)$、$\boldsymbol{r}_j(t)$ 表达式代入上述方程，则得到以卫星初始状态矢量和动力学模型参数为估计参数的观测方程如下：

$$\rho_{ij} = |\boldsymbol{F}_i(\boldsymbol{r}_{i,0},\dot{\boldsymbol{r}}_{i,0},p_i,t) - \boldsymbol{F}_j(\boldsymbol{r}_{j,0},\dot{\boldsymbol{r}}_{j,0},p_j,t)| + \varepsilon_{ij} \tag{2.4}$$

上述方程通常为非线性方程，直接解算有困难，为此，通常采用线性化逐步逼近方式，通过对线性化方程的多次循环迭代解算求取准确解。用卫星轨道初始状态和卫星动力学参数初值作为先验值，计算卫星位置理论值，并以此理论值作为参考轨道，对上述观测方程进行线性化，可得到星间链路观测方程的线性形式如下[3]：

$$\Delta\rho_{ij} = \rho_{ij} - \rho_{ij,0} = \frac{\boldsymbol{r}_i(t) - \boldsymbol{r}_j(t)}{\rho_{ij}}\left[\frac{\partial \boldsymbol{F}_i}{\partial(\boldsymbol{r}_{i,0},\dot{\boldsymbol{r}}_{i,0},p_i)}\begin{pmatrix}\mathrm{d}\boldsymbol{r}_{i,0}\\ \mathrm{d}\dot{\boldsymbol{r}}_{i,0}\\ \mathrm{d}p_i\end{pmatrix} - \frac{\partial \boldsymbol{F}_j}{\partial(\boldsymbol{r}_{j,0},\dot{\boldsymbol{r}}_{j,0},p_j)}\begin{pmatrix}\mathrm{d}\boldsymbol{r}_{j,0}\\ \mathrm{d}\dot{\boldsymbol{r}}_{j,0}\\ \mathrm{d}p_j\end{pmatrix}\right] + \bar{\varepsilon}_{ij} \tag{2.5}$$

上述方程为卫星轨道初值和动力学参数的线性函数，可采用最小二乘或卡尔曼滤波等优化参数估计方法解算。

解算得到轨道初值和动力学参数改正量后，用改正量对先验值进行改进，以改进先验值为初值重新进行线性化解算，直到参数改正值或观测方程残差统计量小于指定收敛极限值，此时的改进参数值即为非线性星间链路观测方程的最优解。

得到最优解后，利用最优解中的卫星轨道初值和动力学模型参数对卫星轨道运动微分方程进行积分，得到预报轨道时间序列，利用预报轨道时间序列可拟合导航星历，得到改进的广播星历参数。

2.3.2 星间链路自主定轨秩亏问题

1）二体问题的秩亏性

由上节自主定轨原理可知，采用动力学法实现星间链路自主定轨问题，最终可归结为以卫星先验轨道参数和卫星动力学参数为待估算参数的非线性方程求解问题。上述方法实施的核心环节在于求解卫星运动动力学微分方程，获取卫星位置与待解算参数之间的函数关系。对于导航卫星，为了保证动力学模型精度，卫星动力学方程需要综合考虑地球非球形引力、日月引力、太阳光压、地球反照压、固体潮、海潮等多种摄动力，卫星运动微分方程很难通过数学分析方法得到封闭形式解析解，通常采用数值积分方程解算，只能得到不同初值条件下卫星位置离散点时间序列。但如果仅考虑地球中心引力，忽略其他摄动力，则卫星运动轨迹为空间椭圆曲线，可用 6 个轨道根数描述，卫星位置、速度具有最简单的解析形式解如下[2-4]：

$$\boldsymbol{r} = a(\cos E - e)\boldsymbol{P} + a(\sqrt{1-e^2}\sin E)\boldsymbol{Q} \tag{2.6}$$

$$\dot{\boldsymbol{r}} = \frac{\sqrt{GM_{\mathrm{e}}a}}{r}\left[-(\sin E)\boldsymbol{P} + (\sqrt{1-e^2}\cos E)\boldsymbol{Q}\right] \tag{2.7}$$

$$E - e\sin E = M \tag{2.8}$$

$$\boldsymbol{P} = \begin{pmatrix} \cos\Omega\cos\omega - \sin\Omega\sin\omega\cos i \\ \sin\Omega\cos\omega + \cos\Omega\sin\omega\cos i \\ \sin\omega\sin i \end{pmatrix} \tag{2.9}$$

$$\boldsymbol{Q} = \begin{pmatrix} -\cos\Omega\sin\omega - \sin\Omega\cos\omega\cos i \\ -\sin\Omega\sin\omega + \cos\Omega\cos\omega\cos i \\ \cos\omega\sin i \end{pmatrix} \tag{2.10}$$

式中：M_{e} 为地球质量；G 为引力常数；a、e、i、Ω、ω、M 为 6 个轨道根数，对应于卫星初始位置、初始速度 6 个参数，其中 a、e、M 为表征卫星在轨道面运行轨迹的 3 个量，分别为椭圆半长轴、偏心率和卫星相对椭圆近地点平均角度，i、Ω、ω 为表征卫星轨道面空间方向的 3 个量，分别为卫星轨道面相对赤道面倾角、卫星轨道与赤道面升交点相对春分点夹角、卫星近地点方向相对轨道面升交点方向之间夹角；E 为卫星偏近点角。

将上述卫星位置解析表达式代入星间测据观测方程，得到仅考虑中心引力时的星间测据观测方程如下：

$$\rho_{kj} = \left|\boldsymbol{F}_k(a_k, e_k, i_{k,}, \omega_k, \Omega_k, M_k, t) - \boldsymbol{F}_j(a_j, e_j, i_j, \omega_j, \Omega_j, M_j, t)\right| + \varepsilon_{kj}$$

由于用 6 个轨道根数表示的卫星位置和速度矢量为轨道根数变量的非线性函数，为了将定轨观测方程线性化，以便利用线性优化估计方法完成定轨参数估计，需要对上述非线性表达式进行线性化，为此，需要计算卫星位置矢量对轨道根数的偏导数。

由轨道根数表示的卫星位置矢量表达式可知，卫星位置与轨道半长轴 a 之间为线性关系，其偏导数为

$$\frac{\partial \boldsymbol{r}}{\partial a} = \frac{1}{a}\boldsymbol{r} \tag{2.11}$$

由于卫星轨道偏心率 e 和平近点角 M 与偏近点角 E 有关，其偏导数计算需要经过两步，首先计算偏近点角 E 对于 M 和 e 的偏导数，然后结合位置、速度对 E 求偏导数，可获得位置、速度对偏心率 e 的偏导数。

利用开普勒方程 $E - e\sin E = M$ 对 M 和 e 求导，并组合位置、速度表达式，则有

$$\frac{\partial \boldsymbol{r}}{\partial e} = H\boldsymbol{r} + K\dot{\boldsymbol{r}} \tag{2.12}$$

$$H = -\frac{\cos E + e}{1 - e^2}, \quad K = \frac{\sin E}{n}\left(1 + \frac{r}{a(1 - e^2)}\right) \tag{2.13}$$

$$\frac{\partial \boldsymbol{r}}{\partial M} = \frac{\boldsymbol{r}}{n}, \quad n = \left(\frac{GM_{\mathrm{e}}}{a^3}\right)^{\frac{1}{2}} \tag{2.14}$$

$$\frac{\partial \boldsymbol{r}}{\partial i} = \begin{pmatrix} z\sin\Omega \\ -z\cos\Omega \\ -x\sin\Omega + y\cos\Omega \end{pmatrix} = \frac{z}{\sin i}\boldsymbol{R} \tag{2.15}$$

$$\frac{\partial \boldsymbol{r}}{\partial \Omega}=\begin{pmatrix}-y\\x\\0\end{pmatrix} \tag{2.16}$$

$$\frac{\partial \boldsymbol{r}}{\partial \omega}=\boldsymbol{R}\times\boldsymbol{r}=\begin{pmatrix}zR_y-yR_z\\xR_z-zR_x\\yR_x-xR_y\end{pmatrix} \tag{2.17}$$

式中

$$\boldsymbol{R}=\begin{pmatrix}\sin i\sin\Omega\\-\sin i\cos\Omega\\\cos i\end{pmatrix}$$

对于由两颗卫星组成的星间测量系统，假设星间测距观测量为 ρ_{kj}，对应的卫星位置三分量分别为 $(x_k \quad y_k \quad z_k)$ 和 $(x_j \quad y_j \quad z_j)$，星间测距观测量对于卫星 j 位置三分量偏导数为

$$\boldsymbol{e}_{kj}=\begin{pmatrix}\frac{x_j-x_k}{\rho_{kj}} & \frac{y_j-y_k}{\rho_{kj}} & \frac{z_j-z_k}{\rho_{kj}}\end{pmatrix}$$

星间测距观测量对于卫星 k 偏导数形式同上，符号相反。

组合卫星位置偏导数与测距观测量对卫星位置偏导数，可得测距观测量对于轨道根数偏导数。

对于两颗卫星轨道半长轴的偏导数分别为

$$\frac{\partial \rho_{kj}}{\partial a_k}=-\boldsymbol{e}_{kj}\cdot\frac{\boldsymbol{r}_k}{a_k},\quad \frac{\partial \rho_{kj}}{\partial a_j}=\boldsymbol{e}_{kj}\cdot\frac{\boldsymbol{r}_j}{a_j} \tag{2.18}$$

轨道偏心率偏导数为

$$\frac{\partial \rho_{kj}}{\partial e_k}=-\boldsymbol{e}_{kj}\cdot(H_k\boldsymbol{r}_k+K_k\dot{\boldsymbol{r}}_k),\quad \frac{\partial \rho_{kj}}{\partial e_j}=\boldsymbol{e}_{kj}\cdot(H_j\boldsymbol{r}_j+K_j\dot{\boldsymbol{r}}_j) \tag{2.19}$$

轨道平近点角偏导数为

$$\frac{\partial \rho_{kj}}{\partial M_k}=-\boldsymbol{e}_{kj}\cdot\frac{\dot{\boldsymbol{r}}_k}{n_k},\quad \frac{\partial \rho_{kj}}{\partial M_j}=\boldsymbol{e}_{kj}\cdot\frac{\dot{\boldsymbol{r}}_j}{n_j} \tag{2.20}$$

轨道倾角偏导数为[5]

$$\frac{\partial \rho_{kj}}{\partial i_k}=-\boldsymbol{e}_{kj}\cdot\frac{z_k}{\sin i_k}\cdot\boldsymbol{R}_k=\frac{-1}{\rho_{kj}}\cdot\boldsymbol{J}_{Nk}\cdot(\boldsymbol{r}_k\times\boldsymbol{r}_j),\quad \boldsymbol{J}_{Nk}=\begin{pmatrix}\cos\Omega_k\\\sin\Omega_k\\0\end{pmatrix} \tag{2.21}$$

$$\frac{\partial \rho_{kj}}{\partial i_j}=\boldsymbol{e}_{kj}\cdot\frac{z_j}{\sin i_j}\cdot\boldsymbol{R}_j=\frac{1}{\rho_{kj}}\cdot\boldsymbol{J}_{Nj}\cdot(\boldsymbol{r}_k\times\boldsymbol{r}_j),\quad \boldsymbol{J}_{Nj}=\begin{pmatrix}\cos\Omega_j\\\sin\Omega_j\\0\end{pmatrix} \tag{2.22}$$

升交点赤经偏导数为

$$\frac{\partial \rho_{kj}}{\partial \Omega_k} = -\boldsymbol{e}_{kj} \cdot \begin{pmatrix} -y_k \\ x_k \\ 0 \end{pmatrix} = -\frac{x_k y_j - x_j y_k}{\rho_{kj}} = H_{\Omega_k}, \quad \frac{\partial \rho_{kj}}{\partial \Omega_j} = \boldsymbol{e}_{kj} \cdot \begin{pmatrix} -y_j \\ x_j \\ 0 \end{pmatrix} = \frac{x_k y_j - x_j y_k}{\rho_{kj}} = H_{\Omega_j} \tag{2.23}$$

近地点角偏导数[6]为

$$\frac{\partial \rho_{kj}}{\partial \omega_k} = -\boldsymbol{e}_{kj} \cdot (\boldsymbol{R}_k \times \boldsymbol{r}_k), \quad \frac{\partial \rho_{kj}}{\partial \omega_j} = -\boldsymbol{e}_{kj} \cdot (\boldsymbol{R}_j \times \boldsymbol{r}_j) \tag{2.24}$$

线性化后的星间测据观测方程形式为

$$\Delta\rho_{kj} = \boldsymbol{H}(\Delta a_k \quad \Delta e_k \quad \Delta i_k \quad \Delta\omega_k \quad \Delta\Omega_k \quad \Delta M_k \quad \Delta a_j \quad \Delta e_j \quad \Delta i_j \quad \Delta\omega_j \quad \Delta\Omega_j \quad \Delta M_j)^{\mathrm{T}} + \varepsilon_{kj}$$

$$\boldsymbol{H} = (H_{a_k} \quad H_{e_k} \quad H_{i_k} \quad H_{\omega_k} \quad H_{\Omega_k} \quad H_{M_k} \quad H_{a_j} \quad H_{e_j} \quad H_{i_j} \quad H_{\omega_j} \quad H_{\Omega_j} \quad H_{M_j})$$

由上述公式可见，星间测距观测量对 $\Delta\Omega_k$、$\Delta\Omega_j$ 两参数偏导数 H_{Ω_k}、H_{Ω_j} 数量相同，符号相反，因此，上述关于轨道根数的观测方程系数矩阵是秩亏的，这种秩亏性并不能通过增加星间观测量消除，导致上述线性方程最小二乘解不唯一。据此证明，如果仅考虑地球中心引力，独立采用星间链路定轨存在秩亏问题。

2）二体问题秩亏性的几何本质

基于二体问题星间链路测量的秩亏性可以用两颗卫星轨道根数之间的空间关系简单说明。二体问题卫星空间位置可用6个轨道根数 a、e、i、Ω、ω、M 表示，其中平近点角 M 可用真近点角 f 替代。

假设两颗可建星间测量链路的卫星6个轨道根数分别为 a_1、e_1、i_1、Ω_1、ω_1、f_1 和 a_2、e_2、i_2、Ω_2、ω_2、f_2，两颗卫星在球面空间上的关系如图2.3所示。图中 $O\bar{O}$ 为赤道面，ADB 为卫星1轨道面，AEC 为卫星2轨道面，对应的轨道倾角分别为 i_1、i_2，轨道升交点经度分别为 Ω_1、Ω_2，α 为卫星1和卫星2轨道面之间的夹角，D、E 为建立星间测量链路时刻对应的卫星轨道上两个点，$\widehat{DE}$弦长为星间测距值。

由图2.3可见，$\widehat{BC} = \Omega_2 - \Omega_1$。

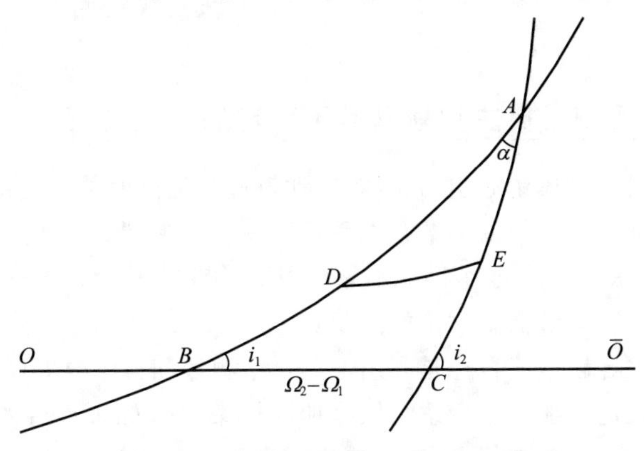

图2.3 两颗建链卫星在球面空间上轨道面之间的关系图

按照球面三角形正弦定律和余弦定律，可以得到

$$\cos\alpha = \cos i_1 \cos(\pi - i_2) - \sin i_1 \sin(\pi - i_2)\cos(\Omega_2 - \Omega_1) \tag{2.25}$$

$$\sin \widehat{AB} = \sin(\Omega_2 - \Omega_1)\sin(\pi - i_2)/\sin\alpha \tag{2.26}$$

$$\sin \widehat{AC} = \sin(\Omega_2 - \Omega_1)\sin i_1/\sin\alpha \tag{2.27}$$

由以上公式可见，$\widehat{AB}$、$\widehat{AC}$仅与轨道倾角和升交点经度差相关。

假设球面点 D、E 分别为建立星间测量链路时刻的卫星位置，其对应的轨道真近点角分别为 f_1、f_2，则有 $\widehat{BD} = \omega_1 + f_1$，$\widehat{CE} = \omega_2 + f_2$。

对于球面三角形 ADE 再一次使用余弦定律，有

$$\begin{aligned}\cos \widehat{DE} = &\cos(\widehat{AB} - \omega_1 - f_1)\cos(\widehat{AC} - \omega_2 - f_2) - \\ &\sin(\widehat{AB} - \omega_1 - f_1)\sin(\widehat{AC} - \omega_2 - f_2)\cos\alpha\end{aligned} \tag{2.28}$$

结合$\widehat{AB}$、$\widehat{AC}$、$\cos\alpha$ 计算公式，可看到$\widehat{DE}$仅为轨道倾角、轨道近地点角、轨道真近点角和轨道升交点经度差的函数，而$\widehat{DE}$对应星间链路测距观测量，可以用如下公式计算：

$$\rho_{DE}^2 = r_1^2 + r_2^2 - 2r_1 r_2 \cos \widehat{DE}$$

$$r_j = \frac{a(1 - e_j^2)}{1 + e\cos f_j} \quad j = 1,2$$

由上述公式看出，仅考虑中心引力，卫星运动轨迹为椭圆时，两颗卫星之间的星间测距观测量 ρ_{DE} 仅为轨道根数 a、e、i、ω、M 以及轨道根数差 $\Omega_2 - \Omega_1$ 的函数。也就是说，星间测距观测量 ρ_{DE} 与两颗卫星之间的轨道升交点经度之差相关，也就意味着利用星间测据不能确定轨道升交点经度的绝对值，这就是二体问题星间链路定轨产生秩亏问题的几何本质。

需要指出的是，上述推导过程是基于二体问题卫星位置解析公式表述的，如果综合考虑真实卫星受到的多种摄动力影响，卫星位置表达式发生变化，上述论证过程不再适用。

2.3.3 星间测距自主定轨基准不确定的一般性

前面两节针对仅考虑中心引力，卫星运动轨迹为椭圆时的简化情况，从理论上证明利用星间测量确定卫星轨道参数存在秩亏问题。考虑到真实的卫星受到多种摄动力影响，如何在考虑多种摄动力影响情况下，从动力学定轨原理上理解星间测距自主定轨问题的秩亏性是本节需要讨论的问题。

导航卫星自主定轨最终目标是利用卫星自主测量和自主数据处理改进其在地固坐标系中的卫星轨道。地固坐标系是依靠地面框架点坐标来维持的，自主定轨基本观测量没有包含地面框架点信息，自主定轨结果要表示在地固坐标系中就需要建立

地固坐标系与卫星自主定轨确定的轨道所隐含坐标系之间的坐标转换关系。由坐标基准相似变换原理可知,小尺度坐标基准变换可用7参数坐标变换矩阵实现,包括1个尺度参数、3个平移参数和3个旋转参数。星间测距观测量为距离观测量,仅能约束坐标变换7参数中的尺度信息,星间测距观测方程对于坐标平移和坐标旋转变换不敏感,也就是说利用星间距离测量不能确定平移和旋转6个坐标系转换参数。因此,独立采用星间测距信息定轨,仅利用星间几何测量信息不能改进由于测量或动力学模型误差引入的坐标基准平移和旋转误差;采用动力学法定轨时,地球引力为主要摄动力,如果定轨采用的地球引力场模型与定义地固坐标系采用的引力场模型相同,则理论上可将卫星位置坐标系原点近似约束到地球质心也就是地固坐标系原点上,坐标基准平移参数就被隐含确定。更进一步,由于高阶地球引力场不满足球对称性条件,高阶次引力场模型对卫星轨道方位信息也是敏感的,同时,形成动力学观测方程时,日月引力、太阳光压等摄动力计算过程也隐含了一种坐标系,这些摄动力本质上也提供了一种坐标系方位约束条件,因此,理论上,考虑完整动力学模型时,基于星间测距的动力学定轨问题基准定向是可以确定的,不存在秩亏问题。但事实上由于地球主体引力为点质量引力,如果定轨数据处理采用的观测弧段较小,地球引力场模型高阶项、日月引力、太阳光压等摄动力对坐标系定向参数的约束很弱,造成动力学定轨方程只能约束坐标系平移而并不能准确约束坐标系整体旋转误差。上述论证过程可通过定轨观测方程和动力学方程表达式在不同坐标基准变换中的表达形式不变性得以证明。如果观测方程或动力学方程对某项坐标基准转换参数不敏感,则将在仅含该参数的坐标基准变换下方程形式保持不变,称该方程满足该参数的坐标基准变换不变性条件,否则,方程将不满足坐标变换不变性条件。

基于星间测距的导航卫星动力学定轨函数关系可用观测方程和动力学方程表示,观测方程为

$$\bar{\rho}_j^i = \sqrt{(\boldsymbol{X}_i - \boldsymbol{X}_j)^{\mathrm{T}}(\boldsymbol{X}_i - \boldsymbol{X}_j)} + \Delta_{\mathrm{cor}} + \varepsilon \tag{2.29}$$

式中:$\bar{\rho}_j^i$ 为观测星间距;$\boldsymbol{X}_i$、$\boldsymbol{X}_j$ 分别为两颗卫星位置矢量;Δ_{cor} 为相对论、系统时延、路径时延等改正量;ε 为测量噪声。在不考虑星间测距设备收发时延稳定性前提下,经过数据预处理的星间距离观测量隐含确定了一种尺度参数。因此,后续的分析重点针对坐标基准平移和尺度参数进行。

考虑中心引力时的动力学方程为

$$\ddot{\boldsymbol{r}} = \frac{GM_{\mathrm{e}}}{r^3}\boldsymbol{r} \tag{2.30}$$

假设坐标系原点的平移量为 $\boldsymbol{b}_0$,坐标旋转矩阵为 $\boldsymbol{R}_0$,由于坐标旋转矩阵为正交阵,对标量性质的距离观测量不产生影响,而坐标系原点平移对于两颗卫星位置的影响相同,并不影响卫星位置差矢量,因此,明显看出,坐标基准的旋转及平移变换并不改变星间测距观测量 $\bar{\rho}_j^i$,星间测距观测方程满足变换不变性条件。

对于仅考虑中心引力的卫星动力学方程,当坐标旋转矩阵 $\boldsymbol{R}_0$ 不含时间参量时,

由于

$$\boldsymbol{R}_0 \cdot \ddot{\boldsymbol{r}} = \frac{GM_e}{r^3}\boldsymbol{R}_0 \cdot \boldsymbol{r} \tag{2.31}$$

由此证明,坐标基准旋转并不改变动力学方程形式,因此,坐标基准整体旋转不影响仅考虑中心引力的动力学定轨结果。进一步,如果卫星动力学方程中包含地球引力场模型带谐项、高阶项,可以证明坐标系绕 z 轴基准旋转同样不改变动力学方程形式,即坐标基准旋转变换不受动力学方程约束。这也正是常规动力学自主定轨中面临的情况。详细分析如下:

在常规动力学自主定轨过程中,摄动力对卫星位置的影响可近似用下面公式估计:

对于非耗散力近似为 $\frac{2F_\varepsilon}{F_0}(n\Delta t)$,耗散力近似为 $\frac{3}{2}\frac{F_\varepsilon}{F_0}(n\Delta t)^2$,其中 F_ε 为摄动力,F_0 为中心引力,n 为卫星平运动角速度,Δt 为时间间隔。

由于星载处理能力有限,自主定轨采用的观测数据弧段通常较短(不超过2h),此时地球引力场 J_2 项相对主体引力影响在 10^{-5} 量级,而包括日月引力、太阳光压等高阶项引起的摄动力相对量级约为 10^{-7} 以下。因此,当采用2h以内的观测弧段进行自主定轨处理时,最多仅有地球引力场 J_2 项对定轨结果可能有影响。此时,绕 z 轴的坐标基准旋转变换不改变动力学方程形式,造成自主定轨空间基准定向参数不确定,即定轨存在秩亏问题。

对于动力学方程,坐标基准平移变换的影响则完全不同,由于

$$\ddot{\boldsymbol{r}} + \ddot{\boldsymbol{b}}_0 = \ddot{\boldsymbol{r}} = \frac{GM_e}{r^3}\boldsymbol{r} \neq \frac{GM_e}{(|\boldsymbol{r} + \boldsymbol{b}_0|)^3}(\boldsymbol{r} + \boldsymbol{b}_0) \tag{2.32}$$

因此,卫星动力学方程并不满足坐标基准变换的平移不变性条件,据此,基于星间测量的动力学定轨过程对于坐标系平移参数是不秩亏的,动力学定轨过程能够将坐标系原点约束到地球质心,进而确定坐标基准平移参数。

从上述分析看出,星间测距信息可以约束坐标基准转换7个参数中的尺度参数,采用动力学法定轨时动力学方程可以约束3个坐标平移参数。这样,如果考虑人造卫星自主定轨弧段内主体引力占据主导地位的因素,基于星间测距信息的自主定轨仅对3个坐标旋转参数无约束,这就是基于星间测距的自主定轨星座整体旋转不可测问题的实质。

2.3.4 星座整体旋转不确定问题的两种形式

由上节分析可知,由于自主定轨数据处理采用的观测弧段相对较短,地球中心引力占主导地位,星间测量方程和卫星动力学方程对其采用的空间参考系的整体旋转变换参数不敏感,造成基于星间测距的动力学自主定轨参数解算出现秩亏问题,其秩亏性表现为定轨过程对其采用的空间基准3个坐标轴指向误差不能有效控制,对应

于描述卫星位置空间坐标系的坐标变换矩阵的3个旋转参数不唯一。这种旋转变换参数的不确定性对定轨结果的影响与定轨采用的坐标系相关。考虑到自主定轨通常采用地心惯性坐标系或地心地固坐标系两种，在两种坐标系中基准旋转参数影响方式不完全相同。

1）地心惯性坐标系中基准旋转

当卫星位置在惯性坐标系中描述时，此时自主定轨不能确定的坐标系指向参数对应于自主定轨结果隐含的惯性坐标系基准相对于真实惯性坐标系基准的旋转参数。该旋转参数不能通过星间测量改进，需要在定轨解算中增加与惯性空间相关的指向信息约束，此即自主定轨基准不确定问题的表现形式之一：自主定轨结果相对于惯性坐标系基准的不确定。

引起导航卫星自主导航星历在地心惯性坐标系中整体旋转误差的主要因素是：真实卫星受到的复杂摄动力和卫星定轨采用的动力学模型不匹配。

惯性空间基准通常用一组河外射电源位置或恒星位置定义，具有相对稳定性。现阶段，定义惯性空间的河外射电源测量精度已达微角秒量级，其参考系本身误差对于自主定轨而言可以忽略不计。为了消除惯性坐标系中的基准旋转误差，需要建立卫星与惯性空间目标之间的测量联系。建立两者之间联系的方式包括脉冲星测量、恒星定向测量等。考虑到现阶段脉冲星测量技术不成熟，恒星与导航卫星之间的角度测量精度水平超过10m，因此上述两种方式目前用于工程建设的条件仍不成熟。

利用导航卫星轨道倾角 i 和轨道升交点经度 Ω 具有较高长期预报精度的特点，综合考虑到轨道倾角和轨道升交点经度两个与轨道定向相关的参数隐含了坐标基准定向信息，GPS提出了一种利用预报轨道根数约束自主导航星历在惯性坐标系或近似地固坐标系中整体旋转误差的方法，可将相对惯性坐标系整体旋转误差控制在几十毫角秒量级。

2）地固坐标系中的基准旋转

如前面所述，导航卫星主要用户为地面或近地区域实时用户，其最方便使用的坐标系为地固坐标系，基于此，导航卫星产生的导航星历基本都是在地固坐标系或近似地固坐标系中表示的。对于自主导航而言，自主定轨产生的导航星历需要转换到地固坐标系。地固坐标系通常用一组地面站精确坐标和速度场定义。在卫星精密定轨中，地固坐标系通常用惯性坐标系与地固坐标系之间的坐标转换矩阵利用惯性坐标系间接定义。惯性坐标系转换到地固坐标系需要依据高精度的地球自转模型。按照地球自转理论，地球相对惯性空间的运动可用岁差、章动、自转和极移4种运动描述，坐标转换公式如下：

$$\boldsymbol{X}_{\mathrm{CIF}} = \boldsymbol{M}_{\mathrm{pre}} \cdot \boldsymbol{M}_{\mathrm{nut}} \cdot \boldsymbol{M}_{\mathrm{rot}} \cdot \boldsymbol{M}_{\mathrm{pole}} \cdot \boldsymbol{X}_{\mathrm{ITF}} \tag{2.33}$$

式中：$\boldsymbol{X}_{\mathrm{CIF}}$ 为惯性坐标系矢量；$\boldsymbol{M}_{\mathrm{pre}}$、$\boldsymbol{M}_{\mathrm{nut}}$、$\boldsymbol{M}_{\mathrm{rot}}$、$\boldsymbol{M}_{\mathrm{pole}}$ 分别为岁差、章动、地球自转和极移4个坐标旋转矩阵。按照国际地球自转服务（IERS）协议，岁差、章动矩阵可用IERS给定公式计算，地球自转矩阵包括均匀部分和非均匀部分，均匀部分同样由IERS协议给定，地球自转运动不规则性主要用极移和地球自转非均匀部分两项描述。由于地球运动受大气环流、洋流、地震、板块运动等多种地球表面和内部物理因素影响,极移和地球自转不规则部分很难准确建模并进行长期预报,通常采用IERS公布的地球定向参数值即EOP描述。IERS公布的地球自转参数包括仅含后处理参数的B公报和同时包含后处理及预报参数的A公报两种。后处理参数精度较高,但不能用于实时应用,而预报参数可用于实时应用但其误差随预报时长增加显著。图2.4为IERS A公报预报值相对后处理值误差。

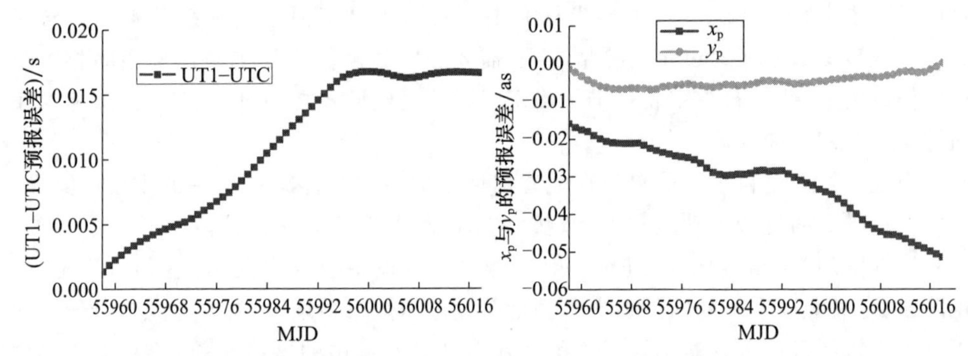

UT1— 一类世界时;UTC—协调世界时;MJD—修正儒略日;as—角秒;x_p、y_p—极移分量。

图2.4 连续预报90天的EOP误差(见彩图)

EOP的预报误差随预报时间的增加有逐渐增大的趋势。以IERS A、B公报发布值为例分析其变化。公报B为后处理值,公报A部分为预报值,两者之差体现了预报EOP误差。图2.4为自2010年12月29日起90天范围内A、B公报互差,可以看出,UT1-UTC的最大误差约为18ms,极移参数最大误差超过50mas,分段统计结果如表2.1所列。通过对IERS公布的EOP长期预报误差的特性分析表明,目前EOP预报误差水平约为:预报90天,UT1-UTC平均预报误差7.9ms,最大预报误差可达48ms,极移参数平均预报误差23mas,最大预报超过60mas。

表2.1为1~90天内EOP预报误差统计表。

表2.1 2010年EOP预报精度统计均方根(RMS)误差(摘自IERS年报)

预报天数	预报误差		
	(UT1-UTC)/ms	PM_x/mas	PM_y/mas
1	0.075	0.46	0.29
5	0.308	2.20	1.35
10	0.718	4.49	2.33
20	2.17	8.33	4.26
40	5.09	14.7	9.11
90	7.90	21.0	23.3

注:UT1-UTC为自转误差;PM_x、PM_y分别为极移两分量误差;mas为毫角秒

表2.2为2005—2011年连续5年EOP误差预报精度水平统计。

表 2.2　IERS Bulletin A 所发布的 EOP 预报精度 RMS

预报天数	EOP	年份						
		2005	2006	2007	2008	2009	2010	2011
5	x/(″)	0.00244	0.00233	0.00206	0.00186	0.00204	0.00220	0.00222
	y/(″)	0.0017	0.00151	0.00133	0.00138	0.00126	0.00135	0.00137
	(UT1-UTC)/s	0.00038	0.00052	0.000452	0.000375	0.000366	0.000308	0.000305
10	x/(″)	0.00413	0.00444	0.00375	0.00338	0.00349	0.00449	0.00401
	y/(″)	0.00277	0.00255	0.00227	0.00242	0.00234	0.00233	0.00249
	(UT1-UTC)/s	0.000935	0.00106	0.000921	0.000718	0.000757	0.000718	0.000776
20	x/(″)	0.00682	0.00825	0.00692	0.00570	0.00585	0.00833	0.00672
	y/(″)	0.00456	0.00472	0.00426	0.00427	0.00416	0.00426	0.00471
	(UT1-UTC)/s	0.00330	0.00311	0.00329	0.00208	0.00172	0.00217	0.00199
40	x/(″)	0.0119	0.0163	0.0121	0.0106	0.01020	0.0147	0.0119
	y/(″)	0.00832	0.00914	0.00847	0.00694	0.00700	0.00911	0.00913
	(UT1-UTC)/s	0.00598	0.00688	0.00777	0.00563	0.00561	0.00509	0.00362
90	x/(″)	0.0252	0.0335	0.0153	0.0234	0.0176	0.0210	0.0266
	y/(″)	0.0189	0.0187	0.0177	0.00781	0.0139	0.0233	0.0177
	(UT1-UTC)/s	0.00761	0.0221	0.0134	0.0162	0.0174	0.00790	0.0136

导航星历主要应用场景为地面用户实时应用,此时导航星历坐标转换只能采用 EOP 预报值。对于地面运控模式而言,由于导航星历上注周期通常小于 8 ~ 12h,因此 EOP 仅需预报 12h 以内,由表 2.1 看出,EOP 预报 24h,其 UT1 误差仅为 0.075ms,极移误差为 0.46mas 和 0.29mas,这两项误差对中轨道导航卫星轨道径向精度的影响小于 0.15m,对 URE 影响可以忽略。

对于自主导航模式而言,情况则完全不同。在自主定轨状态下,由于卫星不能随时与地面运控系统联系,因此需要预先上注 90 天以上的长期预报 EOP,由表 2.2 看出,UT1 参数预报 90 天,误差均值达 13.6ms,极移预报误差的两分量分别达 26.6mas 和 17.7mas,采用上述预报 EOP 计算卫星在地固坐标系中的位置时,将使得中轨道导航卫星轨道沿迹方向产生 28m 以上的位置误差,对应的 URE 计算误差将达到 5m 以上,该项误差将导致自主导航星历精度超限,影响系统服务性能。EOP 预报误差源于地球自转不规则运动,星间测量不包含地球自转信息,该项误差同样不能依靠星间测量修正。预报 EOP 误差将导致自主定轨星历相对地固坐标系产生整体旋转。当自主导航星历参数表述在地固坐标系中时,除了考虑自主导航星历整体相对惯性坐标系旋转误差外,还需要考虑由于预报 EOP 误差而引起的整体旋转误差,此即自主定轨空间基准不确定的另一种表现形式。

为了消除自主导航星历相对地固坐标系的整体旋转,最直接的方法是建设地面锚固站(能够与卫星建立测量链路的地面已知站),利用锚固站定期测量可将卫星星历参数统一到地固坐标系。另外,通过高频度上注 EOP 结合预报卫星轨道定向参数,也可约束地固坐标系整体旋转误差。

2.4 导航卫星自主时间同步

2.4.1 自主时间同步原理

如前所述,导航卫星自主导航运控模式的核心任务依然是产生并更新导航星历参数。导航星历参数除了前面所述的卫星轨道参数外,还包含卫星钟差参数。导航星历中的卫星钟差为导航卫星星载原子钟的钟面时刻相对卫星导航系统理论时间基准的差异。自主导航模式下理论时间基准通常并非物理存在,而是全部卫星钟维持的纸面时,因此导航卫星自主时间同步过程即为利用星间时间比对测量数据确定导航卫星基准时间和钟差模型参数的过程。目前,能够获取星间时间比对信息的观测量包括双向伪距/载波相位观测量、由两个单向测量组成的双向激光测距观测量。星间多普勒测量包含星间相对钟差变率信息而并不包含星间钟差信息。本节以星间双向伪距测量为例说明星间自主时间同步基本原理。

利用星间双向伪距实现自主时间同步的第一步是利用双向伪距观测量获取星间比钟观测量。将同时相互测量的一对卫星星间双向伪距数据直接作差,可消除距离信息以及其他多种共性误差,得到主要包含星间钟差信息和设备时延信息的星间比钟观测量。获取星间比钟观测量后,可以将自主时间同步过程转换为利用比钟观测量确定组合原子时间及星载原子钟差的过程,这样,现有的多种组合原子时算法成果可用于星载自主时间同步数据处理。

1) 自主导航基准时间定义

导航卫星钟差为卫星钟相对卫星导航系统基准时间的差异。不同卫星导航系统基准时间定义方式不同,导致卫星钟差所表征的物理量意义有较大差距。在 GPS 卫星导航系统常规地面运行模式下,以美国海军天文台运行的高精度原子钟组为主,组合卫星钟、地面监测站原子钟通过星间、星地时间比对链路共同形成组合 GPS 时间基准,即 GPS 时间基准为多钟组合形成的“纸面时”。北斗卫星导航系统常规运行模式下以北斗地面运控系统维持的一组高精度原子钟时间作为系统基准时间,导航卫星通过星地测量确定卫星钟相对基准时间的差异。在自主导航运行模式下,由于导航卫星不能随时与地面运控系统配置的高精度原子钟组建立测量链路,上述意义的基准时间很难实现。借鉴 GPS 时间基准定义的思想,基准时间本质上是依靠多个高精度原子钟以及原子钟之间的比钟观测共同形成的组合时间。据此,自主导航时间基准定义为:由星间比钟观测量联系在一起的导航卫星的星载原子钟组成原子钟组,该钟组共同维持的组合原子时间为自主导航基准时间。

2）自主时间同步方法

自主时间同步的目标是利用星间比钟观测量确定导航卫星钟差模型参数和基准时间。导航卫星的星载钟通常为原子钟，性能稳定的星载原子钟的钟差变化通常可用二阶多项式建模，此时，自主时间同步的过程即为利用星间比钟观测量确定二阶多项式系数及基准时间的过程。如前所述，利用星间比钟观测量确定系统基准时间过程类似于组合原子时间基准形成过程。假设卫星导航系统理想时间为 T，卫星钟的钟面时为 T_i，卫星钟差为卫星钟面时相对理想时间的偏差 x_i，则有关系式：

$$T_i = T + x_i$$

星间比钟观测量为 x_{ij}，定义为 $x_{ij} = T_i - T_j = x_i - x_j$，星间比钟观测量为物理可测量，该观测量实质上反映了卫星理论钟差之差。组合多个星间比钟观测量，可形成卫星钟差观测方程如下：

$$\boldsymbol{Y} = \boldsymbol{HX} + \varepsilon$$

式中：ε 为测量噪声，其他符号意义如下：

$$\boldsymbol{Y} = (x_{12} \quad x_{13} \quad \cdots \quad x_{1n})$$

$$\boldsymbol{H} = \begin{pmatrix} 1 & -1 & 0 & \cdots & 0 \\ 1 & 0 & -1 & \cdots & 0 \\ \vdots & \vdots & \vdots & & \vdots \\ 1 & 0 & 0 & \cdots & -1 \end{pmatrix}$$

$$\boldsymbol{X} = (x_1 \quad x_2 \quad \cdots \quad x_n)$$

上述观测方程为以星间比钟为观测量、以卫星钟差为待求解参数的观测方程。如果采用适当的参数优化估计算法，求得钟差参数最优估计值 $\bar{x}_i$，则利用每个卫星的钟面时 T_i 和钟差估计值 $\bar{x}_i$，可计算组合基准时间的优化估值 $\bar{T}$：

$$\bar{T} = T_i - \bar{x}_i$$

可以证明，利用上式定义的理论时间与卫星钟选择无关。

利用上述思路，在确定卫星钟差估值的同时，隐含确定了系统基准时间。

采用星间比钟观测量同时确定钟差并维持组合时间可利用现有的多种组合原子时算法，如包括 ALGOS 算法和 AT1 算法等在内的经典加权平均算法，以及多种形式的卡尔曼滤波组合原子时算法。下面对这几种算法的具体过程进行简单介绍。

2.4.2　经典加权平均算法

经典加权平均算法是现阶段多个国际时频组织广泛采用的组合原子时算法，其具体的实现过程有多种形式，但其核心思想相同，均是通过对多个原子钟输出钟面时依照其稳定性进行加权平均，形成稳定度更高的多钟组合平均时间，原子钟之间定期进行比钟观测，以此观测量作为动态确定原子钟权值的依据。国际计量局（BIPM）采用的 ALGOS 算法以及美国国家标准与技术研究所（NIST）采用的 AT1 为加权平均算法的代表[7],前者主要用于事后处理,后者用于实时处理。

1) 组合原子时定义

尽管原子钟是目前精度最高的守时设备,但由于每个原子钟制造性能和工作的物理环境有差异,其输出的实际时间相对理想真实时间的差异各不相同。由于理想时间无法通过物理测量获取,所以通过对实测原子钟面时加权平均逐步逼近。

假设有 N 个原子钟组成钟组,每个原子钟的钟面时分别为 h_i,则组合平均时间 TA 可定义为[8]

$$\mathrm{TA}(t) = \sum_{i=1}^{N} w_i(t) h_i(t), \quad \sum_{i=1}^{N} w_i(t) = 1 \tag{2.34}$$

式中:i 为原子钟编号;$w_i(t)$ 为对应的权值。如果钟组中的每个原子钟相对独立,由上述加权平均给出的时间尺度稳定性优于其中的每一个原子钟。

上述加权平均时间尺度在实用中将存在问题,如原子钟组中的某个原子钟因损坏退出钟组或有新的原子钟加入钟组,将导致平均时间基准不连续。为保证组合时间连续性,需要对上述组合平均时间定义进行调整,将组合平均时间重新定义为

$$\mathrm{TA}(t) = \sum_{i=1}^{N} w_i(t)[h_i(t) - h_i'(t)], \quad \sum_{i=1}^{N} w_i(t) = 1 \tag{2.35}$$

式中:$h_i'(t) = x_i'(t_0) + y_i'(t - t_0)$,$x_i'$、$y_i'$ 分别为每个原子钟钟差及钟漂主分量。

上述公式实际上将每个原子钟的可预报部分从组合原子时定义中去掉,仅对原子钟不可预报部分进行加权平均。

在实际应用中,由于理想时间未知,因此 TA 不是直接可测的物理量。但是,每颗卫星钟差相对 TA 之差是可测量的,即 $x_i(t) = \mathrm{TA}(t) - h_i(t)$ 可测。

原子钟之间的相对钟差可利用原子钟之间的比钟观测量直接测量,即有观测方程:

$$X_{ij}(t) = x_i(t) - x_j(t) \tag{2.36}$$

对于由 N 个原子钟组成的钟组,上述观测方程最多有 $N-1$ 个独立观测量,需要解算 N 个方程,理论上是秩亏的。需要附加额外观测方程。

将组合原子时定义公式与上述观测方程组合,得到组合原子时算法的方程:

$$\begin{aligned} \sum_{i=1}^{N} w_i(t) x_i(t) &= \sum_{i=1}^{N} w_i(t) h_i'(t) \\ X_{ij}(t) &= x_i(t) - x_j(t) \end{aligned} \tag{2.37}$$

式(2.37)有 N 个未知数,N 个独立方程,存在如下唯一解:

$$x_j(t) = \sum_{i=1}^{N} w_i(t)[h_i'(t) - X_{ij}(t)] \tag{2.38}$$

式(2.38)中 $h_i'(t)$ 为原子钟线性模型,包含原子钟钟差和钟漂主分量。两种主要的组合原子钟算法 ALGOS、AT1 主要区别在于 $h_i'(t)$ 的计算方式及卫星钟权重 $w_i(t)$ 计算方法等方面。

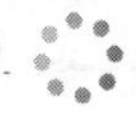

按照上述方法可解算每个原子钟相对组合平均时间的差值,也隐含定义了组合时间基准作为统一基准,并同时可实现原子钟之间的时间同步。

利用上述方法计算组合原子时时间,需要满足如下预设条件:

(1) 原子钟之间比钟观测量误差相对原子钟噪声可忽略;

(2) 每个原子钟相互独立,时差观测量不相关。

上述算法实现涉及测量间隔的选择问题。测量间隔的选择主要依据钟组中原子钟噪声特性,按照以下原则考虑:

(1) 当调频白噪声为主分量时,时间平均间隔为 1 ~ 10 天;

(2) 当随机游走噪声占主分量时,时间平均间隔为 20 ~ 70 天;

(3) 当线性漂移占主分量时,间隔取为几天。

2) ALGOS 算法

ALGOS 算法是国际计量局(BIPM)采用的组合原子时算法,主要用于组合全球高精度原子钟组(多于 250 台),形成国际标准时间及频率。其计算公式为

$$X_{ij}(t) = x_i(t) - x_j(t)$$
$$x_j(t) = \sum_{i=1}^{N} w_i(t)[h'_i(t) - X_{ij}(t)] \tag{2.39}$$

上述公式中的主要符号意义与上节相同。方程中原子钟之间比钟观测量 $X_{ij}(t)$ 为实测值,$x_j(t)$ 为待解算钟差参数。要完成数据处理,还需要计算 $w_i(t)$ 以及 $h'_i(t)$,这是 ALGOS 算法实施特点所在。

ALGOS 算法观测采样频度为 5 天,每隔 30 天完成 7 次采样数据的综合处理,采样点时间记为

$$t = t_0 + mT/6 \quad m = 0,1,\cdots,6, \quad T = 30\text{ 天}$$

式中:t_0 为上次处理结束时刻,同时为本次处理起始时刻。

原子钟趋势项 $h'_i(t)$ 计算公式为 $h'_i(t) = x'_i(t_0) + y'_i(t - t_0)$,其中 $x'_i(t_0)$ 可选为上次处理后得到的原子钟在 t_0 时刻的钟差,而 y'_i 则需要利用上次处理结果 $x_j(t)$ 采用最小二乘方法计算。即以 $[t_0 - T, t_0]$ 时间段中 7 个钟差参数 $x_i(t)$ 为观测量,以 x'_i、y'_i 为未知参数进行最小二乘解算得到。

单次处理原子钟权重计算过程如下:

(1) 利用上次处理采用的原子钟权重 $w_i(t)$ 和 $h'_i(t)$ 计算本次处理间隔内的原子钟差 $x_j(t)$。

(2) 利用最小二乘法拟合本次处理间隔内的原子钟差,得到本次频率 y'_i。

(3) 利用当前处理间隔得到本次频率 y'_i 和向上追溯 11 个月共计 1 年 12 个月处理间隔的频率,采用下述公式计算原子钟频率方差:

$$\sigma_i^2(12,T) = \frac{1}{12}\sum_{k=1}^{12}[y_{i,k} - \langle y_{i,k}\rangle]^2 \tag{2.40}$$

式中:k 为处理间隔编号;$y_{i,k}$ 为第 i 个原子钟第 k 个处理间隔频率;$\langle y_{i,k}\rangle$ 为 12 个测

量间隔内频率均值。

（4）原子钟权重计算公式为

$$w_i(t) = p_i / \sum_{i=1}^{N} p_i, \quad p_i = \frac{1}{\sigma_i^2(12, T)} \tag{2.41}$$

实际使用中，由于每个钟组中原子钟数量不同，性能有差异，为了确保高精度原子钟获得足够大的权重而不受其数量影响，通常需要对上述权重计算方法进行微调，对高精度原子钟设置权重下限 $w_{\max}$，并保证 $w_i(t) \geqslant w_{\max}$，$w_{\max} = A/N$，其中 A 为经验常数，N 为钟组中原子钟数量。

上述组合钟算法实施中，为了剔除异常数据，需要将频率异常点原子钟权重设置为零。频率异常数判别采用 3 倍中误差准则，利用 1 年内频率数据变化特性判别。计算公式为 $y_i(t_0 + T) - \langle y_i \rangle_{11} \geqslant 3\sigma_i^2(12, T)$，此时，设置 $w_i(t) = 0$。

当原子钟频率噪声以随机游走噪声为主体时，则需要用过去 11 个月频率数据计算频率协方差。

ALGOS 算法数据处理间隔为 30 天，数据采样间隔为 5 天，因此，不易用于实时处理，主要适用于高精度后处理，该算法易于实现对异常数据的检测和剔除，但是，由于频率稳定性计算采用 1 年数据的平均值，不易分辨频率变化季节项。

3）AT1 算法

为了适应组合原子时计算实时性要求，NIST 提出了 AT1 算法[9]。与 ALGOS 算法类似，AT1 算法计算公式同样为

$$\begin{gathered} X_{ij}(t) = x_i(t) - x_j(t) \\ x_j(t) = \sum_{i=1}^{N} w_i(t)[h_i'(t) - X_{ij}(t)] \\ \sum_{i=1}^{N} w_i(t) = 1 \end{gathered} \tag{2.42}$$

AT1 算法与 ALGOS 算法主要差异体现在观测数据采样时间、原子钟频率 y_i' 计算以及权重 $w_i(t)$ 计算方面。AT1 算法测量和计算间隔同为 2h，处理时间点为

$$t = t_0 + mT, \quad m = 1, \quad T = 2\text{h}$$

预报原子钟频率 y_i' 利用当前测量间隔以及过去测量间隔内原子钟频率均值确定，计算公式如下：

$$y_i'(t) = \frac{1}{m_i + 1}(y_i(t) + m y_i'(t_0)) \tag{2.43}$$

$$y_i(t) = \frac{x_i(t) - x_i(t_0)}{t - t_0} \tag{2.44}$$

$$m_i = \frac{1}{2}\left[-1 + \left(\frac{1}{3} + \frac{4}{3}\frac{\tau_{\max,i}^2}{T^2}\right)^{\frac{1}{2}}\right] \tag{2.45}$$

式中：$\tau_{\max,i}^2$ 为保证每台原子钟性能均能稳定的最大期限。

当前原子钟权重的选择利用原子钟以前性能统计特性确定。计算公式如下：

$$w_i(t) = p_i / \sum_{i=1}^{N} p_i, \quad p_i = \frac{1}{\langle \varepsilon_i^2 \rangle}, \quad \sum_{i=1}^{N} w_i(t) = 1 \tag{2.46}$$

$$\langle \varepsilon_i^2 \rangle_t = \frac{1}{N_\tau + 1}(\varepsilon_i^2 + N_\tau \langle \varepsilon_i^2 \rangle_{t-1}) \tag{2.47}$$

$$|\varepsilon_i^2| = |h_i'(t) - x_i(t)| + K_i \tag{2.48}$$

$$K_i = 0.8 p_i \langle \varepsilon_i^2 \rangle^{\frac{1}{2}}$$

式中：N_τ 通常取为 20 ~ 30 天，这样有利于减小历史数据影响，增加对原子钟特性实时性的响应；ε_i 为频率预报值与估计值之差；K_i 为顾及单个原子钟与组合时间之间相关性影响而增加的修正量，当钟组中原子钟数量小于 10 台时必须考虑该项影响，当原子钟数量较大时该项可不考虑。

AT1 算法仅考虑频率方差统计量，而并不关注其绝对数值，因此，对频率长期扰动变化不敏感，通常用于实时计算。AT1 算法同样利用原子钟方差统计量剔除粗差，但与 ALGOS 算法不同，AT1 算法采用 4 倍中误差作为粗差剔除标准。

2.4.3　主钟约束卡尔曼滤波算法

采用卡尔曼滤波方法维持原子钟组系统时间是一种广泛使用的组合原子时算法，也是 GPS 早期采用的算法。然而，由于卡尔曼滤波算法仍用原子钟之间的相对钟差作为观测量，n 个原子钟之间仅有 $n-1$ 个独立的相对钟差观测量，因此卡尔曼滤波算法是不稳定的。

为解决上述问题，早期 GPS 组合原子钟算法中采用了一种主钟约束方法，即通过在用于维持系统时间的钟组中，选择一个高精度原子钟作为主钟，即认为该原子钟性能接近于理想原子钟，将该钟的钟面时固定为钟组参考时间，采用卡尔曼滤波方法估计其余原子钟，此时滤波算法是稳定的[10]。下面对约束主钟算法理论的有效性进行简单说明。

假设由 n 个钟组成钟组，每个原子钟解算参数分别为钟差和钟漂，每个原子钟状态转移矩阵分别为 $\boldsymbol{\Phi}_1, \boldsymbol{\Phi}_2, \cdots, \boldsymbol{\Phi}_n$，原子钟之间相对钟差观测方程为

$$\boldsymbol{Y} = \boldsymbol{HX} + \boldsymbol{\varepsilon} \tag{2.49}$$

式中

$$\boldsymbol{X} = \begin{pmatrix} a_1 \\ b_1 \\ \vdots \\ a_n \\ b_n \end{pmatrix}, \quad \boldsymbol{H} = \begin{pmatrix} 1 & \cdots & 0 & -1 & \cdots & 0 \\ 1 & \cdots & 0 & 0 & 0 & -1 \\ \vdots & & \vdots & \vdots & \vdots & \vdots \\ 0 & \cdots & 1 & -1 & \cdots & 0 \\ 0 & \cdots & 1 & 0 & \cdots & -1 \end{pmatrix}$$

原子钟状态更新方程和对应的卡尔曼滤波计算过程为

$$\boldsymbol{X}_{k+1} = \boldsymbol{\Phi}\boldsymbol{X}_k + \boldsymbol{\varepsilon} \tag{2.50}$$

$$\hat{\boldsymbol{X}}_{k+1} = \boldsymbol{\Phi}\bar{\boldsymbol{X}}_k \tag{2.51}$$

$$\hat{\boldsymbol{P}}_{k+1} = \boldsymbol{\Phi}\bar{\boldsymbol{P}}_k\boldsymbol{\Phi}^{\mathrm{T}} + \boldsymbol{Q} \tag{2.52}$$

$$\boldsymbol{P}_{k+1} = \hat{\boldsymbol{P}}_{k+1} - \hat{\boldsymbol{P}}_{k+1}\boldsymbol{H}^{\mathrm{T}}(\boldsymbol{H}\hat{\boldsymbol{P}}_{k+1}\boldsymbol{H}^{\mathrm{T}} + \boldsymbol{R})^{-1}\boldsymbol{H}\hat{\boldsymbol{P}}_{k+1} \tag{2.53}$$

$$\bar{\boldsymbol{X}}_{k+1} = \hat{\boldsymbol{X}}_{k+1} + \hat{\boldsymbol{P}}_{k+1}\boldsymbol{H}^{\mathrm{T}}(\boldsymbol{H}\hat{\boldsymbol{P}}_{k+1}\boldsymbol{H}^{\mathrm{T}} + \boldsymbol{R})^{-1}(\boldsymbol{Y} - \boldsymbol{H}\hat{\boldsymbol{X}}_{k+1}) \tag{2.54}$$

式中

$$\boldsymbol{\Phi} = \begin{pmatrix} \phi_1 & 0 & \cdots & 0 & 0 \\ 0 & \phi_2 & \cdots & 0 & 0 \\ \vdots & \vdots & & \vdots & \vdots \\ 0 & 0 & \cdots & \phi_{n-1} & 0 \\ 0 & 0 & \cdots & 0 & \phi_n \end{pmatrix}, \quad \boldsymbol{Q} = E(\boldsymbol{\varepsilon}^{\mathrm{T}}\boldsymbol{\varepsilon}) = \begin{pmatrix} q_1 & 0 & \cdots & 0 & 0 \\ 0 & q_2 & \cdots & 0 & 0 \\ \vdots & \vdots & & \vdots & \vdots \\ 0 & 0 & \cdots & q_{n-1} & 0 \\ 0 & 0 & \cdots & 0 & q_n \end{pmatrix}$$

由于 $\boldsymbol{H}$ 矩阵列矢量之间具有相关性，导致上述计算过程矩阵求逆秩亏，造成滤波算法不稳定。为此采用参考主钟算法，假设参考主钟为钟 1，相应的解算参数为其他钟相对主钟的差值，此时解算参数可表示为

$$\boldsymbol{X}' = \boldsymbol{M}\boldsymbol{X} \tag{2.55}$$

式中

$$\boldsymbol{M} = \begin{pmatrix} \boldsymbol{I} & \boldsymbol{0} & \cdots & \boldsymbol{0} & \boldsymbol{0} \\ -\boldsymbol{I} & \boldsymbol{I} & \cdots & \boldsymbol{0} & \boldsymbol{0} \\ \vdots & \vdots & & \vdots & \vdots \\ -\boldsymbol{I} & \boldsymbol{0} & \cdots & \boldsymbol{I} & \boldsymbol{0} \\ -\boldsymbol{I} & \boldsymbol{0} & \cdots & \boldsymbol{0} & \boldsymbol{I} \end{pmatrix}$$

由此得

$$\boldsymbol{M}^{-1} = \begin{pmatrix} \boldsymbol{I} & \boldsymbol{0} & \cdots & \boldsymbol{0} & \boldsymbol{0} \\ \boldsymbol{I} & \boldsymbol{I} & \cdots & \boldsymbol{0} & \boldsymbol{0} \\ \vdots & \vdots & & \vdots & \vdots \\ \boldsymbol{I} & \boldsymbol{0} & \cdots & \boldsymbol{I} & \boldsymbol{0} \\ \boldsymbol{I} & \boldsymbol{0} & \cdots & \boldsymbol{0} & \boldsymbol{I} \end{pmatrix}$$

对应的观测方程变为

$$\boldsymbol{Y}' = \boldsymbol{H}'\boldsymbol{X}' \tag{2.56}$$

式中

$$\boldsymbol{H}' = (\boldsymbol{0} \quad \boldsymbol{H}'_2 \quad \cdots \quad \boldsymbol{H}'_{n-1} \quad \boldsymbol{H}'_n)$$

采用参考主钟后状态转移矩阵和动力学噪声矩阵相应变为

$$\boldsymbol{\Phi}' = \boldsymbol{M}\boldsymbol{\Phi}\boldsymbol{M}^{-1} = \boldsymbol{\Phi} \tag{2.57}$$

$$
\boldsymbol{Q}' = \boldsymbol{MQM}^{\mathrm{T}} = \begin{pmatrix} 0 & 0 & \cdots & 0 & 0 \\ 0 & q_2 & \cdots & 0 & 0 \\ \vdots & \vdots & & \vdots & \vdots \\ 0 & 0 & \cdots & q_{n-1} & 0 \\ 0 & 0 & \cdots & 0 & q_n \end{pmatrix} + \begin{pmatrix} q_1 & -q_1 & \cdots & -q_1 & -q_1 \\ -q_1 & q_1 & \cdots & -q_1 & -q_1 \\ \vdots & \vdots & & \vdots & \vdots \\ -q_1 & -q_1 & \cdots & q_1 & -q_1 \\ -q_1 & -q_1 & \cdots & -q_1 & q_1 \end{pmatrix} \tag{2.58}
$$

上述公式表明采用参考主钟后,状态转移矩阵不变,而系统动力学噪声矩阵发生显著变化。为证明采用主钟不影响其余原子钟滤波估计结果,需要证明:当仅对除参考主钟以外的$(n-1)$个参数对应的子阵进行卡尔曼滤波时间更新以及测量更新处理时,滤波结果的协方差信息阵不受主钟参数影响。为此,将滤波器协方差阵分解为子阵:

$$
\hat{\boldsymbol{P}}_{k+1} = \begin{pmatrix} \boldsymbol{A}_1 & \boldsymbol{A}_2 \\ \boldsymbol{A}_2^{\mathrm{T}} & \boldsymbol{A}_3 \end{pmatrix}, \quad \boldsymbol{H}' = (\boldsymbol{0} \quad \boldsymbol{B})
$$

依照滤波解算公式,测量更新后的协方差阵为

$$
\bar{\boldsymbol{P}}_{k+1} = \hat{\boldsymbol{P}}_{k+1} - \hat{\boldsymbol{P}}_{k+1}\boldsymbol{H}^{\mathrm{T}}(\boldsymbol{H}\hat{\boldsymbol{P}}_{k+1}\boldsymbol{H}^{\mathrm{T}} + \boldsymbol{R})^{-1}\boldsymbol{H}\hat{\boldsymbol{P}}_{k+1} = \begin{pmatrix} \boldsymbol{A}_1 - \boldsymbol{A}_2\boldsymbol{B}^{\mathrm{T}}\boldsymbol{WBA}_2^{\mathrm{T}} & \boldsymbol{A}_2 - \boldsymbol{A}_2\boldsymbol{B}^{\mathrm{T}}\boldsymbol{WBA}_3 \\ \boldsymbol{A}_2^{\mathrm{T}} - \boldsymbol{A}_3\boldsymbol{B}^{\mathrm{T}}\boldsymbol{WBA}_2^{\mathrm{T}} & \boldsymbol{A}_3 - \boldsymbol{A}_3\boldsymbol{B}^{\mathrm{T}}\boldsymbol{WBA}_3 \end{pmatrix} \tag{2.59}
$$

式中

$$
\boldsymbol{W} = (\boldsymbol{H}\hat{\boldsymbol{P}}_{k+1}\boldsymbol{H}^{\mathrm{T}} + \boldsymbol{R})^{-1}
$$

由于状态转移矩阵 $\boldsymbol{\Phi}$ 为对角阵,因此,$\hat{\boldsymbol{P}}_{k+1}$ 子矩阵 $\boldsymbol{A}_3$ 经过时间更新后仅与$\phi_2 \sim \phi_n$相关,记

$$
\boldsymbol{\Phi}'' = \begin{pmatrix} \phi_2 & \cdots & 0 & 0 \\ \vdots & & \vdots & \vdots \\ 0 & \cdots & \phi_{n-1} & 0 \\ 0 & \cdots & 0 & \phi_n \end{pmatrix}
$$

则时间更新阵为

$$
\boldsymbol{A}_3 = \boldsymbol{\Phi}''\bar{\boldsymbol{A}}_3\boldsymbol{\Phi}''^{\mathrm{T}} + \begin{pmatrix} q_2 & \cdots & 0 & 0 \\ \vdots & & \vdots & \vdots \\ 0 & \cdots & q_{n-1} & 0 \\ 0 & \cdots & 0 & q_n \end{pmatrix} + \begin{pmatrix} q_1 & \cdots & -q_1 & -q_1 \\ \vdots & & \vdots & \vdots \\ -q_1 & \cdots & q_1 & -q_1 \\ -q_1 & \cdots & -q_1 & q_1 \end{pmatrix} \tag{2.60}
$$

由上述推导过程可见,如果参考钟精度足够高,q_1 相比其他原子钟 q_i 足够小,则不估计参考钟参数,仅估计其余原子钟的钟差参数,其估计结果与估计全部参数接近等效。这就近似证明了参考钟算法的正确性。同时也指出,参考钟算法适用前提是要求参考钟精度显著优于其他原子钟。

2.4.4 隐含组合钟卡尔曼滤波算法

如前面所述,在利用原子钟之间比钟观测量采用卡尔曼滤波方法形成组合原子钟时,由于比钟观测量本质是相对测量,造成绝对钟差不可测,导致卡尔曼滤波参数解算过程不稳定甚至发散。为此,通过在钟组中固定高精度原子钟,可以消除滤波观测方程的不可测性,保证滤波器收敛。然而,固定主钟方法需要主钟精度显著优于其他原子钟,而且,钟组中如果主钟发生跳变或数据缺失,将导致组合钟时间系统受影响。为此,K. R. Brown 提出了一种直接采用卡尔曼滤波算法的隐含组合钟算法。

卡尔曼在早期文献中指出,线性卡尔曼滤波状态量可分为可观测部分和不可观测部分,可观测状态矢量由滤波器观测方程和时间更新方程通过滤波解算唯一确定,其结果并不影响不可观测状态量的测量更新。对于由比钟观测量和原子钟状态转移矩阵组成的卡尔曼滤波系统,比钟观测量对原子钟绝对钟差信息不可测,任何通过设置主钟减少解算参数的方法本质上并不能解决绝对钟差确定问题。正如上节指出,选择不同主钟则对应产生不同系统时间。因此,解决该项问题最本质的思路应该由观测方程中可观与不可观状态量在滤波处理中的变化特性出发,寻求不同类型变量影响滤波结果方法。

状态量的可观测性与不可观测性主要取决于观测方程。若滤波测量方程和状态转移方程为

$$\boldsymbol{x}_{k+1} = \boldsymbol{\Phi}\boldsymbol{x}_k + \boldsymbol{\nu} \tag{2.61}$$

$$\boldsymbol{y} = \boldsymbol{H}\boldsymbol{x} + \boldsymbol{\varepsilon} \tag{2.62}$$

式中:$\boldsymbol{H}$ 为测量矩阵;$\boldsymbol{\Phi}$ 为状态转移阵变率。依照 Brown 定义,如果状态量变化 $\delta\boldsymbol{x}$ 满足下述条件,则定义为不可观测状态量:

$$\boldsymbol{H}\delta\boldsymbol{x} = 0, \quad \delta\dot{\boldsymbol{x}}_k = \boldsymbol{\Phi}\delta\boldsymbol{x}_k \tag{2.63}$$

按照上述定义的不可测状态量有多种形式。但对于给定测量系统,如果存在一组量 $\delta\boldsymbol{x}$,使得其他形式的不可测状态量表达式均可用这组量 $\delta\boldsymbol{x}$ 的线性组合表示,则称该组量 $\delta\boldsymbol{x}$ 为最大无关组。最大无关组 $\delta\boldsymbol{x}$ 表征了状态量中的不可测状态量维度的上限。对于由星间双向测距观测量组合形成的星间相对钟差观测方程,如果待解算参数为卫星钟差和钟漂,则不可测状态量最大维度为 2。以后的 $\delta\boldsymbol{x}$ 均指最大无关组。

由上述定义可知,不可测状态量的变化不影响滤波器观测方程,事实上,可以进一步证明,不可测状态量的变化,也不影响线性卡尔曼滤波测量更新过程。简单证明如下。

假设滤波器原始状态量为 $\hat{\boldsymbol{x}}_{k+1}$,对应的协方差阵为 $\hat{\boldsymbol{P}}_{k+1}$,假设其中的不可测状态量变化值为 $\delta\boldsymbol{x}$,假设不可测状态量变化值 $\delta\boldsymbol{x}$ 与原始状态量之间不相关,则增加 $\delta\boldsymbol{x}$ 后,对应的全部状态量协方差信息将变为 $\hat{\boldsymbol{P}}_{k+1} + \delta\boldsymbol{x}\cdot\delta\boldsymbol{x}^{\mathrm{T}}$,利用线性卡尔曼滤波测

量更新计算公式,有

$$
\begin{aligned}
\bar{\boldsymbol{X}}'_{k+1} = & \hat{\boldsymbol{X}}_{k+1} + \delta\boldsymbol{x} + (\hat{\boldsymbol{P}}_{k+1} + \delta\boldsymbol{x}\cdot\delta\boldsymbol{x}^{\mathrm{T}})\boldsymbol{H}^{\mathrm{T}}[\boldsymbol{H}(\hat{\boldsymbol{P}}_{k+1} + \delta\boldsymbol{x}\cdot\delta\boldsymbol{x}^{\mathrm{T}})\boldsymbol{H}^{\mathrm{T}} + \\
& \boldsymbol{R}]^{-1}[\boldsymbol{Y} - \boldsymbol{H}(\hat{\boldsymbol{X}}_{k+1} + \delta\boldsymbol{x})] = \\
& \hat{\boldsymbol{X}}_{k+1} + \hat{\boldsymbol{P}}_{k+1}\boldsymbol{H}^{\mathrm{T}}[\boldsymbol{H}\hat{\boldsymbol{P}}_{k+1}\boldsymbol{H}^{\mathrm{T}} + \boldsymbol{R}]^{-1}[\boldsymbol{Y} - \boldsymbol{H}\hat{\boldsymbol{X}}_{k+1}] + \delta\boldsymbol{x} = \\
& \bar{\boldsymbol{X}}_{k+1} + \delta\boldsymbol{x}
\end{aligned}
\tag{2.64}
$$

$$
\begin{aligned}
\bar{\boldsymbol{P}}'_{k+1} = & \hat{\boldsymbol{P}}_{k+1} + \delta\boldsymbol{x}\cdot\delta\boldsymbol{x}^{\mathrm{T}} - (\hat{\boldsymbol{P}}_{k+1} + \delta\boldsymbol{x}\cdot\delta\boldsymbol{x}^{\mathrm{T}})\boldsymbol{H}^{\mathrm{T}}[\boldsymbol{H}(\hat{\boldsymbol{P}}_{k+1} + \delta\boldsymbol{x}\cdot\delta\boldsymbol{x}^{\mathrm{T}})\boldsymbol{H}^{\mathrm{T}} + \boldsymbol{R}]^{-1}\cdot \\
& \boldsymbol{H}(\hat{\boldsymbol{P}}_{k+1} + \delta\boldsymbol{x}\cdot\delta\boldsymbol{x}^{\mathrm{T}}) = \\
& \hat{\boldsymbol{P}}_{k+1} - \hat{\boldsymbol{P}}_{k+1}\boldsymbol{H}^{\mathrm{T}}[\boldsymbol{H}\hat{\boldsymbol{P}}_{k+1}\boldsymbol{H}^{\mathrm{T}} + \boldsymbol{R}]^{-1}\boldsymbol{H}\hat{\boldsymbol{P}}_{k+1} + \delta\boldsymbol{x}\cdot\delta\boldsymbol{x}^{\mathrm{T}} = \\
& \bar{\boldsymbol{P}}_{k+1} + \delta\boldsymbol{x}\cdot\delta\boldsymbol{x}^{\mathrm{T}}
\end{aligned}
\tag{2.65}
$$

由此可见,在采用卡尔曼滤波进行测量更新时,不可测状态量变化 $\delta\boldsymbol{x}$ 并不影响可测部分滤波参数及其协方差的估计。

基于上述考虑,为解决钟差解算卡尔曼滤波器发散问题,Brown 将钟差解算卡尔曼滤波估计参数分解为可测部分和不可测部分,对可测部分和不可测部分在滤波解算过程中的特性进行了分析。通过严格论证表明,参数可测部分状态量随卡尔曼滤波测量更新和时间更新逐历元修正,而不可测部分参数估计值和协方差信息则不受测量更新过程的影响,仅随滤波器时间更新过程改变其预报值和协方差信息。滤波器时间更新过程对参数协方差的影响分析如下:

卡尔曼滤波时间更新方程为

$$
\bar{\boldsymbol{P}}_{k+1} = \boldsymbol{\Phi}\bar{\boldsymbol{P}}_k\boldsymbol{\Phi}^{\mathrm{T}} + \boldsymbol{\omega}\cdot\boldsymbol{\omega}^{\mathrm{T}}
\tag{2.66}
$$

如果协方差阵变化表示为 $\delta\boldsymbol{x}\cdot\delta\boldsymbol{x}^{\mathrm{T}}$,则经过一次时间更新后,协方差增量为

$$
\boldsymbol{\Phi}\delta\boldsymbol{x}\cdot(\boldsymbol{\Phi}\delta\boldsymbol{x})^{\mathrm{T}}
$$

经过 n 次滤波后,协方差增量为

$$
\sum_{i=1}^{n}\boldsymbol{\Phi}^{n}\delta\boldsymbol{x}\cdot(\boldsymbol{\Phi}^{n}\delta\boldsymbol{x})^{\mathrm{T}}
$$

由此看见,伴随滤波次数增加,滤波器时间更新过程将会逐步增加参数协方差值。对于卡尔曼滤波解算中的可测参数部分,依照滤波器参数协方差更新过程有

$$
\bar{\boldsymbol{P}}_k = \hat{\boldsymbol{P}}_k - \hat{\boldsymbol{P}}_k\boldsymbol{H}^{\mathrm{T}}(\boldsymbol{H}\hat{\boldsymbol{P}}_k\boldsymbol{H}^{\mathrm{T}} + \boldsymbol{R})^{-1}\boldsymbol{H}\hat{\boldsymbol{P}}_k
\tag{2.67}
$$

考虑到式(2.67)右边第二部分为正定或半正定矩阵,可测部分的参数协方差值将随滤波器测量更新而减小。

对于参数不可测部分,如果其对应的协方差信息产生误差,由于后续测量更新过程并不能影响其协方差信息,而时间更新部分则增加其协方差,造成后续协方差信息将随着滤波器时间更新不断累积增加,最后导致滤波器发散。这也正是上述钟差滤

波解算过程不稳定的本质原因。为此，Brown 提出了一种最大无关不可测分解处理策略。

1）组合原子时观测方程的分解

对于设计矩阵秩亏的观测方程，可将参数及协方差阵分解为可测部分和不可测部分分别分析。对于任意包含可测与不可测状态量的协方差阵 $\boldsymbol{P}_k$，对应可分解为可测量相关部分和不可测量相关部分，即 $\boldsymbol{P}_k = \boldsymbol{P}'_k + \delta\boldsymbol{x}\boldsymbol{A}\cdot\boldsymbol{A}^{\mathrm{T}}\delta\boldsymbol{x}^{\mathrm{T}}$。这种分解不是唯一的。但可以证明，存在唯一的分解，使得 $\boldsymbol{P}'_k$ 半定同时不再包含不可测分量，此分解称为最小分解。

为得出最小分解的具体形式，参考协方差阵测量更新方程，上述协方差形式可写为

$$\boldsymbol{P}_k = \boldsymbol{P}'_k - \boldsymbol{P}'_k\boldsymbol{H}^{\mathrm{T}}(\boldsymbol{H}\boldsymbol{P}'_k\boldsymbol{H}^{\mathrm{T}} + \boldsymbol{R})^{-1}\boldsymbol{H}\boldsymbol{P}'_k \tag{2.68}$$

假设存在满秩矩阵 $\boldsymbol{M}$，使得

$$\boldsymbol{P}'_k\boldsymbol{H}^{\mathrm{T}} = \delta\boldsymbol{x}\cdot\boldsymbol{M}$$

则上述方程变为

$$\begin{aligned}\boldsymbol{P}_k &= \boldsymbol{P}'_k - \delta\boldsymbol{x}\cdot\boldsymbol{M}[\boldsymbol{M}^{\mathrm{T}}\delta\boldsymbol{x}^{\mathrm{T}}(\boldsymbol{P}'_k)^{-1}\delta\boldsymbol{x}\cdot\boldsymbol{M} + \boldsymbol{R}]^{-1}\boldsymbol{H}\boldsymbol{P}'_k = \\ &\boldsymbol{P}'_k - \delta\boldsymbol{x}[\delta\boldsymbol{x}^{\mathrm{T}}\boldsymbol{P}'_k\delta\boldsymbol{x} + (\boldsymbol{M}^{-1})^{\mathrm{T}}\boldsymbol{R}\boldsymbol{M}^{-1}]\delta\boldsymbol{x}^{\mathrm{T}}\end{aligned} \tag{2.69}$$

由式(2.69)看出，当 $\boldsymbol{R}$ 为零时，对应 $\boldsymbol{P}_k$ 分解具有最小值：

$$\boldsymbol{P}'_k - \delta\boldsymbol{x}[\delta\boldsymbol{x}^{\mathrm{T}}\boldsymbol{P}'^{-1}_k\delta\boldsymbol{x}]\delta\boldsymbol{x}^{\mathrm{T}}$$

可以证明，这种分解也是唯一最小分解。也就是说，如果 $\delta\boldsymbol{x}$ 为最大无关不可测组，则 $\boldsymbol{P}_k - \delta\boldsymbol{x}[\delta\boldsymbol{x}^{\mathrm{T}}\boldsymbol{P}_k^{-1}\delta\boldsymbol{x}]\delta\boldsymbol{x}^{\mathrm{T}}$ 为对应 $\boldsymbol{P}_k$ 的最小分解。

将上述方法用于原子钟组滤波系统，假设每个原子钟估计状态量为钟偏和钟漂两个参数，观测量为原子钟之间相对钟差，定义矩阵

$$\boldsymbol{H}_*^{\mathrm{T}} = (\boldsymbol{I} \quad \boldsymbol{I} \quad \cdots \quad \boldsymbol{I} \quad \boldsymbol{I})$$

式中：$\boldsymbol{I}$ 为 2×2 单位矩阵。

则可以证明，矢量 $\delta\boldsymbol{x} = \boldsymbol{\Phi}_{k+1}\cdot\boldsymbol{H}_*$ 为星间钟差测量系统对应的最大无关不可测状态量，$\boldsymbol{\Phi}_{k+1}$ 为状态转移矩阵。对应于这种状态量，存在唯一的测量协方差阵最小分解：

$$\boldsymbol{P}'_k = \boldsymbol{P}_k - \boldsymbol{H}_*[\boldsymbol{H}_*^{\mathrm{T}}\boldsymbol{P}_k^{-1}\boldsymbol{H}_*]^{-1}\boldsymbol{H}_*^{\mathrm{T}}$$

式中：$\boldsymbol{P}'_k$ 为协方差阵可观测分量；$\boldsymbol{H}_*[\boldsymbol{H}_*^{\mathrm{T}}\boldsymbol{P}_k^{-1}\boldsymbol{H}_*]^{-1}\boldsymbol{H}_*^{\mathrm{T}}$ 为不可观测分量。

2）隐含组合时间基准定义及计算

当采用卡尔曼滤波方法利用星间比钟观测量计算组合原子时间时，假设每个原子钟的参数为钟差和钟漂 x_1、$\dot{x}_1$，$n/2$ 个卫星钟差参数组成的矢量为 $\boldsymbol{X}$，其中 $\boldsymbol{X}$ 的 n 个分量分别为 $\boldsymbol{x}_1, \boldsymbol{x}_2, \cdots, \boldsymbol{x}_n$。

每颗卫星钟面时 x 与理想钟时间 $\boldsymbol{x}_0$、卫星钟差 $\boldsymbol{x}_1$ 之间有关系：

$$\boldsymbol{x} = \begin{pmatrix}1 & 0\\0 & 1\end{pmatrix}\boldsymbol{x}_0 + \boldsymbol{x}_1 + \boldsymbol{\varepsilon} \tag{2.70}$$

由式(2.70)也可知,已知卫星钟的钟面时和滤波器解算钟差参数,也可隐含确定理想钟面时。考虑到每颗卫星钟面时和钟差均能够确定一个理想钟面时,由此,定义卡尔曼滤波隐含理想钟综合时间为 $\boldsymbol{x}_0 | \boldsymbol{x}_1, \boldsymbol{x}_2, \cdots, \boldsymbol{x}_n$, 即理想综合时为已知每颗卫星钟条件下的理想时间均值。

理想原子钟的钟面时为 $\boldsymbol{x}_0$, 真实钟与理想钟之差为 $\boldsymbol{B}$,采用此前符号 $\boldsymbol{H}_*$ 则有

$$\boldsymbol{X} = \boldsymbol{H}_* \boldsymbol{x}_0 + \boldsymbol{B} = \boldsymbol{H}_* \boldsymbol{x}_0 + \bar{\boldsymbol{B}} + \boldsymbol{\varepsilon} \tag{2.71}$$

式中: $\bar{\boldsymbol{B}}$ 为滤波解算后的钟差参数;$\boldsymbol{X}$ 为原子钟的钟面时; $\boldsymbol{B}$ 为真实卫星钟差参数; $\boldsymbol{\varepsilon}$ 为钟差估计值与理论值之差,采用滤波解算时,满足

$$\boldsymbol{E}(\boldsymbol{\varepsilon} \cdot \boldsymbol{\varepsilon}^{\mathrm{T}}) = \boldsymbol{P}$$

式中: $\boldsymbol{P}$ 为滤波器估计的钟差参数的协方差。

上式即为利用滤波估计的钟差参数计算理想钟钟面时 x_0 的方程。

事实上,滤波器解算只能得到估计钟差参数 $\bar{\boldsymbol{B}}$, 参数 $\boldsymbol{B}$ 与参数 $\bar{\boldsymbol{B}}$ 之差 $\boldsymbol{\varepsilon}$ 体现了每个钟估计时间基准与理想时间基准之差。利用上述公式,采用最小二乘思想,可计算出隐含理想时间估计值为

$$\boldsymbol{x}_0 = (\boldsymbol{H}_*^{\mathrm{T}} \boldsymbol{P} \boldsymbol{H}_*)^{-1} \boldsymbol{H}_* \boldsymbol{P} (\boldsymbol{X} - \bar{\boldsymbol{B}}) \tag{2.72}$$

对应理想时间估计误差为 $\boldsymbol{C}_{\Delta x_0} = (\boldsymbol{H}_*^{\mathrm{T}} \boldsymbol{P} \boldsymbol{H}_*)^{-1}$, 此即为时间基准维持精度。

采用星间钟差观测量进行滤波解算时,由于观测方程秩亏,造成上述计算公式中协方差阵 $\boldsymbol{P}$ 不可逆,从而使得 $(\boldsymbol{H}_*^{\mathrm{T}} \boldsymbol{P} \boldsymbol{H}_*)^{-1}$ 不能直接求逆,为此,可采用矩阵广义逆求解方法,即首先给矩阵增加一个形式为 $(\boldsymbol{H}_* \boldsymbol{S} \boldsymbol{H}_*^{\mathrm{T}})$ 的矩阵,使得矩阵 $(\boldsymbol{P} + \boldsymbol{H}_* \boldsymbol{S} \boldsymbol{H}_*^{\mathrm{T}})$ 可逆,然后利用下述公式计算矩阵逆:

$$(\boldsymbol{H}_*^{\mathrm{T}} \boldsymbol{P} \boldsymbol{H}_*)^{-1} = [\boldsymbol{H}_*^{\mathrm{T}} (\boldsymbol{P} + \boldsymbol{H}_* \boldsymbol{S} \boldsymbol{H}_*^{\mathrm{T}}) H_*]^{-1} - \boldsymbol{S} \tag{2.73}$$

式(2.73)表明,利用卡尔曼滤波估计结果计算的隐含理想时间为每个钟估计钟差的线性组合,因此,可认为理想时间为每个钟面时的加权平均。从这个意义上,卡尔曼滤波形成的组合时间与加权平均综合时间等效。

为了分别估算每个钟在形成组合时间基准中的权重,需要对上述组合钟计算方程进行变形,将理想时间计算方程两端减去 x_0, 即可得到每个钟计算得出的理想时间偏差为 $\boldsymbol{\varepsilon}$, 有

$$\boldsymbol{\varepsilon}_i = (\boldsymbol{x}_i - \boldsymbol{x}_0 - \boldsymbol{x}_1)$$

而组合利用多个钟按照隐含钟定义计算的组合时间为

$$\delta \boldsymbol{x}_0 = (\boldsymbol{H}_*^{\mathrm{T}} \boldsymbol{P} \boldsymbol{H}_*)^{-1} \boldsymbol{H}_* \boldsymbol{P} \boldsymbol{\varepsilon} \tag{2.74}$$

在形成组合时间中每个钟误差协方差为

$$\boldsymbol{P}_{\delta x} = E[(\boldsymbol{\varepsilon} - \delta \boldsymbol{x}_0)(\boldsymbol{\varepsilon} - \delta \boldsymbol{x}_0)^{\mathrm{T}}] = \boldsymbol{P} - \boldsymbol{H}_* (\boldsymbol{H}_* \boldsymbol{P} \boldsymbol{H}_*^{\mathrm{T}})^{-1} \boldsymbol{H}_*^{\mathrm{T}} \tag{2.75}$$

上述协方阵为卡尔曼滤波估计的协方差阵最小分解,该协方差阵仅与滤波器观测方程的可测分量相关。也就是说,每个卫星钟的权取决于钟差观测量精度。

本节给出了采用卡尔曼滤波估计的隐含钟的定义以及计算方法，并给出了每个钟在形成组合钟过程中的权重计算方法。相比选择主钟做参考钟的处理策略，隐含组合钟采用多个钟的加权平均作为参考钟，参考钟的稳定性和可靠性更高。同时，隐含组合钟并不简单用每个钟与主钟偏差评价卫星钟性能，而采用全网钟数据综合评估方法，评估结果不依赖于每个钟与主钟之间的观测量强度。

3）钟动态噪声成比例时组合钟特性

前面给出了隐含组合钟的定义，并推导了利用每个钟计算的标准钟时间与全网钟形成的隐含标准时间之差的精度估计公式，即每个钟的表示误差，该项误差仅与卡尔曼滤波估计协方差阵中的可观测部分相关，而与不可观测部分无关。由此可见，观测量精度直接影响表示误差。

观测量精度如何影响隐含组合钟以及变化特性是一个相对复杂的问题。在一些特殊条件下，比如若组成滤波器系统的各个原子钟的钟差动力学噪声协方差成比例，可以证明，采用卡尔曼滤波估计得到的隐含钟性能完全与观测量精度无关；而另一个极端情况是如果滤波系统中某个或多个卫星钟重新初始化，则该钟重新入网后其时间基准表示误差直接取决于星间钟差测量精度。

原子钟动力学噪声之间成比例情况严格定义如下：

假设原子钟状态转移方程形式为

$$\boldsymbol{X}_{k+1} = \boldsymbol{\Phi}\boldsymbol{X}_k + \boldsymbol{\varepsilon} \tag{2.76}$$

$$\breve{\boldsymbol{P}} = E(\boldsymbol{\varepsilon}^{\mathrm{T}}\boldsymbol{\varepsilon}) = \begin{pmatrix} q_1 & 0 & \cdots & 0 & 0 \\ 0 & q_2 & \cdots & 0 & 0 \\ \vdots & \vdots & & \vdots & \vdots \\ 0 & 0 & \cdots & q_{n-1} & 0 \\ 0 & 0 & \cdots & 0 & q_n \end{pmatrix}$$

如果其中任意两个原子钟之间动力学噪声协方差之间的关系可用下述方程表示：

$$q^i = s_{ij} q^j \tag{2.77}$$

则称原子钟动力学噪声之间具有比例关系，其中，s_{ij} 为常数。

如果由多个原子钟组成的原子钟组系统各个原子钟之间不存在任何观测量约束，按照 Brown 定义，称该原子钟组为开环钟组，与此对应，如果原子钟之间存在观测量约束，则称为闭环钟组。

对于开环钟组系统，每个原子钟噪声均按照自己动力学形态独立演化，此时每个原子钟噪声完全依赖于其自己动力学噪声，对于具有比例关系的原子钟组，其开环状态的动力学噪声形式为

$$\breve{\boldsymbol{P}} = \begin{pmatrix} \boldsymbol{P}_1 & \boldsymbol{0} & \cdots & \boldsymbol{0} \\ \boldsymbol{0} & \boldsymbol{P}_2 & \cdots & \boldsymbol{0} \\ \vdots & \vdots & & \vdots \\ \boldsymbol{0} & \boldsymbol{0} & \cdots & \boldsymbol{P}_n \end{pmatrix} = \boldsymbol{M}\begin{pmatrix} s_1\boldsymbol{I} & \boldsymbol{0} & \cdots & \boldsymbol{0} \\ \boldsymbol{0} & s_2\boldsymbol{I} & \cdots & \boldsymbol{0} \\ \vdots & \vdots & & \vdots \\ \boldsymbol{0} & \boldsymbol{0} & \cdots & s_n\boldsymbol{I} \end{pmatrix} \tag{2.78}$$

4）隐含组合钟及其协方差特性

定理1　对于由 n 个原子钟组成的钟组，假设观测方程和状态转移方程具有形式：

$$x_{k+1} = \boldsymbol{\Phi} x_k + \boldsymbol{\omega} \tag{2.79}$$

$$y = Hx + \boldsymbol{\varepsilon} \tag{2.80}$$

如果原子钟动力学噪声阵之间成比例，采用卡尔曼滤波处理，若某时刻协方差阵满足关系 $H_*^{\mathrm{T}} P_m^{-1} = H_*^{\mathrm{T}} \breve{P}_m^{-1}$，则该关系式对于后续历元均成立，即

$$H_*^{\mathrm{T}} P_k^{-1} = H_*^{\mathrm{T}} \breve{P}_k^{-1} \quad k > m \tag{2.81}$$

式中：H_* 为设计矩阵中的不可观测部分；$\breve{P}_k$ 为对应的开环系统协方差；P_k 为卡尔曼滤波处理闭环系统协方差。

上述定理的证明严格按照卡尔曼滤波处理过程进行。

对于滤波器测量更新部分，由于

$$P_{k+1}^{-1} = P_k^{-1} + H^{\mathrm{T}} R H, \quad H_* H = 0 \tag{2.82}$$

因此有

$$H_*^{\mathrm{T}} P_{k+1}^{-1} = H_*^{\mathrm{T}} P_k^{-1} + H_*^{\mathrm{T}} H^{\mathrm{T}} R H = H_*^{\mathrm{T}} P_k^{-1} = H_*^{\mathrm{T}} \breve{P}_k^{-1} \tag{2.83}$$

开环及闭环系统卡尔曼滤波协方差信息时间更新方程为

$$\hat{P}_{k+1} = \boldsymbol{\Phi} P_k \boldsymbol{\Phi}^{\mathrm{T}} + Q \tag{2.84}$$

$$\breve{P}_{k+1} = \boldsymbol{\Phi} \breve{P}_k \boldsymbol{\Phi}^{\mathrm{T}} + Q \tag{2.85}$$

不考虑噪声矩阵，仅考虑第一部分，记：

$$\hat{P}'_{k+1} = \boldsymbol{\Phi} P_k \boldsymbol{\Phi}^{\mathrm{T}} \tag{2.86}$$

$$\breve{P}'_{k+1} = \boldsymbol{\Phi} \breve{P}_k \boldsymbol{\Phi}^{\mathrm{T}} \tag{2.87}$$

由于

$$\begin{aligned} H_*^{\mathrm{T}} (\hat{P}'^{-1}_{k+1} - \breve{P}'^{-1}_{k+1}) &= H_*^{\mathrm{T}} [(\boldsymbol{\Phi}^{\mathrm{T}})^{-1} P_k^{-1} \boldsymbol{\Phi}^{-1} - (\boldsymbol{\Phi}^{\mathrm{T}})^{-1} \breve{P}_k^{-1} \boldsymbol{\Phi}^{-1}] = \\ &(\boldsymbol{\Phi}^{\mathrm{T}})^{-1} (H_*^{\mathrm{T}} P_k^{-1} - H_*^{\mathrm{T}} \breve{P}_k^{-1}) \boldsymbol{\Phi}^{-1} = 0 \end{aligned} \tag{2.88}$$

因此有

$$H_*^{\mathrm{T}} \hat{P}'^{-1}_{k+1} = H_*^{\mathrm{T}} \breve{P}'^{-1}_{k+1}$$

两边同乘以 $\hat{P}'_{k+1}$，则变为

$$H_*^{\mathrm{T}} = H_*^{\mathrm{T}} \breve{P}'^{-1}_{k+1} \hat{P}'^{-1}_{k+1} \tag{2.89}$$

上述推导过程利用了矩阵 $\boldsymbol{\Phi}$ 为对角矩阵的特点。

考虑到开环状态下协方差阵 $\breve{P}_{k+1}$ 仅取决于原子钟噪声，故 $\breve{P}_{k+1}$ 具有形式：

$$\breve{\boldsymbol{P}}_{k+1}=\begin{pmatrix} s_1\boldsymbol{M} & \boldsymbol{0} & \cdots & \boldsymbol{0} \\ \boldsymbol{0} & s_2\boldsymbol{M} & \cdots & \boldsymbol{0} \\ \vdots & \vdots & & \vdots \\ \boldsymbol{0} & \boldsymbol{0} & \cdots & s_n\boldsymbol{M} \end{pmatrix} \tag{2.90}$$

考虑原子钟噪声矩阵 $\boldsymbol{Q}$ 也为与 $\breve{\boldsymbol{P}}_{k+1}$ 成比例的对角阵,有

$$\begin{aligned}
&\boldsymbol{H}_*^{\mathrm{T}}\breve{\boldsymbol{P}}_{k+1}^{-1}\hat{\boldsymbol{P}}_{k+1}=\boldsymbol{H}_*^{\mathrm{T}}(\breve{\boldsymbol{P}}'_{k+1}+\boldsymbol{Q})^{-1}(\hat{\boldsymbol{P}}_{k+1}+\boldsymbol{Q})= \\
&\boldsymbol{H}_*^{\mathrm{T}}\begin{pmatrix} s_1(\boldsymbol{M}+\boldsymbol{Q}) & \boldsymbol{0} & \cdots & \boldsymbol{0} \\ \boldsymbol{0} & s_2(\boldsymbol{M}+\boldsymbol{Q}) & \cdots & \boldsymbol{0} \\ \vdots & \vdots & & \vdots \\ \boldsymbol{0} & \boldsymbol{0} & \cdots & s_n(\boldsymbol{M}+\boldsymbol{Q}) \end{pmatrix}^{-1}\times \\
&\left(\hat{\boldsymbol{P}}'_{k+1}+\begin{pmatrix} s_1\boldsymbol{Q} & \boldsymbol{0} & \cdots & \boldsymbol{0} \\ \boldsymbol{0} & s_2\boldsymbol{Q} & \cdots & \boldsymbol{0} \\ \vdots & \vdots & & \vdots \\ \boldsymbol{0} & \boldsymbol{0} & \cdots & s_n\boldsymbol{Q} \end{pmatrix}\right)=(\boldsymbol{M}+\boldsymbol{Q})^{-1}\boldsymbol{M}\boldsymbol{H}_*^{\mathrm{T}}\begin{pmatrix} s_1\boldsymbol{M} & \boldsymbol{0} & \cdots & \boldsymbol{0} \\ \boldsymbol{0} & s_2\boldsymbol{M} & \cdots & \boldsymbol{0} \\ \vdots & \vdots & & \vdots \\ \boldsymbol{0} & \boldsymbol{0} & \cdots & s_n\boldsymbol{M} \end{pmatrix}^{-1}\times \\
&\hat{\boldsymbol{P}}'_{k+1}+(\boldsymbol{M}+\boldsymbol{Q})^{-1}\boldsymbol{Q}\boldsymbol{H}_*^{\mathrm{T}}
\end{aligned} \tag{2.91}$$

式中:$\hat{\boldsymbol{P}}'_{k+1}=\boldsymbol{\Phi}\boldsymbol{P}_k\boldsymbol{\Phi}^{\mathrm{T}}$。

将 $\breve{\boldsymbol{P}}_{k+1}$表达式代入,上述公式进一步可变为

$$\begin{aligned}
&\boldsymbol{H}_*^{\mathrm{T}}\breve{\boldsymbol{P}}_{k+1}^{-1}\hat{\boldsymbol{P}}_{k+1}=(\boldsymbol{M}+\boldsymbol{Q})^{-1}\boldsymbol{M}\boldsymbol{H}_*^{\mathrm{T}}\begin{pmatrix} s_1\boldsymbol{M} & \boldsymbol{0} & \cdots & \boldsymbol{0} \\ \boldsymbol{0} & s_2\boldsymbol{M} & \cdots & \boldsymbol{0} \\ \vdots & \vdots & & \vdots \\ \boldsymbol{0} & \boldsymbol{0} & \cdots & s_n\boldsymbol{M} \end{pmatrix}^{-1}\hat{\boldsymbol{P}}'_{k+1}+(\boldsymbol{M}+\boldsymbol{Q})^{-1}\boldsymbol{Q}\boldsymbol{H}_*^{\mathrm{T}}= \\
&(\boldsymbol{M}+\boldsymbol{Q})^{-1}\boldsymbol{M}\boldsymbol{H}_*^{\mathrm{T}}\breve{\boldsymbol{P}}_k^{-1}\hat{\boldsymbol{P}}'_{k+1}+(\boldsymbol{M}+\boldsymbol{Q})^{-1}\boldsymbol{O}\boldsymbol{H}_*^{\mathrm{T}}
\end{aligned} \tag{2.92}$$

将 $\boldsymbol{H}_*^{\mathrm{T}}=\boldsymbol{H}_*^{\mathrm{T}}\breve{\boldsymbol{P}}'^{-1}_{k+1}\hat{\boldsymbol{P}}'^{-1}_{k+1}$代入,式(2.92)变为

$$\begin{aligned}
\boldsymbol{H}_*^{\mathrm{T}}\breve{\boldsymbol{P}}_{k+1}^{-1}\hat{\boldsymbol{P}}_{k+1}&=(\boldsymbol{M}+\boldsymbol{Q})^{-1}\boldsymbol{M}\boldsymbol{H}_*^{\mathrm{T}}\breve{\boldsymbol{P}}_k^{-1}\hat{\boldsymbol{P}}'_{k+1}+(\boldsymbol{M}+\boldsymbol{Q})^{-1}\boldsymbol{Q}\boldsymbol{H}_*^{\mathrm{T}}= \\
&(\boldsymbol{M}+\boldsymbol{Q})^{-1}\boldsymbol{M}\boldsymbol{H}_*^{\mathrm{T}}(\boldsymbol{M}+\boldsymbol{Q})^{-1}\boldsymbol{Q}\boldsymbol{H}_*^{\mathrm{T}}= \\
&(\boldsymbol{M}+\boldsymbol{Q})^{-1}(\boldsymbol{M}+\boldsymbol{Q})\boldsymbol{H}_*^{\mathrm{T}}=\boldsymbol{H}_*^{\mathrm{T}}
\end{aligned} \tag{2.93}$$

式(2.93)可变形为

$$\boldsymbol{H}_*^{\mathrm{T}}\hat{\boldsymbol{P}}_{k+1}^{-1}=\boldsymbol{H}_*^{\mathrm{T}}\breve{\boldsymbol{P}}_{k+1}^{-1} \tag{2.94}$$

上述过程即完成了定理 1 的证明。

定理 1 结果表明,在原子钟动力学噪声矩阵成比例前提下,如果某次滤波处理中其协方差阵中的不可测部分与无观测量的开环协方差对应的不可测部分相同,则后

续闭环滤波处理得到的协方差不可测部分均与开环观测条件相同。

考虑到隐含理想钟估计公式及协方差公式：

$$\boldsymbol{x}_0 = (\boldsymbol{H}_*^{\mathrm{T}}\boldsymbol{P}\boldsymbol{H}_*)^{-1}\boldsymbol{H}_*\boldsymbol{P}(\boldsymbol{X} - \bar{\boldsymbol{B}}) \tag{2.95}$$

$$\boldsymbol{C}_{\Delta x_0} = (\boldsymbol{H}_*^{\mathrm{T}}\boldsymbol{P}\boldsymbol{H}_*)^{-1} \tag{2.96}$$

由上述公式和定理1可推知，如果原子钟噪声矩阵成比例，则隐含理想钟估计值和协方差具有形式：

$$\boldsymbol{x}_0 = (\boldsymbol{H}_*^{\mathrm{T}}\breve{\boldsymbol{P}}\boldsymbol{H}_*)^{-1}\boldsymbol{H}_*\breve{\boldsymbol{P}}(\boldsymbol{X} - \bar{\boldsymbol{B}}) \tag{2.97}$$

$$\boldsymbol{C}_{\Delta x_0} = (\boldsymbol{H}_*^{\mathrm{T}}\breve{\boldsymbol{P}}\boldsymbol{H}_*)^{-1} \tag{2.98}$$

即采用卡尔曼滤波时，如果原子钟噪声成比例，隐含钟估计值及其协方差完全不受观测量精度影响。

更进一步，对于隐含组合钟估计值，有如下定理。

定理2　对于与定理1相同的观测系统，如果原子钟动态噪声成比例，对于形式为 $\boldsymbol{x}_0 = (\boldsymbol{H}_*^{\mathrm{T}}\boldsymbol{P}\boldsymbol{H}_*)^{-1}\boldsymbol{H}_*\boldsymbol{P}\bar{\boldsymbol{B}}$（$\bar{\boldsymbol{B}}_k$ 为卡尔曼滤波器钟差估计值）的隐含理想钟估计量，如果对于历元 m，有 $\boldsymbol{H}_*^{\mathrm{T}}\boldsymbol{P}_m^{-1}\bar{\boldsymbol{B}}_m = 0$，则对于后续 $k > m$，总有 $\boldsymbol{H}_*^{\mathrm{T}}\boldsymbol{P}_k^{-1}\boldsymbol{B}_k = 0$。

证明：定理2的证明思路与定理1类似，仍从卡尔曼滤波测量更新和时间更新两个方面进行证明，滤波器输入观测量为原子钟之间相对钟差测量值，估计参数为钟差及钟漂参数。钟差及钟漂参数作为输入值参与隐含标准钟确定。

卡尔曼滤波测量协方差更新公式为

$$\hat{\boldsymbol{P}}_k^{-1} = \bar{\boldsymbol{P}}_k^{-1} + \boldsymbol{H}^{\mathrm{T}}\boldsymbol{R}_k^{-1}\boldsymbol{H} \tag{2.99}$$

滤波器参数更新方程为

$$\hat{\boldsymbol{B}}_k = \bar{\boldsymbol{B}}_k + \bar{\boldsymbol{P}}_k\boldsymbol{H}^{\mathrm{T}}(\boldsymbol{H}\bar{\boldsymbol{P}}_k\boldsymbol{H}^{\mathrm{T}} + \boldsymbol{R}_k)^{-1}\Delta\boldsymbol{Y} \tag{2.100}$$

需要证明在 $\boldsymbol{H}_*^{\mathrm{T}}\bar{\boldsymbol{P}}_k^{-1}\bar{\boldsymbol{B}}_k = 0$ 条件下，$\boldsymbol{H}_*^{\mathrm{T}}\hat{\boldsymbol{P}}_k^{-1}\hat{\boldsymbol{B}}_k = 0$。

由于 $\boldsymbol{H}_*^{\mathrm{T}}\boldsymbol{H}^{\mathrm{T}}\boldsymbol{R}_k^{-1}\boldsymbol{H} = 0$，因此有

$$\boldsymbol{H}_*^{\mathrm{T}}\hat{\boldsymbol{P}}_k^{-1}\hat{\boldsymbol{B}}_k = \boldsymbol{H}_*^{\mathrm{T}}(\bar{\boldsymbol{P}}_k^{-1} + \boldsymbol{H}^{\mathrm{T}}\boldsymbol{R}_k^{-1}\boldsymbol{H})\hat{\boldsymbol{B}}_k = \boldsymbol{H}_*^{\mathrm{T}}\bar{\boldsymbol{P}}_k^{-1}\hat{\boldsymbol{B}}_k \tag{2.101}$$

由于 $\boldsymbol{H}_*^{\mathrm{T}}\boldsymbol{H}^{\mathrm{T}} = 0$，因此有

$$\begin{aligned}\boldsymbol{H}_*^{\mathrm{T}}\hat{\boldsymbol{P}}_k^{-1}\hat{\boldsymbol{B}}_k &= \boldsymbol{H}_*^{\mathrm{T}}\bar{\boldsymbol{P}}_k^{-1}\hat{\boldsymbol{B}}_k = \boldsymbol{H}_*^{\mathrm{T}}\bar{\boldsymbol{P}}_k^{-1}[\bar{\boldsymbol{B}}_k + \bar{\boldsymbol{P}}_k H^{\mathrm{T}}(\boldsymbol{H}\bar{\boldsymbol{P}}_k\boldsymbol{H}^{\mathrm{T}} + \boldsymbol{R}_k)^{-1}\Delta\boldsymbol{Y}] = \\ &\boldsymbol{H}_*^{\mathrm{T}}\bar{\boldsymbol{P}}_k^{-1}\bar{\boldsymbol{B}}_k + \boldsymbol{H}_*^{\mathrm{T}}\bar{\boldsymbol{P}}_k^{-1}\bar{\boldsymbol{P}}_k\boldsymbol{H}^{\mathrm{T}}(\boldsymbol{H}\bar{\boldsymbol{P}}_k\boldsymbol{H}^{\mathrm{T}} + \boldsymbol{R}_k)^{-1}\Delta\boldsymbol{Y} = 0\end{aligned} \tag{2.102}$$

这就证明了对于测量更新过程，定理2成立。

对于卡尔曼滤波时间更新过程，有

$$\bar{\boldsymbol{P}}_{k+1} = \boldsymbol{\Phi}\hat{\boldsymbol{P}}_k\boldsymbol{\Phi}^{\mathrm{T}} + \boldsymbol{Q}, \quad \bar{\boldsymbol{B}}_{k+1} = \boldsymbol{\Phi}\hat{\boldsymbol{B}}_k \tag{2.103}$$

此时，利用定理1结论，$\boldsymbol{H}_*^{\mathrm{T}}\bar{\boldsymbol{P}}_{k+1}^{-1} = \boldsymbol{H}_*^{\mathrm{T}}\breve{\boldsymbol{P}}_{k+1}^{-1}$，记 $\breve{\boldsymbol{P}}'_{k+1} = \boldsymbol{\Phi}\breve{\boldsymbol{P}}_k\boldsymbol{\Phi}^{\mathrm{T}}$，$\bar{\boldsymbol{P}}'_{k+1} = \boldsymbol{\Phi}\bar{\boldsymbol{P}}_k\boldsymbol{\Phi}^{\mathrm{T}}$ 有

$$
\begin{aligned}
&\boldsymbol{H}_*^{\mathrm{T}}\bar{\boldsymbol{P}}_{k+1}^{-1}\bar{\boldsymbol{B}}_{k+1}=\boldsymbol{H}_*^{\mathrm{T}}\breve{\boldsymbol{P}}_{k+1}^{-1}\bar{\boldsymbol{B}}_{k+1}=\boldsymbol{H}_*^{\mathrm{T}}(\breve{\boldsymbol{P}}_{k+1}'^{-1}+\boldsymbol{Q})^{-1}\bar{\boldsymbol{B}}_{k+1}=\\
&\qquad\boldsymbol{H}_*^{\mathrm{T}}\begin{pmatrix} s_1(\boldsymbol{M}+\boldsymbol{Q}) & \boldsymbol{0} & \cdots & \boldsymbol{0}\\ \boldsymbol{0} & s_2(\boldsymbol{M}+\boldsymbol{Q}) & \cdots & \boldsymbol{0}\\ \vdots & \vdots & & \vdots\\ \boldsymbol{0} & \boldsymbol{0} & \cdots & s_n(\boldsymbol{M}+\boldsymbol{Q})\end{pmatrix}^{-1}\bar{\boldsymbol{B}}_{k+1}=\\
&\qquad(\boldsymbol{M}+\boldsymbol{Q})^{-1}\boldsymbol{M}\boldsymbol{H}_*^{\mathrm{T}}\begin{pmatrix} s_1\boldsymbol{M} & \boldsymbol{0} & \cdots & \boldsymbol{0}\\ \boldsymbol{0} & s_2\boldsymbol{M} & \cdots & \boldsymbol{0}\\ \vdots & \vdots & & \vdots\\ \boldsymbol{0} & \boldsymbol{0} & \cdots & s_n\boldsymbol{M}\end{pmatrix}^{-1}\bar{\boldsymbol{B}}_{k+1}=\\
&\qquad(\boldsymbol{M}+\boldsymbol{Q})^{-1}\boldsymbol{M}\boldsymbol{H}_*^{\mathrm{T}}\breve{\boldsymbol{P}}_{k+1}'^{-1}\bar{\boldsymbol{B}}_{k+1}=\\
&\qquad(\boldsymbol{M}+\boldsymbol{Q})^{-1}\boldsymbol{M}\boldsymbol{H}_*^{\mathrm{T}}\boldsymbol{P}_{k+1}'^{-1}\bar{\boldsymbol{B}}_{k+1}=(\boldsymbol{M}+\boldsymbol{Q})^{-1}\boldsymbol{M}\boldsymbol{H}_*^{\mathrm{T}}(\boldsymbol{\Phi}^{\mathrm{T}})^{-1}\hat{\boldsymbol{P}}_k^{-1}\boldsymbol{\Phi}^{-1}\boldsymbol{\Phi}\hat{\boldsymbol{B}}_k=\\
&\qquad(\boldsymbol{M}+\boldsymbol{Q})^{-1}\boldsymbol{M}(\boldsymbol{\Phi}^{\mathrm{T}})^{-1}\boldsymbol{H}_*^{\mathrm{T}}\hat{\boldsymbol{P}}_k^{-1}\hat{\boldsymbol{B}}_k=0
\end{aligned}
\tag{2.104}
$$

上述推导过程中同样利用了对角矩阵的可交换性条件。上式表明,对于滤波器时间更新过程,定理1同样成立。

由此,我们已经证明了定理2。

定理2结果表明,如果原子钟动力学噪声矩阵成比例,若卡尔曼滤波隐含时间基准偏差为0,则经过滤波处理,该时间基准偏差并不改变,也就是说,在协方差阵成比例时,隐含时间基准偏差与观测量无关。

由上述定理1和定理2证明过程可看出,卡尔曼滤波器测量更新过程不影响隐含组合钟估计值及其协方差信息;卡尔曼滤波器时间更新过程影响组合钟估计值及其协方差信息,影响方式与单钟无滤波方式相同。

上述定理1的一个直接推论是,如果原子钟噪声矩阵成比例,则组合原子时误差与没有原子钟之间比钟观测量的开环系统误差相同,具有如下形式:

$$\boldsymbol{C}_{\Delta x_0}=(\boldsymbol{H}_*^{\mathrm{T}}\breve{\boldsymbol{P}}\boldsymbol{H}_*)^{-1} \tag{2.105}$$

将 $\boldsymbol{H}_*^{\mathrm{T}}$ 及 $\breve{\boldsymbol{P}}$ 公式代入,考虑协方差成比例因素,则有

$$\boldsymbol{C}_{\Delta x_0}=\left[\sum_{i=1}^{n}\boldsymbol{P}_i^{-1}\right]^{-1}=\frac{\boldsymbol{M}(t)}{1/s_1+1/s_2+\cdots+1/s_n} \tag{2.106}$$

更加特殊情况是,如果所有原子钟具有相同噪声,式(2.105)变为

$$\boldsymbol{C}_{\Delta x_0}=\frac{\boldsymbol{M}(t)}{n}=\frac{1}{n}\boldsymbol{P}_i \tag{2.107}$$

$\boldsymbol{C}_{\Delta x_0}$ 表示组合时间的稳定性,式(2.107)结果说明,在采用多个性能相同原子钟组合形成组合原子时情况下,尽管原子钟之间比钟观测量对组合时间准确度没有贡献,但组合时间稳定性是单个钟的 n 倍。

5）部分原子钟初始化情况下组合钟特性

前面论述了钟间相对测量对组合原子时结果无影响的情况，本节重点分析钟间相对测量对组合原子时结果有重要影响的情况。

当钟组中某个原子钟发生中断或跳变时，为了恢复该原子钟基准时间，需要采用相对钟差观测量进行时间同步。采用卡尔曼滤波进行时间同步或时间基准维持时，为降低发生中断或跳变的钟对其他钟的影响，需要加大发生跳变钟的钟偏和频偏参数的先验协方差，相当于已知其他钟差前提下求解跳变钟的钟差。这样，由于跳变钟协方差信息的改变，导致滤波解算获取的隐含组合钟及协方差产生相应变化，参与形成组合钟的原子钟数量相应会发生变化。此时，相对钟差观测量对组合钟以及协方差具有直接影响。下面以一个简化的特例说明该项影响。

假设钟组由 n 个等精度特性相同的原子钟组成，此时原子钟组中的钟噪声协方差满足成比例条件，原子钟组的组合时间为全部钟差改正数的算术平均，同时组合钟协方差为单台钟协方差的 n 分之一。在这个组合钟系统中，如果一个钟发生跳变，假设跳变钟编号为 1，跳变钟的协方差设置为无限大，则跳变后该钟将不参与形成组合原子时。跳变前后组合时间分别为

$$x_b = \sum_{i=1}^{n} \frac{1}{n}\omega_i \tag{2.108}$$

$$x_a = \sum_{i=2}^{n} \frac{1}{n-1}\omega_i \tag{2.109}$$

式中：ω_i 为卡尔曼滤波解算的原子钟钟差改正数。

则跳变前后组合时间偏差为

$$\begin{aligned} x_a - x_b &= -\frac{1}{n}\omega_1 + \frac{1}{n(n-1)}\sum_{i=2}^{n}\omega_i = \frac{-1}{n-1}\left(\frac{n-1}{n}\omega_1 - \frac{1}{n}\sum_{i=2}^{n}\omega_i\right) = \\ &\frac{-1}{n-1}\left(\omega_1 - \frac{1}{n}\sum_{i=1}^{n}\omega_i\right) = \frac{-1}{n-1}\Delta\omega_1 \end{aligned} \tag{2.110}$$

即当一个原子钟钟差发生跳变时，跳变前后组合时间同步发生跳变，组合时间跳变量取决于跳变钟发生跳变前的时间基准表示误差。而由前面论述可知，原子钟时间基准表示误差完全取决于钟差测量精度。因此，发生钟差跳变时，相对钟差观测量对组合时间有显著影响。这个情况与钟噪声矩阵成比例情况截然不同。

2.5　星载数据处理运算量评估

如前所述，导航卫星自主定轨和自主时间同步运算主要在卫星上完成。由于卫星工作环境相比地面差异较大，其受空间单粒子辐射、工作环境温度变化等因素影响，处理器芯片设计需要采用抗辐射加固等特殊设计，同时，卫星发射升空后，卫星星载处理载荷的故障不能修复而只能用备份设备替换，使得对星载处理芯片的可靠性

指标要求极高，导致星载处理器的运算和存储能力远低于地面。为了保证自主定轨和时间同步运算能够在特定的时间内由星载处理器完成，必须对算法的运算量和存储量进行评估。

星载处理器运算和存储量评估需要覆盖星载处理全过程，包括数据预处理、自主定轨、自主时间同步、星历拟合等部分。其中自主定轨、自主时间同步和星历拟合是占用 CPU 处理时间相对较多的部分，是运算量评估的重点。

数据处理运算量与数据处理采用的算法有关。星载自主定轨通常采用动力学定轨方法，参数估计可采用卡尔曼滤波法或最小二乘估计法。考虑到星载自主导航对运算实时性要求较高，滤波估计方法应用相对较多，且不同滤波算法对应的运算量也有差异，这里以扩展卡尔曼滤波法为例估算运算量。

数据处理算法运算量估计可用完成处理需要的加法运算（及减法运算）、乘法运算、除法运算以及平方根运算次数估计。

采用扩展卡尔曼滤波方法时，如果不考虑时间更新方程右函数计算过程，按照滤波器计算流程，涉及的主要运算包括滤波器时间更新过程中状态转移矩阵 $\boldsymbol{\Phi}$ 计算和协方差矩阵 $\boldsymbol{P}$ 的计算，以及滤波器测量更新部分待估计状态量计算及其协方差阵计算。滤波器时间更新过程待估计状态量计算和状态转移矩阵计算通常采用数值积分方法实现，不同数值积分方法运算量不同，这里以最简单的欧拉法作为估计运算量的依据。

采用扩展滤波时间更新运算量约为[11]：

加法运算：$4n^3+3n^2+2m$。

乘法运算：$4n^3+2n^2+m+1$。

测量更新运算量约为：

加法运算：$2n^2+n$。

乘法运算：$2n^2+n$。

除法运算：n^2。

对数据存储需求约为：

时间更新：$5.5n^2+2m^2+0.5n+(1.5n^2+0.5n)N_f$。

测量更新：$0.5n^2+1.5n$。

需要指出的是，上述运算量估计是针对扩展卡尔曼滤波算法和采用二阶欧拉数值积分方法计算时的运算量，且该运算量估计不包含时间更新方程右函数计算。当采用其他类型滤波处理算法或数值积分方法时，上述运算量估计策略需要相应调整。

获得滤波算法运算量初步估计值后，通过公用软件测试不同类型、不同配置计算机处理器完成加法运算、乘法运算、除法运算以及平方根运算所用机时，结合时间更新方程右函数计算运算量估计，可得到数据处理算法占用机时的初步估计。

参考文献

[1] FERGUSON J R. Autonomous navigation of USAF spacecraft[D]. Texas:The University of Texas at Austin,1983.

[2] 刘林. 人造地球卫星轨道力学[M]. 北京:高等教育出版社,1992.

[3] 宋小勇,毛悦,冯来平,等. BD 卫星星间链路定轨结果及分析[J]. 测绘学报,2017,46(5):547-553.

[4] 刘林,刘迎春. 关于星-星相对测量自主定轨中的亏秩问题[J]. 飞行器测控学报,2000,29(3):13-16.

[5] 张艳,张育林. 基于星间测量的异构星座自主导航方法研究[J]. 宇航学报,2005,26(11):30-34.

[6] 张艳. 基于星间观测的星座自主导航方法研究[D]. 长沙:国防科技大学,2005.

[7] TAVELLA P,THOMAS C. Comparative study of time scale algorithms[J]. Metrologia,1991(28):57-63.

[8] HANADO Y,IMAE M,AIDA M,et al. Generation and dissemination of time and frequency standard [J]. Journal of the National Institute of Information and Communication Technology,2003(50):155-167.

[9] WEISS W,WEISSERT T. AT2,a new time scale algorithm:at1 plus frequency variance [J]. Metrologia,1991(28):65-74.

[10] BROWN K R. The theory of the GPS composite clock[C]//Proceedings of the 4th International Technical Meeting of the Satellite Divison of The ION GPS 1991,Sept. ,1991:223-241.

[11] TAPLEY B D,PETERS J G,SCHUTZ B E. A comparison of square root estimation algorithms for autonomous satellite navigation[R]. IASOM :The University of Texas at Austin,1980.

第3章 星间测量和数据传输技术

自主导航核心任务是利用星间测量和星载数据处理自主确定卫星轨道和钟差。星间测量和星间数据交换是卫星实现自主导航的基础。星间测量包括星间距离测量、星间多普勒测量和星间角度测量等[1]。现阶段,星间测量和数据传输主要依靠光学和微波波段测量技术。本章简单介绍这两种星间测量技术概况以及涉及的误差修正模型。

3.1 微波星间链路

微波星间链路是最早也是最广泛使用的星间链路,依据微波星间链路采用频段,可分为UHF、S、Ka、V等不同类型,下面对目前已有工程应用的UHF、S频段、Ka频段星间链路的特点和测量模型进行简单介绍。

3.1.1 UHF频段星间距离测量

美国GPS卫星在GPS Block ⅡR星座上首次搭载UHF星间链路载荷。UHF星间链路采用宽波束时分体制,频率为250~290MHz[2],信号调制方式为二进制相移键控(BPSK)。每颗卫星分时与信号有效波束范围内卫星建立星间链路,星间通信采用时分多址(TDMA)扩频通信体制,天线波束角为以卫星对地方向为中心,32°~65°波束角范围。按照星间链路规划时序,每颗卫星在特定时刻发射信号,而在其余时刻处于接收信号状态。卫星发射时隙持续1.5s,每个时隙分时发送两个频点信号,24颗卫星36s完成一次发射接收循环,每对可建链卫星获得两个频点双向测距观测量。UHF星间链路采用两个频点信号目的是消除电离层影响。UHF星间链路观测方程如下:

$$\tilde{\rho}_{AB} = \rho_{AB} + c \cdot (\delta t_B - \delta t_A) + c \cdot (\Delta d_A^{\tau} + \Delta d_B^{\tau}) + \Delta d_{ion} + \Delta m_B + \Delta d_A^{ant} + \Delta d_B^{ant} + \varepsilon_{AB} \tag{3.1}$$

式中:ρ_{AB}为指定测量时刻卫星A发射的测距信号被卫星B接收后对应的理论星间距;δt_A、δt_B分别为经过相对论修正的卫星A、B信号收发时刻瞬间钟差;Δd_A^{τ}为卫星A信号发射端设备时延;Δd_B^{τ}为卫星B信号接收端设备时延;Δd_{ion}为电离层延迟;Δm_B为卫星接收端多路径(简称“多径”)误差;Δd_A^{ant}、Δd_B^{ant}分别为两颗卫星发射和接收天线相位中心修正误差;ε_{AB}为星间链路测距热噪声。

按照 Martoccia 等人的分析[3],UHF 星间链路设备收发时延可用常数项加周期项建模,发射端设备时延常数项误差约为 0.3m,周期项误差约为 0.2m,对应的接收端设备时延常数项和周期项误差分别约为 0.5m 和 0.3m,周期为 GPS 卫星轨道周期(约 12h)。UHF 星间链路测量随机误差约为 0.3m。

按照 Rajan 公布的 GPS 卫星在轨试验结果[4],UHF 星间测距存在多径误差,该项误差可通过以不同测量方向双频观测量之差的空间分布为基础数据,构建以星间测量矢量在星体坐标系中高度角和方位角为变量的高阶多面函数模型,利用函数拟合方法消减。

电离层误差可通过双频组合消减,卫星天线相位中心可通过卫星名义姿态修正。GPS 卫星星间链路在轨试验结果表明,利用 UHF 星间链路数据进行定轨和时间同步,获取的导航星历 URE 误差小于 3m。

3.1.2　S 频段星间距离测量

S 频段星间链路是 GLONASS M 系列卫星采用的星间测距技术。S 频段星间链路同样采用(BPSK)调制方式,通过频分、时分方法建立多星测量链路,工作频点在 2212.5MHz 附近。天线对地安装,波束角范围 74°,24 颗卫星分为 4 组,每组 6 颗。在每 5s 间隔内,一组卫星处于发射状态而另外三组处于接收状态,依次接续完成 4 组测量,全星座每隔 40s 完成一个发射/接收测量小循环,并持续测量小循环 5min,然后等待 10min,完成一次大测量循环。不同组卫星采用不同发射频率,依此区分同时接收的卫星[5]。

S 频段星间链路观测方程与 UHF 类似,由于工作频点相比 UHF 高 8 倍以上,电离层对 S 频段星间测量影响可不考虑。GLONASS 导航卫星 S 频段星间链路观测量可为伪距或多普勒观测量。S 频段 A 星发 B 星收伪距观测方程为

$$\tilde{\rho}_{AB} = \rho_{AB} + c \cdot (\delta t_B - \delta t_A) + c \cdot (\Delta d_A^{\tau} + \Delta d_B^{\tau}) + \Delta d_{ion} + \Delta d_A^{ant} + \Delta d_B^{ant} + \varepsilon_{AB} \tag{3.2}$$

式中:ρ_{AB} 为测量时刻卫星 A 发射卫星 B 接收时刻的理论星间距;δt_A、δt_B 分别为经过相对论修正的卫星 A、B 收发瞬间钟差;Δd_A^{τ} 为卫星 A 发射端设备时延;Δd_B^{τ} 为卫星 B 接收端设备时延;Δd_{ion} 为电离层延迟;Δd_A^{ant}、Δd_B^{ant} 分别为发射和接收天线相位中心修正误差;ε_{AB} 为星间链路距离测量热噪声误差(随机误差)。对应的 B 星发 A 星接收观测方程为

$$\tilde{\rho}_{BA} = \rho_{BA} + c \cdot (\delta t_A - \delta t_B) + c \cdot (\Delta d_A^{\tau} + \Delta d_B^{\tau}) + \Delta d_{ion} + \Delta d_A^{ant} + \Delta d_B^{ant} + \varepsilon_{AB} \tag{3.3}$$

式中:符号意义同式(3.2)。

试验结果表明[6],S 频段星间链路测量随机误差为 0.3m,测量系统误差每天变化小于 0.4m。实现时间同步误差大于 4ns,时间同步周期大于 60s,数据传输速率 0.5kb/s。

3.1.3 Ka 频段星间距离测量

Ka 频段星间链路为北斗导航卫星采用[7]。北斗 Ka 频段星间链路采用二进制相移键控(BPSK)调制方式,通过时分、空分方法实现多星跟踪,工作频点在 22.5GHz 附近。天线对地安装,波束角范围为 15°~60°。北斗星间链路拓扑可灵活配置,每隔 3s 完成一对卫星之间双向建链,其中前 1.5s 卫星 A 发射卫星 B 接收,随后 1.5s 卫星 B 发射卫星 A 接收。通过预先星间测量拓扑设计,对于由 30 颗卫星组成的北斗全球星座,每次测量有 12 对卫星之间可建立星间测量链路。在 36s 内完成全星座卫星之间双向建链测量。北斗双向星间链路观测方程如下[8]:

$$P_A^B(t_A) = \rho_A^B(t_A + \Delta_{AB}) + C_B(t_A + \Delta_{AB}) - C_A(t_A) + D_B^R(t_A + \Delta_{AB}) - D_A^T(t_A) + O_{AB} + \varepsilon_{AB} \tag{3.4}$$

$$P_B^A(t_B) = \rho_B^A(t_B + \Delta_{BA}) + C_A(t_B + \Delta_{BA}) - C_B(t_B) + D_A^R(t_B + \Delta_{BA}) - D_B^T(t_B) + O_{BA} + \varepsilon_{BA} \tag{3.5}$$

式中:P_A^B、P_B^A 分别为星间双向观测量;t_A、t_B 分别为卫星 A、B 信号名义发射时刻,由星间链路路由规划确定;ρ_A^B、ρ_B^A 分别为 A、B 卫星相互收发时刻的星间距;Δ_{AB}、Δ_{BA} 分别为信号传播时延;C_A、C_B 分别为 A、B 卫星钟差;D_A^T、D_A^R 为卫星 A 接收及发射时延;D_B^T、D_B^R 为卫星 B 接收及发射时延,考虑到设备收发时延的相对稳定性,可认为该项时延在一定时间内为常数;O_{AB}、O_{BA} 为天线相位中心改正、相对论等其他观测修正量;ε_{AB}、ε_{BA} 为测量噪声。地面 Ka 观测站可作为伪卫星处理,同时需要在测量模型上增加对流层时延修正。电离层对 Ka 星间测量影响在亚厘米级,可不考虑。

搭载的 Ka 频段星间链路载荷的北斗试验卫星已经发射,初步在轨试验结果表明,北斗星间链路测量随机误差小于 0.1m[8]。

3.1.4 S 频段或 UHF 频段星间多普勒测量

多普勒测量的观测量为移动频率源的多普勒频移量。考虑广义相对论效应,其测量原理基于以下频移计算公式[1]:

$$\frac{f_g}{f_r} = \frac{1 - \boldsymbol{v}_g \cdot \boldsymbol{e}/c + U_g/c^2 + |\boldsymbol{v}_g|^2/(2c^2)}{1 - \boldsymbol{v}_r \cdot \boldsymbol{e}/c + U_r/c^2 + |\boldsymbol{v}_r|^2/(2c^2)} \tag{3.6}$$

式中:$\boldsymbol{v}_g$、$\boldsymbol{v}_r$ 分别为信号发射源和接收机的运动速度;$\boldsymbol{e}$ 为信号传播方向单位矢量;U_g、U_r 分别为对应发射源和接收机引力位;c 为光速。其中与 c^2 相关部分为广义相对论影响。

多普勒频移瞬间观测量难以准确测量,通常是通过测量一段时间内接收频率与参考频率之间零交叉点累计数量实现的。当频率为 f_g 的无线电信号由移动频率源从 t_1 到 t_2 时刻发射并由移动接收机从 τ_1 到 τ_2 时刻接收,假设接收频率为 f_r,发射频率

f_g 与接收频率 f_r 之差即为多普勒频移。此时,对信号测量频率与接收机振荡器频率 f_u 之差进行积分可产生多普勒计数观测量:

$$N = \int_{\tau_1}^{\tau_2} f_u \mathrm{d}\tau - \int_{\tau_1}^{\tau_2} f_r \mathrm{d}\tau \tag{3.7}$$

考虑到接收频率 f_r 从 τ_1 到 τ_2 时刻周期数与发射频率 f_g 从 τ_1 到 τ_2 时刻相同,式(3.7)可写为

$$N = \int_{\tau_1}^{\tau_2} f_u \mathrm{d}\tau - \int_{\tau_1}^{\tau_2} f_g \mathrm{d}\tau \tag{3.8}$$

假设 f_g 和 f_u 在上述测量时间段内稳定为常数,考虑到信号传播时延:

$$\tau = \tau + \frac{\rho}{c} \tag{3.9}$$

式中:ρ 为星间距;c 为光速。则上述多普勒观测量变为

$$N = \int_{\tau_1}^{\tau_2} f_u \mathrm{d}\tau - \int_{\tau_1}^{\tau_2} f_g \mathrm{d}\tau = (f_u - f_g)(\tau_2 - \tau_1) + \frac{f_g}{c}(\rho_2 - \rho_1) \tag{3.10}$$

如果发射和接收频率相同,考虑发射和接收频率误差,同时将多普勒计数值转换为距离(两边乘波长因子),上述公式变为

$$\frac{cN}{f'_g} = c\left(\frac{\delta f_u}{f'_g} - \frac{\delta f_g}{f'_g}\right)(\tau_2 - \tau_1) + \left(1 + \frac{\delta f_g}{f'_g}\right)(\rho_2 - \rho_1) \tag{3.11}$$

式中:f'_g 为名义发射和接收频率;δf_u、δf_g 分别为发射和接收频率偏差。

多普勒测量精度可近似表示为

$$\sigma_{\dot{\rho}} = \frac{\sqrt{2}c\sigma_\varphi}{2\pi f'_g(\tau_2 - \tau_1)} \tag{3.12}$$

式中:σ_φ 为相位测量噪声,如果 σ_φ 为 0.1rad,则当接收频率为 2GHz,测量间隔为 1s 时,多普勒测量精度为 1mm/s。

3.2　光学星间链路

3.2.1　激光星间链路测量

光学星间链路以激光星间链路为代表,是 GLONASS K 及后续卫星拟采用的星间链路体制。考虑到星载激光设备在高速移动目标之间的相互对中及连续跟踪测量方面的技术复杂性,激光星间链路较难实现不同卫星之间的跟踪链路切换,造成基于星间测量的自主定轨观测量数量少和拓扑结构相对较差。目前的激光星间链路方案采用单颗卫星搭载两个激光星间链路载荷,采用同轨面前后卫星建链和部分异轨面卫星之间建链方式。

星间激光测量通常采用脉冲测量方式,即通过测量光子脉冲发射及到达时间之差实现传播距离测量。测量原理如图 3.1 所示[6]。

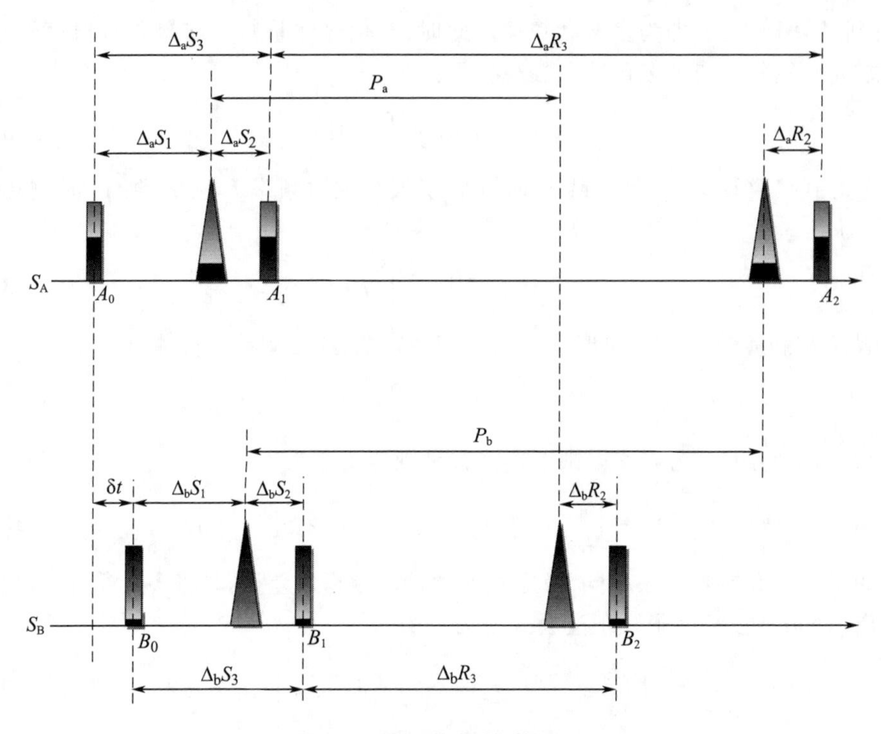

图 3.1　星间激光观测原理图

图中：S_A、S_B 分别表示卫星 A、B 时间轴；A_0、B_0 分别为卫星 A、B 脉冲发射时刻钟面时；A_1、B_1 分别为两颗卫星脉冲发射时刻激光设备标称时；A_2、B_2 分别为两颗卫星脉冲接收时刻激光设备标称时；P_a、P_b 分别为卫星 A、B 观测时刻星间距；δt 为卫星 A、B 相对钟差。

激光测量可直接得到的观测量为 $\Delta_a S_3$、$\Delta_a R_3$、$\Delta_b S_3$、$\Delta_b R_3$，需要得到的信息为星间钟差 δt，以及星间距 P_a、P_b。利用上述时间序列关系，可得到钟差观测量与距离观测量之间的方程如下：

$$\delta t = \frac{1}{2}[(\Delta_a S_3 + \Delta_a R_3 - \Delta_b S_3 - \Delta_b R_3) - (-\Delta_a S_1 + \Delta_a R_2 + \Delta_b S_1 - \Delta_b R_2)] \tag{3.13}$$

$$P_a = P_b = \frac{1}{2}[(\Delta_a S_3 + \Delta_a R_3 + \Delta_b S_3 + \Delta_b R_3) - (\Delta_a S_1 + \Delta_a R_2 + \Delta_b S_1 + \Delta_b R_2)] \tag{3.14}$$

上述方程为考虑硬件时延的星间距离与星间钟差观测方程，未包含望远镜光学相位中心改正、相对论效应等误差。

激光星间链路测距精度可优于 0.1m，但考虑到激光星间链路在链路切换便捷性方面的差距，相比上述其他三种技术，激光星间链路获取的星间观测量几何结构相对较差，激光星间链路多应用于星间时间同步和通信。

3.2.2　星间指向测量

星间指向测量属于角度测量,通过光学摄影测量手段测量卫星之间或卫星与固定天体之间的空间相对指向确定卫星在空间的位置。最早的地面天文角度测量手段包括天顶距测量、经度和方位角测量以及等高线天文测量等。对自然或人造卫星的角度测量则通过照相方式实现。角度测量观测量为待测卫星与测站之间连线的单位矢量。

自主导航模式下,由于独立的星间测距观测不能确定卫星位置矢量在惯性空间的绝对指向信息,增加卫星相对惯性空间目标之间的星间指向观测有利于一定程度缓解该问题。

通过在卫星上安装星相机,并通过对可视卫星和背景恒星的同时在轨照相观测,可确定恒星与待测导航卫星之间空间夹角,利用导航卫星与多个恒星之间夹角的同时测量,可确定两颗卫星连线矢量在摄影测量瞬间的空间指向角 α_{ij}、β_{ij}。空间指向角与卫星位置坐标之间有下述关系:

$$\tan\alpha_{ij} = \frac{y_j - y_i}{x_j - x_i} \tag{3.15}$$

$$\tan\beta_{ij} = \frac{z_j - z_i}{\sqrt{(x_j - x_i)^2 + (y_j - y_i)^2}} \tag{3.16}$$

需要指出的是,上述照相测量得到的星间链路空间指向角为卫星照相测量瞬间相对指向角,与星间链路测量时刻星间距单位矢量 $\boldsymbol{e}_{ij}$ 有区别,$\boldsymbol{e}_{ij}$ 定义为

$$\boldsymbol{e}_{ij}(t) = \frac{\boldsymbol{r}_j\left(t - \frac{\rho_{ij}}{c}\right) - \boldsymbol{r}_i(t)}{\left|\boldsymbol{r}_j\left(t - \frac{\rho_{ij}}{c}\right) - \boldsymbol{r}_i(t)\right|} \tag{3.17}$$

式中:$\boldsymbol{r}_j(t)$、$\boldsymbol{r}_i(t)$ 分别为两颗卫星空间位置矢量;ρ_{ij} 为卫星之间星间距;c 为光速。

利用光学测量技术获取的卫星空间角度测量信息是卫星光学影像中心的方位信息,而星间测距获取的卫星位置信息通常归算到卫星质心。由于卫星光学影像中心与卫星形状、摄影测量时刻卫星空间姿态以及影像测量和处理方法相关,光学影像中心测量误差通常在米级甚至10m以上,因此,利用星间指向测量确定的卫星空间指向误差也在米级以上。考虑到导航卫星星历精度需求,光学指向测量方法不宜作为自主导航主要测量手段。

3.3　星间测量误差模型修正

星间测量误差模型主要用于修正星间测距系统误差,其模型构建主要依据所采用的星间测量体制。不同的星间测量信号频段、不同的测量模式、不同测距方法(光

学、无线电)对应的测量误差模型不完全相同。对于基于 UHF、S 频段无线电星间测量,需要修正的主要系统偏差包括相对论、天线相位中心、星间测距收发时延偏差和空间等离子延迟误差等;对于星地测量,同时需要考虑对流层、电离层等影响。当采用 Ka、V 等较高频段无线电星间测量以及光学星间测量时,等离子体和电离层等与频率相关误差影响可以忽略。考虑到频率相关的误差可通过双频组合消除,下面以 Ka 频段测量为例说明星间测量误差模型。Ka 频段星间测量主要考虑相对论、天线相位中心、星间测距收发时延等模型修正。

3.3.1 相对论修正

Ka 频段星间测距本质是一种无线电测距,是通过时差测量实现的,此时差即卫星发射时刻与接收时刻之差。由于用于时差测量的两颗卫星均以自己星载原子钟作为测量时间基准,依照相对论原理,两种卫星空间运动状态及引力位的差异将导致测量时差存在相对论效应。星间测距相对论效应计算公式如下:

$$\Delta\rho_{\mathrm{r}}^{\mathrm{AB}} = \frac{2}{c}(\boldsymbol{r}^{\mathrm{B}} \cdot \dot{\boldsymbol{r}}^{\mathrm{B}} - \boldsymbol{r}^{\mathrm{A}} \cdot \dot{\boldsymbol{r}}^{\mathrm{A}}) \tag{3.18}$$

式中:$\boldsymbol{r}^{\mathrm{B}}$、$\boldsymbol{r}^{\mathrm{A}}$ 和 $\dot{\boldsymbol{r}}^{\mathrm{B}}$、$\dot{\boldsymbol{r}}^{\mathrm{A}}$ 分别为卫星位置和速度矢量;c 为光速(m/s)。

3.3.2 天线相位中心修正

在卫星导航定位系统中,测量获取的伪距和载波相位值都表征的是接收机天线相位中心到卫星发射天线相位中心之间的伪距,但在利用卫星动力学方程计算卫星精密轨道时,力学模型中采用的卫星位置都是对应卫星质心的,参考轨道给出的卫星坐标也是对应于卫星质心而不是天线相位中心。卫星天线相位中心与卫星质心一般并不重合,在星体坐标系中存在偏差,无论对于星地测量还是星间测量,这种偏差均随着卫星之间或星地之间高度角和方位的变化而变化。这种偏差即为卫星天线相位中心改正。

卫星天线是固联到卫星星体上的,通常用天线相位中心在星体坐标系中的三个坐标分量描述。卫星星体坐标系通常以卫星质心为原点,以卫星星体上三个相互正交的单位矢量作为坐标轴。在卫星发射前,通过地面标校技术,可较精确测定天线相位中心偏差参数。由于卫星定轨通常是在惯性坐标系中的,在计算卫星天线相位中心改正计算时,首先需借助卫星姿态信息将卫星星体坐标系转换到卫星轨道坐标系,进一步借助卫星位置和速度矢量建立星体坐标系与 J2000 惯性系之间的坐标转换矩阵,利用该转换矩阵可计算出惯性坐标系中的天线相位中心偏差量。

3.3.3 卫星星体坐标系到卫星轨道坐标系的旋转

1)天线相位中心到轨道坐标系的转换

导航卫星星体坐标系通常以卫星对地方向(z_{s} 轴)、卫星运行方向(x_{s} 轴)及其

法向（y_s 轴）作为星体坐标系三个坐标轴方向。在此前提下，卫星星体坐标系转换到卫星轨道坐标系，需要经过 3 次坐标轴旋转：①绕 z_s 轴旋转偏航（yaw）角 Φ；②绕 y_s 轴旋转俯仰（pitch）θ 角；③绕 x_s 轴旋转滚动（roll）γ 角。

则卫星星体坐标系中的天线相位中心矢量转换到卫星轨道坐标系为

$$\begin{pmatrix} x_{\text{orb}} \\ y_{\text{orb}} \\ z_{\text{orb}} \end{pmatrix} = \boldsymbol{R}_x(\gamma)\boldsymbol{R}_y(\theta)\boldsymbol{R}_z(\Phi)\begin{pmatrix} x_s \\ y_s \\ z_s \end{pmatrix} \tag{3.19}$$

式中：$(x_s \quad y_s \quad z_s)^{\mathrm{T}}$ 为星体坐标系中的天线相位中心相对于星体坐标系原点（几何中心）的位置；三个旋转矩阵表示如下，角度以逆时针旋转为正。

$$\boldsymbol{R}_x = \begin{pmatrix} 1 & 0 & 0 \\ 0 & \cos\gamma & \sin\gamma \\ 0 & -\sin\gamma & \cos\gamma \end{pmatrix} \tag{3.20}$$

$$\boldsymbol{R}_y = \begin{pmatrix} \cos\theta & 0 & -\sin\theta \\ 0 & 1 & 0 \\ \sin\theta & 0 & \cos\theta \end{pmatrix} \tag{3.21}$$

$$\boldsymbol{R}_z = \begin{pmatrix} \cos\Phi & \sin\Phi & 0 \\ -\sin\Phi & \cos\Phi & 0 \\ 0 & 0 & 1 \end{pmatrix} \tag{3.22}$$

三个姿态角（Φ、θ、γ）由卫星姿态的遥测数据中获得。

2）卫星轨道坐标系到 J2000 惯性系的转换

前面给出了相位中心偏差在卫星轨道坐标系下表示，卫星轨道坐标系定义为：原点在卫星质心，z 轴指向地球质心，x 轴为卫星运动方向，y 轴与 z 轴、x 轴构成右手坐标系。即

$$\boldsymbol{e}_x = \frac{\boldsymbol{v}}{|\boldsymbol{v}|}, \quad \boldsymbol{e}_y = \boldsymbol{e}_z \times \boldsymbol{e}_x, \quad \boldsymbol{e}_z = -\frac{\boldsymbol{r}}{|\boldsymbol{r}|}, \quad \boldsymbol{e}_x = \boldsymbol{e}_y \times \boldsymbol{e}_z$$

式中：$\boldsymbol{r}$ 和 $\boldsymbol{v}$ 分别为卫星在惯性系下的位置和速度矢量。

卫星轨道坐标系到 J2000 惯性系之间的坐标转换关系如下式：

$$\begin{pmatrix} x_{\text{J2000}} \\ y_{\text{J2000}} \\ z_{\text{J2000}} \end{pmatrix} = (\boldsymbol{e}_x \quad \boldsymbol{e}_y \quad \boldsymbol{e}_z)\begin{pmatrix} x_{\text{orb}} \\ y_{\text{orb}} \\ z_{\text{orb}} \end{pmatrix} \tag{3.23}$$

因此，在 J2000 惯性系中的相位中心改正模型为

$$\begin{pmatrix} x_{\text{J2000}} \\ y_{\text{J2000}} \\ z_{\text{J2000}} \end{pmatrix} = (\boldsymbol{e}_x \quad \boldsymbol{e}_y \quad \boldsymbol{e}_z)\boldsymbol{R}_x(\gamma)\boldsymbol{R}_y(\theta)\boldsymbol{R}_z(\Phi)\begin{pmatrix} x_s \\ y_s \\ z_s \end{pmatrix} \tag{3.24}$$

3.3.4 星间测距收发时延修正

星间测距收发时延误差是由于收发设备电路延迟造成的,又称为通道时延。通道时延是卫星载荷的固有偏差,可以通过星间测距设备自标校设计及通过精确在轨标定确定其主项而削弱其影响,未能准确标定的残余部分称为设备时延误差,是用户需要重点关注的系统误差。设备时延误差受设备工作环境影响不是固定不变的,为此需要利用实测数据处理进行在轨标定。影响设备时延误差的主要因素包括两方面:

(1) 收发信机自身结构存在的时延不确定性,主要是基带输出的时钟频率漂移误差。

(2) 收发信机的时延随环境的变化而发生改变,主要是由于环境改变引起的材料传输特性改变和滤波器元器件参数改变,以此导致的传输线延迟变化和滤波器群延迟的变化。

上述误差的主项经过星间测距系统自标校后,残余系统偏差只能通过参数解算方式标校,详细标定方法见定轨及时间同步章节。

3.3.5 多径误差

在实际接收环境中,来自卫星的信号在传播过程中经常受到天线附近的反射物的作用而产生多径信号。存在多径信号时,天线所接收的是其与直达信号的合成信号。该合成信号具有与直达信号不同的极化方式和“传播时间”,从而引起接收机增益下降、测距精度恶化,极端情况下甚至导致信号失锁的现象,这就是卫星导航系统中的多径效应。星间链路中,当两星之间的视线与射频天线的视轴没有完全对准时,就存在发射信号产生的多径效应。

一个典型的多径信号模型表示为

$$s(t) = s_{\mathrm{d}}(t) + \sum_i s_i(t) = Ap(t)\sin(2\pi ft) + \sum_i [\alpha_i Ap(t-\tau_i)\sin(2\pi ft+\varphi_i)] \tag{3.25}$$

关于多径误差的分析,国内外的研究和各种试验表明:如果多径延迟超过 1 个伪码周期,则对接收机几乎没有影响;在多径延迟小于 1 个伪码周期到 1/4 周期时,可以通过建立准确的多径模型进行修正;但如果多径时延小于 1/4 个伪码周期,则目前常规接收机基本不进行处理,还不能准确分离出该多径误差。相控阵天线存在多径问题:首先由天线接收卫星星体反射信号引起。在 Ka 频段,信号带宽影响基本可以忽略。发射信号离轴角越大,天线波束越宽,旁瓣也越宽,星体引起的反射也越明显,从而产生的多径越严重。其次是相控阵使用了多个阵元,无线电波到达各个阵元的时间延迟不一样。有两种效应导致天线阵列的多径。

1) 多个阵元形成的来回反射(主要是针对阵元互耦合的比较大阵列)

这种现象是天线之间相互耦合导致的。对于 Ka 频段相控阵天线,阵元和地线

平面几何关系决定了地线上的反射波不会进入天线辐射单位，而且阵元是相互良好隔离的 T/R 模块，相互之间的耦合相比 UHF 要小得多。

2）天线阵各个阵元无线电信号到达时间不一样导致的多径问题

使用天线阵时，由于远程的平面波到达各个天线阵元的时间不一样，其效果等效于接收信号的多径，其形成机理如图 3.2 所示。这种多径延迟通常小于 1/4 个伪码周期，导致相关峰在顶部出现“圆顶”效应，出现峰值模糊因而失去了距离分辨能力，靠增加积分时间和降低环路带宽无法消除这种干扰。研究表明，天线阵的阵元相互距离越大，偏离天线轴向的仰俯角和方位角越大，越容易形成由于到达时间不一样导致的多径。

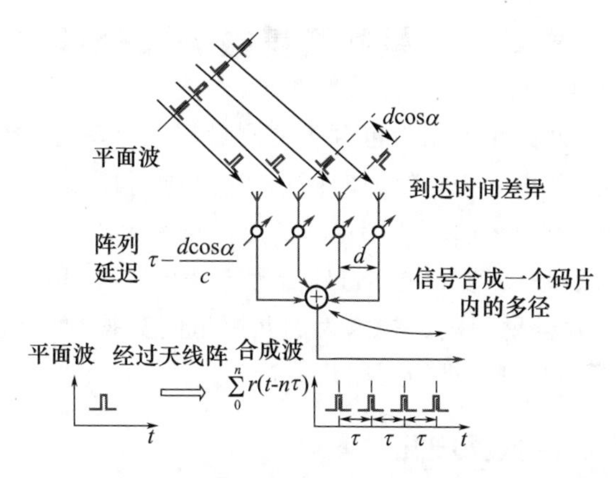

图 3.2　到达时间不一致形成的多径

这是相控阵天线特有的现象，其产生的多径误差和天线接收平面的尺寸、入射方向角关系密切。目前的相关设计可控制 Ka 频段天线最大的多径延迟为 0.152m。

从以上分析可知，在星间链路中，多径误差与卫星结构、两颗卫星天线方向特性、接收机信号处理、天线增益场形以及信号特征等众多因素相关。因而，抑制多径的影响也可以从天线设计及安装、信号设计、姿态控制、信号处理、数据多径抑制算法等方面着手。

星间链路的多径误差难以完全抑制或消除，有研究表明可以将其抑制到低于30% 的水平。实际测量中，多径误差会小于上述分析中给出的最大值。对于 Ka 频段测距系统，多径误差可控制在 0.054m。

3.3.6　接收机热噪声

假设天线入口处接收信号的载噪比为 C/N_0，接收机的噪声系数为 N_F，测距信号的持续时间为 T_{ob}，接收机相关器的间距为 d，作为近似，在测量时间 T_{ob} 内，接收伪码信号的时延测量误差 $\sigma(T_A)$ 近似由下式决定：

$$\sigma(T_A) \approx T_c \sqrt{\frac{d}{2T_{ob}(C/N_0)/N_F}} \tag{3.26}$$

目前，对于 Ka 频段链路的卫星接收机，热噪声导致的伪码测量精度 $\sigma(T_A)$ 可小于0.01ns。

美国GPS采用UHF星间测距体制，针对UHF的测量误差修正模型在其相关的在轨试验文献中有较为详细的分析；我国中继卫星采用Ku频段星间链路，测距精度在米级，针对该频段星间测距误差的分析也有相关文献。北斗导航卫星拟采用Ka频段，测量天线包括相控阵和反射面两种，星间测距精度在亚分米级，针对这种类型星间链路误差分析国内尚属首次，目前也仅有少量的实测数据可供分析，只能依靠类比国内外系统定性分析。有关基于Ka频段相控阵载荷的星间链路测距系统误差建模国内外鲜有文献提及，需要依据我国北斗卫星导航系统在轨运行经验逐步完善。

3.4 星间测量数据预处理

如3.1节所述，星间测距数据为包含多种测量误差且测量时标不一致的原始观测量，为利用星间链路数据实现定轨或时间同步，必须对原始观测量进行偏差修正，对原始观测量时标进行归化处理，此即星间链路数据预处理。

由上述UHF、S频段、Ka频段星间链路观测方程可知，三种测量技术观测方程形式相近，因此，以Ka频段星间链路技术为例介绍星间数据预处理技术，主要包括星间测量偏差修正和星间观测数据历元归化。

3.4.1 星间测距数据归化

UHF、S频段、Ka频段星间测距数据均为伪距，包含卫星钟差信息。如果仅用单向链路进行定轨或时间同步处理，采用星地非差伪距处理模式，则待估参数除了卫星轨道参数外，最少需要同时估计两个钟差参数；对于UHF、S频段这种一发多收测距模式，尽管可以通过星间组差消除一个钟差参数，但单条链路最少仍需要估计一个钟差参数，导致待估参数数量大于观测方程数量。基于上述考虑，星间测距通常采用双向测距模式，通过双向观测量组合解耦伪距中的距离和钟差信息。实现双向组合解耦的前提是双向观测同时刻，由于载荷技术原因，卫星之间很难实现双向同时观测，为此，需要对星间双向数据进行历元归化处理，对双向测量时刻进行同步，并消除信号传播时延，将双向伪距数据转换为卫星之间的瞬间星间距离观测数据和钟差观测数据[9]。

星间双向测距几何图如图3.3所示。S_A、S_B 分别为卫星A、B轨道，t_A 为卫星A接收卫星B发射信号时刻，ρ_{BA} 为卫星A观测得到的星间距，t_B 为卫星B接收卫星A发射信号时刻，ρ_{AB} 为卫星B观测得到的星间距，如果将信号接收时刻作为归化历元，则需要利用 ρ_{AB}、ρ_{BA} 观测量计算归化虚拟瞬间观测量 $\bar{\rho}_{AB}$，其中 ρ_{AB}、ρ_{BA} 包含卫星钟差。

星间双向数据历元归化方法可采用矢量改正法和位置差直接归化法。

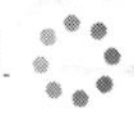

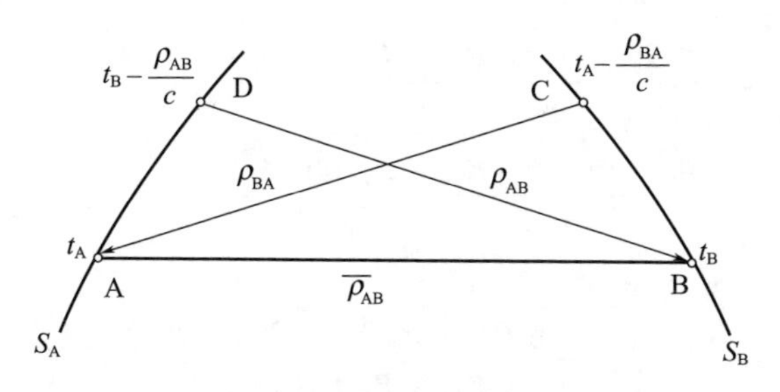

图 3.3　星间双向测距图

3.4.2　星间测距数据矢量改正归化法

矢量改正法首先需要将星间双向测距数据接收历元归化到同一时刻,然后利用卫星运动几何关系将包含传播时延的星间伪距近似表示为瞬间距离和钟差观测量。将星间双向接收信号的观测历元归化到同一时刻可采用多项式拟合法。该方法利用卫星轨道及钟差运动变化的连续性特点,可以对短期星间距离观测量进行多项式建模,利用数据拟合预报方式进行测量时标归化。利用经过测量时标归化后的双向伪距,可计算瞬间星间距和星间钟差。利用双向距离计算瞬时星间距及钟差原理如图3.4所示[10]。

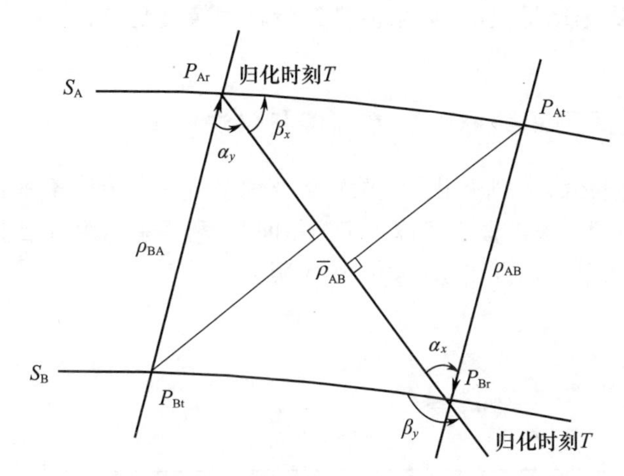

图 3.4　利用双向距离计算瞬时星间距及钟差原理图

通过简单公式推导可以得出,消除钟差后的虚拟距离瞬间观测量 $\bar{\rho}_{AB}$,以及消除距离量的虚拟钟差观测量 $\bar{T}_{AB}$ 如下:

$$\begin{aligned}\bar{\rho}_{AB} = &\frac{\cos\alpha_x\cos\alpha_y(\rho'_{BA}+\tau_{BA}c)}{\cos\alpha_y+\cos\alpha_x}-\frac{|\boldsymbol{P}_{Br}-\boldsymbol{P}_{Bt}|\cos\alpha_x\cos\beta_y}{\cos\alpha_y+\cos\alpha_x}+\\&\frac{\cos\alpha_x\cos\alpha_y(\rho'_{AB}+\tau_{AB}c)}{\cos\alpha_y+\cos\alpha_x}+\frac{|\boldsymbol{P}_{Ar}-\boldsymbol{P}_{At}|\cos\alpha_y\cos\beta_x}{\cos\alpha_y+\cos\alpha_x}\end{aligned} \tag{3.27}$$

$$\bar{T}_{AB} = \frac{[\rho'_{AB}\cos\alpha_x + |\boldsymbol{P}_{Ar} - \boldsymbol{P}_{At}|\cos\beta_x]}{(\cos\alpha_y + \cos\alpha_x)c} - \frac{[\rho'_{BA}\cos\alpha_x - |\boldsymbol{P}_{Br} - \boldsymbol{P}_{Bt}|\cos\beta_y]}{(\cos\alpha_y + \cos\alpha_x)c} \tag{3.28}$$

式中

$$\cos\alpha_x = \frac{(\boldsymbol{P}_{At} - \boldsymbol{P}_{Br}) \times (\boldsymbol{P}_{Ar} - \boldsymbol{P}_{Br})}{|\boldsymbol{P}_{At} - \boldsymbol{P}_{Br}||\boldsymbol{P}_{Ar} - \boldsymbol{P}_{Br}|}$$

$$\cos\alpha_y = \frac{(\boldsymbol{P}_{Br} - \boldsymbol{P}_{Ar}) \times (\boldsymbol{P}_{Bt} - \boldsymbol{P}_{Ar})}{|\boldsymbol{P}_{Br} - \boldsymbol{P}_{Ar}||\boldsymbol{P}_{Bt} - \boldsymbol{P}_{Ar}|}$$

$$\cos\beta_x = \frac{(\boldsymbol{P}_{At} - \boldsymbol{P}_{Ar}) \times (\boldsymbol{P}_{Br} - \boldsymbol{P}_{Ar})}{|\boldsymbol{P}_{At} - \boldsymbol{P}_{Ar}||\boldsymbol{P}_{Br} - \boldsymbol{P}_{Ar}|}$$

$$\cos\beta_y = \frac{(\boldsymbol{P}_{Bt} - \boldsymbol{P}_{Br}) \times (\boldsymbol{P}_{Br} - \boldsymbol{P}_{Ar})}{|\boldsymbol{P}_{Bt} - \boldsymbol{P}_{Br}||\boldsymbol{P}_{Br} - \boldsymbol{P}_{Ar}|}$$

式中：$\boldsymbol{P}_{At}$、$\boldsymbol{P}_{Ar}$分别为卫星A根据预报星历计算得到的发射、接收时刻卫星位置；$\boldsymbol{P}_{Bt}$、$\boldsymbol{P}_{Br}$分别为卫星B根据预报星历计算得到的发射、接收时刻卫星位置；ρ'_{AB}、ρ'_{BA}为卫星A、B对向星间测距观测量经过相对论、天线相位中心等误差修正并进行历元归化后的测距值；α_x、α_y、β_x、β_y定义见图3.4。

仿真和实测数据结果表明，如果卫星先验轨道精度足够，上述方法归化误差小于10cm。

3.4.3 星间测距数据位置差直接归化法

位置差直接归化法是利用卫星先验轨道及钟差信息直接计算理论星间距与瞬间星间距之差，然后利用该差值直接修正实测星间距，利用星间距直接生成归化后的瞬间距离和钟差观测量。该方法原理如图3.5所示。

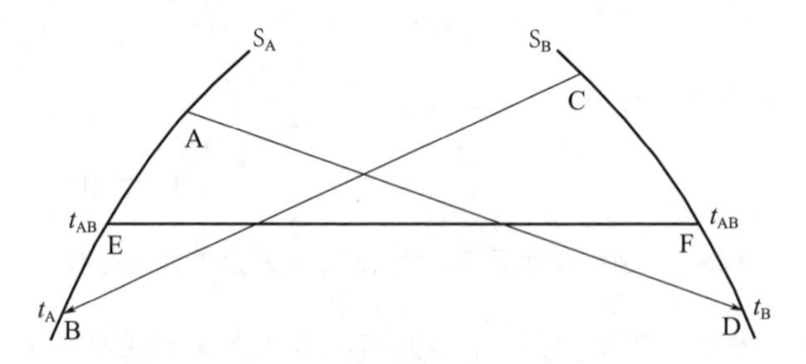

图3.5 星间距直接归化图

假设卫星S_A在预定时间发射的信号被卫星S_B在t_B时刻接收，对应的伪距观测量为ρ_{AD}，而在同一个测量循环中卫星S_B发射的信号被卫星S_A在t_A时刻接收，伪距观测量为ρ_{CB}，需要归化的瞬间星间距为t_{AB}时刻的伪距ρ_{EF}。利用卫星轨道及钟差先验信息，可计算出先验伪距ρ^0_{AD}、ρ^0_{CB}、ρ^0_{EF}、ρ^0_{FE}，则瞬间星间距$\bar{\rho}_{EF}$计算公式为

$$\bar{\rho}_{EF} = \frac{\rho_{AD} - (\rho_{AD}^{0} - \rho_{EF}^{0}) + \rho_{CB} - (\rho_{CB}^{0} - \rho_{FE}^{0})}{2} \tag{3.29}$$

该方法隐含假设了一个前提,即由卫星轨道及钟差引起的星间距变化量在真实测量时刻和归化时刻是相同的。当归化时刻与真实测量时刻接近时,上述假设是合理的,因此,对于短期星间测距数据历元归化,上述方法精度是足够的。

3.4.4　星间测距数据粗差剔除

星间测距设备受空间辐射、卫星载荷异常变化等因素影响,其获取的观测数据可能包含粗差。星间测距观测量粗差剔除通常采用两种方式:

(1) 时间序列拟合预估法,即利用二阶以上多项式对两颗卫星之间连续多个历元星间测距观测量进行拟合,利用拟合残差或预报误差剔除粗差,粗差剔除标准采用3倍拟合残差为限值。这种方法本质是利用卫星轨道及钟差短期变化可用多项式建模的特征实现,实际计算中可结合本章上节历元时标归化过程,在对星间测距数据进行时标归化建模的同时,实现粗差探测与剔除。

(2) 残差判别法,可在定轨或时间同步观测方程建立过程中实现。即利用卫星预报轨道及钟差参数计算理论星间距,利用理论星间距与实测星间距残差判别粗差。判别准则同样采用3倍残差统计中误差标准。

参考文献

[1] MONTENBRUCK O,GILL E. Satellite orbits models,methods,applications[M]. Berlin Heidelberg: Springer-Verlag,2000.

[2] RAJAN J. Highlights of GPS Ⅱ-R autonomous navigation[C]//The ION 58th Annual Meeting and the CIGTF 21st Guidance Test Symposium,Albuquerque,NM,June 24-26,2002:354-363.

[3] MARTOCCIA D,BERNSTEIN H. GPS satellite timing performance using the autonomous navigation (Autonav)[C]//Proceedings of the ION GPS-98,Nashville,Tennessee,Sept. 15-18,1998:1705-1712.

[4] RAJAN J A,ORR M,WANG P. On-orbit validation of GPS ⅡR autonomous navigation[C]//The ION 59th Annual Meeting and the CIGTF 22st Guidance Test Symposium,Albuquerque,NM,June 23-25,2002:411-419.

[5] IGNATOVICH E I,SCHEKUTIEV A F. Research-analysis of opportunities of GNSS glonass ephemerides-time maintenance modernization using intersatellite measurement system[C]//XⅢ ST. Petersburg International Conference on the integrate navigation systems, Saint Petersburg, Russia, May 29-31, 2006:202-210.

[6] IGNATOVICH E I,SCHEKUTIEV A F,et al. Results of imitating tests of some versions of onboard algorithms for SC GLONASS intersatellite measurement processing[C]//15th Saint Petersburg International Conference on Integrated Navigation Systems, Saint Petersburg, Russia, May 26-28, 2008:

348-355.

[7] FERNÁNDEZ F A. Inter- satellite ranging and inter- satellite communication links for enhancing GNSS satellite broadcast navigation data[J]. Advances in Space Research,2011(47):786-801.

[8] 宋小勇,毛悦,冯来平,等. BD卫星星间链路定轨结果及分析[J]. 测绘学报,2017,46(5):547-553.

[9] 毛悦,宋小勇,贾小林,等. 星间链路观测数据归化方法研究[J]. 武汉大学学报(信息科学版),2013,38(10):1201-1206.

[10] 宋小勇. 北斗导航卫星精密定轨技术研究[D]. 西安:长安大学,2009.

第4章　自主定轨技术

导航卫星自主定轨是导航卫星利用星间测量和星载数据处理完成轨道确定的过程。自主定轨是自主导航核心技术之一。为保证星历预报精度,导航卫星自主定轨需要采用动力学定轨方法。自主定轨面对的主要问题是星载处理能力限制和星座整体旋转问题。本章重点从卫星动力学模型简化、自主导航算法设计、星座整体旋转约束等方面简述自主定轨数据处理方法。

4.1　自主定轨动力学模型

4.1.1　导航卫星定轨动力学模型

4.1.1.1　导航卫星运动方程

利用动力学方法定轨首先需要对影响卫星运动的主要摄动力建模,构建卫星运动动力学方程。导航卫星运动除了受地球中心引力作用外,还受到其他多种摄动力,包括地球引力场高阶项、日月及大行星引力、太阳光压及地球反照压、固体潮、海潮、极潮及相对论等。除了太阳光压外,上述其他摄动力均有严格的数学模型[1]。各种摄动力对卫星运动影响与卫星高度有关,利用摄动力数学模型,采用分析法或数值积分法可计算出上述摄动力量级,图4.1为摄动力随卫星高度变化图[2]。

由图4.1看出,日月引力摄动随卫星高度增加逐渐增加,太阳光压摄动随卫星高度变化缓慢,其余摄动随卫星高度增加逐渐减小。仅考虑量级大于10^{-11} km/s^{2}摄动力时,对于MEO卫星,主要摄动力为地球引力场小于6阶项、日月引力、太阳光压、固体潮、海潮,而对于IGSO、GEO卫星,固体潮摄动、海潮摄动影响可不考虑。地球反照辐射压对中高轨卫星影响量级在10^{-11} ~ 10^{-12} km/s^{2}之间,是除上述摄动外对卫星运动影响较大的摄动力。

需要指出的是,上述单纯基于摄动力量级的分析并不能完全反映摄动力对卫星运动实际影响大小,对于GEO卫星而言,尽管从图上看$J_{2,2}$项量级小于J_2项几个数量级,但由于$J_{2,2}$项与卫星运动周期产生共振,$J_{2,2}$项对卫星运动影响具有长期摄动项特点,其对长期轨道预报影响量级可与J_2项接近。

综合上述,顾及三种高度卫星主要摄动力的卫星运动方程可写为

$$\ddot{\boldsymbol{r}} = GM_{\mathrm{e}}\frac{\boldsymbol{r}}{r^3} + \boldsymbol{a}_{\mathrm{pot}} + \boldsymbol{a}_{\mathrm{sun}} + \boldsymbol{a}_{\mathrm{lun}} + \boldsymbol{a}_{\mathrm{rad}} + \boldsymbol{a}_{\mathrm{dtid}} + \boldsymbol{a}_{\mathrm{otid}} + \boldsymbol{a}_{\mathrm{thru}} \tag{4.1}$$

式中：GM_e 为地球引力常数；$\boldsymbol{r}$ 为卫星位置矢量；$\boldsymbol{a}_{pot}$ 为除中心引力外地球引力场摄动项，可取为重力场模型（JGM）3 引力场 12 阶次；$\boldsymbol{a}_{sun}$、$\boldsymbol{a}_{lun}$ 分别为日月引力，可采用喷气推进实验室（JPL）DE403 星历给出的日月质量及位置进行计算；$\boldsymbol{a}_{dtid}$、$\boldsymbol{a}_{otid}$ 分别为地球固体潮及海潮摄动；$\boldsymbol{a}_{rad}$ 为太阳光压摄动；$\boldsymbol{a}_{thru}$ 为 GEO 卫星姿控力。地球引力、日月引力、固体潮摄动、海潮摄动计算公式见文献[3－5]。

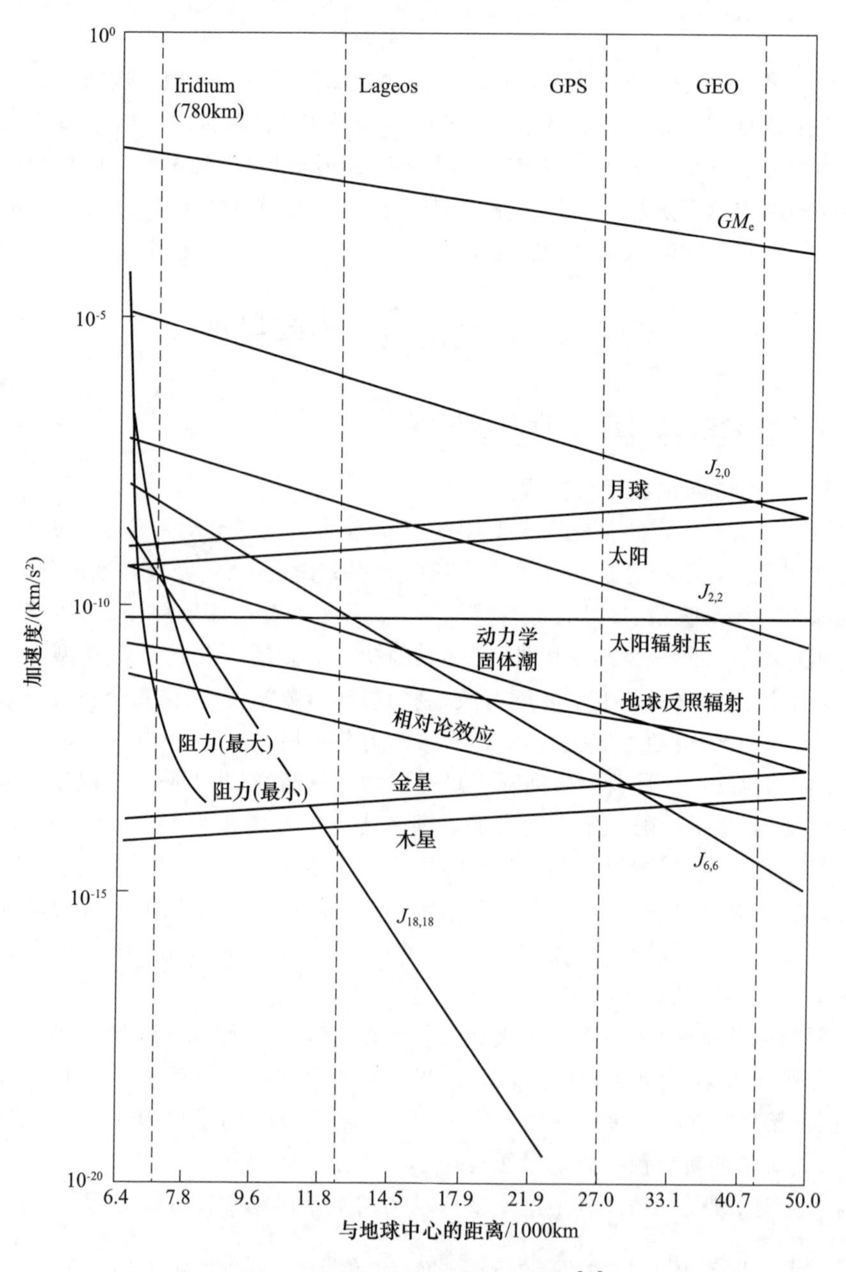

图 4.1　摄动力随卫星高度变化图[2]

4.1.1.2　太阳光压模型

对于导航卫星,太阳光压摄动受卫星形状、卫星表面材质、地影等多种因素影响,较难精确建模,是影响定轨精度的主要因素之一。目前太阳光压模型多采用半经验模型形式,即采用简化的卫星光压模型加经验力改正项形式。在 GPS 卫星定轨中应用较为成功的太阳光压模型有 GPS ROCK 分析光压模型[6],COLOMBO 模型[7]、JPL 光压模型[8]、BERNESE 的欧洲定轨中心(CODE)经验光压模型(ECOM)及 BERNESE 的 SPRINGER 模型[9]等。

1) 两参数光压模型

太阳光压摄动力是卫星到太阳距离、卫星面质比等参数的函数。由于卫星表面反射系数较难确定,通常需要解算太阳光压尺度因子参数吸收模型误差。对于实际在轨运行卫星,由于太阳帆板并不能严格垂直于卫星太阳连线,造成太阳光压沿卫星太阳帆板转动轴线方向产生分力即 Y 轴偏差[9]。考虑太阳光压尺度因子及 Y 偏差参数的太阳光压模型为

$$\boldsymbol{a}_{\text{rad}} = \nu \cdot P_{\text{s}} \cdot \frac{a_{\text{s}}}{\left|\boldsymbol{r} - \boldsymbol{r}_{\text{s}}\right|^2} \cdot \left[\frac{A}{m} \cdot C_x \cdot \boldsymbol{e}_x + C_y \cdot \boldsymbol{e}_y\right] \tag{4.2}$$

式中:ν 为地影系数;P_{s} 为单位面质比吸收体在距离太阳 1 个天文单位处受到的太阳辐射压;a_{s} 为 1 个天文单位对应的距离;$\boldsymbol{r}$ 为卫星位置矢量;$\boldsymbol{r}_{\text{s}}$ 为太阳位置矢量;A 为卫星受太阳辐射面积;m 为卫星质量;C_x 为太阳光压尺度因子;C_y 为 Y 偏差因子;$\boldsymbol{e}_x$、$\boldsymbol{e}_y$ 分别为星固参考系中两个坐标轴的单位矢量。

2) ECOM

双参数太阳光压模型仅是对卫星太阳光压摄动力的一种简化模型,由于实际卫星太阳帆板及卫星表面几何物理特性的复杂性,上述模型很难满足高精度定轨需求。为弥补模型精度的不足,在 GPS 精密定轨中,基于 ROCK 模型,Beutler 提出采用常数经验力参数结合周期经验力参数的 ECOM,公式如下:

$$\boldsymbol{a}_{\text{rad}} = \boldsymbol{a}_{\text{ROCK}} + D(u) \cdot \boldsymbol{e}_{\text{D}} + Y(u) \cdot \boldsymbol{e}_y + B(u) \cdot \boldsymbol{e}_{\text{B}} \tag{4.3}$$

$$\begin{aligned} D(u) &= D + D_{\text{C}} \cdot \cos u + D_{\text{S}} \cdot \sin u \\ Y(u) &= Y + Y_{\text{C}} \cdot \cos u + Y_{\text{S}} \cdot \sin u \\ B(u) &= B + B_{\text{C}} \cdot \cos u + B_{\text{S}} \cdot \sin u \end{aligned} \tag{4.4}$$

式中:$\boldsymbol{a}_{\text{ROCK}}$ 为基本 ROCK 模型;$\boldsymbol{e}_{\text{D}}$ 为卫星 - 太阳方向单位矢量,正向指向太阳;$\boldsymbol{e}_y$ 为卫星太阳帆板轴向单位矢量;$\boldsymbol{e}_{\text{B}}$ 为 $\boldsymbol{e}_{\text{D}}$ 与 $\boldsymbol{e}_y$ 叉乘方向单位矢量;与 $\boldsymbol{e}_{\text{D}}$、$\boldsymbol{e}_y$ 垂直并构成右手系。D、D_{C}、D_{S}、Y、Y_{C}、Y_{S}、B、B_{C}、B_{S} 分别为上述三个坐标轴方向上的九个模型参数;u 为卫星轨道面内卫星相对其轨道升交点的角距。由于上述九参数与卫星轨道参数的相关性,采用 ECOM 时,通常需要对周期参数系数加较强的约束,对于 GPS 卫星,仅解算 B_{C}、B_{S} 而不估计其他周期项,也能得到稳定结果。

4.1.2　地面运控模式导航卫星运动方程求解

有了卫星运动微分方程,按照动力学定轨原理,需要求解微分方程,得到以卫星

轨道初始状态矢量和卫星动力学参数为参数的卫星运动方程初值问题解;同时,为了采用线性化方法解算定轨观测方程,需要计算卫星位置、速度对轨道初值和动力学参数的偏导数。事实上,卫星位置、速度对解算参数的偏导数同样可用微分方程组描述,该微分方程可用卫星运动微分方程简单推导。

与第 2 章类似,卫星运动微分方程可写为

$$\ddot{\boldsymbol{r}} = \boldsymbol{f}(\boldsymbol{r},\dot{\boldsymbol{r}},p,t) \tag{4.5}$$

式中:$\boldsymbol{r}$、$\dot{\boldsymbol{r}}$、$\ddot{\boldsymbol{r}}$ 分别为惯性系中卫星位置、速度、加速度;p 为动力学模型参数;t 为时间参数;$\boldsymbol{f}$ 为惯性系中表示的卫星动力学模型。

该微分方程对应的初值问题解为

$$\boldsymbol{r}(t) = \boldsymbol{F}(\boldsymbol{r}_0,\dot{\boldsymbol{r}}_0,p,t),\quad \dot{\boldsymbol{r}}(t) = \dot{\boldsymbol{F}}(\boldsymbol{r}_0,\dot{\boldsymbol{r}}_0,p,t) \tag{4.6}$$

式中:$\boldsymbol{r}_0$、$\dot{\boldsymbol{r}}_0$ 分别为卫星初始时刻的位置及速度矢量;$\boldsymbol{F}$、$\dot{\boldsymbol{F}}$ 为微分方程位置和速度解函数。由上述公式看出,卫星位置、速度、加速度均为卫星初始时刻的位置、速度矢量和动力学参数的函数。为此,将卫星运动微分方程分别对 $\boldsymbol{r}_{i,0}$、$\dot{\boldsymbol{r}}_{i,0}$ 及动力学参数 p 求偏导,得到与微分方程对应的变分方程如下:

$$\frac{\mathrm{d}^2}{\mathrm{d}t^2}\left(\frac{\partial \boldsymbol{r}}{\partial \boldsymbol{r}_0}\right) = \frac{\partial f}{\partial \dot{\boldsymbol{r}}}\cdot\frac{\mathrm{d}}{\mathrm{d}t}\left(\frac{\partial \boldsymbol{r}}{\partial \boldsymbol{r}_0}\right) + \frac{\partial f}{\partial \boldsymbol{r}}\cdot\frac{\partial \boldsymbol{r}}{\partial \boldsymbol{r}_0} \tag{4.7}$$

$$\frac{\mathrm{d}^2}{\mathrm{d}t^2}\left(\frac{\partial \boldsymbol{r}}{\partial \dot{\boldsymbol{r}}_0}\right) = \frac{\partial f}{\partial \dot{\boldsymbol{r}}}\cdot\frac{\mathrm{d}}{\mathrm{d}t}\left(\frac{\partial \boldsymbol{r}}{\partial \dot{\boldsymbol{r}}_0}\right) + \frac{\partial f}{\partial \boldsymbol{r}}\cdot\frac{\partial \boldsymbol{r}}{\partial \dot{\boldsymbol{r}}_0} \tag{4.8}$$

$$\frac{\mathrm{d}^2}{\mathrm{d}t^2}\left(\frac{\partial \boldsymbol{r}}{\partial p}\right) = \frac{\partial f}{\partial \dot{\boldsymbol{r}}}\cdot\frac{\mathrm{d}}{\mathrm{d}t}\left(\frac{\partial \boldsymbol{r}}{\partial p}\right) + \frac{\partial f}{\partial \boldsymbol{r}}\cdot\frac{\partial \boldsymbol{r}}{\partial p} + \frac{\partial f}{\partial p} \tag{4.9}$$

上述方程为卫星位置对于卫星初始时刻的位置、速度矢量和动力学参数偏导数的线性微分方程,求解该微分方程可得到任意时刻偏导数。上述偏导数微分方程初值取法为:卫星位置对初始位置偏导数取为单位矩阵,卫星位置对初始速度偏导数和卫星位置对轨道参数偏导数均取为零。

上述卫星运动微分方程和偏导数微分方程均为形式相当复杂的微分方程,很难得到显式解析解。采用平均根数方法可得到近似解析解,但精度太差。因此,常规定轨中,卫星运动方程及变分方程采用数值积分方法求解。数值积分方法可采用多步法或单步法。通常采用 Adams-Cowell 预估 - 校正多步数值积分算法,用 Adams 显式公式进行预报,用 Cowell 隐式公式进行修正并估计数值积分截断误差,用中心迭代起步方法或单步龙格-库塔校正积分法(RKF)方法进行积分起步。数值积分方法计算公式详见文献[2]。

4.1.3 自主定轨动力学模型选择

以地面运控方式进行常规动力学定轨时,为了提高定轨精度和轨道预报精度,需

要定轨采用的动力学模型足够精确。对于国际 GNSS 服务(IGS)事后精密星历生成，上述特点尤为突出。由卫星运动方程可知，卫星动力学模型对轨道位置的影响主要以轨道加速度方式体现，也就是说，动力学模型对位置的影响为时间的二次函数，这就意味着定轨弧段越长，动力学模型误差影响越大；另外，如果观测量精度不变，则定轨弧段越长，观测量对动力学模型参数的敏感度相对越强，这就是地面定轨通常采用三天或更长弧段长度的原因。然而，数据处理弧段增加后，需要的定轨解算运算时间和对处理器存储容量的要求成指数增加，对数据处理器要求相应提高。对于地面运控定轨模式而言，增加地面处理运算能力相对简单，因此，在动力学模型考虑上通常原则是采用尽可能高的动力学模型。但对于自主定轨而言，由于数据处理在卫星上实现，卫星的处理能力相对地面差距较大，如何降低运算复杂度是自主定轨优先考虑的问题。另外，由于自主定轨的导航星历更新过程在卫星上实现，不需要星历上注，因此导航星历更新频度更高，对轨道预报的时长相对较短，对动力学模型精度的敏感度相对降低。因此，自主定轨动力学模型可采用相对简单的模型。

依照导航卫星轨道摄动力影响量级分析，导航卫星主要摄动力由大到小依次为地球引力场 J_2 项、日月引力、地球引力场 $J_{2,2}$ 项、太阳光压、固体潮等。从自主定轨导航星历更新方式可知，自主定轨产生的导航星历轨道预报长度通常低于 2h，理论上仅需要考虑大于 1×10^{-8} 量级的耗散摄动力，即可保证卫星轨道预报 2h，位置误差小于 0.3m。当摄动力为保守力时，仅需要考虑大于 1×10^{-5} 量级的摄动力。因此，自主定轨理论上动力学模型仅需要考虑地球引力场 J_2 项、日月引力影响即可。太阳光压利用先验光压模型进行修正。

4.1.4　自主定轨运动方程求解

自主定轨采用动力学定轨方法，动力学定轨过程需要求解卫星运动微分方程及其对应的变分方程。地面运控常规定轨过程中上述微分方程求解采用数值积分方法完成，数值积分方法精度高，但运算量相对较大。考虑到星载处理器运算能力限制，自主定轨卫星位置预报可采用近似的状态转移矩阵外推法、分析法以及简化的数值积分法。

1）状态转移矩阵外推法

状态转移矩阵外推法是依据星载处理能力最弱的前提而提出的算法。依据对卫星运动微分方程及其变分方程求解运算量分析，变分方程的运算量远大于微分方程，早期星载处理器几乎不能满足要求。同时，通过对卫星位置相对轨道初值偏导数长期变化特性分析可知，该偏导数主要受主体摄动力如地球主体引力、地球引力场 J_2、日月引力等因素影响，对卫星绝对位置变化相对不敏感。基于以上考虑，状态转移矩阵计算可采用预报上注方式。即利用卫星初始状态参数和动力学参数在地面采用数值积分方法，同时生成卫星参考轨道和状态偏导数，并通过星地链路预先上注到卫星。卫星利用地面注入的预报偏导数实施定轨运算和轨道预报。

由于卫星位置对于卫星初始轨道参数比较敏感，直接采用地面上注预报参考轨道，当轨道预报时间段较长时，预报轨道相对其真实位置误差将超过一定门限，需要依据实时改进的轨道初始参数对其进行修正。

卫星运动微分方程解形式为

$$\boldsymbol{r}(t) = \boldsymbol{F}(\boldsymbol{r}_0, \dot{\boldsymbol{r}}_0, p, t)$$

式中：$\boldsymbol{r}_0$、$\dot{\boldsymbol{r}}_0$ 分别为卫星初始时刻的位置及速度矢量；$\boldsymbol{F}$ 为卫星运动微分方程关于位置的解函数。

以地面上注参考轨道为初值，对上述方程进行线性化，有

$$\boldsymbol{r}(t) = F(\boldsymbol{r}_0, \dot{\boldsymbol{r}}_0, p, t) + \frac{\partial \boldsymbol{r}}{\partial \boldsymbol{r}_0}\Delta \boldsymbol{r}_0 + \frac{\partial \boldsymbol{r}}{\partial \dot{\boldsymbol{r}}}\Delta \dot{\boldsymbol{r}}_0 + \frac{\partial \boldsymbol{r}}{\partial p}\Delta p \tag{4.10}$$

式中：$\Delta \boldsymbol{r}_0$、$\Delta \dot{\boldsymbol{r}}_0$、$\Delta p$ 为自主定轨解算得到的卫星轨道参数修正量，即卫星在任意时刻位置可用卫星参考轨道以及自主定轨解算的卫星状态修正量近似表示，其中卫星位置偏导数利用地面预报上注值。

采用上述方法，综合利用地面上注参考轨道、卫星状态偏导数以及自主定轨改进的卫星状态矢量，可计算改进的卫星预报轨道位置。

按照上述方法，卫星参考轨道和状态转移矩阵完全可以在地面计算然后上注到卫星。卫星仅需要进行简单的插值运算，即可得到测量时刻的卫星参考轨道以及卫星状态偏导数。卫星不需要进行复杂的轨道数值积分运算，算法复杂性极大简化，星载处理运算量和运算耗时极大减小，对星载 CPU 数据处理能力要求可以很低。但上述方法计算卫星参考轨道时仅考虑了轨道变化的线性部分，忽略了非线性变化，预报轨道误差随时间增加较快，当自主定轨精度指标要求较高时，不能满足精度要求。

2）分析法

如前所述，为了尽可能减小星载数据处理运算量，卫星参考轨道及卫星状态转移矩阵可采用预先在地面运控系统计算，然后上注到卫星的方式。然而，由于自主导航需要卫星脱离地面运控系统支持超过 60 天以上时仍能维持精度，为此要求地面运控系统预报上注卫星参考轨道时长需要超过 60 天。考虑到卫星轨道状态转移矩阵本身数据量较大（单历元 6×6 矩阵），而且长期预报的轨道状态转移矩阵元素数值范围变化较大，需要较长的字节描述，导致全部预报状态转移矩阵的数据量很大，对卫星存储和地面运控系统上注能力的要求较高。而且，大容量的卫星数据存储器易受空间环境影响，数据存储的稳定性和准确性较难保证。考虑到卫星状态矢量偏导数主要与地球主体引力、地球引力场高阶项和日月引力相关。可利用简化动力学模型采用分析方法在轨直接计算偏导数，此即自主定轨分析法。

分析法计算卫星状态转移矩阵主要依据一阶摄动理论。仅考虑地球引力场中心引力和 J_2 项影响，舍去一阶周期，仅包含长期摄动项的轨道根数表达式为[10]

$$a = a_0 \tag{4.11}$$

$$e = e_0 \tag{4.12}$$

$$i = i_0 \tag{4.13}$$

$$\Omega = \Omega_0 + \Omega_1(t - t_0) \tag{4.14}$$

$$\omega = \omega_0 + \omega_1(t - t_0) \tag{4.15}$$

$$M = M_0 + (\bar{n} + M_1)(t - t_0) \tag{4.16}$$

式中：a、e、i、Ω、ω、M 为与卫星位置、速度状态矢量对应的瞬时轨道根数；a_0、e_0、i_0、Ω_0、ω_0、M_0 为与初值对应的平根数；其他符号意义如下：

$$\Omega_1 = -\frac{3J_2}{2a_0^2(1-e_0^2)^2}n\cos i_0, \quad \omega_1 = \frac{3J_2}{2a_0^2(1-e_0^2)^2}n\left(2 - \frac{5}{2}\sin^2 i_0\right)$$

$$M_1 = \frac{3J_2}{2a_0^2(1-e_0^2)^2}n\left(1 - \frac{3}{2}\sin^2 i_0\right)\sqrt{1-e_0^2}$$

对应的状态转移矩阵形式为

$$\frac{\partial \boldsymbol{\sigma}}{\partial \boldsymbol{X}} = \begin{pmatrix} 1 & 0 & 0 & 0 & 0 & 0 \\ 0 & 1 & 0 & 0 & 0 & 0 \\ 0 & 0 & 1 & 0 & 0 & 0 \\ \Omega_{11} & \Omega_{12} & \Omega_{13} & 1 & 0 & 0 \\ \omega_{11} & \omega_{12} & \omega_{13} & 0 & 1 & 0 \\ M_{11} & M_{12} & M_{13} & 0 & 0 & 1 \end{pmatrix} \tag{4.17}$$

式中

$$\Omega_{11} = \frac{7}{3n}\Omega_1(t - t_0), \quad \Omega_{12} = \frac{4e}{1-e^2}\Omega_1(t - t_0), \quad \Omega_{13} = -\tan i\Omega_1(t - t_0)$$

$$\omega_{11} = \frac{7}{3n}\omega_1(t - t_0), \quad \omega_{12} = \frac{4e}{1-e^2}\omega_1(t - t_0), \quad \omega_{13} = -\frac{5\sin(2i_0)}{4 - 5\sin^2 i_0}\omega_1(t - t_0)$$

$$M_{11} = \left(1 + \frac{7}{3n}M_1\right)(t - t_0), \quad M_{12} = \frac{3e}{1-e^2}M_1(t - t_0), \quad M_{13} = -\frac{3\sin(2i_0)}{2 - 3\sin^2 i_0}M_1(t - t_0)$$

按照上述公式,可计算任意时刻卫星位置相对初始轨道根数偏导数。综合卫星状态矢量相对卫星轨道根数偏导数和上述公式,可计算卫星状态转移矩阵。

上述计算公式仅考虑了地球引力场 J_2 项影响,如果测量采样频度高,同时需要考虑周期项影响。如果需要考虑日月引力、太阳光压等二阶摄动项,可依据二阶摄动理论计算公式按照同样方法推导。

相对于地面上注预报状态转移矩阵方式,分析法仅需要上注预报参考轨道,数据存储量和数据注入量减少到原来的1/6,但星载运算量相应增加。

3）数值积分法

尽管上述上注预报状态转移矩阵法和分析法均能够用较小的计算量实现卫星运动状态转移矩阵的计算。然而相比数值积分法,上述两种方法均采用近似计算方法,对于小于30min以内的短期预报,这两种方法精度在一定程度内有保障。但当预报时长增加同时精度要求较高时,这两种方法均不能满足精度指标要求。另外,上述两种方法均需要地面上注参考轨道支持，如果产生轨道机动，则上述两种方法注入的参考轨道需要重新计算上注。事实上，导航卫星每年均需要定期进行轨控，另外，在实测数据处理中发现，部分卫星由于星间链路测量拓扑调整，很可能较长时期没有观测数据，要保证星历的连续性，需要进行较长时期的轨道预报。从轨道预报精度和应对不同轨控策略条件下的轨道预报连续性考虑，利用星载处理器通过数值积分产生预报轨道是相对可靠且稳定的处理策略。随着星载 CPU 数据处理能力的提高，通过适当简化动力学模型，目前高性能处理器能够支持在轨数值积分运算。

利用星载处理器实现数值积分，需要解决的最主要问题是动力学模型简化。包括如下几个方面：首先是地球引力场高阶项选择上，星载处理重力场模型可降到 6 阶次；其次是日月引力计算方面，日月位置采用近似的日月星历分析公式计算，不采用 JPL 历书，可降低数据存储和数据计算运算量；再次，太阳光压计算采用简化的模型。不考虑固体潮、相对论以及太阳反照压等高阶摄动项。数值积分法采用单步龙格-库塔积分法(RK)而不采用多步法。经过上述简化，可在保证精度前提下减少运算量，提高运算效率。

4.2 集中式自主定轨

集中式自主定轨是指将导航卫星获取的星间测量数据全部集中到一两个节点卫星上，由单颗卫星统一完成精密定轨数据处理和导航星历参数拟合，然后将处理结果分发给每颗卫星，实现导航星历参数更新。

集中式处理利用全网数据实现参数估计，由于可以采用最优参数估计策略，可得到轨道参数最优估计。

依据数据处理采用的数据源不同，集中式处理可分为独立星间链路数据集中式处理和星间链路数据与 L 频段数据组合集中式处理两种；依据数据处理采用的参数估计方法不同，集中式处理可分为最小二乘估计和滤波估计两类。

利用动力学定轨方法实现集中式处理的过程与地面运控系统生成广播星历参数的过程类似。首先采用全部卫星的初始轨道根数和动力学参数利用数值积分方法生成卫星参考轨道，然后依据星间或星地测量时刻，计算理论星间距(星地距)，结合实测星间距形成测量残差，并利用参考轨道对星间距观测方程进行线性化，形成可以进行参数解算的线性化观测方程并进行参数估计处理。

4.2.1 集中式处理观测方程

Ka 频段星间测量定轨与地面 L 频段测量定轨主要差异在于观测量预处理方式上。地面 L 频段观测量每个测站可同时得到多颗卫星观测量，每个卫星产生的导航信号可被多个测站接收。这种多站多星同时观测模式可保证在任意测量时刻，卫星

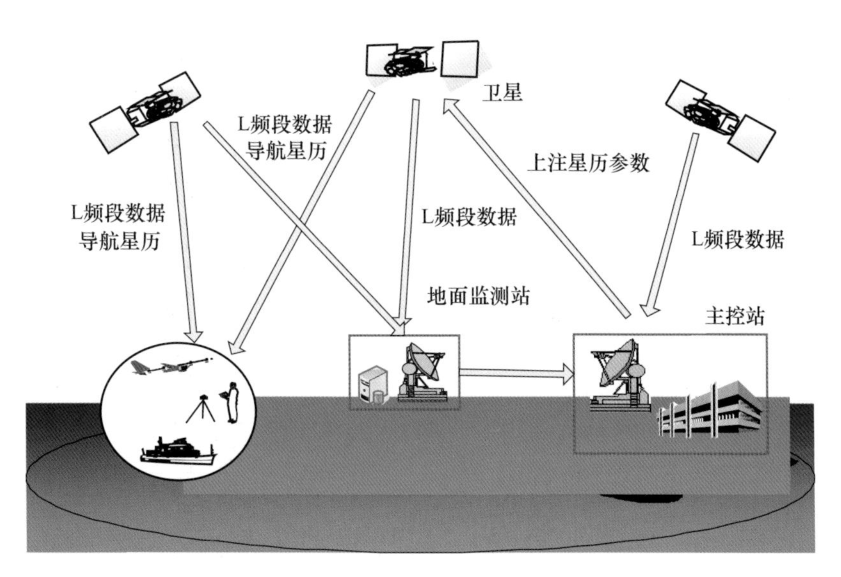

图 2.1　常规导航运行原理图

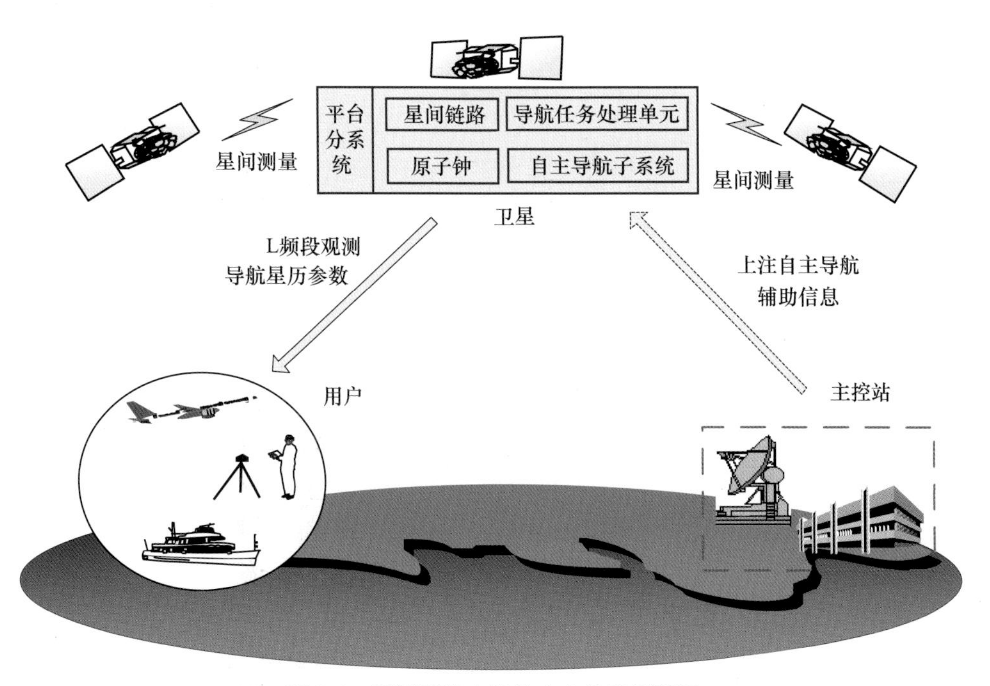

图 2.2　无锚固站支持的自主导航原理图

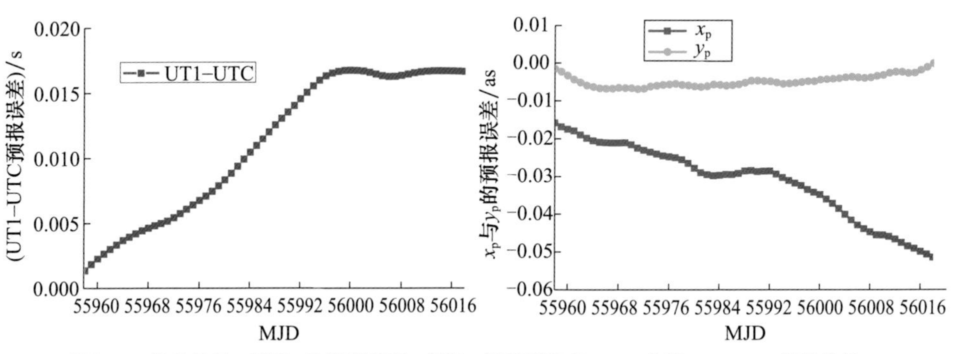

UT1—一类世界时；UTC—协调世界时；MJD—修正儒略日；as—角秒；x_p、y_p—极移分量。

图 2.4　连续预报 90 天的 EOP 误差

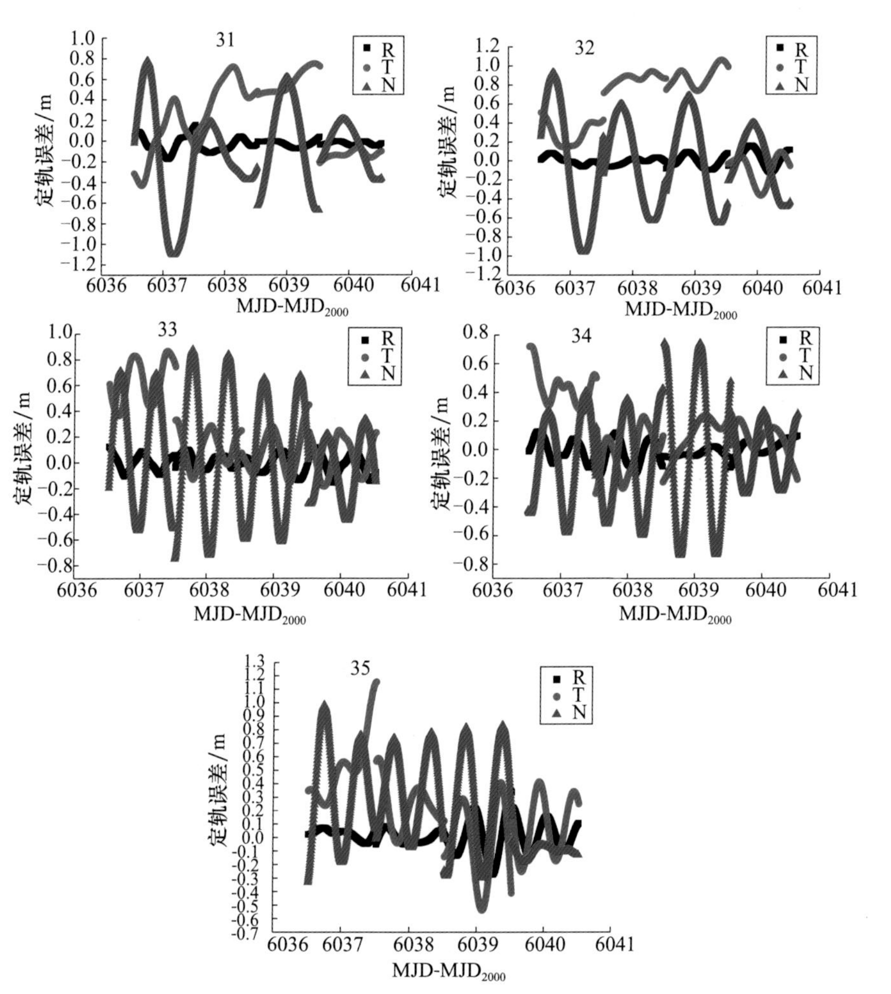

图 4.2　自主导航集中式定轨重叠弧段时间序列(4 天)

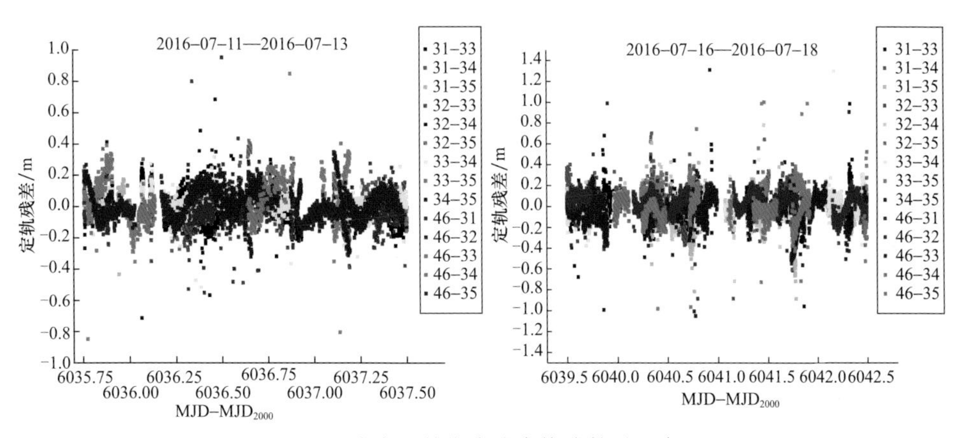

图 4.3　自主导航集中式定轨残差时间序列

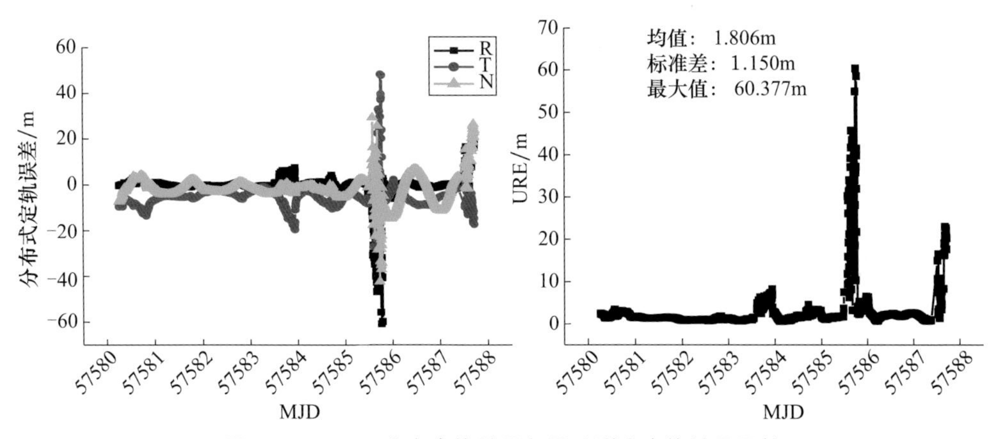

图 4.4　SAT31 自主定轨结果与星地联合定轨结果互差

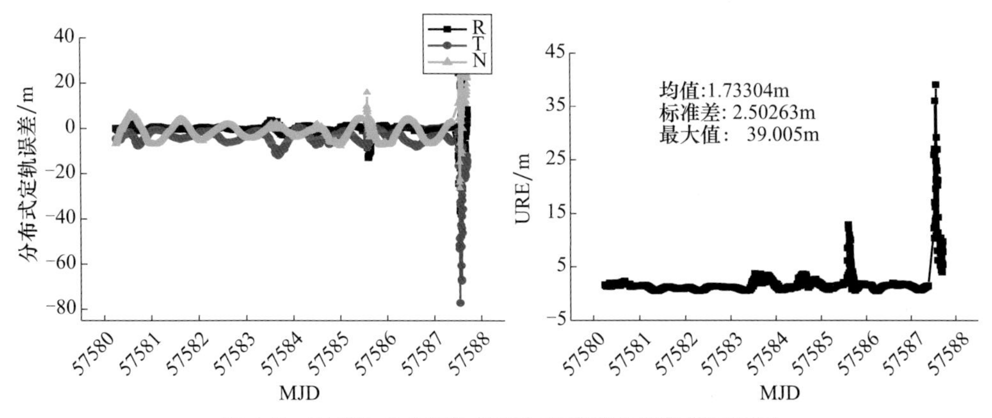

图 4.5　SAT32 自主定轨结果与星地联合定轨结果互差

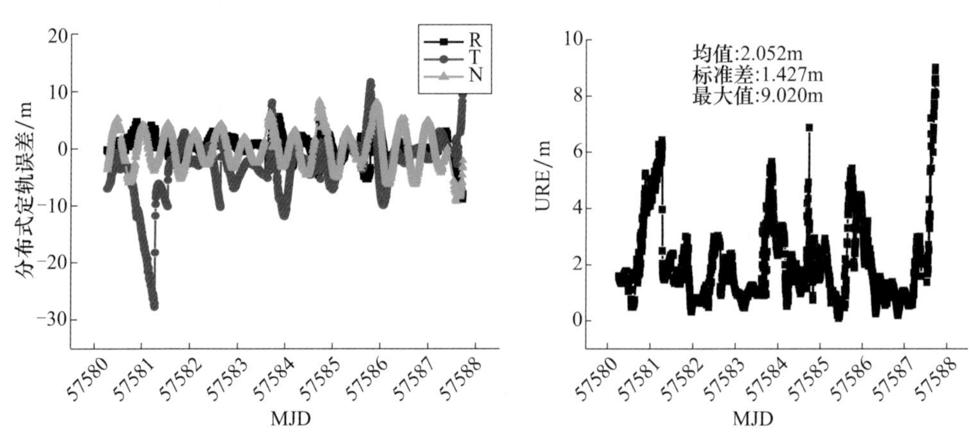

图 4.6　**SAT33** 自主定轨结果与星地联合定轨结果互差

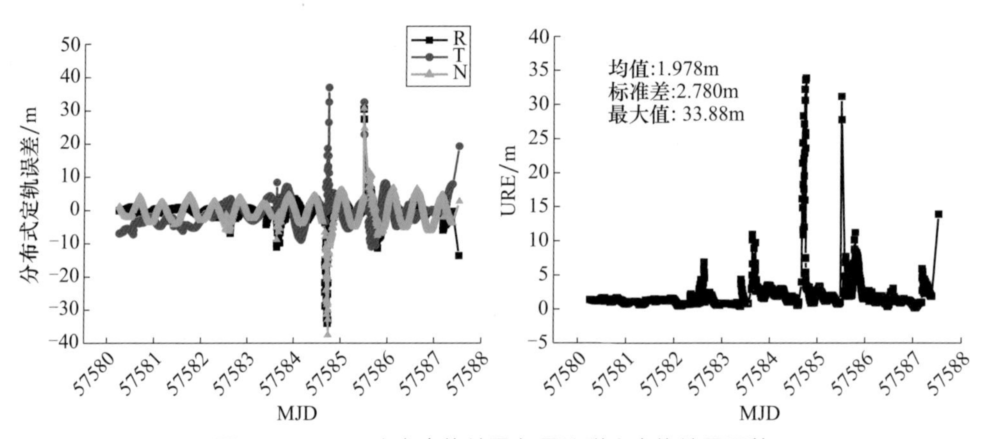

图 4.7　**SAT34** 自主定轨结果与星地联合定轨结果互差

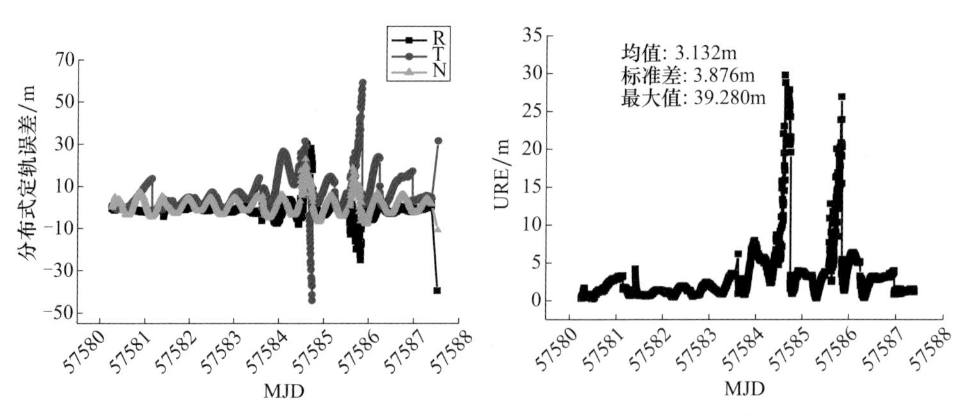

图 4.8　**SAT35** 自主定轨结果与星地联合定轨结果互差

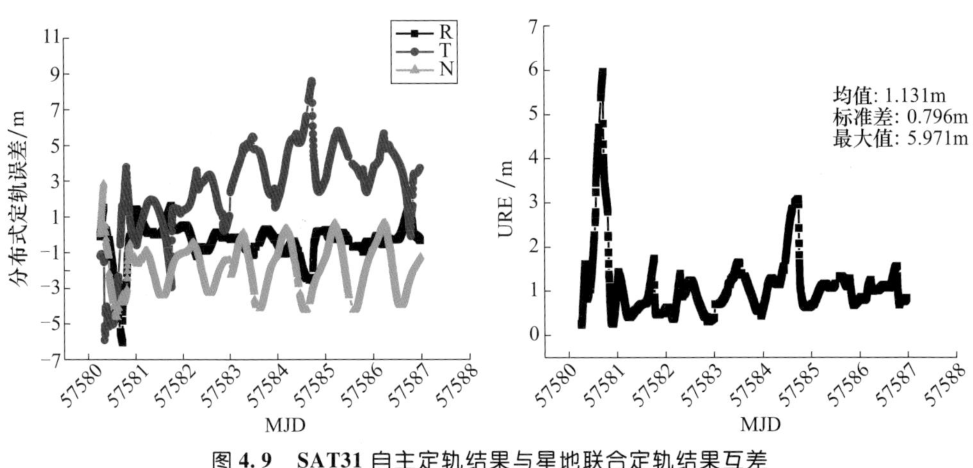

图 4.9　**SAT31** 自主定轨结果与星地联合定轨结果互差

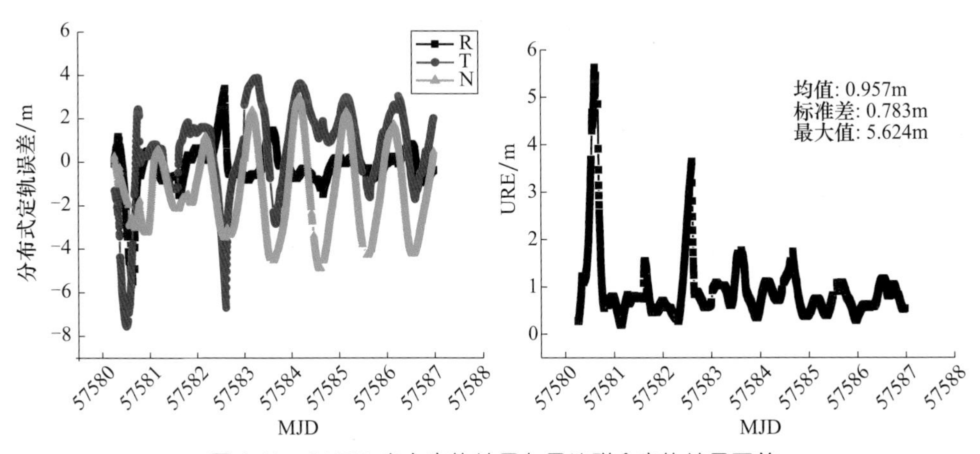

图 4.10　**SAT32** 自主定轨结果与星地联合定轨结果互差

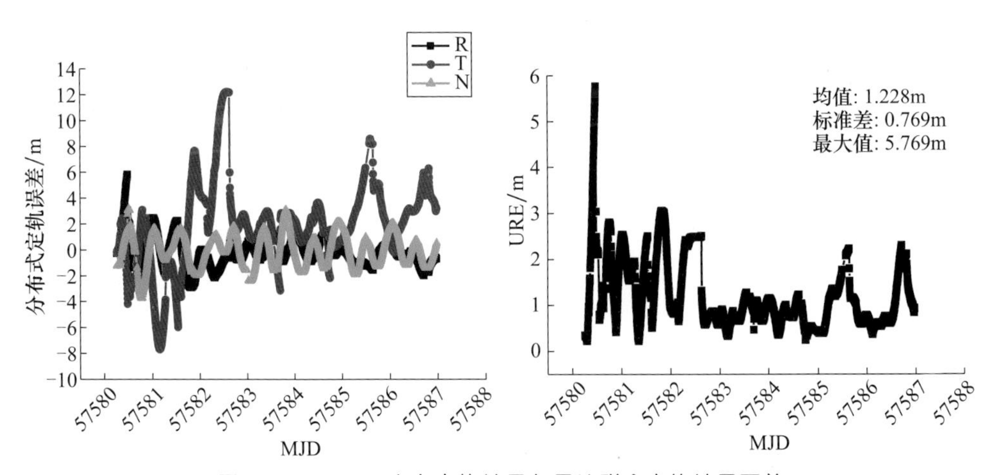

图 4.11　**SAT33** 自主定轨结果与星地联合定轨结果互差

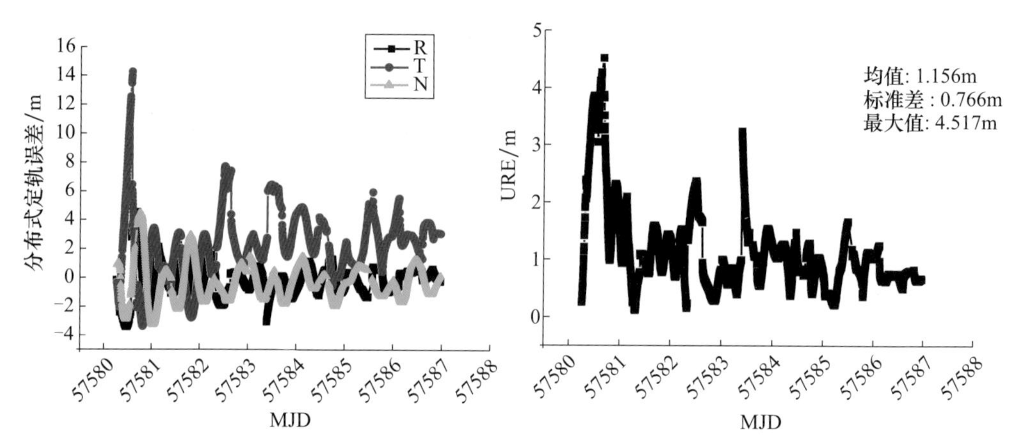

图 4.12 **SAT34** 自主定轨结果与星地联合定轨结果互差

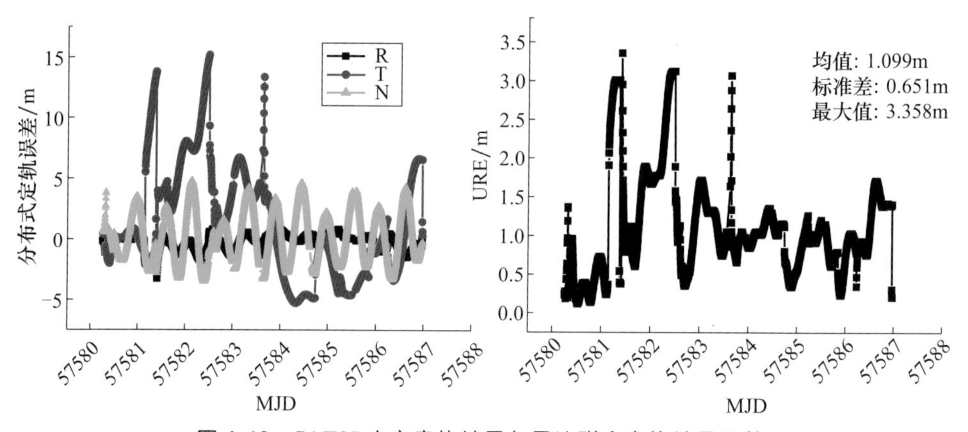

图 4.13 **SAT35** 自主定轨结果与星地联合定轨结果互差

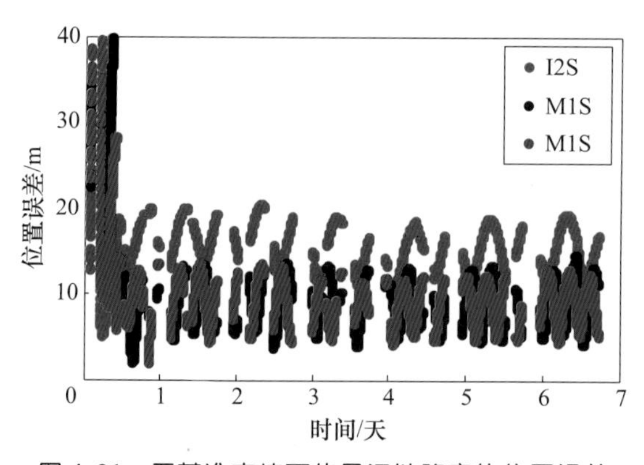

图 4.21 无基准支持下的星间链路定轨位置误差

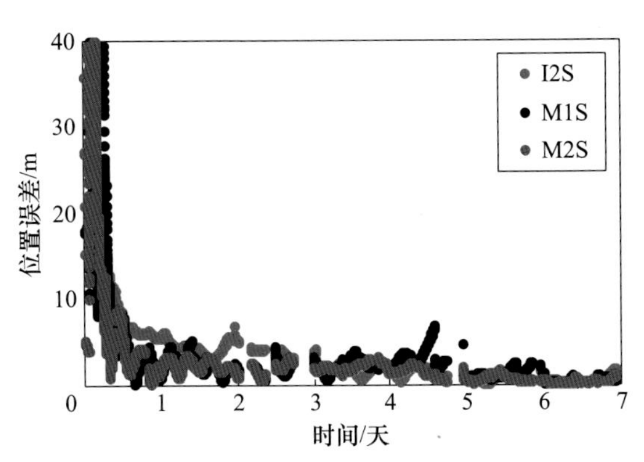

图 4.22　强基准支持下的星间链路定轨位置误差

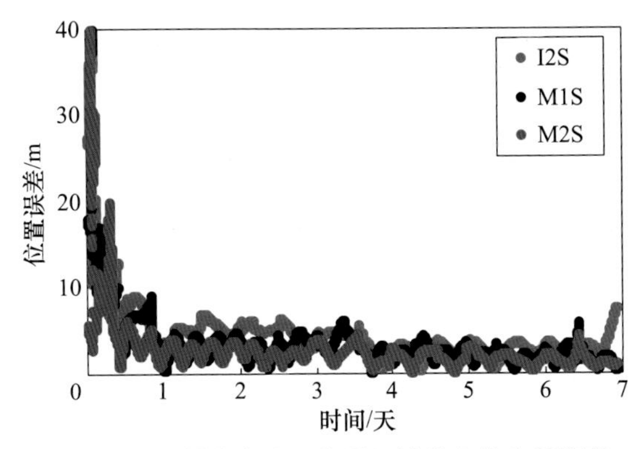

图 4.23　弱基准支持下的星间链路定轨位置误差

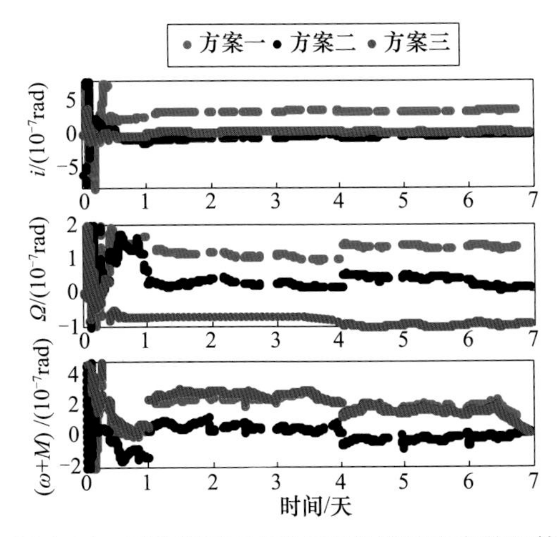

图 4.24　三种方案下 I2S 卫星轨道定向参数误差

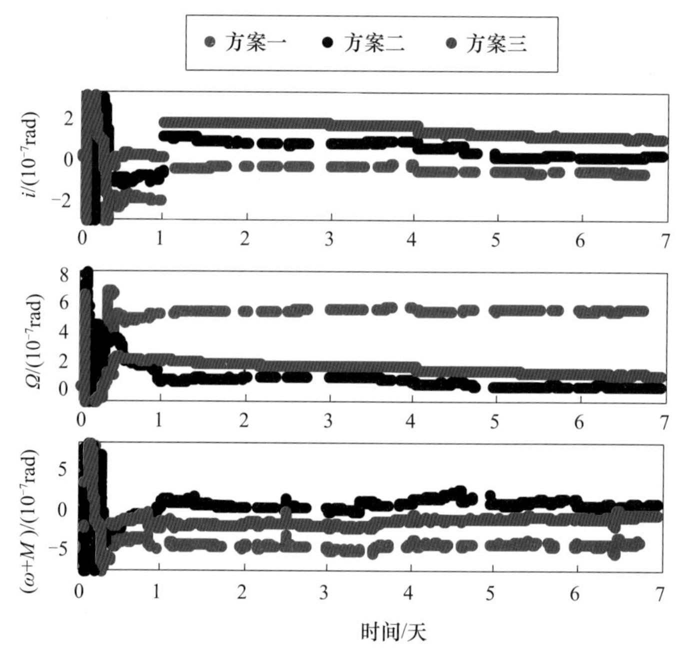

图 4.25　三种方案下 M1S 卫星轨道定向参数误差

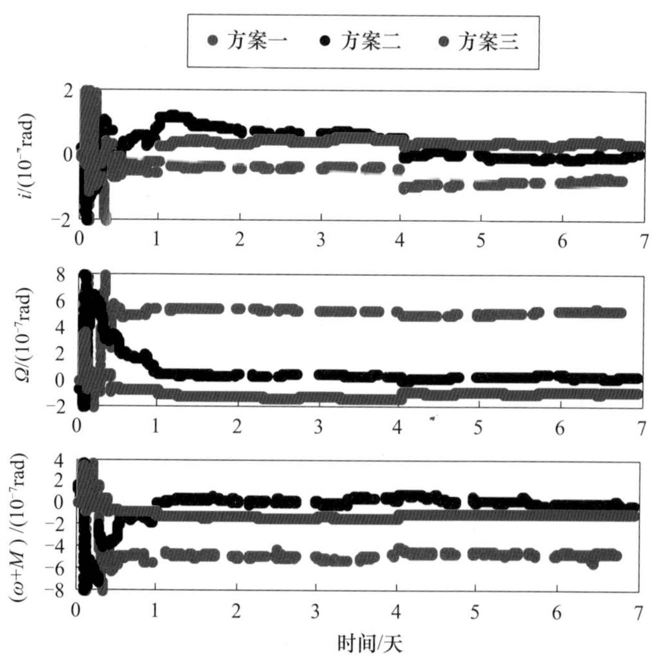

图 4.26　三种方案下 M2S 卫星轨道定向参数误差

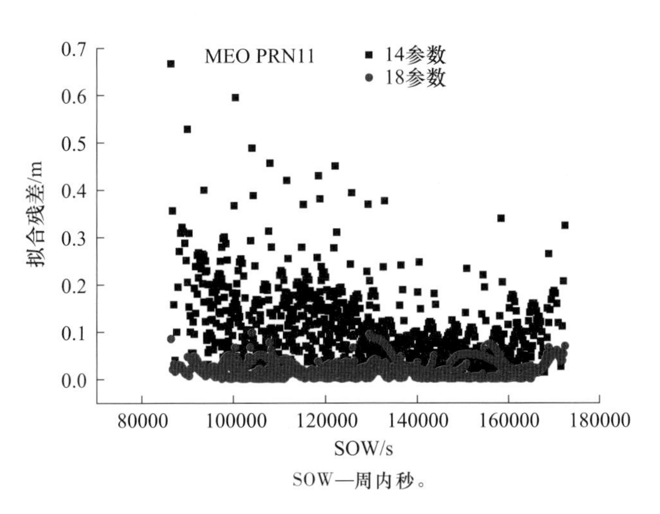

SOW—周内秒。

图 4.27　14 参数与 18 参数星历拟合残差

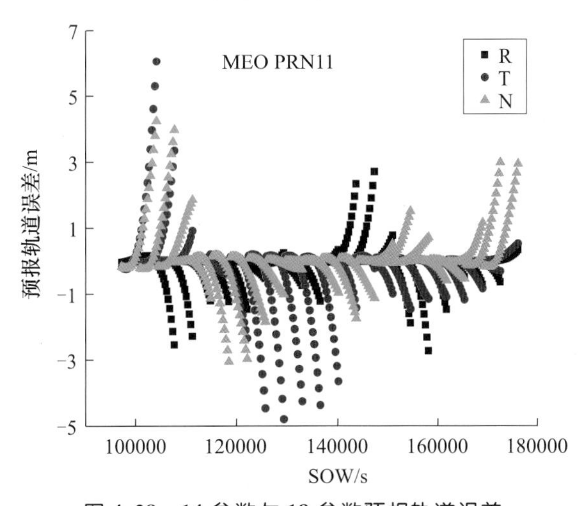

图 4.28　14 参数与 18 参数预报轨道误差

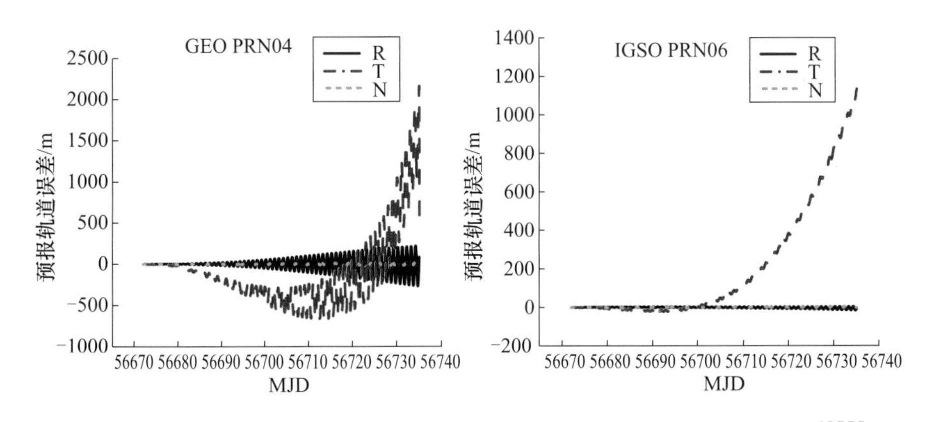

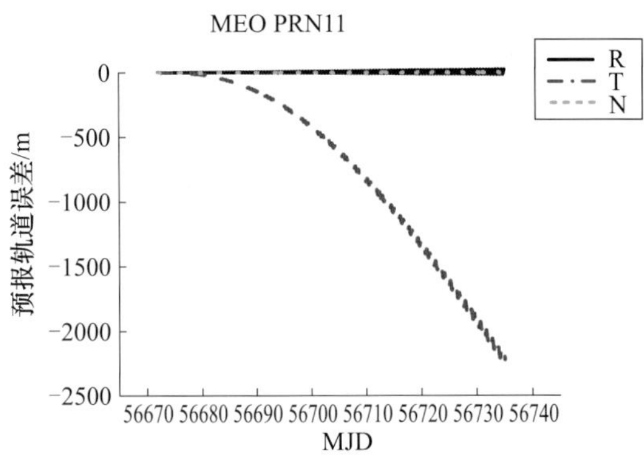

图 4.29　60 天预报轨道误差

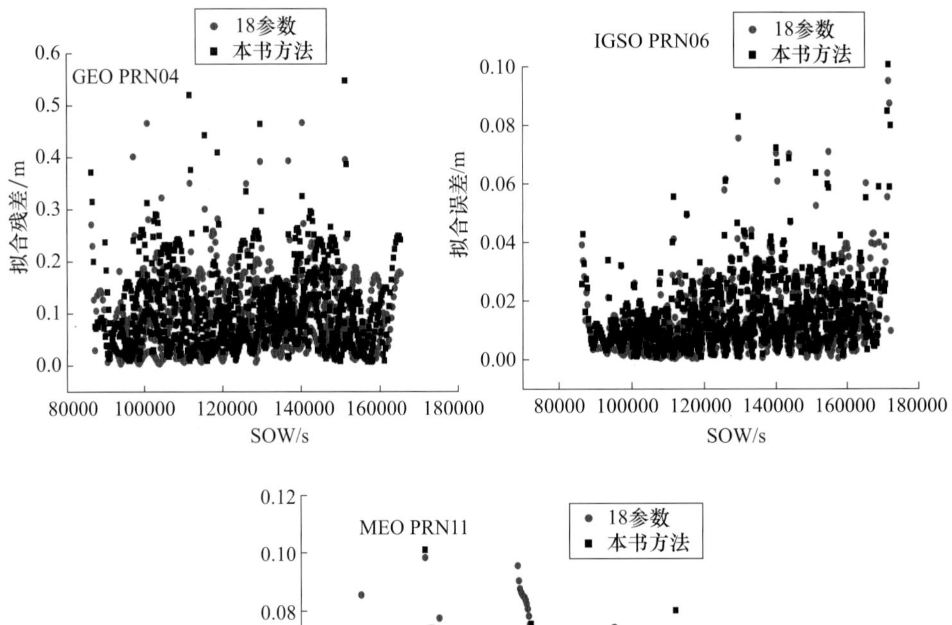

图 4.30　固定部分参数法与 18 参数星历拟合残差

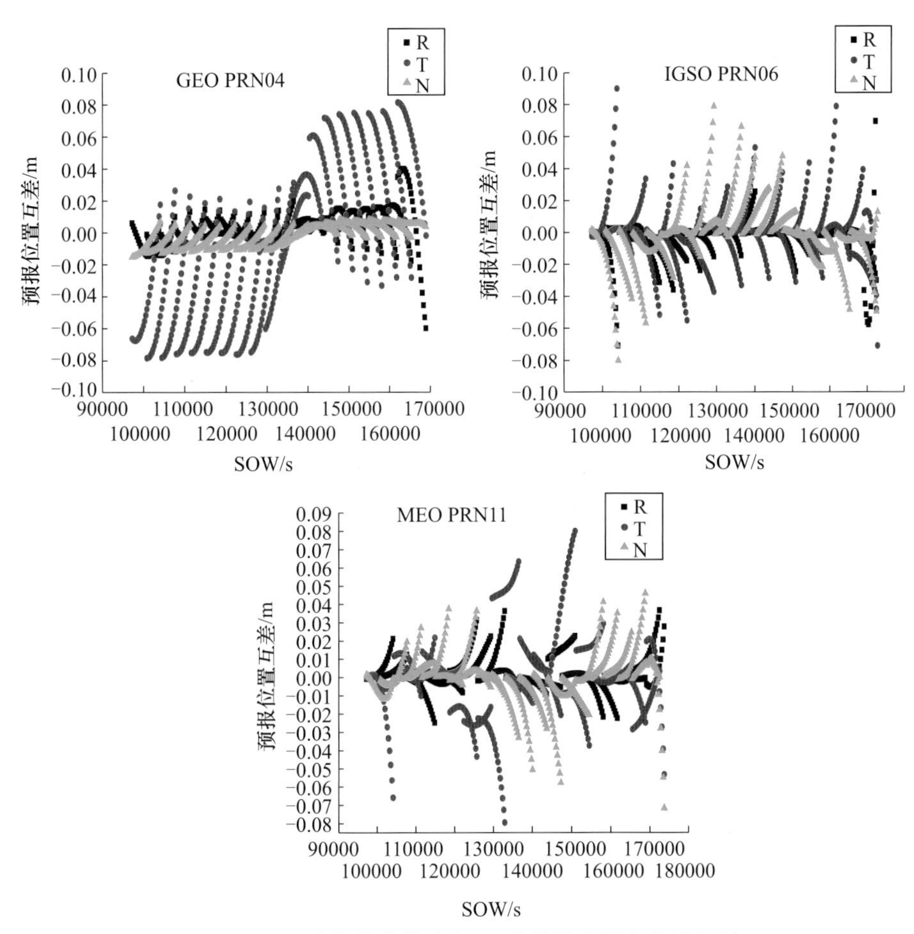

图 4.31 固定部分参数法与 18 参数星历预报轨道互差

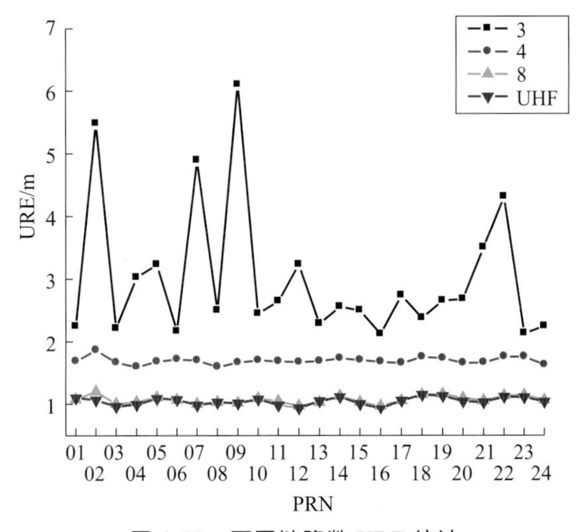

图 4.37 不同链路数 URE 统计

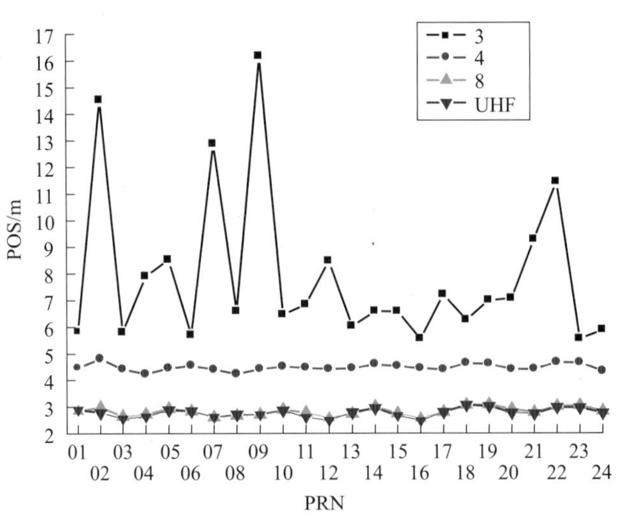

图 4.38　不同链路数位置误差统计

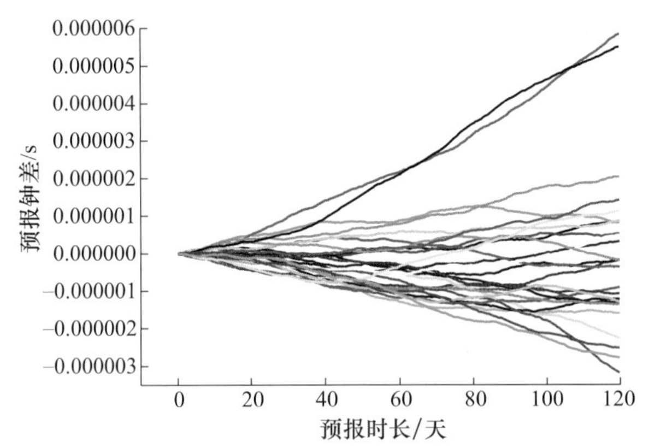

图 5.1　无星间时间同步时卫星钟差时间序列图

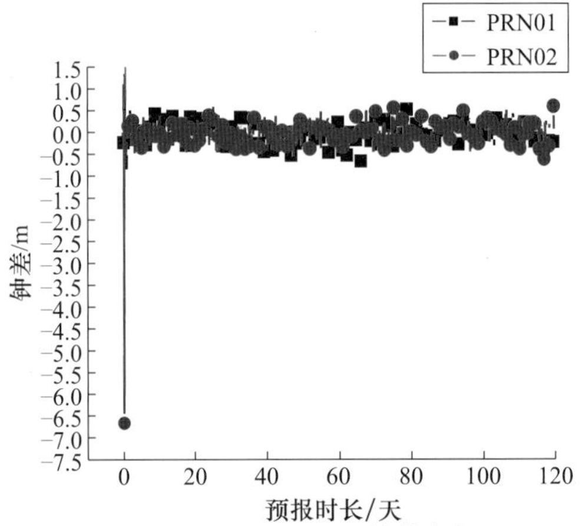

图 5.2　**PRN01、PRN02** 钟差变化图

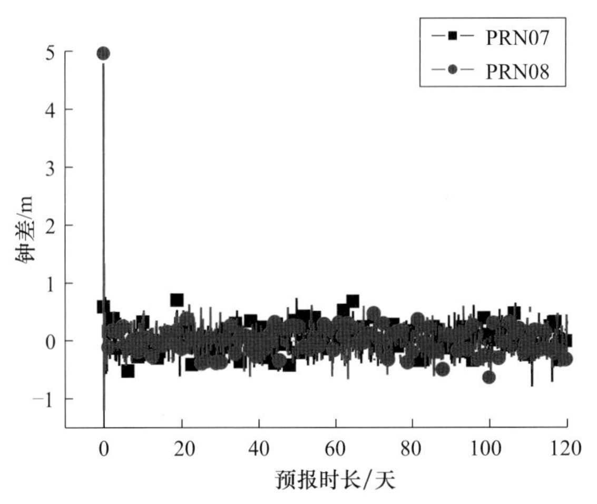

图 5.3　**PRN07、PRN08** 钟差变化图

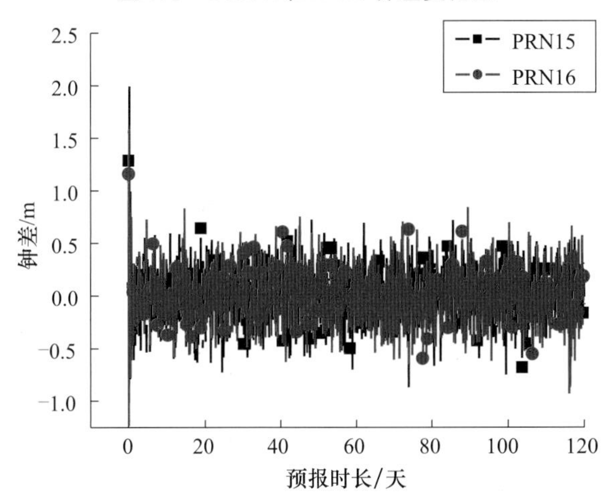

图 5.4　**PRN15、PRN16** 钟差变化图

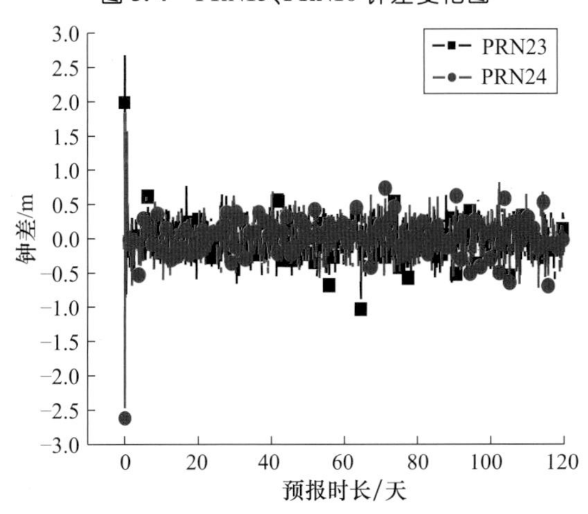

图 5.5　**PRN23、PRN24** 钟差变化图

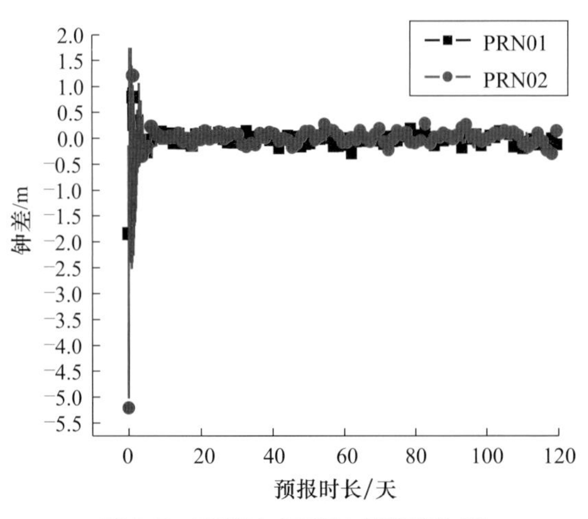

图 5.7　**PRN01、PRN02** 钟差变化图

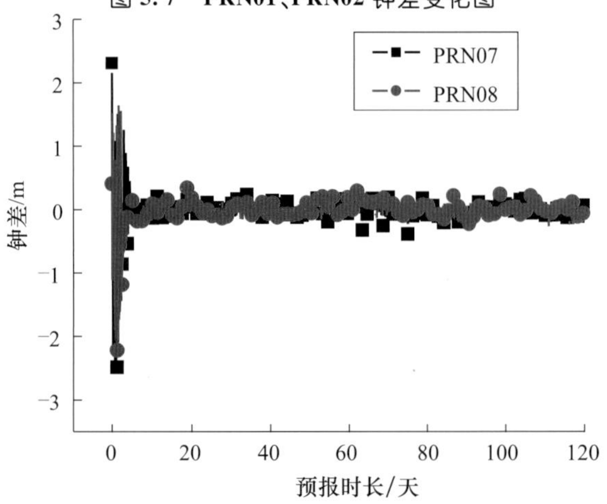

图 5.8　**PRN07、PRN08** 钟差变化图

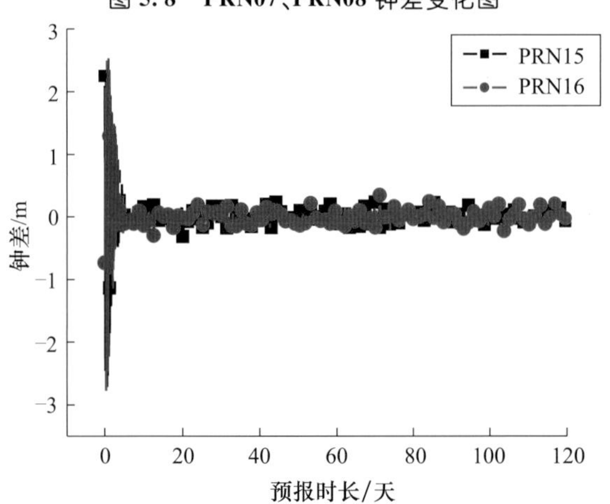

图 5.9　**PRN15、PRN16** 钟差变化图

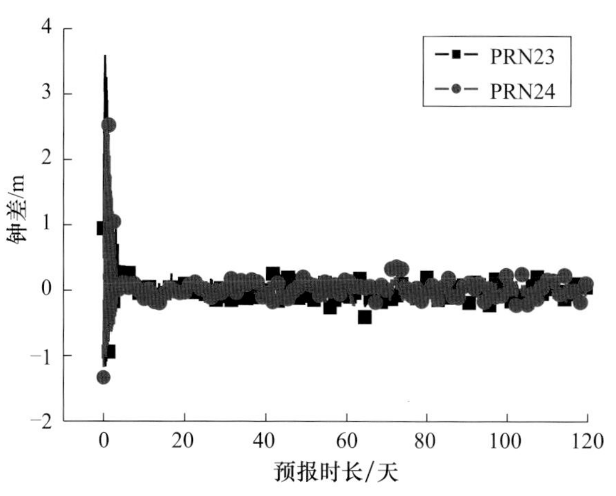

图 5.10　PRN23、PRN24 钟差变化图

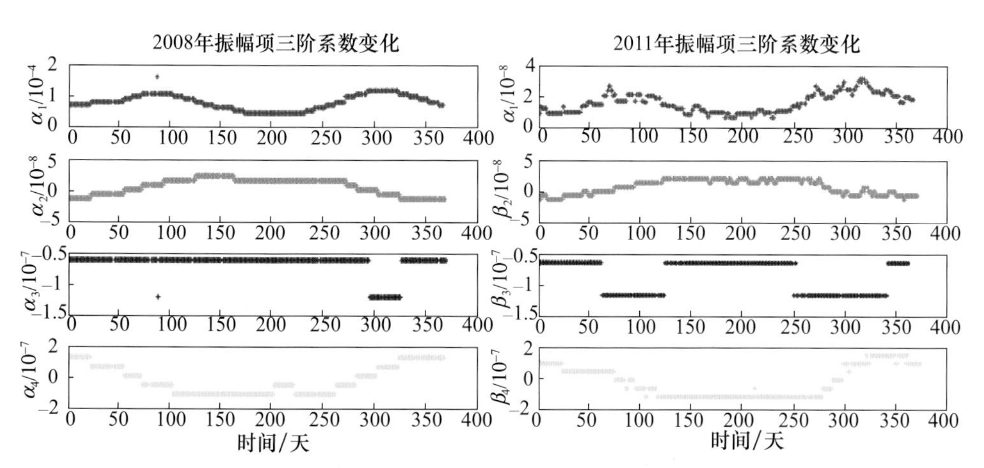

图 7.1　2008 年和 2011 年电离层模型参数振幅项系数变化

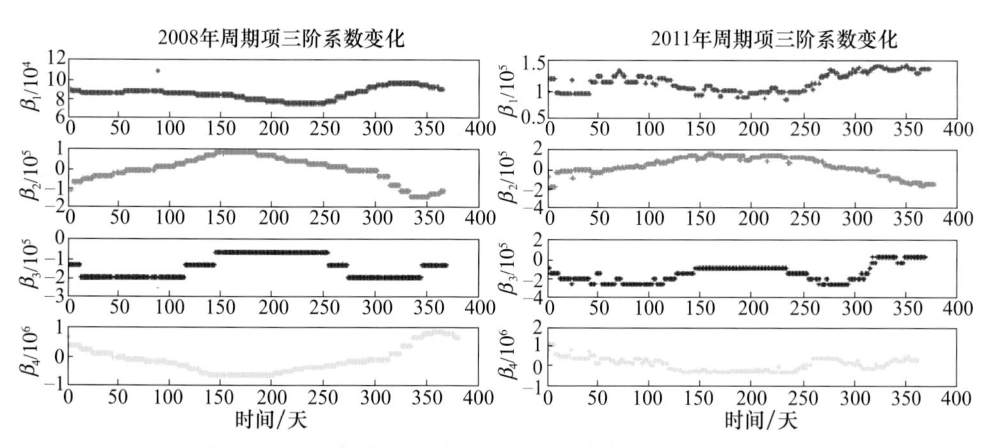

图 7.2　2008 年和 2011 年电离层模型参数周期项系数变化

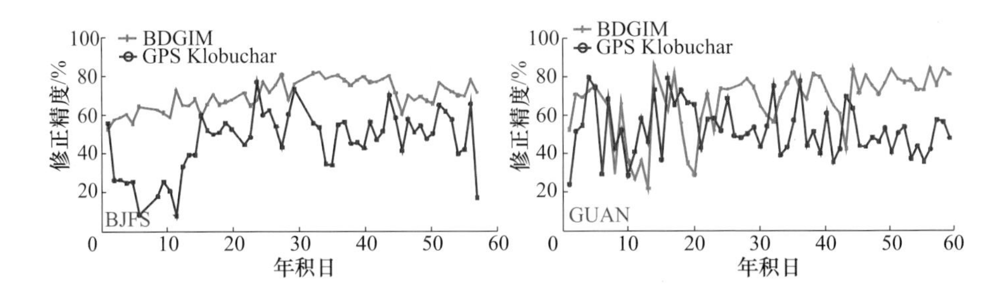

图 7.5　中国地区自主导航模式下 BDGIM 与 GPS Klobuchar 模型修正精度

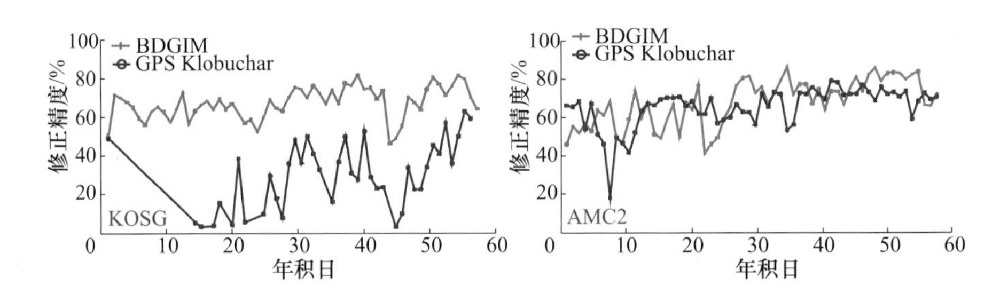

图 7.6　欧洲及北美洲地区自主导航模式下 BDGIM 与 GPS Klobuchar 模型修正精度

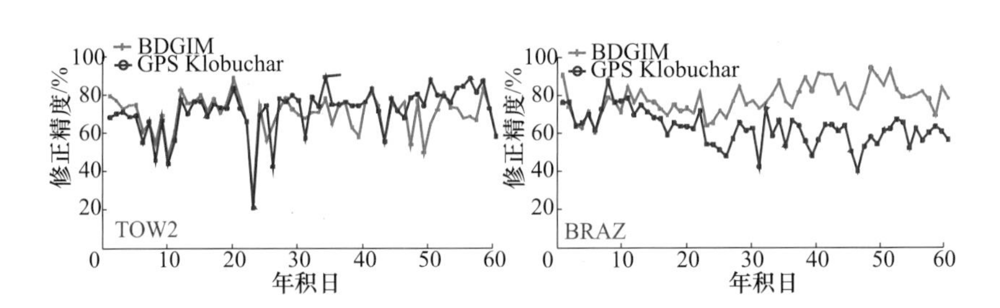

图 7.7　澳大利亚及南美洲地区自主导航模式下 BDGIM 与 GPS Klobuchar 模型修正精度

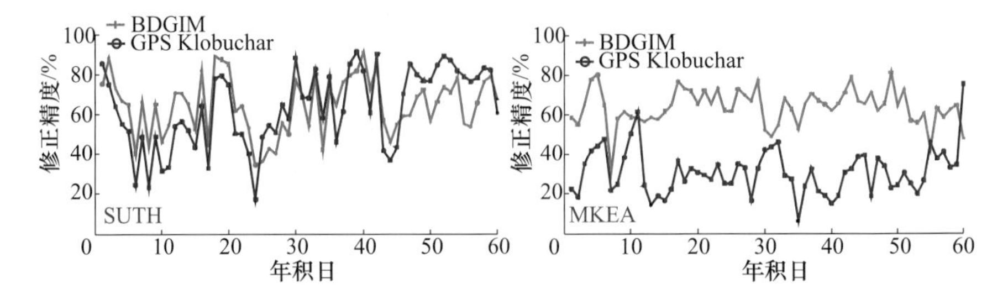

图 7.8　非洲及海洋地区自主导航模式下 BDGIM 与 GPS Klobuchar 模型修正精度

钟差为多测站观测方程的公共参数,测站钟差为多颗卫星观测方程的公共参数,观测量数量大于待估参数数量,因此可直接利用观测量之间组差消除测站以及卫星钟差或采用非差方法直接解算钟差参数,实现轨道参数和钟差参数的同时解算。与L频段不同,Ka频段星间观测量采用时分空分模式,每对卫星之间同一测量时刻仅包含一对星间观测量,如果采用非差方法将钟差作为参数估计,每对观测量将对应引入两个钟差参数,则待解算钟差参数的数量将多于观测方程数量,造成观测方程不可解。为此,需要利用历元归化法等预处理方式,将同一颗卫星不同接收时刻获取的观测量归化到同一接收时刻或将一对卫星同一测量时隙内的一对互发互收观测量归化到同一收发时刻,利用同一收发时刻观测量组合可直接在观测量层次将星间测距观测量分解为距离观测量和钟差观测量,利用星间双向观测量直接获取距离和钟差观测量,实现两种观测量解耦合。

将Ka频段星间观测量接收时刻归化到同一时刻后,可采用与L频段观测量类似处理方式完成观测方程组建,在此不再赘述。这里以归化到同一收发时刻的一对星间双向数据为例说明集中式处理原理。

双向星间测距观测方程为[11-12]

$$\begin{aligned} P_A^B(t_A) &= \rho_A^B(t_A+\Delta_{AB}) + C_B(t_A+\Delta_{AB}) - C_A(t_A) + \\ &\quad D_B^R(t_A+\Delta_{AB}) - D_A^T(t_A) + O_{AB} + \varepsilon_{AB} \end{aligned} \tag{4.18}$$

$$\begin{aligned} P_B^A(t_B) &= \rho_B^A(t_B+\Delta_{BA}) + C_A(t_B+\Delta_{BA}) - C_B(t_B) + \\ &\quad D_A^R(t_B+\Delta_{BA}) - D_B^T(t_B) + O_{BA} + \varepsilon_{BA} \end{aligned} \tag{4.19}$$

式中:P_A^B、P_B^A 分别为星间双向观测量;t_A、t_B 分别为卫星A、B信号名义发射时刻,由星间链路路由规划确定;ρ_A^B、ρ_B^A 分别为A、B卫星相互收发时刻的星间距;Δ_{AB}、Δ_{BA} 分别为信号传播时延;C_A、C_B 分别为A、B卫星钟差;D_A^T、D_A^R 为卫星A接收及发射时延;D_B^T、D_B^R 为卫星B接收及发射时延,考虑到设备收发时延的相对稳定性,可认为该项时延在3天内为常数;O_{AB}、O_{BA} 为天线相位中心改正、相对论等其他观测修正量;ε_{AB}、ε_{BA} 为测量噪声。地面Ka频段观测站可作为伪卫星处理,同时需要在测量模型上增加对流层时延修正。电离层对Ka频段星间测量影响在亚厘米级,可不考虑。

利用预处理后的同一收发时刻一对星间伪距观测量组合可形成星间距观测方程和星间时间同步观测方程如下:

$$\tilde{P}_{AB}^{+} = \frac{\bar{P}_A^B + \bar{P}_B^A}{2} = \frac{\bar{\rho}_{AB}(t_0) + \bar{\rho}_{BA}(t_0) + D_A^R - D_A^T + D_B^R - D_B^T}{2} + \tilde{\varepsilon}_{AB}^{+} \tag{4.20}$$

$$\tilde{P}_{AB}^{-} = \frac{\bar{P}_A^B - \bar{P}_B^A}{2} = \frac{2C_B(t_0) - 2C_A(t_0) + D_A^R + D_A^T - D_B^R - D_B^T}{2} + \tilde{\varepsilon}_{AB}^{-} \tag{4.21}$$

式中:$\bar{P}_A^B$、$\bar{P}_B^A$ 为经过预处理后 t_0 时刻瞬间伪距观测量;$\bar{\rho}_{AB} = \bar{\rho}_{BA}$ 为 t_0 时刻星间距理论值;C_A、C_B 分别为卫星瞬间钟差;$\tilde{\varepsilon}_{AB}^{+}$、$\tilde{\varepsilon}_{AB}^{-}$ 为残余误差;$\tilde{P}_{AB}^{+}$、$\tilde{P}_{AB}^{-}$ 分别为距离观测

量和时间同步观测量。

由式(4.20)、式(4.21)看出：对于星间测距观测量而言，系统误差为每颗卫星收发时延之差相加；而对于时间同步观测量而言，系统误差则表现为每颗卫星收发时延之和相减。

$\tilde{\varepsilon}_{AB}^{+}$、$\tilde{\varepsilon}_{AB}^{-}$包含原始星间测量伪距噪声以及天线相位改正、相对论改正、星地对流层改正残余误差和历元归化引入的误差。由本书第3章分析结果，由于历元归化引入的误差小于2cm，天线相位改正和相对论修正残余误差在毫米级，星地对流层改正残余误差小于8cm。综合上述误差，经过数据预处理后测量误差的增加小于10cm。

4.2.2 集中式处理参数估计

星间双向测距经过预处理可得到特定测量时刻的瞬间星间距观测量，借助卫星运动动力学方程，可构建瞬间星间测距观测量与卫星初始动力学参数之间的关系方程，采用最小二乘或滤波等最优参数估计方法解算该方程可得到改进的卫星动力学参数。

卫星动力学方程为

$$\ddot{\boldsymbol{X}} = f(\boldsymbol{X}_0, \dot{\boldsymbol{X}}_0, \boldsymbol{P}) \tag{4.22}$$

利用先验轨道及动力学参数，采用数值积分法对上述方程及其对应的变分方程积分可得到特定历元的参考轨道和状态转移矩阵。利用参考轨道对星间链路观测方程线性化，可得到线性化观测方程如下：

$$\begin{aligned}\tilde{P}_{AB}^{+} = \tilde{P}_{AB,0}^{+} + \frac{\partial \rho_{AB}}{\partial \boldsymbol{X}_A}\frac{\partial \boldsymbol{X}_A}{\partial(\boldsymbol{X}_0^A, \dot{\boldsymbol{X}}_0^A, \boldsymbol{P}^A)}\begin{pmatrix} d\boldsymbol{X}_0^A \\ d\dot{\boldsymbol{X}}_0^A \\ d\boldsymbol{P}^A \end{pmatrix} - \\ \frac{\partial \rho_{AB}}{\partial \boldsymbol{X}_B}\frac{\partial \boldsymbol{X}_B}{\partial(\boldsymbol{X}_0^B, \boldsymbol{X}_0^B, \boldsymbol{P}^B)}\begin{pmatrix} d\boldsymbol{X}_0^B \\ d\boldsymbol{X}_0^B \\ d\boldsymbol{P}^B \end{pmatrix} + (1 \quad 1)\begin{pmatrix} dD_A \\ dD_B \end{pmatrix} + \hat{\varepsilon}_{AB}\end{aligned} \tag{4.23}$$

式中：$\tilde{P}_{AB}^{+}$为预处理后的瞬间星间距；$\tilde{P}_{AB,0}^{+}$为利用参考轨道计算的瞬间星间距，同时包含星间测距系统偏差先验值；$\partial \boldsymbol{X}/\partial(\boldsymbol{X}_0, \dot{\boldsymbol{X}}_0, \boldsymbol{P})$为数值积分给出的卫星状态转移阵；$d\boldsymbol{X}_0$、$d\dot{\boldsymbol{X}}_0$、$d\boldsymbol{P}$为动力学参数修正量；$d\boldsymbol{D}_A$、$d\boldsymbol{D}_B$分别为星间测距偏差改正量，每颗卫星一个，对应于4.2.1节中卫星收发时延之差。

上述方程建立了预处理后的星间测距观测量与卫星先验轨道参数之间的关联，组合多天观测量，采用最小二乘估计可得到改进的卫星状态参数改正值。经过迭代计算可得到最终修正后的轨道和星间测量系统偏差参数。

上述动力学定轨过程涉及卫星轨道动力学模型的选择，本次定轨采用与地面L

频段定轨类似的动力学模型,即地球引力场模型考虑到30阶次。考虑日月引力,日月位置利用JPL星历计算;考虑太阳光压力,太阳光压先验模型采用GPS ROCK。同时利用Bernese ECOM估计经验力,考虑相对论和固体潮引力位影响。地球自转参数采用IERS B公报值。

组合多个观测量,可建立集中式处理参数估计方程如下:

$$\boldsymbol{Y} = \boldsymbol{H}\boldsymbol{X} + \boldsymbol{\varepsilon} \tag{4.24}$$

其中

$$\boldsymbol{H} = \begin{pmatrix} \dfrac{\partial \rho_{12}}{\partial \boldsymbol{X}_1} & 1 & -\dfrac{\partial \rho_{12}}{\partial \boldsymbol{X}_2} & -1 & \cdots & 0 & 0 \\ \dfrac{\partial \rho_{1i}}{\partial \boldsymbol{X}_1} & 1 & 0 & 0 & \cdots & 0 & 0 \\ \vdots & \vdots & \vdots & \vdots & & \vdots & \vdots \\ 0 & 0 & 0 & 0 & \cdots & \dfrac{\partial \rho_{jn}}{\partial \boldsymbol{X}_n} & 1 \end{pmatrix}$$

$$\boldsymbol{X} = (\Delta \boldsymbol{X}_1 \quad \Delta D_1 \quad \Delta \boldsymbol{X}_2 \quad \Delta D_2 \quad \cdots \quad \Delta \boldsymbol{X}_n \quad \Delta D_n)^{\mathrm{T}}$$

$$\boldsymbol{Y} = (\Delta P_{12} \quad \Delta P_{1i} \quad \cdots \quad \Delta P_{jn})^{\mathrm{T}}$$

$$\frac{\partial \rho_{ij}}{\partial \boldsymbol{X}_i} = \frac{\partial \rho_{ij}}{\partial \bar{\boldsymbol{X}}_i} \frac{\partial \bar{\boldsymbol{X}}_i}{\partial \boldsymbol{X}_i} \qquad i = 1, n; j = 1, n$$

式中:$\bar{\boldsymbol{X}}_i$ 为卫星 i 观测时刻位置矢量;$\boldsymbol{X}_i$ 为卫星 i 待估计参数,包含位置、速度和动力学参数。

组合多星多历元观测量,采用最小二乘估计策略,可得到待估参数如下:

$$\boldsymbol{X} = (\boldsymbol{H}^{\mathrm{T}}\boldsymbol{P}\boldsymbol{H})^{-1}\boldsymbol{H}\boldsymbol{Y} \tag{4.25}$$

考虑到系统偏差参数的相对性,求解过程中可约束某颗卫星系统偏差参数作为参考,计算其他参数。

完成卫星参数估计后,利用卫星动力学模型和数值积分方法,可得到卫星任意时刻位置。

4.2.3 集中式处理实测数据处理结果

北斗全球卫星导航系统5颗试验卫星已成功发射。试验卫星搭载了Ka频段星间链路设备,并获取了星间、星地测量数据。实测星间链路数据为验证集中式定轨方法合理性提供了可能。

试验采用的数据为2016年7月11日—7月18日连续8天星间链路数据和卫星与地面锚固站之间的Ka频段星间观测数据。涉及的5颗试验卫星编号分别为SAT31、SAT32、SAT33、SAT34、SAT35,地面锚固站编号为6046。每隔3s构建一次星间、星地双向测量链路,获取一对星间、星地双向观测值。

数据处理采用的 EOP 由 IERS A 公报给出。卫星质量、天线相位中心等信息由卫星厂商提供。地球引力场模型选用 Eigen 模型，日月位置采用 JPL 历书 405(DE405)星历。

本次集中式定轨试验采用 3 天弧段定轨模式，共处理 6 组集中式数据，分别为 11—13 日、12—14 日、13—15 日、14—16 日、15—17 日、16—18 日。采用 3 天重叠 1 天方式，共提取 4 组重叠弧段(13、14、15、16 日)，时间序列如图 4.2 所示，精度统计结果如表 4.1 所列。各天轨道重叠弧段 R、T、N 方向 RMS 统计最大值分别为 0.103m、0.648m、0.488m。

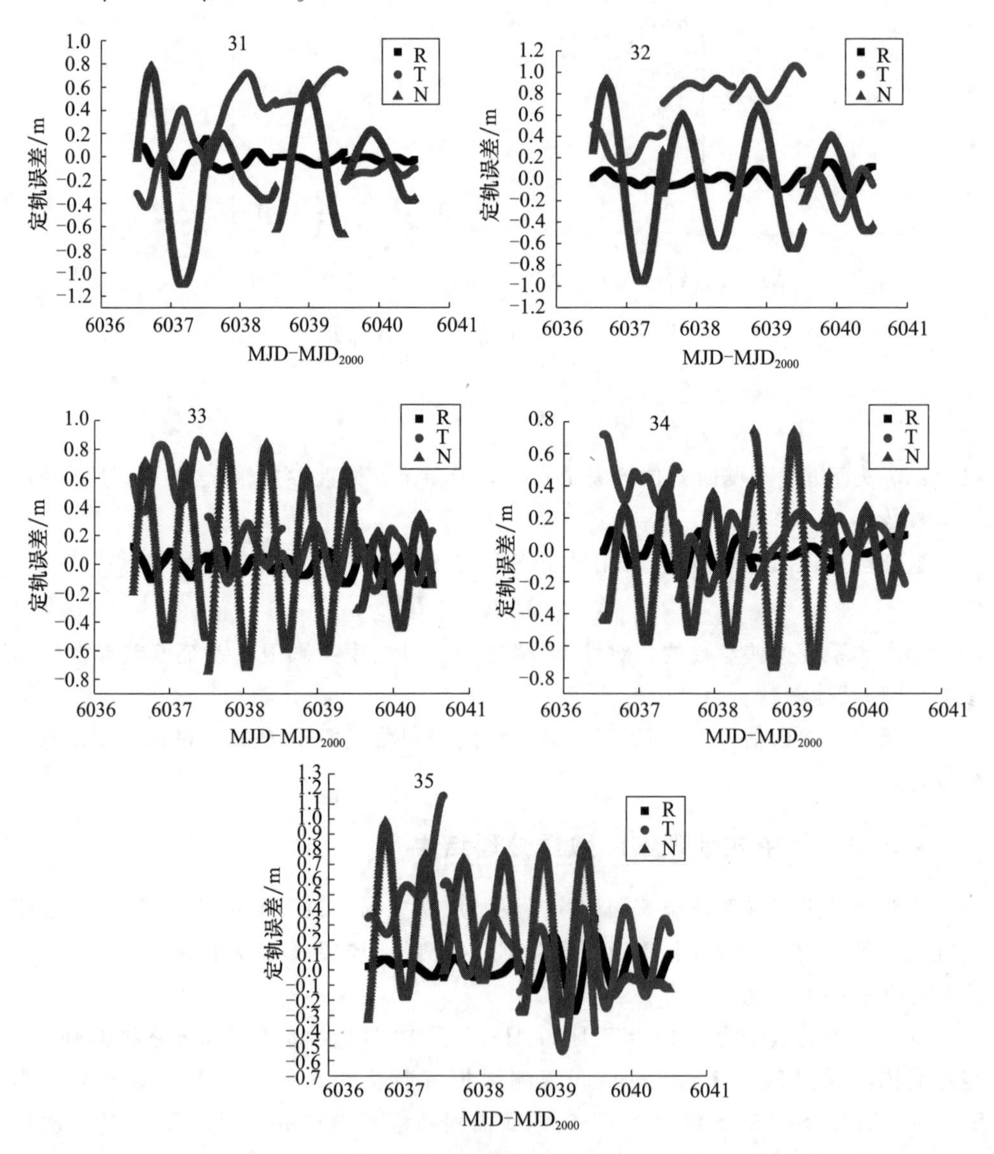

图 4.2　自主导航集中式定轨重叠弧段时间序列(4 天)(见彩图)

表 4.1 集中式定轨重叠弧段统计 (单位:m)

卫星	R				T				N			
	MEAN①	RMS	STD②	MAX	MEAN	RMS	STD	MAX	MEAN	RMS	STD	MAX
31	-0.032	0.062	0.054	0.174	0.228	0.411	0.342	0.748	-0.103	0.445	0.433	1.104
32	0.003	0.063	0.063	0.164	0.491	0.648	0.423	1.062	-0.007	0.488	0.488	0.960
33	-0.005	0.069	0.069	0.155	0.215	0.353	0.281	0.864	0.065	0.439	0.435	0.878
34	-0.010	0.069	0.069	0.169	0.142	0.255	0.213	0.720	-0.054	0.359	0.355	0.746
35	0.012	0.103	0.103	0.341	0.205	0.368	0.306	1.154	0.233	0.429	0.361	0.980
① 均值(MEAN);② 标准差(STD)												

图 4.3 为 2016 年 7 月 11—13 日、16—18 日两组集中式定轨各链路残差时间序列。16—18 日的统计值见表 4.2。绝大部分残差在 -10 ~ 10cm 以内。

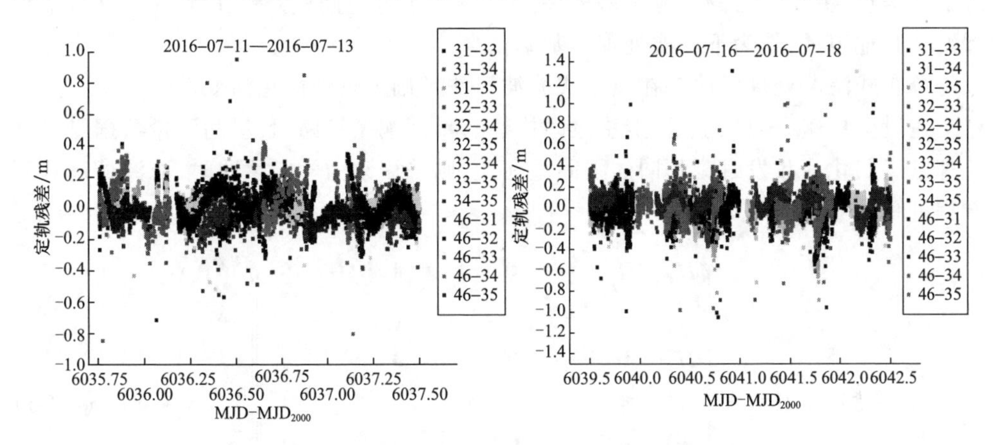

图 4.3 自主导航集中式定轨残差时间序列(见彩图)

表 4.2 16—18 日集中式定轨各链路定轨残差统计 (单位:m)

链路	MEAN	STD	MAX	链路	MEAN	STD	MAX
31 - 33	0.002	0.193	2.126	33 - 35	0.182	2.744	20.829
31 - 34	0.091	0.119	0.699	34 - 35	-0.048	0.152	0.548
31 - 35	-0.047	0.240	1.550	46 - 31	-0.048	0.116	1.051
32 - 33	0.052	0.094	0.884	46 - 32	0.036	0.085	0.887
32 - 34	-8.56×10^{-4}	0.118	3.374	46 - 33	0.029	0.099	0.298
32 - 35	-0.020	0.155	0.641	46 - 34	-0.012	0.103	0.312
33 - 34	-0.021	0.080	1.304	46 - 35	-0.051	0.093	0.430

由上述结果看出,集中式定轨轨道径向精度优于 10cm,定轨残差小于 10cm。

4.3 分布式自主定轨

尽管集中式处理可以利用全星座数据实现卫星轨道参数的最优估计,但是,集中式处理需要将全部数据处理任务配置到一颗卫星,对单颗卫星的星载处理能力及可靠性要求极高,一旦承担数据处理任务的卫星发生故障,将导致集中式处理功能失败。这种处理模式每颗卫星承担任务不均衡,空间资源利用率低。为充分利用全星座卫星资源,降低对单颗卫星可靠性要求,分布式自主定轨概念随之产生。

4.3.1 分布式处理原理

分布式定轨是集中式定轨模式的一种近似。在分布式定轨模式下,每颗卫星利用自己与可建链卫星当前历元的星间观测数据以及前一历元产生的预报卫星轨道/协方差信息,更新自己的轨道及协方差[13-15],并通过星间链路将卫星轨道更新结果播发到其他卫星,作为下一次处理的基础信息。

分布式滤波处理算法是在集中式滤波算法基础上近似简化演变而来。

建设全星座有 n 颗卫星,卫星之间构建有星间测量链路,且星间测量数据经过预处理已经归化为收发时刻相同的瞬间星间距,则采用动力学定轨法时,滤波处理观测方程可写为

$$\Delta \boldsymbol{Y}=\boldsymbol{H}\boldsymbol{X}=\begin{pmatrix} \boldsymbol{H}_1 & \boldsymbol{H}_2 & \cdots & \boldsymbol{0} & \cdots & \boldsymbol{0} & \cdots & \boldsymbol{0} \\ \vdots & \vdots & & \vdots & & \vdots & & \vdots \\ \boldsymbol{H}_1 & \boldsymbol{0} & \cdots & \boldsymbol{H}_i & \cdots & \boldsymbol{0} & \cdots & \boldsymbol{0} \\ \vdots & \vdots & & \vdots & & \vdots & & \vdots \\ \boldsymbol{0} & \boldsymbol{0} & \cdots & \boldsymbol{H}_i & \cdots & \boldsymbol{0} & \cdots & \boldsymbol{H}_n \\ \vdots & \vdots & & \vdots & & \vdots & & \vdots \\ \boldsymbol{0} & \boldsymbol{0} & \cdots & \boldsymbol{0} & \cdots & \boldsymbol{H}_k & \cdots & \boldsymbol{H}_n \end{pmatrix}\begin{pmatrix} \boldsymbol{X}_1 \\ \boldsymbol{X}_2 \\ \boldsymbol{X}_3 \\ \vdots \\ \boldsymbol{X}_{n-2} \\ \boldsymbol{X}_{n-1} \\ \boldsymbol{X}_n \end{pmatrix}+\boldsymbol{\varepsilon} \tag{4.26}$$

状态转移方程可写为

$$\boldsymbol{X}^{k+1}=\boldsymbol{\Phi}\boldsymbol{X}^k+\boldsymbol{W}=\begin{pmatrix} \boldsymbol{\Phi}_1 & \boldsymbol{0} & \boldsymbol{0} & \cdots & \boldsymbol{0} & \boldsymbol{0} & \boldsymbol{0} \\ \boldsymbol{0} & \boldsymbol{\Phi}_2 & \boldsymbol{0} & \cdots & \boldsymbol{0} & \boldsymbol{0} & \boldsymbol{0} \\ \boldsymbol{0} & \boldsymbol{0} & \boldsymbol{\Phi}_3 & \cdots & \boldsymbol{0} & \boldsymbol{0} & \boldsymbol{0} \\ \vdots & \vdots & \vdots & & \vdots & \vdots & \vdots \\ \boldsymbol{0} & \boldsymbol{0} & \boldsymbol{0} & \cdots & \boldsymbol{\Phi}_{n-2} & \boldsymbol{0} & \boldsymbol{0} \\ \boldsymbol{0} & \boldsymbol{0} & \boldsymbol{0} & \cdots & \boldsymbol{0} & \boldsymbol{\Phi}_{n-1} & \boldsymbol{0} \\ \boldsymbol{0} & \boldsymbol{0} & \boldsymbol{0} & \cdots & \boldsymbol{0} & \boldsymbol{0} & \boldsymbol{\Phi}_n \end{pmatrix}\begin{pmatrix} \boldsymbol{X}_1^k \\ \boldsymbol{X}_2^k \\ \boldsymbol{X}_3^k \\ \vdots \\ \boldsymbol{X}_{n-2}^k \\ \boldsymbol{X}_{n-1}^k \\ \boldsymbol{X}_n^k \end{pmatrix}+\boldsymbol{W} \tag{4.27}$$

上述方程中，$\boldsymbol{X}$ 为 n 颗卫星待估计的卫星轨道参数矢量；$\boldsymbol{X}_1,\boldsymbol{X}_2,\cdots,\boldsymbol{X}_n$ 为对应的每颗卫星参数分量；$\boldsymbol{H}$ 为观测方程设计矩阵，$\boldsymbol{H}_1,\boldsymbol{H}_2,\cdots,\boldsymbol{H}_n$ 为每一对星间测距观测量对应的系数矩阵分量；$\boldsymbol{\Phi}$ 为全部卫星状态转移矩阵，$\boldsymbol{\Phi}_1,\boldsymbol{\Phi}_2,\cdots,\boldsymbol{\Phi}_n$ 为每颗卫星状态转移矩阵；$\boldsymbol{W}$ 为动力学噪声矩阵。

集中式处理卡尔曼滤波时间更新方程为

$$\boldsymbol{X}^{k+1}=\boldsymbol{\Phi}\boldsymbol{X}^k,\qquad \boldsymbol{P}^{k+1}=\boldsymbol{\Phi}\boldsymbol{P}^k\boldsymbol{\Phi}^{\mathrm{T}}+\boldsymbol{W}\boldsymbol{W}^{\mathrm{T}} \tag{4.28}$$

滤波器测量更新方程可写为

$$\hat{\boldsymbol{X}}^{k+1}=\boldsymbol{X}^{k+1}+\boldsymbol{P}^{k+1}\boldsymbol{H}^{\mathrm{T}}(\boldsymbol{H}\boldsymbol{P}^{k+1}\boldsymbol{H}^{\mathrm{T}}+\boldsymbol{R})^{-1}(\Delta\boldsymbol{Y}-\boldsymbol{H}\boldsymbol{X}^{k+1}) \tag{4.29}$$

$$\hat{\boldsymbol{P}}^{k+1}=[\boldsymbol{I}-\boldsymbol{P}^{k+1}\boldsymbol{H}^{\mathrm{T}}(\boldsymbol{H}\boldsymbol{P}^{k+1}\boldsymbol{H}^{\mathrm{T}}+\boldsymbol{R})^{-1}\boldsymbol{H}]\boldsymbol{P}^{k+1} \tag{4.30}$$

式中：$\boldsymbol{P}^{k+1}$ 为参数对应的协方差矩阵，形式为

$$\boldsymbol{P}^{k+1}=\begin{pmatrix}\boldsymbol{P}_{1,1} & \boldsymbol{P}_{1,2} & \cdots & \boldsymbol{P}_{1,n-1} & \boldsymbol{P}_{1,n}\\ \boldsymbol{P}_{2,1} & \boldsymbol{P}_{2,2} & \cdots & \boldsymbol{P}_{2,n-1} & \boldsymbol{P}_{2,n}\\ \vdots & \vdots & & \vdots & \vdots\\ \boldsymbol{P}_{n-1,1} & \boldsymbol{P}_{n-1,2} & \cdots & \boldsymbol{P}_{n-1,n-1} & \boldsymbol{P}_{n-1,n}\\ \boldsymbol{P}_{n,1} & \boldsymbol{P}_{n,2} & \cdots & \boldsymbol{P}_{n-1,n} & \boldsymbol{P}_{n,n}\end{pmatrix} \tag{4.31}$$

式中：$\boldsymbol{P}_{i,i}$（$i=1,n$）为每颗卫星轨道参数对应的协方差阵；$\boldsymbol{P}_{i,k}$（$i\neq k$）为卫星轨道参数之间协方差阵。

由上述滤波器时间更新方程可看出，由于卫星状态转移矩阵 $\boldsymbol{\Phi}$ 为对角阵，实现卫星状态时间更新时，每颗卫星状态转换完全可独立计算而不需要其他卫星信息。即有

$$\boldsymbol{X}_i^{k+1}=\boldsymbol{\Phi}_1\boldsymbol{X}_i^k \tag{4.32}$$

而对于协方差矩阵 $\boldsymbol{P}^{k+1}$ 的时间更新，如果忽略卫星状态参数之间的协方差信息 $\boldsymbol{P}_{i,k}$，而仅考虑每颗卫星协方差信息 $\boldsymbol{P}_{i,i}$，则 $\boldsymbol{P}^k$ 为对角阵，而由于卫星之间动力学噪声矩阵不相关，$\boldsymbol{W}\boldsymbol{W}^{\mathrm{T}}$ 为对角矩阵，对角分量为 $\boldsymbol{w}_i$，此时，$\boldsymbol{P}^{k+1}$ 为对角矩阵，可用每颗卫星自己协方差阵计算，形式为

$$\boldsymbol{P}_{i,i}^{k+1}=\boldsymbol{\Phi}_i\boldsymbol{P}_{i,i}\boldsymbol{\Phi}_i^{\mathrm{T}}+\boldsymbol{w}_i \tag{4.33}$$

上述分析结果表明，如果仅考虑卫星轨道参数自协方差信息，而忽略不同卫星参数之间的互协方差信息，则集中式卡尔曼滤波时间更新过程可用 n 个单颗卫星滤波器时间更新过程替代，这就近似实现了滤波器时间更新分解的目标。

对于滤波器测量更新过程，在忽略卫星轨道参数互协方差信息的前提下，集中式处理同样可近似分解为单颗卫星分布式处理任务。以三颗卫星两两之间的星间测量为例说明滤波测量更新过程分解原理。

三颗卫星相互建链时星间链路观测方程为

$$\Delta\boldsymbol{Y}=\begin{pmatrix}\Delta Y_1\\ \Delta Y_2\\ \Delta Y_3\end{pmatrix}=\boldsymbol{H}\boldsymbol{X}+\boldsymbol{\varepsilon}=\begin{pmatrix}\boldsymbol{H}_1^{12} & \boldsymbol{H}_2^{12} & \boldsymbol{0}\\ \boldsymbol{H}_1^{13} & \boldsymbol{0} & \boldsymbol{H}_3^{13}\\ \boldsymbol{0} & \boldsymbol{H}_2^{23} & \boldsymbol{H}_3^{23}\end{pmatrix}\begin{pmatrix}\boldsymbol{X}_1\\ \boldsymbol{X}_2\\ \boldsymbol{X}_3\end{pmatrix}+\boldsymbol{\varepsilon} \tag{4.34}$$

仅考虑同一卫星之间自协方差信息，不考虑不同卫星之间互协方差信息时，卫星待估参数先验协方差阵可写为

$$\boldsymbol{P}=\begin{pmatrix}\boldsymbol{P}_{11} & \boldsymbol{0} & \boldsymbol{0}\\ \boldsymbol{0} & \boldsymbol{P}_{22} & \boldsymbol{0}\\ \boldsymbol{0} & \boldsymbol{0} & \boldsymbol{P}_{33}\end{pmatrix} \tag{4.35}$$

则卡尔曼滤波测量更新增益矩阵 $\boldsymbol{K}$ 可写为

$$\boldsymbol{K}=\boldsymbol{P}\boldsymbol{H}^{\mathrm{T}}(\boldsymbol{H}\boldsymbol{P}\boldsymbol{H}^{\mathrm{T}}+\boldsymbol{R})^{-1}=\begin{pmatrix}\boldsymbol{P}_{11}(\boldsymbol{H}_1^{12})^{\mathrm{T}} & \boldsymbol{P}_{11}(\boldsymbol{H}_1^{13})^{\mathrm{T}} & \boldsymbol{0}\\ \boldsymbol{P}_{22}(\boldsymbol{H}_2^{12})^{\mathrm{T}} & \boldsymbol{0} & \boldsymbol{P}_{22}(\boldsymbol{H}_2^{23})^{\mathrm{T}}\\ \boldsymbol{0} & \boldsymbol{P}_{33}(\boldsymbol{H}_3^{13})^{\mathrm{T}} & \boldsymbol{P}_{33}(\boldsymbol{H}_3^{23})^{\mathrm{T}}\end{pmatrix}(\boldsymbol{H}\boldsymbol{P}\boldsymbol{H}^{\mathrm{T}}+\boldsymbol{R})^{-1} \tag{4.36}$$

$$\boldsymbol{H}\boldsymbol{P}\boldsymbol{H}^{\mathrm{T}}=$$
$$\begin{pmatrix}\boldsymbol{H}_1^{12}\boldsymbol{P}_{11}(\boldsymbol{H}_1^{12})^{\mathrm{T}}+\boldsymbol{H}_2^{12}\boldsymbol{P}_{22}(\boldsymbol{H}_2^{12})^{\mathrm{T}} & \boldsymbol{H}_1^{12}\boldsymbol{P}_{11}(\boldsymbol{H}_1^{13})^{\mathrm{T}} & \boldsymbol{H}_2^{12}\boldsymbol{P}_{22}(\boldsymbol{H}_2^{23})^{\mathrm{T}}\\ \boldsymbol{H}_1^{13}\boldsymbol{P}_{11}(\boldsymbol{H}_1^{12})^{\mathrm{T}} & \boldsymbol{H}_1^{13}\boldsymbol{P}_{11}(\boldsymbol{H}_1^{13})^{\mathrm{T}}+\boldsymbol{H}_3^{13}\boldsymbol{P}_{33}(\boldsymbol{H}_3^{13})^{\mathrm{T}} & \boldsymbol{H}_3^{13}\boldsymbol{P}_{33}(\boldsymbol{H}_3^{23})^{\mathrm{T}}\\ \boldsymbol{H}_2^{23}\boldsymbol{P}_{22}(\boldsymbol{H}_2^{12})^{\mathrm{T}} & \boldsymbol{H}_3^{23}\boldsymbol{P}_{33}(\boldsymbol{H}_3^{13})^{\mathrm{T}} & \boldsymbol{H}_2^{23}\boldsymbol{P}_{22}(\boldsymbol{H}_2^{23})^{\mathrm{T}}+\boldsymbol{H}_3^{23}\boldsymbol{P}_{33}(\boldsymbol{H}_3^{23})^{\mathrm{T}}\end{pmatrix} \tag{4.37}$$

$\boldsymbol{R}=\boldsymbol{\varepsilon}\boldsymbol{\varepsilon}^{\mathrm{T}}=\begin{pmatrix}r_{12} & 0 & 0\\ 0 & r_{13} & 0\\ 0 & 0 & r_{23}\end{pmatrix}$ 为星间观测量之间协方差信息阵。

对矩阵 $\boldsymbol{H}\boldsymbol{P}\boldsymbol{H}^{\mathrm{T}}$ 进行近似处理，忽略不同卫星参数之间间接互相关量，仅保留直接建链卫星之间相关量时，滤波器增益阵列简化。卡尔曼滤波增益矩阵 $\boldsymbol{K}$ 可写为

$$\boldsymbol{K}\approx$$
$$\begin{pmatrix}\boldsymbol{P}_{11}(\boldsymbol{H}_1^{12})^{\mathrm{T}} & \boldsymbol{P}_{11}(\boldsymbol{H}_1^{13})^{\mathrm{T}} & \boldsymbol{0}\\ \boldsymbol{P}_{22}(\boldsymbol{H}_2^{12})^{\mathrm{T}} & \boldsymbol{0} & \boldsymbol{P}_{22}(\boldsymbol{H}_2^{23})^{\mathrm{T}}\\ \boldsymbol{0} & \boldsymbol{P}_{33}(\boldsymbol{H}_3^{13})^{\mathrm{T}} & \boldsymbol{P}_{33}(\boldsymbol{H}_3^{23})^{\mathrm{T}}\end{pmatrix}\begin{pmatrix}\boldsymbol{q}_{11}^{-1} & \boldsymbol{H}_1^{12}\boldsymbol{P}_{11}(\boldsymbol{H}_1^{13})^{\mathrm{T}} & \boldsymbol{H}_2^{12}\boldsymbol{P}_{22}(\boldsymbol{H}_2^{23})^{\mathrm{T}}\\ \boldsymbol{H}_1^{13}\boldsymbol{P}_{11}(\boldsymbol{H}_1^{12})^{\mathrm{T}} & \boldsymbol{q}_{22}^{-1} & \boldsymbol{H}_3^{13}\boldsymbol{P}_{33}(\boldsymbol{H}_3^{23})^{\mathrm{T}}\\ \boldsymbol{H}_2^{23}\boldsymbol{P}_{22}(\boldsymbol{H}_2^{12})^{\mathrm{T}} & \boldsymbol{H}_2^{23}\boldsymbol{P}_{33}(\boldsymbol{H}_3^{13})^{\mathrm{T}} & \boldsymbol{q}_{33}\end{pmatrix}^{-1} \tag{4.38}$$

式中

$$\boldsymbol{q}_{11}=\boldsymbol{H}_1^{12}P_{11}(\boldsymbol{H}_1^{12})^{\mathrm{T}}+\boldsymbol{H}_2^{12}\boldsymbol{P}_{22}(\boldsymbol{H}_2^{12})^{\mathrm{T}}+r_{12}$$
$$\boldsymbol{q}_{22}=\boldsymbol{H}_1^{13}\boldsymbol{P}_{11}(\boldsymbol{H}_1^{13})^{\mathrm{T}}+\boldsymbol{H}_3^{13}\boldsymbol{P}_{33}(\boldsymbol{H}_3^{13})^{\mathrm{T}}+r_{13}$$
$$\boldsymbol{q}_{33}=\boldsymbol{H}_2^{23}\boldsymbol{P}_{22}(\boldsymbol{H}_2^{23})^{\mathrm{T}}+\boldsymbol{H}_3^{23}\boldsymbol{P}_{33}(\boldsymbol{H}_3^{23})^{\mathrm{T}}+r_{23}$$

由于增益矩阵 $\boldsymbol{K}$ 第一项每列有零项，忽略第二项中间接相关项（如 $\boldsymbol{X}_1$ 忽略 $\boldsymbol{H}_2^{23}$、$\boldsymbol{H}_3^{23}$，$\boldsymbol{X}_2$ 忽略 $\boldsymbol{H}_1^{13}$、$\boldsymbol{H}_3^{13}$ 等），上述公式得出的卫星位置参数增益矩阵与下述由三颗星的等效观测方程分别计算的增益阵近似相同。等效观测方程为

$$\begin{pmatrix}\Delta Y_1-\boldsymbol{H}_2^{12}\boldsymbol{X}_2\\ \Delta Y_2-\boldsymbol{H}_3^{13}\boldsymbol{X}_3\end{pmatrix}=\begin{pmatrix}\boldsymbol{H}_1^{12}\\ \boldsymbol{H}_1^{13}\end{pmatrix}\boldsymbol{X}_1+\begin{pmatrix}\varepsilon_{12}\\ \varepsilon_{13}\end{pmatrix}$$

$$\begin{pmatrix} \Delta Y_1 - \boldsymbol{H}_1^{12}\boldsymbol{X}_1 \\ \Delta Y_3 - \boldsymbol{H}_3^{23}\boldsymbol{X}_3 \end{pmatrix} = \begin{pmatrix} \boldsymbol{H}_2^{12} \\ \boldsymbol{H}_2^{23} \end{pmatrix}\boldsymbol{X}_2 + \begin{pmatrix} \varepsilon_{12} \\ \varepsilon_{23} \end{pmatrix}$$

$$\begin{pmatrix} \Delta Y_2 - \boldsymbol{H}_1^{13}\boldsymbol{X}_1 \\ \Delta Y_3 - \boldsymbol{H}_2^{23}\boldsymbol{X}_2 \end{pmatrix} = \begin{pmatrix} \boldsymbol{H}_3^{13} \\ \boldsymbol{H}_3^{23} \end{pmatrix}\boldsymbol{X}_3 + \begin{pmatrix} \varepsilon_{13} \\ \varepsilon_{23} \end{pmatrix}$$

这说明,在忽略卫星轨道间接相关参数互协方差条件下,可用三个仅估计单颗卫星状态量的滤波器近似替代集中式滤波实现状态量的测量更新。

对于估计状态量的协方差测量更新,有

$$\boldsymbol{KH} = \begin{pmatrix} \boldsymbol{P}_{11}(\boldsymbol{H}_1^{12})^{\mathrm{T}}\boldsymbol{q}_{11}^{-1}\boldsymbol{H}_1^{12} + \boldsymbol{P}_{11}(\boldsymbol{H}_1^{13})^{\mathrm{T}}\boldsymbol{q}_{22}^{-1}\boldsymbol{H}_1^{13} & \boldsymbol{P}_{11}(\boldsymbol{H}_1^{12})^{\mathrm{T}}\boldsymbol{q}_{11}^{-1}\boldsymbol{H}_2^{12} & \boldsymbol{P}_{11}(\boldsymbol{H}_1^{13})^{\mathrm{T}}\boldsymbol{q}_{22}^{-1}\boldsymbol{H}_3^{13} \\ \boldsymbol{P}_{22}(\boldsymbol{H}_2^{12})^{\mathrm{T}}\boldsymbol{q}_{ii}^{-1}\boldsymbol{H}_1^{13} & \boldsymbol{P}_{22}(\boldsymbol{H}_2^{12})^{\mathrm{T}}\boldsymbol{q}_{11}^{-1}\boldsymbol{H}_2^{12} + \boldsymbol{P}_{22}(\boldsymbol{H}_2^{23})^{\mathrm{T}}\boldsymbol{q}_{33}^{-1}\boldsymbol{H}_2^{23} & \boldsymbol{P}_{22}(\boldsymbol{H}_2^{23})^{\mathrm{T}}\boldsymbol{q}_{33}^{-1}\boldsymbol{H}_3^{13} \\ \boldsymbol{P}_{33}(\boldsymbol{H}_3^{13})^{\mathrm{T}}\boldsymbol{q}_{22}^{-1}\boldsymbol{H}_1^{13} & \boldsymbol{P}_{33}(\boldsymbol{H}_3^{23})^{\mathrm{T}}\boldsymbol{q}_{33}^{-1}\boldsymbol{H}_3^{23} & \boldsymbol{P}_{33}(\boldsymbol{H}_3^{13})^{\mathrm{T}}\boldsymbol{q}_{22}^{-1}\boldsymbol{H}_3^{13} + \boldsymbol{P}_{33}(\boldsymbol{H}_3^{23})^{\mathrm{T}}\boldsymbol{q}_{33}^{-1}\boldsymbol{H}_3^{23} \end{pmatrix} \tag{4.39}$$

如果忽略上述矩阵中的非对角项,仅保留对角项,则有协方差测量更新公式:

$$\hat{\boldsymbol{P}}^{k+1} = (\boldsymbol{I} - \boldsymbol{KH})\boldsymbol{P}^k \tag{4.40}$$

计算的协方差与上述单颗卫星滤波计算的协方差更新相同,即在忽略互相关信息前提下,协方差信息计算也同样可近似分解到独立卫星上计算。

由上述推导可看出,在忽略卫星轨道间接相关参数协方差信息的假设条件下,集中式滤波测量和时间更新过程可用单个卫星参数滤波计算过程替代。

上述论述是在三颗卫星条件下推导的,对于多颗卫星情况,结果近似相同。

采用上述原理,可将全星座集中式滤波轨道解算过程近似分解为单颗卫星定轨滤波解算过程,每颗卫星独立完成定轨计算,通过数据通信链路交换协方差信息,形成接近集中式处理的结果,此即分布式滤波处理。

由上述推导过程看出,分布式滤波是在忽略卫星轨道间接相关参数之间协方差信息条件下形成的。相对集中式最优处理结果,分布式滤波处理是次优的。

通过对不同构型导航卫星集中式滤波协方差阵分析可知,卫星轨道参数之间的互相关系数相对自相关系数有量级上的差异,因此,上述假设条件有一定程度合理性。

对于星载处理而言,相比集中式处理方式,分布式处理有多个优点。首先,分布式处理将定轨计算任务分解到每颗卫星,由每颗卫星独立完成自己的轨道更新业务处理,这样就极大减少了对单颗卫星的星载处理器能力的需求,降低了卫星载荷负担;其次,在分布式处理时每颗卫星承担接近相同的数据处理任务,卫星载荷配置方案接近,卫星之间具备相互备份能力,整个定轨数据处理过程不会因为单颗星故障而产生灾难性错误,卫星可靠性要求相应降低;最后,在分布式处理时单颗卫星自己独立可更新自己的轨道,轨道更新的实时性高。当然,由于分布式处理是集中式最优处理的一种近似,是在忽略部分卫星轨道参数之间互相关性前提下得到的。而在真实动力学定轨过程中卫星轨道参数之间互相关性是客观存在的,忽略这种相关性将导致定轨结果产生偏差,因此分布式定轨结果是次优的,轨道解算精度相比集中式处理稍低,数据处理算法的稳定性相对集中式处理稍差。

4.3.2 分布式处理观测方程

由 4.3.1 节分析看出,在不考虑非建链卫星轨道参数之间互相关条件下,导航卫星集中式动力学定轨可用分布式定轨方式近似替代。因此,为了尽可能减少分布式定轨方法的精度损失,就需要在卫星待解算动力学参数的选择方面进行适当优化设计,降低星间测量对卫星参数之间的相关性的影响。

对于中高轨道的导航卫星,动力学定轨通常解算的动力学参数包括卫星轨道初始状态参数、太阳光压模型参数以及经验力模型参数等,经验力模型通常用作太阳光压模型的补偿模型使用。由于所有导航卫星的太阳光压模型均与太阳相对卫星位置有关,因此,如果对所有卫星均估计太阳光压模型参数和经验力模型参数,则各卫星光压模型参数之间的相关性较强,较难满足分布式处理前提。考虑到分布式处理可在单颗卫星实现,数据传输环节少,轨道更新频度高,轨道预报长度可适当减小,对动力学模型精度的要求可适当降低。因此,分布式定轨通常不估计太阳光压模型参数和经验力模型参数,仅估计卫星 6 个状态参数。太阳光压模型参数和经验力模型参数通过地面测量建模修正。

由集中式定轨参数估计方程看出,集中式定轨除了估计动力学参数外,同时需要估计星间链路设备时延参数,由于设备时延参数变化相对稳定,同时分布式处理单颗卫星观测量很难准确估计设备时延参数,因此,设备时延参数也采用地面集中式处理的估计值。

基于以上分析,分布式定轨观测方程推导如下:

对星间测距观测量进行多径改正、收发时延改正以及相对论改正后,卫星 i、j 间星间双向测距观测方程可简写为

$$\rho^{ij} = \rho_0^{ij} + ct^j - ct^i + \varepsilon_{ij} \tag{4.41}$$

$$\rho^{ji} = \rho_0^{ji} + ct^i - ct^j + \varepsilon_{ji} \tag{4.42}$$

式中:ρ^{ij} 为卫星 i 接收卫星 j 伪距观测量;ρ^{ji} 为卫星 j 接收卫星 i 伪距观测量;t^i、t^j 分别为卫星钟差;ρ_0^{ij}、ρ_0^{ji} 分别为卫星 i、j 间理论星间距,表达式为

$$\rho_0^{ij} = \rho_0^{ji} = \sqrt{(x^i - x^j)^2 + (y^i - y^j)^2 + (z^i - z^j)^2} \tag{4.43}$$

上述两式相加,并用参考轨道线性化,可得到不含卫星钟差线性观测方程如下:

$$\rho = \frac{\rho^{ij} + \rho^{ji}}{2} = \bar{\rho}_0^{ij} + \sum_{m=1}^{3} \boldsymbol{L}_m \mathrm{d}\boldsymbol{x}_m^i - \sum_{m=1}^{3} \boldsymbol{L}_m \mathrm{d}\boldsymbol{x}_m^j + \varepsilon' \tag{4.44}$$

式中:$\bar{\rho}_0^{ij}$ 为利用参考轨道计算的近似星地距;$\mathrm{d}\boldsymbol{x}_m^i$、$\mathrm{d}\boldsymbol{x}_m^j$ 分别为卫星位置相对参考轨道改正量;$\boldsymbol{L}_m$ 为星间距单位矢量,其形式为

$$\boldsymbol{L}_m = \left(\frac{x^i - x^j}{\bar{\rho}_0^{ij}} \quad \frac{y^i - y^j}{\bar{\rho}_0^{ij}} \quad \frac{z^i - z^j}{\bar{\rho}_0^{ij}} \right)$$

当采用轨道根数作为估计参数时,上述方程可写为

$$\rho = \frac{\rho^{ij} + \rho^{ji}}{2} = \bar{\rho}_0^{ij} + \sum_{m=1}^{6} \boldsymbol{H}_m^i \mathrm{d}\boldsymbol{e}_m^i - \sum_{m=1}^{6} \boldsymbol{H}_m^j \mathrm{d}\boldsymbol{e}_m^j + \varepsilon' \tag{4.45}$$

式中:$\mathrm{d}\boldsymbol{e}_m^i$、$\mathrm{d}\boldsymbol{e}_m^j$ 为6个轨道根数相对参考轨道改正数;$\boldsymbol{H}_m^i$、$\boldsymbol{H}_m^j$ 为观测量对轨道根数偏导数,与 $\boldsymbol{L}_m$ 之间关系为

$$\boldsymbol{H}_m^i = \boldsymbol{L}_m \cdot \frac{\partial \boldsymbol{x}^i}{\partial \boldsymbol{e}_m^i} \tag{4.46}$$

式中:$\frac{\partial \boldsymbol{x}^i}{\partial \boldsymbol{e}_m^i}$ 为卫星状态矢量对轨道根数偏导数,计算方法见前面章节。

4.3.3 分布式参数估计

利用星间测距数据进行分布式定轨实质上是将卫星预报轨道作为参考点,利用星间测距数据改进预报轨道的过程。分布式定轨参数估计通常采用卡尔曼滤波方法。传统卡尔曼滤波算法是基于线性最优估计原理推导的,由于卫星轨道动力学模型为非线性模型,为此,需要用先验轨道参数生成参考轨道,并利用参考轨道对卫星轨道运动方程进行线性化,得到线性化状态转移矩阵。参考轨道初值选取可采用两种方式。一种是全定轨弧段采用一个参考轨道,另一种则是利用上次改进的轨道参数动态生成参考轨道。对应于两种参考轨道生成方式,衍生了分布式自主定轨中的线性卡尔曼滤波算法和扩展卡尔曼滤波算法。

1)线性卡尔曼滤波算法

线性卡尔曼滤波算法计算流程如下:利用先验轨道动力学参数采用数值积分方法积分卫星轨道动力学方程及其对应的变分方程,得到全定轨弧段卫星参考轨道以及卫星轨道参数状态转移矩阵。由此可构建线性卡尔曼滤波时间更新方程:

$$\mathrm{d}\boldsymbol{x}_{k+1} = \boldsymbol{\Phi}\mathrm{d}\boldsymbol{x}_k + \boldsymbol{w} \tag{4.47}$$

每个以卫星参考轨道为理论轨道,对星间测距观测方程进行线性化,得到卫星位置矢量改正量与星间距变化之间的微分方程。利用上个历元更新的卫星位置改正量及其协方差信息,对上节推导的星间测距观测方程变换后,每一颗卫星 i 及可视卫星 j,均可得到分布式星间测距观测方程如下:

$$\Delta\rho = \frac{\rho^{ij} + \rho^{ji}}{2} - \bar{\rho}_0^{ij} = \sum_{m=1}^{6} \boldsymbol{H}_m^i \mathrm{d}\boldsymbol{x}_m^i + \varepsilon' \tag{4.48}$$

上述方程左端为星间双向测距观测量 ρ^{ij} 和 ρ^{ji}、卫星 i、j 理论星间距 $\bar{\rho}_0^{ij}$ 和卫星 j 参数改正数 $\mathrm{d}\boldsymbol{x}_m^j$ 的函数,可以利用预报星历直接计算。已知卫星 j 参数改正数预报协方差阵 $\boldsymbol{\Sigma}_{ej}$ 后,可以利用上式计算卫星 i 分布式定轨观测量协方差阵如下:

$$\boldsymbol{\Sigma}_{\Delta\rho^j} = \boldsymbol{\Sigma}_{\varepsilon'} + \sum_{j=1}^{k} \boldsymbol{H}_m^j \boldsymbol{\Sigma}_{xj} (\boldsymbol{H}_m^j)^{\mathrm{T}} \tag{4.49}$$

此即线性卡尔曼滤波测量更新方程及协方差信息。

综合时间更新方程和测量更新方程,利用下述卡尔曼滤波公式,可改进卫星状态参数。

$$\mathrm{d}\hat{\boldsymbol{x}}_{k+1} = \boldsymbol{\Phi}\mathrm{d}\bar{\boldsymbol{x}}_k \tag{4.50}$$

$$\hat{\boldsymbol{P}}_{k+1} = \boldsymbol{\Phi}\bar{\boldsymbol{P}}_k\boldsymbol{\Phi}^{\mathrm{T}} + \boldsymbol{Q} \tag{4.51}$$

$$\mathrm{d}\bar{\boldsymbol{x}}_{k+1} = \mathrm{d}\hat{\boldsymbol{x}}_{k+1} + \hat{\boldsymbol{P}}_{k+1}\boldsymbol{H}^{\mathrm{T}}(\boldsymbol{H}\hat{\boldsymbol{P}}_{k+1}\boldsymbol{H}^{\mathrm{T}} + \boldsymbol{R})^{-1}(\Delta\rho - \boldsymbol{H}\mathrm{d}\hat{\boldsymbol{x}}_{k+1}) \tag{4.52}$$

$$\bar{\boldsymbol{P}}_{k+1} = \hat{\boldsymbol{P}}_{k+1} - \hat{\boldsymbol{P}}_{k+1}\boldsymbol{H}^{\mathrm{T}}(\boldsymbol{H}\hat{\boldsymbol{P}}_{k+1}\boldsymbol{H}^{\mathrm{T}} + \boldsymbol{R})^{-1}\boldsymbol{H}\hat{\boldsymbol{P}}_{k+1} \tag{4.53}$$

对于星载自主定轨,采用线性卡尔曼滤波时,参考轨道和状态转移矩阵可在地面预先生成并上注到卫星,卫星仅进行测量更新和时间更新滤波处理,星载运算量极大降低。但线性卡尔曼滤波全弧段均采用最初参考轨道,参考轨道误差随时间增加,直接影响滤波器精度。

2) 扩展卡尔曼滤波算法

如前所述,线性卡尔曼滤波采用初始轨道参数生成参考轨道,尽管具有星载运算量小的优点,然而由于参考轨道误差随时间增大,导致滤波线性化误差相应增大,从而影响定轨精度。相比而言,扩展卡尔曼滤波则较好地解决了这个问题。

与线性卡尔曼滤波全弧段采用初始参考轨道不同,扩展卡尔曼滤波则利用最新改进的轨道参数生成参考轨道和状态转移矩阵。由于参考轨道精度提高,相应降低轨道线性化误差,因而定轨精度能够显著提高。

扩展卡尔曼滤波器状态转移方程形式为

$$\boldsymbol{x}_{k+1} = \boldsymbol{f}(\boldsymbol{x}_k, p, t) + w \tag{4.54}$$

滤波观测方程与线性卡尔曼滤波类似,形式为

$$\Delta\rho^{ij} = \frac{\rho^{ij} + \rho^{ji}}{2} - \bar{\rho}_0^{ij}(x_{k+1}^i, x_{k+1}^j) = \sum_{m=1}^{6}\boldsymbol{H}_m^i\mathrm{d}\boldsymbol{x}_m^i + \varepsilon' \tag{4.55}$$

式中:$\bar{\rho}_0^{ij}(x_{k+1}^i, x_{k+1}^j)$ 为利用上一个处理过程更新轨道生成的理论星间距。与线性卡尔曼滤波不同,观测方程线性化采用的参考轨道为利用上一个处理循环更新轨道参数生成的最新轨道。

扩展卡尔曼滤波器的时间更新公式为

$$\hat{\boldsymbol{x}}_{k+1} = \boldsymbol{f}(\bar{\boldsymbol{x}}_k, p, t) \tag{4.56}$$

$$\boldsymbol{\Phi} = \frac{\mathrm{d}\boldsymbol{x}_{k+1}}{\mathrm{d}\boldsymbol{x}_k} = \frac{\partial \boldsymbol{f}}{\partial \boldsymbol{x}_k}, \quad \hat{\boldsymbol{P}}_{k+1} = \boldsymbol{\Phi}\bar{\boldsymbol{P}}_k\boldsymbol{\Phi}^{\mathrm{T}} + \boldsymbol{Q} \tag{4.57}$$

测量更新形式为

$$\bar{\boldsymbol{x}}_{k+1} = \hat{\boldsymbol{x}}_{k+1} + \hat{\boldsymbol{P}}_{k+1}\boldsymbol{H}^{\mathrm{T}}(\boldsymbol{H}\hat{\boldsymbol{P}}_{k+1}\boldsymbol{H}^{\mathrm{T}} + \boldsymbol{R})^{-1}\Delta\boldsymbol{\rho} \tag{4.58}$$

$$\bar{\boldsymbol{P}}_{k+1} = \hat{\boldsymbol{P}}_{k+1} - \hat{\boldsymbol{P}}_{k+1}\boldsymbol{H}^{\mathrm{T}}(\boldsymbol{H}\hat{\boldsymbol{P}}_{k+1}\boldsymbol{H}^{\mathrm{T}} + \boldsymbol{R})^{-1}\boldsymbol{H}\hat{\boldsymbol{P}}_{k+1} \tag{4.59}$$

式中：$\boldsymbol{\Delta\rho}$ 为当前历元全部可建链卫星的星间距残差 $\Delta\rho^{ij}$ 形成的矢量。

扩展卡尔曼滤波相比线性卡尔曼滤波具有精度高的优势，然而，由于扩展滤波参考轨道生成需要采用最新的轨道状态参数，因此，参考轨道生成只能在卫星端实现，当采用数值积分方法生成参考轨道时，扩展卡尔曼滤波算法星载运算量相比线性卡尔曼滤波增加较多。为此，需要针对性设计简化星载数值积分方法。

4.3.4 试验卫星分布式自主定轨结果

1）试验卫星数据状态

北斗全球系统试验卫星已有5颗卫星在轨运行，初步在轨试验结果表明，星间链路载荷工作正常，已经能够按照既定规划的观测策略获得星间测量数据。本书利用2016年7月11日0时—7月17日24时（对应儒略日57580～57587）之间7天数据进行5颗卫星自主定轨试验，试验数据包括5颗试验卫星之间的双向星间链路数据以及1个地面锚固站与卫星之间的双向观测数据。地面锚固站坐标采用GNSS联测方式确定，地面锚固站与卫星星间链路设备天线相位中心修正量则利用星地联合定轨得到的地面标校结果。自主定轨结果的精度评估采用以同期星间链路数据与地面L频段监测站伪距相位数据事后联合定轨结果作为标准轨道，通过轨道互比实现。

2）线性滤波自主定轨结果

用2016年7月8日—7月10日这3天地面L频段监测站数据定轨，并预报15天，作为自主定轨参考轨道；用2016年7月11日0时定轨结果作为自主定轨轨道初值，对应的轨道初值误差协方差信息利用定轨协方差信息外推得到。采用4.3.3节线性滤波方法，逐历元改进5颗试验卫星轨道，将定轨结果与同期星地联合定轨结果比较，5颗卫星（编号SAT31～SAT35）轨道径向、沿迹、法向（R、T、N）3个方向的互差以及综合URE误差如图4.4～图4.8所示。

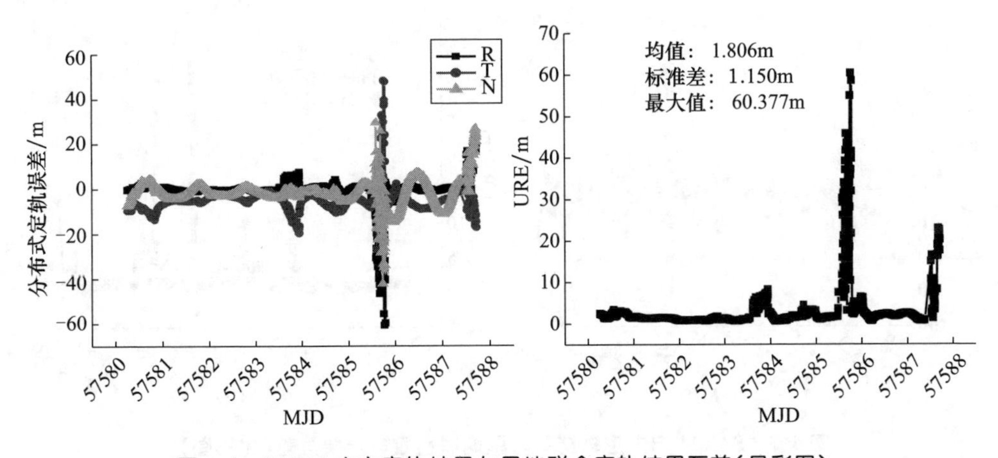

图4.4 SAT31自主定轨结果与星地联合定轨结果互差（见彩图）

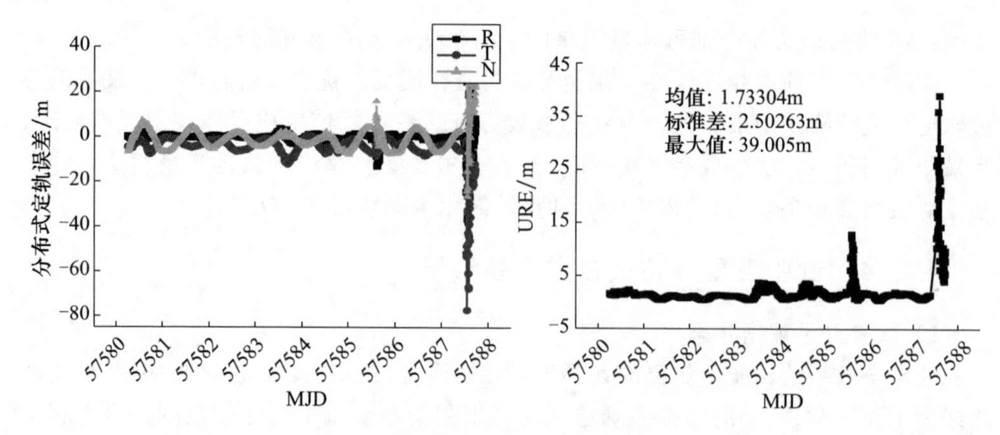

图 4.5　**SAT32** 自主定轨结果与星地联合定轨结果互差(见彩图)

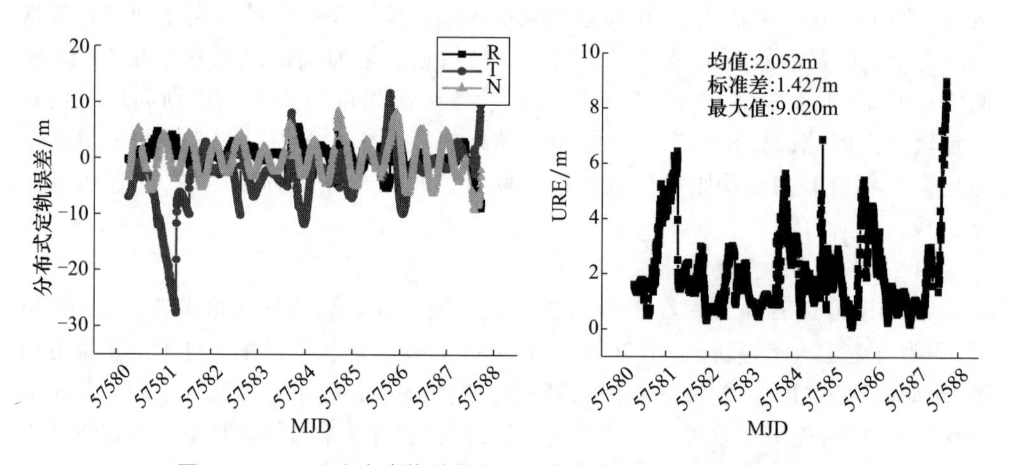

图 4.6　**SAT33** 自主定轨结果与星地联合定轨结果互差(见彩图)

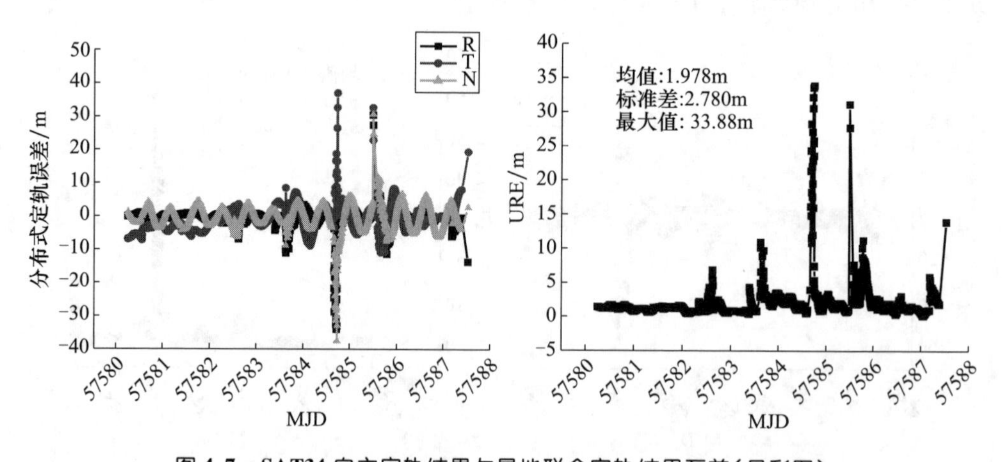

图 4.7　**SAT34** 自主定轨结果与星地联合定轨结果互差(见彩图)

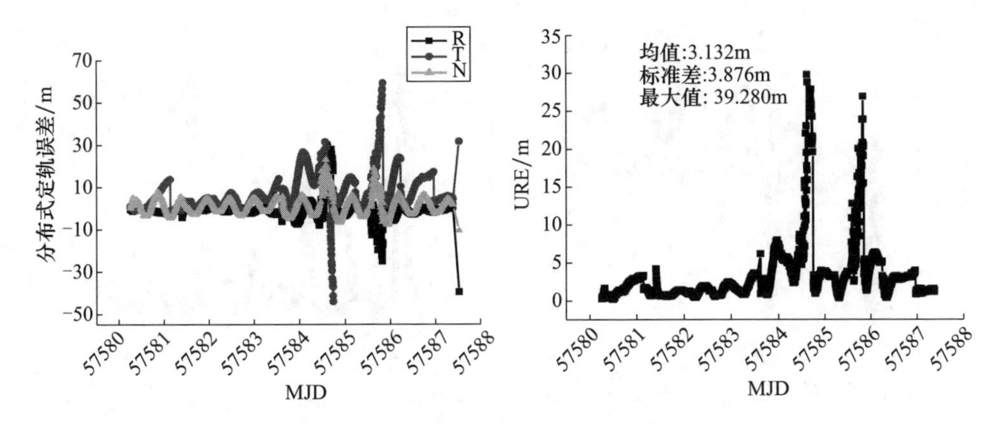

图 4.8　SAT35 自主定轨结果与星地联合定轨结果互差(见彩图)

由图中看出,自主定轨结果存在跳变现象,究其原因,主要在于星间链路数据不连续,存在某时段连续数据缺失现象,而依照直接滤波算法,数据缺失点处的卫星轨道主要依靠轨道预报产生,直接滤波法采用的状态转移矩阵预报算法预报误差随时间剧烈增加,导致自主定轨结果出现跳变。同样也可看出,产生误差跳变后当观测数据量足够时,定轨结果很快能够收敛到一定范围。上述结果验证了分布式滤波算法的有效性和可行性,同时也显示了直接滤波算法在应对数据缺失方面的不足。

3) 扩展卡尔曼滤波自主定轨结果

采用与上节直接滤波相同时段的星间、星地观测数据,并采用相同的轨道初值与协方差信息,利用 4.3.3 节扩展滤波方法,开展分布式扩展滤波自主定轨试验。扩展滤波采用当前最新改进的轨道参数并利用数值积分方法进行轨道预报,数值积分采用的轨道动力学模型包含 8 阶次地球引力、日月引力以及太阳光压。太阳光压模型参数采用地面 L 频段星地联合定轨确定的值。将扩展滤波定轨结果与星地联合定轨结果比较,轨道互差(卫星编号仍为 SAT31 ~ SAT35)如图 4.9 ~ 图 4.13 所示。

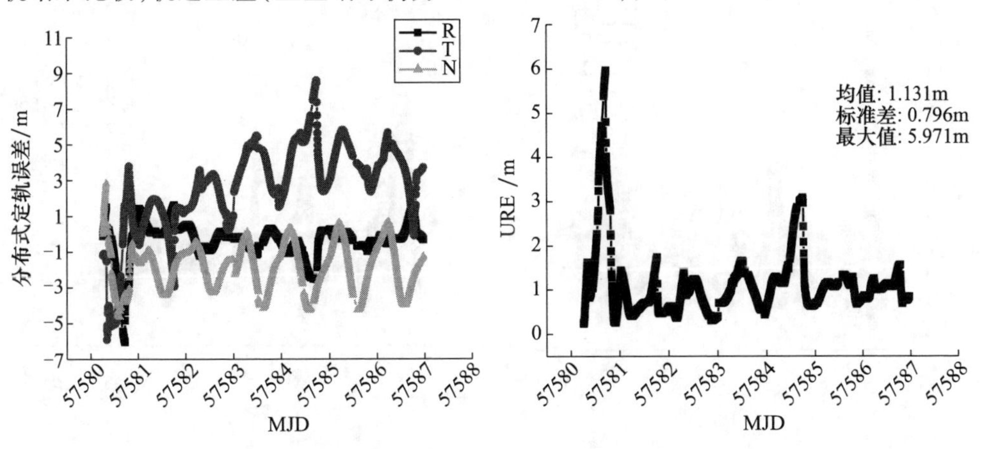

图 4.9　SAT31 自主定轨结果与星地联合定轨结果互差(见彩图)

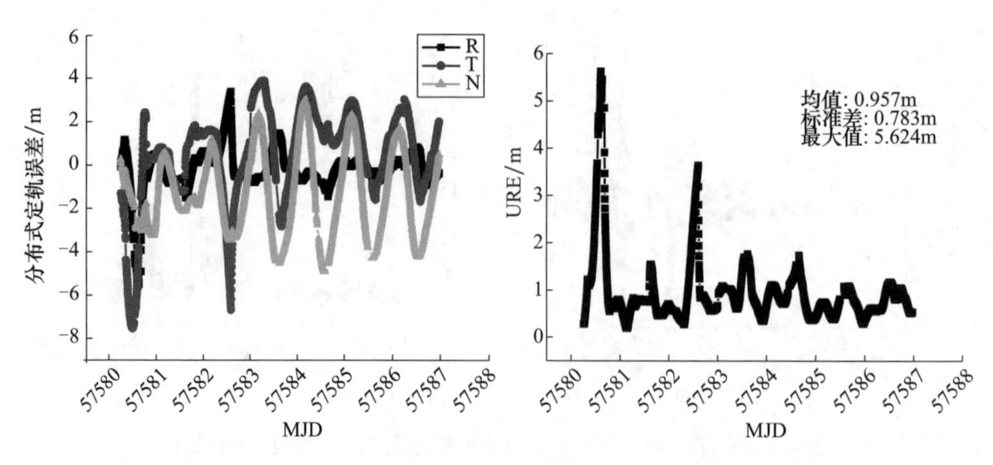

图 4.10　**SAT32** 自主定轨结果与星地联合定轨结果互差(见彩图)

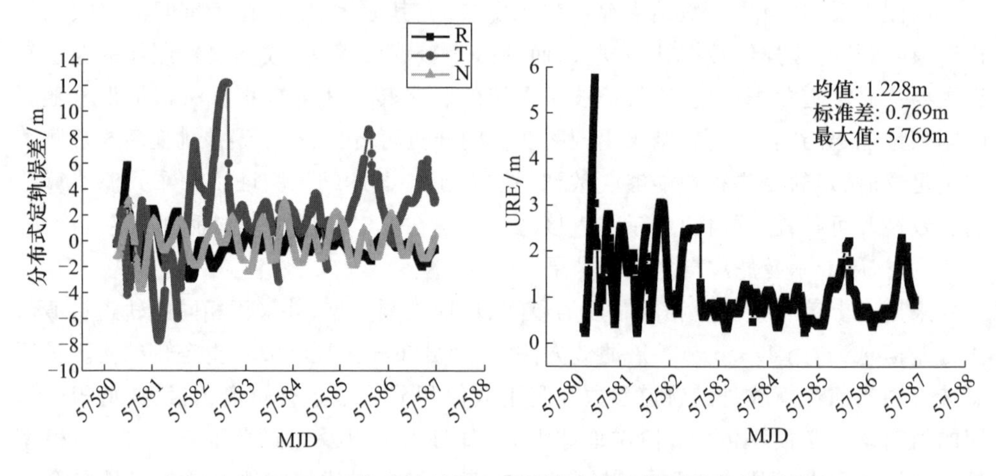

图 4.11　**SAT33** 自主定轨结果与星地联合定轨结果互差(见彩图)

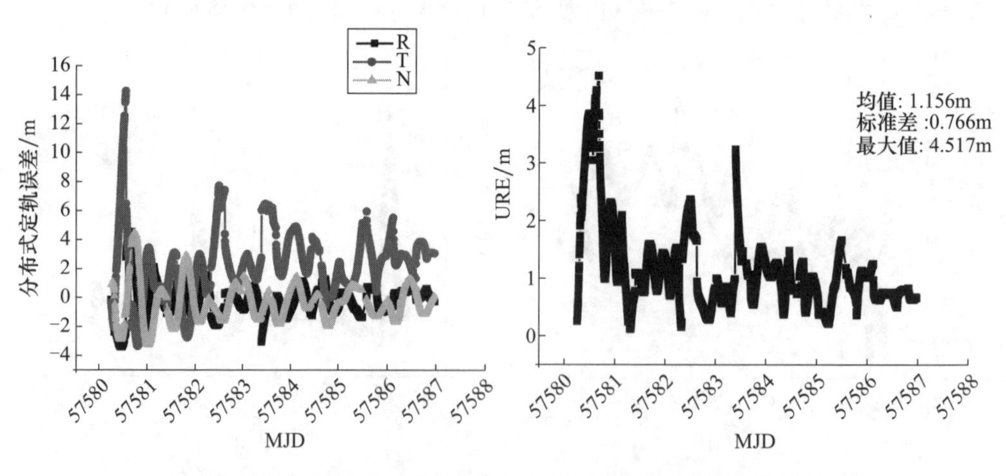

图 4.12　**SAT34** 自主定轨结果与星地联合定轨结果互差(见彩图)

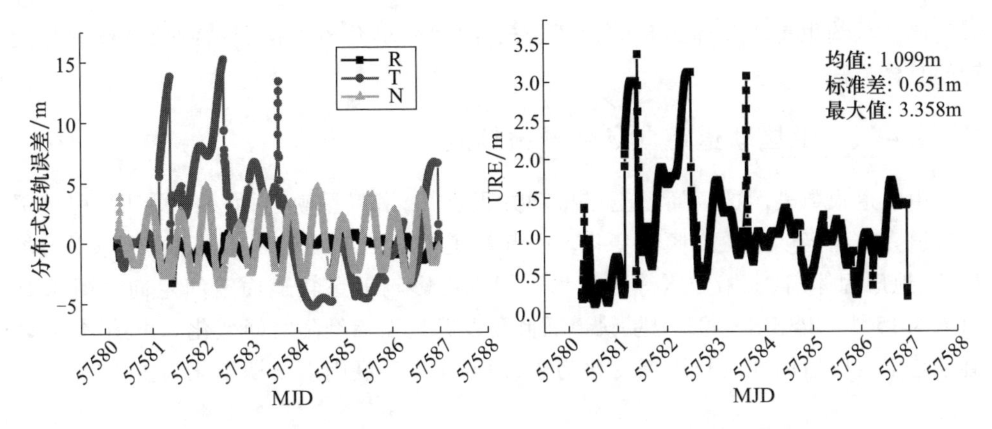

图 4.13　SAT35 自主定轨结果与星地联合定轨结果互差(见彩图)

对比上述扩展卡尔曼滤波结果与直接滤波结果看出,采用扩展卡尔曼滤波算法后,由于轨道预报采用了最新改进的初值,2~3h 内的预报精度显著提高,因此,星间观测数据缺失后即便采用了预报轨道,轨道误差并没有显著增大,在后三天半弧段内,5 颗卫星定轨 URE 误差均值基本小于 1.5m。轨道径向误差收敛后基本稳定,没有跳变现象,表明扩展卡尔曼滤波算法具有较强的稳定性。

4）小结

北斗试验卫星搭载星间链路载荷,已具备初步开展星载自主定轨试验的能力。本书利用北斗试验卫星 7 天实测数据,分别采用直接滤波方法和扩展滤波方法进行自主定轨试验。试验结果表明,当星间链路数据足够时,两种滤波算法均能够获得稳定自主定轨结果。直接滤波算法精度受数据缺失的影响较为明显,而扩展滤波算法在一定程度上则能够较好地弥补该类缺陷。5 颗卫星时扩展滤波自主定轨 URE 误差能够小于 1.5m(未考虑卫星钟差影响)。

4.4　星座整体旋转修正

正如 2.3 节指出,仅采用星间测距观测数据通过动力学法进行自主定轨时,由于定轨观测方程及动力学方程对空间基准定向参数不敏感,造成定轨结果隐含的空间基准与真实空间基准之间的相对定向不确定,即卫星位置相对其在惯性或地固坐标系中的位置产生整体旋转误差,称为星座整体旋转。解决星座相对惯性坐标系整体旋转的两个措施分别是利用预报轨道定向参数约束[16-18]或构建与惯性空间目标之间的直接测量关联[19-21]。解决卫星在地固坐标系整体旋转的措施同样有两个,其一是利用预报轨道定向参数结合高频度上注 EOP,其二是利用构建卫星与地面锚固站(能够实现星地测量的地面站)之间的测量关联。利用卫星轨道定向参数约束星座整体旋转的前提是卫星轨道定向参数具有较高的预报精度,同时该参数与空间基准参数相关。本节首先以 GPS 为例分析了轨道定向参数预报精度,然后详细推导了轨道定向参数约束星座整体旋转的计算公式,随后简单介绍了锚固站约束星座整体旋转的具体方法。

4.4.1 卫星轨道定向参数预报精度

由轨道根数表示的高斯型卫星摄动方程可知,沿卫星轨道面法向摄动会引起卫星轨道升交点经度及轨道倾角变化。引起轨道面法向摄动的因素很多,地球引力场 J_2 项、地球固体潮、太阳光压等因素均不同程度影响卫星轨道面空间定向。图 4.14 和图 4.15 为 GPS PRN①02 卫星轨道面倾角及升交点赤经随时间变化。由图看出,轨道倾角主要以短周期及长周期变化为主,而升交点经度则以长期变化为主。

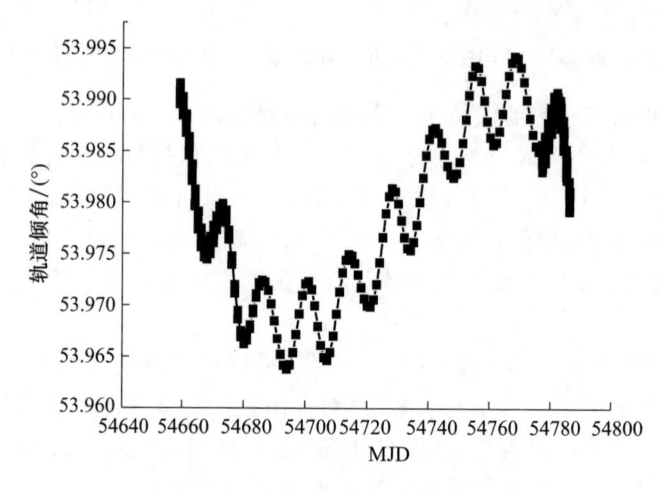

图 4.14 PRN02 轨道面倾角变化图

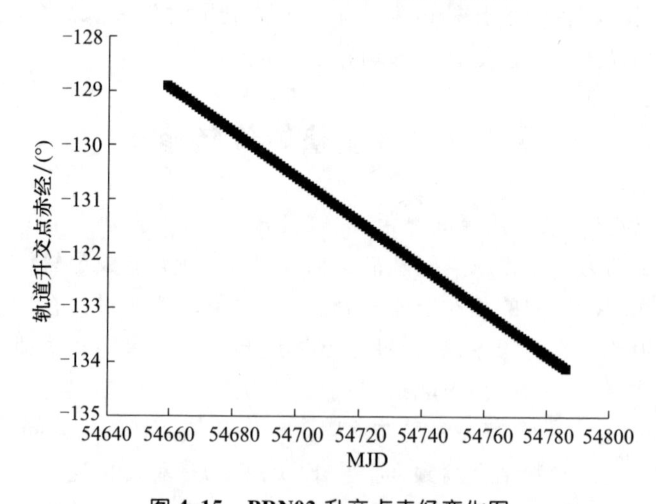

图 4.15 PRN02 升交点赤经变化图

① PRN:伪随机噪声。

由于轨道面定向参数主要取决于卫星动力学模型的完整性，为分析各主要摄动因素对轨道面定向参数的影响，我们以 GPS 精密星历计算的轨道为标准轨道。将简化儒略日 54640 日一天标准轨道作为伪观测值拟合该天零时卫星轨道初值及太阳光压模型参数，以上述拟合结果作为初值用数值积分法进行轨道预报，用预报轨道与标准轨道计算的吻切轨道根数之差评价动力学模型影响。图 4.16 和图 4.17 为 PRN32 卫星预报 180 天轨道倾角及升交点赤经度与标准轨道值互差图。

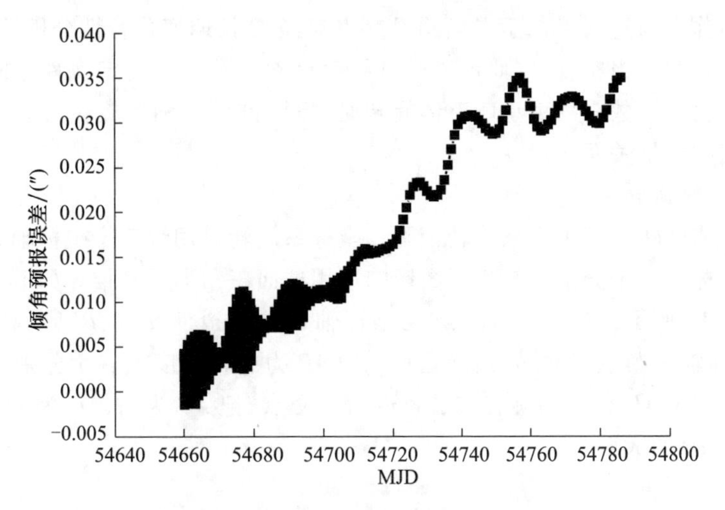

图 4.16　PRN32 轨道面倾角变化图

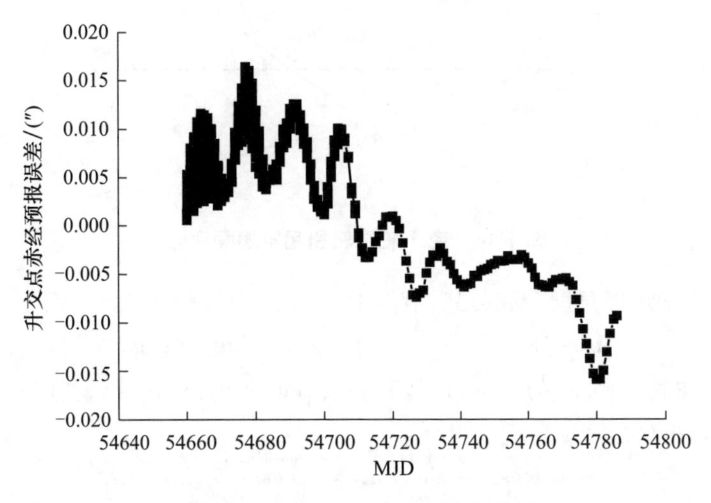

图 4.17　PRN32 升交点赤经变化图

以轨道高度为 26000km 的 GPS 卫星为例，1″的误差引起的轨道位置差大约为 126m，由图 4.16 和图 4.17 看出，采用预报轨道计算的轨道面倾角及升交点赤经与标准轨道差值小于 0.035″，如果将上述轨道倾角及升交点赤经预报值作为先验约束值定轨将能使轨道定向参数误差控制在 4.5m 以内。

4.4.2 星座整体旋转与轨道根数关系

采用星间测距数据自主定轨时,由于定向参数秩亏造成星座整体旋转。星座整体旋转相当于坐标系旋转。如 2.3 节所述,采用星间测量和动力学定轨方法实现自主定轨时,定轨解算法方程是秩亏的。针对二体问题,该秩亏性表现为轨道升交点赤经 Ω 不确定。依据秩亏网平差原理,如果有先验轨道升交点赤经 Ω 参数约束,该秩亏性可以消除。通过对导航卫星轨道升交点赤经 Ω 长期变化特性分析,可知该参数具有较好的长期预报精度,因此可以通过约束该参数消除自主定轨秩亏问题。当通过约束卫星轨道根数来约束星座整体旋转时,需要推导坐标系旋转与卫星轨道根数定向参数间的定量关系。

1) 绕 X 轴旋转

星座整体旋转可用坐标系旋转消除。坐标系旋转可用绕三个坐标轴旋转三个分量表示。坐标系三个分量对轨道根数影响可用球面三角形关系推导如下:

如图 4.18 所示,AB 为赤道面,A 为坐标轴 X 与赤道面交点,BB'为卫星轨道面,AP 为绕坐标轴 X 旋转角度 θ_x 后赤道面,$\angle BAP$ 为旋转角度 θ_x,i、i'分别为旋转前后轨道面倾角,AB、AB'分别为旋转前后轨道面升交点,记 AB 为 Ω,AB'为 Ω'。BP 为过 B 点垂直于 AP 的大圆。

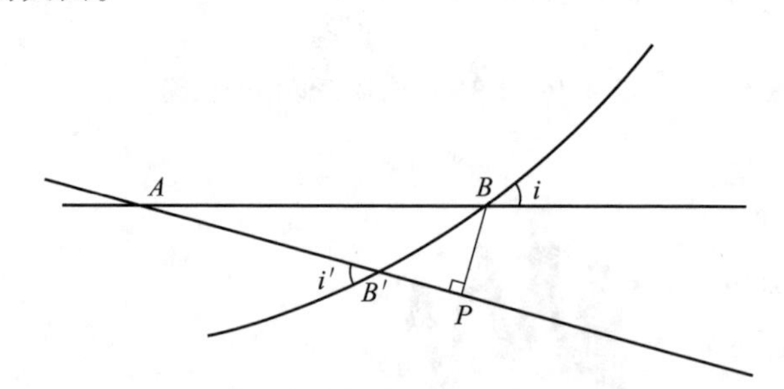

图 4.18 绕 X 轴旋转引起轨道面变化

利用球面三角形角度余弦公式,有

$$\cos(180° - i') = -\cos\theta_x \cos i + \sin\theta_x \sin i \cos\Omega \tag{4.60}$$

记 $i' = i + \Delta i$,并考虑到 θ_x 为小量,近似有关系 $\sin\theta_x \approx \theta_x$,$\cos\theta_x \approx 1$,利用三角形余弦公式展开后,式(4.60)变为

$$-\cos i \cos\Delta i + \sin i \sin\Delta i = -\cos i + \theta_x \sin i \cos\Omega \tag{4.61}$$

再次利用近似关系 $\cos\Delta i \approx 1$,$\sin\Delta i \approx \Delta i$,可得到旋转角度 θ_x 与 Δi 之间关系:

$$\Delta i = \theta_x \cos\Omega \tag{4.62}$$

由于 $\angle BPA$ 为直角,利用球面三角形正弦公式,有关系式:

$$\sin(BP) = \sin\Omega \sin\theta_x = \sin(BB')\sin i' \approx \sin(BB')\sin i \tag{4.63}$$

同样由于 BB'、θ_x 为小量,且 BB'为由坐标旋转引起的平近点角变化 $\Delta\omega$,有关系式:

$$\Delta\omega = \frac{\sin\Omega}{\sin i}\theta_x = \sin\Omega \cdot \csc i \cdot \theta_x \tag{4.64}$$

对于球面三角形 $BB'P$ 应用球面三角形四元素公式，有

$$\cot i'\sin(B'PB) = -\cos(B'PB)\cos(B'P) + \sin(B'P)\cot(BP) \tag{4.65}$$

由于球面三角形 $BB'P$ 边长均为小量，$\angle B'PB$ 为直角，因此可利用近似关系式

$$\cot(BP) = \frac{\cos(BP)}{\sin(BP)} \approx \frac{1}{BP}, \sin(B'P) \approx B'P$$

对上式进行简化，近似有

$$B'P \cdot \tan i' = BP \approx \theta_x \sin\Omega \tag{4.66}$$

$B'P$ 近似为由坐标旋转引起的升交点赤经变化，因此有

$$\Delta\Omega = -B'P = -\frac{\sin\Omega}{\tan i'}\theta_x \approx -\frac{\sin\Omega}{\tan i}\theta_x = -\sin\Omega \cdot \cot i \cdot \theta_x \tag{4.67}$$

这样就得到了绕坐标轴 X 旋转角度 θ_x 与三个轨道根数间的关系。

2）绕 Y 轴旋转

坐标系绕坐标轴 Y 旋转引起轨道定向根数变化关系如图 4.19 所示。图中 ABC 为赤道面，A 为赤道面与 X 轴交点，C 为赤道面与 Y 轴交点，AB 为坐标系绕 Y 轴旋转前轨道面升交点经度，用 Ω 表示；$A'B'$ 为坐标系绕 Y 轴旋转后轨道面升交点经度，用 Ω' 表示。i、i' 分别为坐标系绕 Y 轴旋转前后轨道面倾角，BP 为过 B 点垂直于弧 $A'PC$ 的大圆。$\angle BCP$ 为坐标轴绕 Y 轴旋转角，用 θ_y 表示。

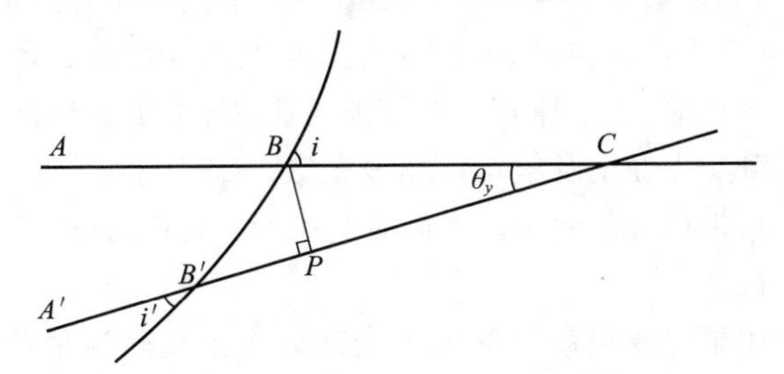

图 4.19　绕 Y 轴旋转引起轨道面变化

由图 4.19 可得

$$BC = 90° - \Omega$$

$$B'C = 90° - \Omega'$$

$$\angle BCP = -\theta_y (\text{顺时针为正})$$

对球面三角形 $B'BC$，运用角度余弦公式，可得到

$$\cos i' = -\cos(180° - i)\cos(-\theta_y) + \sin(180° - i)\sin(-\theta_y)\cos(90° - \Omega) \tag{4.68}$$

利用小角度近似关系式，式(4.68)同样可简化为

$$\Delta i = \theta_y \sin\Omega \tag{4.69}$$

用同样方法可计算绕 Y 轴旋转引起的轨道升交点经度、平近点角变化关系如下：

$$\Delta\Omega = \theta_y \cdot \cos\Omega \cdot \cot i, \quad \Delta\omega = \theta_z \cdot (-\cos\Omega) \cdot \csc i \tag{4.70}$$

3）绕 Z 轴旋转

坐标系绕 Z 轴旋转仅改变轨道根数 Ω 而不影响其他根数，因此有

$$\Delta i = 0, \quad \Delta\Omega = \theta_z, \quad \Delta\omega = 0 \tag{4.71}$$

综上所述，可得到坐标系分别绕三个坐标轴旋转引起轨道定向根数变化关系如下：

$$\boldsymbol{M} = \begin{pmatrix} \dfrac{\partial i}{\partial\theta_x} & \dfrac{\partial i}{\partial\theta_y} & \dfrac{\partial i}{\partial\theta_z} \\ \dfrac{\partial\Omega}{\partial\theta_x} & \dfrac{\partial\Omega}{\partial\theta_y} & \dfrac{\partial\Omega}{\partial\theta_z} \\ \dfrac{\partial\omega}{\partial\theta_x} & \dfrac{\partial\omega}{\partial\theta_y} & \dfrac{\partial\omega}{\partial\theta_z} \end{pmatrix} = \begin{pmatrix} \cos\Omega & \sin\Omega & 0 \\ -\sin\Omega \cdot \cot i & \cos\Omega \cdot \cot i & 1 \\ \sin\Omega \cdot \csc i & -\cos\Omega \cdot \csc i & 0 \end{pmatrix} \tag{4.72}$$

4.4.3 星座整体旋转的轨道根数约束

如前所述，由于单独采用星间测距数据定轨观测方程不满足完全可测条件，因此，如果不加约束，定轨结果在轨道面定向参数上是不确定的。控制星座整体旋转方式有两种：一种是直接通过与地面系统联合解算并改正旋转误差，如 Rajan 提出的“锚”控制法[14]；另一种则是利用预报轨道的升交点经度和轨道倾角约束星座旋转，即利用参考轨道约束星座整体旋转。约束轨道升交点经度及轨道倾角改正数的方法有三种：第一种方法是每颗卫星解算 6 个轨道根数，但约束所有卫星轨道升交点经度改正数均值；第二种方法是每颗卫星估计除轨道升交点经度外其余 5 个轨道根数，轨道升交点经度固定为初值；第三种方法为每颗卫星估计全部 6 个轨道参数，但约束或改正全部星座轨道升交点经度及轨道倾角改正数。GPS 自主定轨试验结果表明，第三种约束方法解算结果优于前两种。下面对利用参考轨道约束轨道定向参数的原理作一介绍。

假设某一历元用星间测距数据确定了全部 n 个卫星轨道根数定向参数 i、Ω、ω 改正数 $\boldsymbol{V}$，$\boldsymbol{V}$ 为 $3\times n$ 矢量，由于星间测距对星座整体旋转无约束，将星座绕三个坐标轴分别旋转（$\theta_x \quad \theta_y \quad \theta_z$）后，按照在 4.4.2 节推导的坐标系整体旋转与轨道面定向参数间的微分关系，新的轨道定向根数改正数将变为（$\boldsymbol{V} - \bar{\boldsymbol{M}}\boldsymbol{\theta}$），其中 $\bar{\boldsymbol{M}}$ 为 n 个 3×3 矩阵 $\boldsymbol{M}$ 组成的矩阵，$\boldsymbol{\theta}$ 三分量为（$\theta_x,\theta_y,\theta_z$）。由于整体旋转不可测，理论上，改正数 $\boldsymbol{V}$ 与（$\boldsymbol{V} - \bar{\boldsymbol{M}}\boldsymbol{\theta}$）并无优劣之分，为保证 $\boldsymbol{V}$ 尽可能接近真值，需要选择合理的 $\boldsymbol{\theta}$，依据 4.4.1 节中的分析，用卫星预报参考轨道计算的 i、Ω 与真值误差一定时期在可控范围以内，而 $\boldsymbol{V}$ 为相对于预报参考轨道的改正数，因此 $\boldsymbol{\theta}$ 的选择最好满足

$$\boldsymbol{V} - \bar{\boldsymbol{M}}\boldsymbol{\theta} = 0 \tag{4.73}$$

利用最小二乘原理，由上式可得到 $\boldsymbol{\theta}$ 计算公式：

$$\boldsymbol{\theta} = (\bar{\boldsymbol{M}}^{\mathrm{T}}\boldsymbol{W}\bar{\boldsymbol{M}})^{-1}\bar{\boldsymbol{M}}^{\mathrm{T}}\boldsymbol{W}\boldsymbol{V} \tag{4.74}$$

式中:$\boldsymbol{W}$ 为先验权阵。Menn 从控制参考轨道初始误差传播方面考虑,建议 $\boldsymbol{W}$ 按照卫星上载的参考轨道误差取值。利用上式计算的 $\boldsymbol{\theta}$ 值可计算出新的卫星轨道定向根数改正数($\boldsymbol{V}-\bar{\boldsymbol{M}}\boldsymbol{\theta}$)。如果采用约束表示,上述公式对应的约束方程为

$$\bar{\boldsymbol{M}}^{\mathrm{T}}\boldsymbol{W}\boldsymbol{V}=0 \tag{4.75}$$

在 Menn 的最初文献中,$\boldsymbol{V}$ 选择为全部 6 个轨道根数改正数,为 $6\times n$ 矢量,对应的$\bar{\boldsymbol{M}}$变为 n 个 6×3 矩阵,其中轨道形状参数 a、e、M 对应的权阵分量可不为零,此时约束方程及 $\boldsymbol{\theta}$ 计算公式要做相应改变。

实质上我们的约束公式是 Menn 公式的特例,只要将权阵 $\boldsymbol{W}$ 中 a、e、M 对应的权设置为零,即变为上述三个定向参数表示形式。当仅需要约束轨道面定向参数 i、Ω 时,同样将权阵 $\boldsymbol{W}$ 中此分量对应值设为 1,其余设为 0。

当采用轨道根数作为估计参数时,直接利用 $\boldsymbol{\theta}$ 估计值可计算出定向参数 i、Ω 改正量$\bar{\boldsymbol{M}}\boldsymbol{\theta}$进而可修正星座旋转。当采用卫星位置及速度作为估计参数时,考虑到 $\boldsymbol{\theta}$ 为小量,可利用 $\boldsymbol{\theta}$ 各分量近似计算坐标整体旋转矩阵 $\boldsymbol{R}_\theta$:

$$\boldsymbol{R}_\theta=\begin{vmatrix}0 & \theta_z & -\theta_y\\ -\theta_z & 0 & \theta_x\\ \theta_y & -\theta_x & 0\end{vmatrix} \tag{4.76}$$

利用上述坐标旋转矩阵可计算出卫星由星座整体旋转引起的状态矢量改正数,从而修正由于动力学模型误差引起的星座整体旋转误差。

上述定向参数约束方法用于分布式定轨时,需要每次将每颗星确定的定向参数 i、Ω 改正数发送到所有其他星,在每颗星上独立进行 $\boldsymbol{\theta}$ 计算及整体旋转改正,这无疑会增加星间数据通信负担,这是上述方法的不足之处。

4.4.4　星座整体旋转的锚固站修正法

如前所述,采用星间测量和自主定轨更新导航星历参数时,由于星间观测量对星座整体旋转不敏感,造成定轨参数解算过程秩亏。该秩亏性表现为卫星位置所用的参考系相对惯性坐标系旋转及相对地固坐标系旋转两方面,采用前节讲述的轨道定向参数约束法可一定程度上消除卫星整星座相对惯性坐标系的旋转,然而由于产生预报轨道定向参数时同样采用预报 EOP,因此该方法不能消除星座相对地固坐标系的整体旋转。为了消除地固坐标系整体旋转,必须要获取实时地球自转信息支持,可采用高频度更新 EOP 方法或地面布设锚固站方法。

锚固站为具备星地测量及通信功能的已知地面站,相当于放置在地面的“伪卫星”,其作用是通过建立卫星与地面之间的测量或通信关联,解决基于星间测距的自主导航中时空基准不确定问题。

采用建立星地测量链路的地面锚固站方式,可同时解决自主运行期间两类空间基准秩亏问题,实现星座相对惯性坐标系、地固坐标系旋转的有效修正。该模式不依

赖外部系统提供精密的EOP数据,独立实现地固坐标框架的维持。

利用锚固站能够约束地固坐标系基准的原理是:任意瞬间,如果有一个坐标已知地面锚固站对多于3颗卫星存在连续观测,可得到三个星地测距观测量,则利用自主定轨解算的卫星位置借助三点交汇原理,可解算锚固站在该瞬间的"自主导航"位置坐标,由于已知锚固站坐标在地固坐标系中,解算得到的锚固站位置为自主定轨采用的参考框架。多个时刻的星地观测,可得到多个不同点的锚固站已知位置坐标与"自主导航"位置坐标之差,利用双矢量定姿原理,两个以上位置差矢量可唯一确定坐标基准旋转参数。因此,理论上,地面仅需要1个锚固站在两个以上不同时刻进行多星测量可约束星座整体旋转。

4.5 不同数据处理方法对空间基准维持的影响分析

上节从自主定轨观测方程及动力学方程几何性质方面介绍了维持自主空间基准的方法。杨元喜先生借鉴了地面测边自由网平差中基准约束的方法,从不同数据处理方法对自主导航空间影响方面给出了另一种分析思路。下面对该方法的原理及效果进行简单介绍。下述论述基本来源于文献[16]。

4.5.1 基本思路

如前所述,基于星间链路的导航卫星自主定轨的核心难点是卫星星座的空间基准维持。自主定轨的空间基准维持是指,在没有星地跟踪的情况下,卫星星座原有的空间基准保持不变,或只有微小的随机变化(高频变化),即卫星星座中各卫星所对应的坐标仍然对应于定义的坐标系统。空间基准维持的核心是控制整体星座坐标系统的平移、旋转和尺度变化。

有关利用星地观测链路实现卫星轨道的精确测定、预报及其基准维持已有现成的理论和方法,而单纯利用卫星之间的距离观测实现卫星轨道的精确测定、卫星星座的基准维持则存在理论和实践难题。因为,仅利用星间链路观测数据进行导航星座的自主定轨,并没有任何与地球固联的时空基准信息,很难消除或抑制星座的整体平移和整体旋转,致使星座难以长时间自主运行。

实际上,卫星星座的空间基准维持与地面大地控制网的基准维持有相似之处。有关地面大地控制网的基准确定与数据处理方法间的关系已有丰富的研究成果,而综合利用星地观测、星间观测实现卫星的轨道测定的研究才刚刚开始,基于不同观测和不同参数估计准则确定的卫星轨道的基准及其维持还未见报道。

现有实现卫星星座基准维持的常见方法不外乎两种。方法一:增加卫星自主定轨能力,即在卫星上增加恒星敏感器进行恒星观测,测定卫星的位置和姿态,或采用X射线脉冲星观测进行卫星定位,但该方法离实际应用还存在相当大的距离,有许多关键技术问题尚未解决;方法二:利用星间观测增加星间几何联系,也可通过增加地

面锚固站增加星地几何联系。

不同观测结构以及不同数据处理准则确定的卫星星座基准将会发生变化，即不同卫星观测类型以及不同的卫星轨道计算方法都可能对应不同的空间基准。于是，详细分析各类观测组合及各类轨道参数估计准则所对应的卫星轨道基准具有理论和实践意义。下面主要论述卫星自主定轨的空间基准维持理论与方法，重点讨论不同的观测数据处理方法所对应的空间基准及其相互关系。

4.5.2　基于地面跟踪站的空间基准维持

测定卫星轨道实际上是确定卫星在所选定坐标系的位置和速度。导航卫星星座需要一个物理意义和几何意义明确的空间基准，因为基于卫星轨道播发的卫星星历是用户导航定位的基本参数。通常人们总是通过固定地面跟踪站的坐标，利用星地观测使卫星星座的空间基准固联于地面跟踪站的原有基准。理论上，固定三个地面跟踪站即可维持整个卫星星座的空间基准，即卫星星座不能平移（三个参数）、不能旋转（三个参数）、不能缩放（一个参数）。实践中，常常利用全球分布的多个地面跟踪站维持卫星星座的基准。这种利用星地观测测定卫星的轨道，实际上是固定地面坐标基准的星地观测“附合平差”，如此固定的卫星星座的基准可以称为“强基准”[17]。

“强基准”是指在轨道测定和轨道参数估计过程中，地面跟踪站坐标不得任何改正数，即所有地面跟踪站均视为已知点，其坐标值的权无穷大。显然，强基准必须要求被固定的地面跟踪站坐标具有绝对的高精度，否则，地面跟踪站坐标误差必然通过观测数据处理无条件地带入卫星轨道参数中，可能导致卫星星座几何结构扭曲，轨道基准出现偏差。

卫星精密定轨时往往不考虑地面跟踪站坐标的误差，即将所有地面跟踪站坐标固定，仅计算卫星的轨道参数，这样做的基本理由是，现有地面跟踪站一般均建立在较稳固的基站上，而且相应坐标均通过长期连续观测获得，与国际地球参考框架（ITRF）具有固有的联系，通过数据处理一般均具有绝对的高精度。实践中，星地跟踪观测一般均施加各种改正（大气改正、多径改正、固体潮改正等），尽管仍然有残余的系统误差和偶然误差，甚至异常误差影响，但是，当地面跟踪站坐标固定后，通过适当的数据处理准则，消除不符值，星地观测的各类误差会得到一定程度的控制，一般不会被累积或转移。于是，长期的轨道测定仍能维持卫星星座的高精度坐标基准。

1）基于星地观测的卫星星座基准

设卫星在 t_k 时刻的运动状态矢量为

$$\boldsymbol{X}_s(t_k) = [\boldsymbol{R}^{\mathrm{T}} \quad \dot{\boldsymbol{R}}^{\mathrm{T}} \quad \boldsymbol{\alpha}^{\mathrm{T}}]^{\mathrm{T}} \tag{4.77}$$

式中：$\boldsymbol{X}_s$ 为卫星的 n 维状态矢量；$\boldsymbol{R}$、$\dot{\boldsymbol{R}}$ 分别为卫星在惯性坐标系中的位置和速度矢量；$\boldsymbol{\alpha}$ 为力学模型参数矢量，且满足 $\dot{\boldsymbol{\alpha}} = 0$。

卫星运动微分方程形式为

$$\ddot{\boldsymbol{R}} = f(\boldsymbol{R},\dot{\boldsymbol{R}},\boldsymbol{\alpha}) \tag{4.78}$$

利用卫星 t_0 时刻状态矢量 $\boldsymbol{X}_s(t_0)$（卫星位置 $\boldsymbol{R}_0$、速度 $\dot{\boldsymbol{R}}_0$、动力学模型参数 $\boldsymbol{\alpha}_0$）对微分方程进行积分,可得到任意时刻 t_k 卫星的参考运动状态矢量 $\boldsymbol{X}_s^*(t_k)$，令 $\boldsymbol{x}_s(t_k)$ 为参考运动状态的改正数矢量,即

$$\boldsymbol{x}_s(t_k) = \boldsymbol{X}_s(t_k) - \boldsymbol{X}_s^*(t_k) \tag{4.79}$$

对卫星的运动微分方程对应的变分方程进行积分,则得卫星的运动状态转移方程:

$$\boldsymbol{X}_s(t_k) = \boldsymbol{\phi}(t_k,t_0)\boldsymbol{X}_s(t_0) \tag{4.80}$$

式中:$\boldsymbol{X}_s(t_0)$为卫星在 t_0 时刻的状态;$\boldsymbol{\phi}(t_k,t_0)$ 为状态转移矩阵。实际上卫星状态从 $\boldsymbol{X}_s(t_0)$ 到 $\boldsymbol{X}_s(t_k)$ 的转换必然存在模型误差,于是式(4.80)可进一步写成

$$\boldsymbol{X}_s(t_k) = \boldsymbol{\phi}(t_k,t_0)\boldsymbol{X}_s(t_0) + \boldsymbol{W}_k \tag{4.81}$$

式中:$\boldsymbol{W}_k$ 为模型误差矢量,相应的协方差矩阵为 $\boldsymbol{\Sigma}_{\boldsymbol{W}_k}$。

设卫星 i 与地面站 j 在 t_k 时刻的伪距观测为 ρ_i，经各类误差改正后表示为 L_i，地面跟踪站坐标为 $\boldsymbol{X}_t$,一般观测量是卫星运动状态的非线性函数,用下式表示:

$$L_i = G_i(\boldsymbol{X}_t,\boldsymbol{X}_s,t_k) + e_i \tag{4.82}$$

式中:e_i 为观测量 L_i 的误差,且满足 $E(e_i)=0,E(e_i^2)=\boldsymbol{\sigma}_i^2$。如果将地面跟踪站坐标矢量 $\boldsymbol{X}_t$ 固定,即在观测数据处理过程中,$\boldsymbol{X}_t$ 作为已知矢量,平差后不得任何改正数,则线性化后的误差方程为

$$v_i = \tilde{\boldsymbol{A}}_{si}\hat{\boldsymbol{x}}_s(t_k) - l_i \tag{4.83}$$

式中

$$\tilde{\boldsymbol{A}}_{si} = \partial G_i/\partial \boldsymbol{X}_s \big|_{X_t,X_s^*} \tag{4.84}$$

$$l_i = L_i - G_i(\boldsymbol{X}_t,\boldsymbol{X}_s^*,t_k) \tag{4.85}$$

且对于距离观测满足

$$\tilde{\boldsymbol{A}}_{si} = -\frac{1}{\boldsymbol{\rho}_{0i}}[\Delta x_i \quad \Delta y_i \quad \Delta z_i] \tag{4.86}$$

式中

$$\Delta x_i = (x_{tj} - x_{si}^*), \quad \Delta y_i = (y_{tj} - y_{si}^*), \quad \Delta z_i = (z_{tj} - z_{si}^*) \tag{4.87}$$

$$\boldsymbol{\rho}_{0i} = (\Delta x_i^2 + \Delta y_i^2 + \Delta z_i^2)^{1/2} \tag{4.88}$$

式(4.83)只能求解卫星各个观测时刻的状态矢量改正量 $x_s(t)$，卫星轨道确定一般采用批处理方法[18],即确定某一历元时刻的状态矢量改正量 $x_s(t_0)$，简写为 x_{s0}。将式(4.80)代入式(4.83)得

$$v_i = \boldsymbol{A}_{si}\hat{\boldsymbol{x}}_{s0} - l_i \tag{4.89}$$

式中:$\boldsymbol{A}_{si} = \tilde{\boldsymbol{A}}_{si}\boldsymbol{\phi}(t_k,t_0)$。设 t_k 观测时刻的观测矢量 $\boldsymbol{L}_k = [L_1\ L_2\ \cdots\ L_m]^{\mathrm{T}}$，自由项 $\boldsymbol{l}_k = [l_1\ l_2\ \cdots\ l_m]^{\mathrm{T}}$，相应协方差矩阵为 $\boldsymbol{\Sigma}_{l_k}$,残差矢量 $\boldsymbol{V}_k = [v_1\ v_2 \cdots\ v_m]^{\mathrm{T}}$,星地间的观

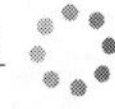

测方程系数矩阵 $\boldsymbol{A}_{sk}=[\boldsymbol{A}_1^{\mathrm{T}}\ \boldsymbol{A}_2^{\mathrm{T}}\cdots\ \boldsymbol{A}_m^{\mathrm{T}}]^{\mathrm{T}}$,则式(4.89)可以写为

$$\boldsymbol{V}_k=\boldsymbol{A}_{sk}\hat{x}_{s0}-\boldsymbol{l}_k \tag{4.90}$$

假设各观测互不相关,各观测量 L_i 的先验权为 $p_i=\sigma_0^2/\sigma_i^2$,先验权矩阵为 $\boldsymbol{P}_k=\mathrm{diag}[p_1,p_2,\cdots,p_m]$,其中 σ_0^2 为方差因子。基于上述误差方程,利用带有误差的观测数据 L_k 和不精确的初始状态 $\boldsymbol{X}_{s0}^*$,基于特定准则(如最小二乘准则),可以求出状态矢量改正量的“最佳”估值 $\hat{x}_{s0}$。式(4.90)的最小二乘解为

$$\hat{\boldsymbol{x}}_{s0}=(\boldsymbol{A}_{sk}^{\mathrm{T}}\boldsymbol{P}_k\boldsymbol{A}_{sk})^{-1}\boldsymbol{A}_{sk}^{\mathrm{T}}\boldsymbol{P}_k\boldsymbol{l}_k \tag{4.91}$$

通过式(4.79)和式(4.80),即可得到任一时刻的卫星状态矢量 $\hat{\boldsymbol{X}}_s$,即

$$\hat{\boldsymbol{X}}_s(t_k)=\boldsymbol{\phi}(t_k,t_0)(\hat{\boldsymbol{x}}_{s0}+\boldsymbol{X}_{s0}^*) \tag{4.92}$$

式(4.91)和式(4.92)给出了一种统计意义下的“最佳”轨道[8,11]。

如果观测有误差 Δl_t,则对卫星轨道参数的影响为

$$\Delta\hat{\boldsymbol{x}}_s(\Delta l_i)=(\boldsymbol{A}_{si}^{\mathrm{T}}\boldsymbol{P}_i\boldsymbol{A}_{si})^{-1}\boldsymbol{A}_{si}^{\mathrm{T}}\boldsymbol{P}_i\Delta l_i \tag{4.93}$$

式中

$$\Delta l_i=L_i-G_i(\boldsymbol{X}_t,\boldsymbol{X}_s^*,t_i)\approx L_i-\boldsymbol{A}_{ti}\boldsymbol{X}_t-\boldsymbol{A}_{sti}\boldsymbol{X}_s^* \tag{4.94}$$

其中

$$\boldsymbol{A}_{ti}=\partial G_i/\partial\boldsymbol{X}_t\big|_{X_t,X_s^*} \tag{4.95}$$

$$\boldsymbol{A}_{sti}=\{\partial G_i/\partial\boldsymbol{X}_s\big|_{X_t,X_s^*}\}\boldsymbol{\phi}(t,t_0) \tag{4.96}$$

式(4.93)表明,卫星轨道及其坐标基准仅受星地观测误差的影响,而且这种影响具有随机性和抵偿性。

固定地面跟踪站坐标进行的卫星定轨,所确定的卫星轨道基准可称为“强基准”,即认为测定的卫星轨道及其星座的空间基准与地面跟站网的基准一致,如此确定的卫星星座基准不存在平移、旋转或缩放。但这种“强基准”的弱点是,地面跟踪站坐标的所有误差都将无条件地带入卫星轨道参数估计结果中。

为了分析地面跟踪站坐标的误差影响,可将误差方程式(4.90)表示成

$$\boldsymbol{V}_t=\boldsymbol{A}_t\hat{\boldsymbol{x}}_t+\boldsymbol{A}_{st}\hat{\boldsymbol{x}}_s-\boldsymbol{l}_t \tag{4.97}$$

若认为地面跟踪站坐标 X_t 没有误差,将其作为常数矢量看待,于是 $\hat{x}_t=0$,即误差方程式(4.97)变成式(4.99)。实际上,$\boldsymbol{X}_t$ 不可避免也存在误差 $\Delta\boldsymbol{X}_t$,由此而带来的轨道误差影响为

$$\Delta\hat{x}_s(\Delta\boldsymbol{X}_t)=-(\boldsymbol{A}_{st}^{\mathrm{T}}\boldsymbol{P}_t\boldsymbol{A}_{st})^{-1}\boldsymbol{A}_{st}^{\mathrm{T}}\boldsymbol{P}_t\boldsymbol{A}_t\Delta\boldsymbol{X}_t \tag{4.98}$$

2) 基于星地观测与星间观测组合确定的卫星星座基准

如果将星地观测与星间观测统一进行处理,则不同的定轨计算方式将导致卫星星座不同的坐标基准。

解法一:地面站坐标固定的组合定轨。

首先假设星地观测矢量为 $\boldsymbol{L}_t$，卫星 i、j 之间的伪距观测为 $\rho^{i,j}$，相应的观测矢量为 $\boldsymbol{L}_s$。如果将所有地面跟踪站坐标 $\boldsymbol{X}_t$ 固定，则观测误差方程表示为

$$\begin{cases}\boldsymbol{V}_t=\boldsymbol{A}_t\delta\hat{\boldsymbol{X}}_s-\boldsymbol{l}_t\\ \boldsymbol{V}_s=\boldsymbol{B}_s\delta\hat{\boldsymbol{X}}_s-\boldsymbol{l}_s\end{cases}\tag{4.99}$$

该误差方程与式(4.97)相同，其中 l_t 的分量由式(4.97)计算，$\boldsymbol{V}_s$ 为 $\boldsymbol{L}_s$ 的残差矢量，$\boldsymbol{B}_s$ 为设计矩阵，$\boldsymbol{l}_s$ 为自由项，有

$$\boldsymbol{l}_s=\boldsymbol{l}_s(t_k)=\boldsymbol{B}_s\boldsymbol{X}_s^*(t_k)-\boldsymbol{L}_s\tag{4.100}$$

目标函数为

$$\boldsymbol{V}_t^{\mathrm{T}}\boldsymbol{P}_t\boldsymbol{V}_t+\boldsymbol{V}_s^{\mathrm{T}}\boldsymbol{P}_s\boldsymbol{V}_s=\min\tag{4.101}$$

式中：$\boldsymbol{P}_s$ 为星间观测矢量 $\boldsymbol{L}_s$ 的权矩阵。参数解矢量为

$$\delta\hat{\boldsymbol{X}}_s=(\boldsymbol{A}_t^{\mathrm{T}}\boldsymbol{P}_t\boldsymbol{A}_t+\boldsymbol{B}_s^{\mathrm{T}}\boldsymbol{P}_s\boldsymbol{B}_s)^{-1}(\boldsymbol{A}_t^{\mathrm{T}}\boldsymbol{P}_t\boldsymbol{l}_t+\boldsymbol{B}_s^{\mathrm{T}}\boldsymbol{P}_s\boldsymbol{l}_s)\tag{4.102}$$

解法一确定的卫星星座基准仍然是“强基准”，因为地面跟踪站坐标没有得到任何改正，而星间观测只增加了卫星之间的几何联系和卫星星座基准的整体性，没有增加对地面跟踪站坐标的贡献。

解法二：地面站坐标弱约束的组合定轨。

如果将地面跟踪站坐标进行弱约束，即将地面跟踪网点的所有坐标 $\boldsymbol{X}_t$ 及其相应的方差协方差矩阵作为先验信息与卫星轨道参数 $\boldsymbol{X}_s$ 整体求解，显然地面跟踪站坐标不再固定，通过星地观测和星间观测，不仅卫星轨道参数的精度得到改善，地面跟踪站的精度也可望获得提高，而且地面跟踪站坐标的误差不会强制转移到卫星轨道参数中。

设观测误差方程为

$$\begin{cases}\boldsymbol{V}_t=\boldsymbol{A}_t\delta\hat{\boldsymbol{X}}_t+\boldsymbol{A}_s\delta\hat{\boldsymbol{X}}_s-\boldsymbol{l}_t\\ \boldsymbol{V}_s=\boldsymbol{B}_s\delta\hat{\boldsymbol{X}}_s-\boldsymbol{l}_s\end{cases}\tag{4.103}$$

式中：$\delta\hat{\boldsymbol{X}}_t$ 为跟踪站坐标近似值的改正数；$\boldsymbol{V}_t$ 和 $\boldsymbol{V}_s$ 分别为星地观测 $\boldsymbol{L}_t$ 和星间观测量 $\boldsymbol{L}_s$ 的残差矢量；$\boldsymbol{A}_t$ 为地面跟踪站坐标矢量的系数矩阵；$\boldsymbol{l}_t$ 和 $\boldsymbol{l}_s$ 分别为自由项（“观测”减“计算”），有

$$\begin{cases}\boldsymbol{l}_t=\boldsymbol{A}_t\bar{\boldsymbol{X}}_t+\boldsymbol{A}_s\boldsymbol{X}_s^*-\boldsymbol{L}_t\\ \boldsymbol{l}_s=\boldsymbol{B}_s\boldsymbol{X}_s^*-\boldsymbol{L}_s\end{cases}\tag{4.104}$$

相应的最小二乘估计准则为

$$\boldsymbol{V}_t^{\mathrm{T}}\boldsymbol{P}_t\boldsymbol{V}_t+\boldsymbol{V}_s^{\mathrm{T}}\boldsymbol{P}_s\boldsymbol{V}_s+\delta\hat{\boldsymbol{X}}_t^{\mathrm{T}}\boldsymbol{\Sigma}_{\bar{X}_t}^{-1}\delta\hat{\boldsymbol{X}}_t=\min\tag{4.105}$$

式中：$\bar{\boldsymbol{X}}_t$ 和 $\boldsymbol{\Sigma}_{\bar{X}_t}$ 分别为跟踪站坐标 $\boldsymbol{X}_t$ 的先验参数矢量和协方差矩阵。相应的参数解为

$$\begin{bmatrix}\delta\hat{\boldsymbol{X}}_t\\ \delta\hat{\boldsymbol{X}}_s\end{bmatrix}=\begin{bmatrix}\boldsymbol{A}_t^{\mathrm{T}}\boldsymbol{P}_t\boldsymbol{A}_t+\boldsymbol{\Sigma}_{\bar{X}_t}^{-1} & \boldsymbol{A}_t^{\mathrm{T}}\boldsymbol{P}_t\boldsymbol{A}_s\\ \boldsymbol{A}_s^{\mathrm{T}}\boldsymbol{P}_t\boldsymbol{A}_t & \boldsymbol{A}_s^{\mathrm{T}}\boldsymbol{P}_t\boldsymbol{A}_s+\boldsymbol{B}_s^{\mathrm{T}}\boldsymbol{P}_s\boldsymbol{B}_s\end{bmatrix}^{-1}\begin{bmatrix}\boldsymbol{A}_t^{\mathrm{T}}\boldsymbol{P}_t\boldsymbol{l}_t\\ \boldsymbol{A}_t^{\mathrm{T}}\boldsymbol{P}_t\boldsymbol{l}_t+\boldsymbol{B}_s^{\mathrm{T}}\boldsymbol{P}_s\boldsymbol{l}_s\end{bmatrix}\tag{4.106}$$

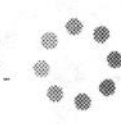

顾及地面站点坐标先验信息的轨道测定,相应的卫星轨道基准对应于地基跟踪站的坐标基准,如此确定的基准不存在任何基准秩亏,基准意义明确。

解法三:地面站坐标和卫星先验轨道双弱约束的组合定轨。

如果将地面跟踪站坐标 $\boldsymbol{X}_t$ 和卫星轨道先验参数 $\boldsymbol{X}_s$ 均作弱约束,即考虑 $\bar{\boldsymbol{X}}_t$、$\boldsymbol{\Sigma}_{\bar{X}_t}$ 和 $\bar{\boldsymbol{X}}_s$、$\boldsymbol{\Sigma}_{\bar{X}_s}$,则轨道测定目标函数为

$$\boldsymbol{V}_t^{\mathrm{T}}\boldsymbol{P}_t\boldsymbol{V}_t+\boldsymbol{V}_s^{\mathrm{T}}\boldsymbol{P}_s\boldsymbol{V}_s+\delta\hat{\boldsymbol{X}}_t^{\mathrm{T}}\boldsymbol{\Sigma}_{\bar{X}_t}^{-1}\delta\hat{\boldsymbol{X}}_t+\delta\hat{\boldsymbol{X}}_s^{\mathrm{T}}\boldsymbol{\Sigma}_{\bar{X}_s}^{-1}\delta\hat{\boldsymbol{X}}_s=\min \tag{4.107}$$

轨道参数解为

$$\begin{bmatrix}\delta\hat{\boldsymbol{X}}_t\\ \delta\hat{\boldsymbol{X}}_s\end{bmatrix}=\begin{bmatrix}\boldsymbol{A}_t^{\mathrm{T}}\boldsymbol{P}_t\boldsymbol{A}_t+\boldsymbol{\Sigma}_{\bar{X}_t}^{-1} & \boldsymbol{A}_t^{\mathrm{T}}\boldsymbol{P}_t\boldsymbol{A}_s\\ \boldsymbol{A}_s^{\mathrm{T}}\boldsymbol{P}_t\boldsymbol{A}_t & \boldsymbol{A}_s^{\mathrm{T}}\boldsymbol{P}_t\boldsymbol{A}_s+\boldsymbol{B}_s^{\mathrm{T}}\boldsymbol{P}_s\boldsymbol{B}_s+\boldsymbol{\Sigma}_{\bar{X}_s}^{-1}\end{bmatrix}^{-1}\begin{bmatrix}\boldsymbol{A}_t^{\mathrm{T}}\boldsymbol{P}_t\boldsymbol{l}_t\\ \boldsymbol{A}_t^{\mathrm{T}}\boldsymbol{P}_t\boldsymbol{l}_t+\boldsymbol{B}_s^{\mathrm{T}}\boldsymbol{P}_s\boldsymbol{l}_s\end{bmatrix} \tag{4.108}$$

依据地面跟踪站坐标弱约束和卫星轨道参数弱约束,其卫星轨道的坐标基准仍然是地面基准的延伸,但由于加入了卫星轨道参数的先验约束,即卫星先验动力学信息参与了卫星轨道基准的确定,于是相应的轨道基准与原有地面基准略有弱化。

解法四:地面站坐标强约束、卫星轨道先验弱约束的组合定轨。

如果将地面跟踪站坐标作强约束,而由卫星运动学方程积分而得到的卫星轨道参数作弱约束,即地面跟踪站坐标在卫星轨道确定过程中不得改正数,而卫星轨道参数则由两类观测(星地观测和星间观测)及卫星力学模型确定的轨道参数先验信息决定。此时的观测误差方程为

$$\begin{cases}\boldsymbol{V}_t=\boldsymbol{A}_s\delta\hat{\boldsymbol{X}}_s-\boldsymbol{l}_t\\ \boldsymbol{V}_s=\boldsymbol{B}_s\delta\hat{\boldsymbol{X}}_s-\boldsymbol{l}_s\end{cases} \tag{4.109}$$

相应的目标函数为

$$\boldsymbol{V}_t^{\mathrm{T}}\boldsymbol{P}_t\boldsymbol{V}_t+\boldsymbol{V}_s^{\mathrm{T}}\boldsymbol{P}_s\boldsymbol{V}_s+\delta\hat{\boldsymbol{X}}_s^{\mathrm{T}}\boldsymbol{\Sigma}_{\bar{X}_s}^{-1}\delta\hat{\boldsymbol{X}}_s=\min \tag{4.110}$$

轨道参数解为

$$\delta\hat{\boldsymbol{X}}_s=(\boldsymbol{A}_s^{\mathrm{T}}\boldsymbol{P}_t\boldsymbol{A}_s+\boldsymbol{B}_s^{\mathrm{T}}\boldsymbol{P}_s\boldsymbol{B}_s+\boldsymbol{\Sigma}_{\bar{X}_s}^{-1})^{-1}(\boldsymbol{A}_t^{\mathrm{T}}\boldsymbol{P}_t\boldsymbol{l}_t+\boldsymbol{B}_s^{\mathrm{T}}\boldsymbol{P}_s\boldsymbol{l}_s) \tag{4.111}$$

将卫星轨道先验信息作为重要支撑信息参与基准调整,可以增强卫星星座的整体几何结构,即卫星轨道先验信息、星地观测信息和星间观测信息共同参与卫星轨道基准维持,这样的卫星基准将受制于卫星运动方程提供的动力学信息和卫星间观测信息的约束,于是卫星基准在强约束基准的基础上进一步加强。

4.5.3　基于星间链路观测的卫星基准维持

如果仅存在卫星与卫星之间的观测 $\boldsymbol{L}_s$,则通过对观测的平差处理,可以消除观测之间的矛盾,但并不能完全固定卫星星座的基准。为简便起见,将观测误差方程表示成

$$\boldsymbol{V}_{\mathrm{s}} = \boldsymbol{B}_{\mathrm{s}}\delta\hat{\boldsymbol{X}}_{\mathrm{s}} - \boldsymbol{l}_{\mathrm{s}} \tag{4.112}$$

式中各符号的意义同前。

由于缺少地面跟踪站观测信息,可采用卫星轨道先验弱约束解法,即将卫星先验外推轨道参数矢量 $\bar{\boldsymbol{X}}_{\mathrm{s}}$ 及相应的协方差矩阵 $\boldsymbol{\Sigma}_{\bar{X}_{\mathrm{s}}}$ 作为虚拟观测信息与实际星间观测信息一起求解。此时的卫星星座构成的卫星网可称为贝叶斯网,如图 4.20 所示。

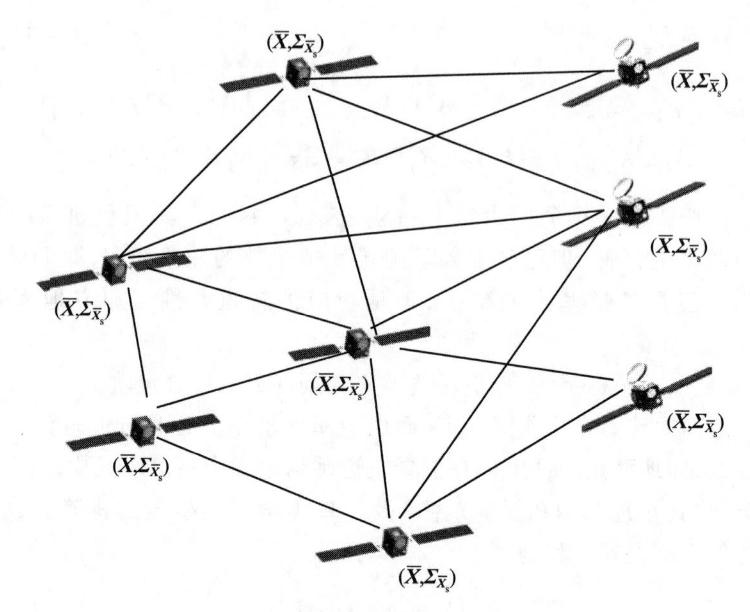

图 4.20　卫星星座贝叶斯网

若采用伪逆平差法确定卫星轨道,即采用如下准则:

$$\boldsymbol{V}_{\mathrm{s}}^{\mathrm{T}}\boldsymbol{P}_{\mathrm{s}}\boldsymbol{V}_{\mathrm{s}} = \min \tag{4.113}$$

$$\delta\hat{\boldsymbol{X}}_{\mathrm{s}}^{\mathrm{T}}\delta\hat{\boldsymbol{X}}_{\mathrm{s}} = \min \tag{4.114}$$

式(4.114)可以转换为

$$\boldsymbol{G}_{\mathrm{s}}^{\mathrm{T}}\delta\hat{\boldsymbol{X}}_{\mathrm{s}} = 0 \tag{4.115}$$

式中:矩阵 $\boldsymbol{G}_{\mathrm{s}}$ 满足[12]

$$\mathrm{rank}(\boldsymbol{G}_{\mathrm{s}}) = d \tag{4.116}$$

式中:d 为秩亏参数个数,在自主卫星轨道测定条件下,$d=7$。考虑误差方程(4.112),$\boldsymbol{G}_{\mathrm{s}}$ 还必须满足

$$\boldsymbol{B}_{\mathrm{s}}\boldsymbol{G}_{\mathrm{s}} = 0 \tag{4.117}$$

相应的卫星轨道参数解为

$$\delta\hat{\boldsymbol{X}}_{\mathrm{s}} = (\boldsymbol{B}_{\mathrm{s}}^{\mathrm{T}}\boldsymbol{P}_{\mathrm{s}}\boldsymbol{B}_{\mathrm{s}} + \boldsymbol{G}_{\mathrm{s}}\boldsymbol{G}_{\mathrm{s}}^{\mathrm{T}})^{-1}\boldsymbol{B}_{\mathrm{s}}^{\mathrm{T}}\boldsymbol{P}_{\mathrm{s}}\boldsymbol{l}_{\mathrm{s}} \tag{4.118}$$

如此确定的卫星基准对应于由卫星运动方程积分的得到的卫星近似坐标 $\bar{\boldsymbol{X}}_s$ 所对应卫星星座的几何重心[18]。这种坐标基准可称为“弱基准”，它不如前面两种基准的意义明确[17]。

卫星星座的“重心”基准虽然没有具体的点与之对应，但是整个卫星星座的轨道参数精度分布均匀。需要注意的是，这样定义的卫星星座的空间基准与 $\bar{\boldsymbol{X}}_s$ 本身所在的坐标系略有差异。因为按式(4.90)确定的卫星轨道参数，只有星座几何重心点的坐标不变，即 $\frac{1}{m}\sum_{i=1}^{m}\bar{\boldsymbol{X}}_{s_i}$，$\frac{1}{m}\sum_{i=1}^{m}\bar{\boldsymbol{Y}}_{s_i}$ 和 $\frac{1}{m}\sum_{i=1}^{m}\bar{\boldsymbol{Z}}_{s_i}$（$m$ 为星座的全部卫星个数）保持不变，而所有卫星的轨道参数均有所改变。显然，不管卫星星历多么精密，只要星间测量有误差，其所得到的卫星轨道的重心坐标与所定义的坐标也会有差异。当然，从严格意义上讲，没有任何一个坐标基准通过测量计算传递后再是严格的，只是人们往往忽略这种微小的差异。

在所有卫星轨道参数改正数极小的条件下，进行卫星轨道的测定时，卫星星座的平移、旋转将不受控制，若固定整体星座中两个卫星的轨道，则全部卫星的空间基准即随之确定。星间链路定轨中星座的旋转和漂移主要体现在轨道定向参数 Ω、i 和 ω 上，已有研究结果表明，附加轨道参数 Ω 和 i 先验弱约束的定轨方式即可抵偿轨道定向参数的旋转和漂移，或者以卫星先验位置进行弱约束也可维持卫星星座的空间基准。

基于上述三种基准定义，我们认为在无地面支持的情况下，弱基准应为优选方案，其基本理由如下：

(1) 第二类基准充分利用了网中所有观测信息，计算结果具有可靠的统计精度，但此时卫星轨道的测定仍依赖地面跟踪网，并不能实现真正意义上的自主定轨；

(2) 弱基准确定的导航星座基准虽称为“弱基准”，但平差计算利用了更多的观测信息，且卫星先验轨道信息同样是基于地面跟踪网事先精密定轨求得的，故基准的统计质量也较可靠；

(3) 即使存在地面跟踪观测，如果采用弱基准定轨，则地面跟踪站误差（甚至异常误差），很容易从联合定轨中发现，且地面跟踪站坐标可通过平差得到改善；

(4) 弱基准对应的平差计算较简单。

4.5.4 算例分析

本书算例采用三颗北斗试验卫星 I2S、M1S、M2S 和一个地面锚固站之间的测距信息，星间、星地观测数据均为双单向 Ka 频段观测值，观测数据长度为 7 天，数据处理方法为集中式扩展卡尔曼滤波(EKF)算法，定轨策略如表 4.3 所列。将 Ka 频段星间/星地批处理精密定轨结果作为参考轨道进行精度评定，其轨道重叠弧段精度在径向约为 0.1m，三维方向约为 1m。

算例分别采用无基准、强基准和弱基准支持下的星间链路定轨，具体方案设计如表4.4所列。将历史批处理定轨结果进行轨道外推，并以此作为预报轨道，滤波初值由预报轨道给出，滤波中光压模型参数和通道延迟参数均采用批处理结果进行固定。当采用强基准支持时，对地面站坐标进行强约束，星间、星地Ka频段观测量随机噪声均为0.1m，但由于书中仅采用Saastamoinen模型修正了对流层的干分量部分，因此星地链路观测量中仍有未修正的对流层湿分量影响。当采用弱基准支持星间链路定轨时，将各历元的轨道倾角 i 和升交点赤经 Ω 的预报值作为虚拟观测量与星间链路数据一同解算。将三种方案下的自主定轨结果与参考轨道进行比较，并将卫星三维位置之间的差异绘于图4.21～图4.23，统计结果（RMS）列于表4.5，将各卫星轨道定向参数与参考值之间的差异分别绘于图4.24～图4.26，考虑到北斗卫星均为近圆轨道，因此将 ω 和 M 合并为 $\omega+M$ 进行比较。

表4.3　定轨策略

定轨弧长	7天
数据处理方法	集中式扩展卡尔曼滤波(EKF)
动力学模型	二体，地球非球形摄动，日、月引力，太阳光压，和固体潮
光压模型	CODE经验光压模型(ECOM)5参数模型(D、Y、B方向的常数项和B方向的周期项)
系统误差修正	星间链路：天线相位中心，通道延迟 星地链路：天线相位中心，对流层延迟中的干分量部分，通道延迟
天线相位中心修正	相位中心偏移(PCO)
待估参数	卫星位置、速度

表4.4　定轨方案

方案	观测数据	基准支持方式	基准精度
一	星间测距	无	
二	Ka频段星间、星地链路测距	强基准	星地Ka频段测距随机噪声0.1m
三	Ka频段星间测距和预报 i 和 Ω	弱基准	预报 i 和 Ω 的精度优于0.015mas

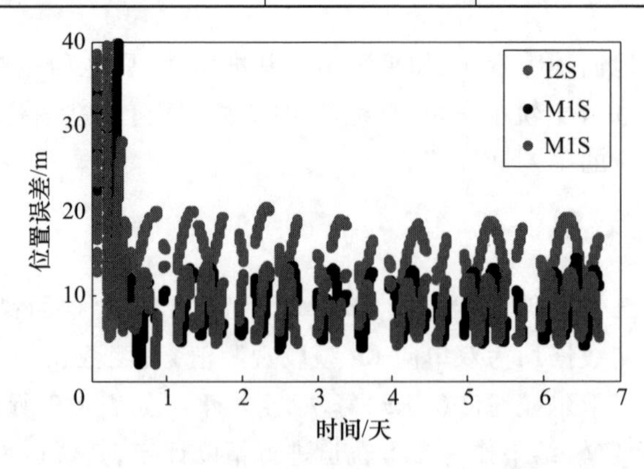

图4.21　无基准支持下的星间链路定轨位置误差(见彩图)

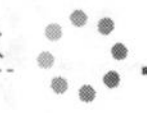

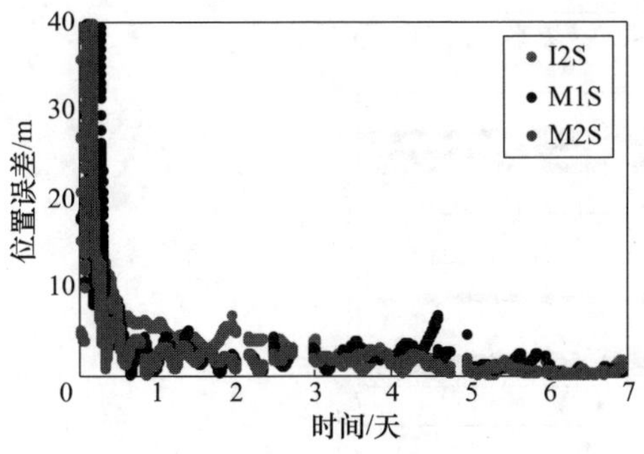

图 4.22　强基准支持下的星间链路定轨位置误差(见彩图)

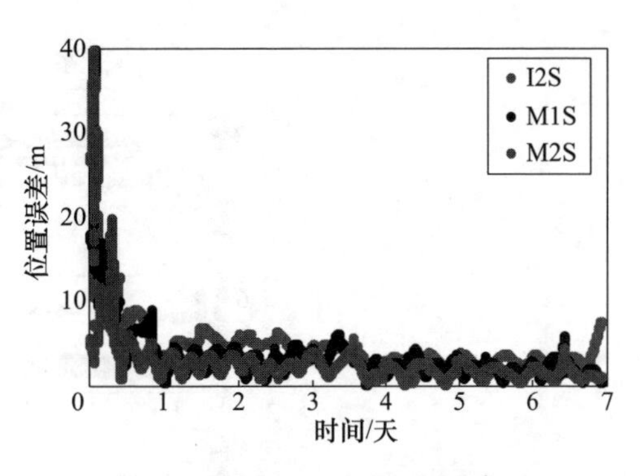

图 4.23　弱基准支持下的星间链路定轨位置误差(见彩图)

表 4.5　三种方案下的星间链路定轨位置误差　(单位:m)

方案编号	卫星号	R 方向	T 方向	N 方向
1	I2S	0.715	9.163	12.584
	M1S	0.231	7.989	5.133
	M2S	0.234	8.336	4.854
2	I2S	0.338	1.343	2.301
	M1S	0.375	1.313	1.830
	M2S	0.239	1.165	1.308
3	I2S	0.764	2.289	3.103
	M1S	0.381	2.176	1.840
	M2S	0.349	1.498	1.648

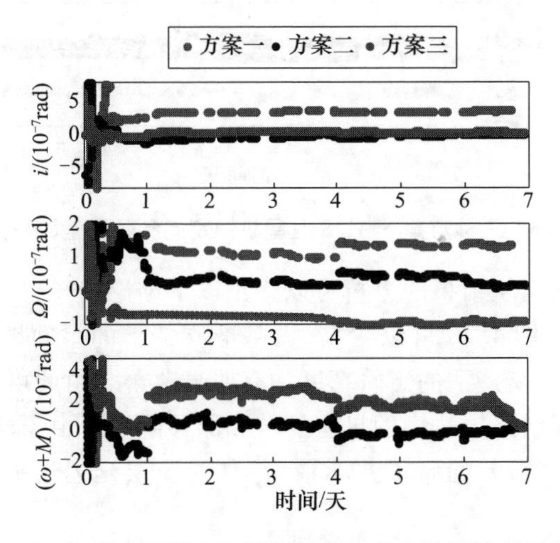

图 4.24　三种方案下 I2S 卫星轨道定向参数误差(见彩图)

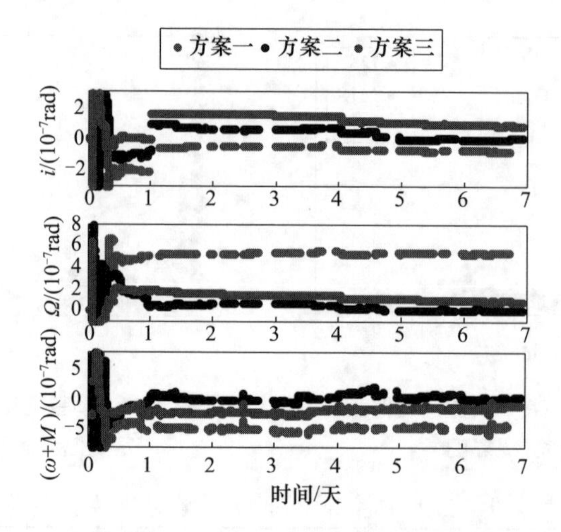

图 4.25　三种方案下 M1S 卫星轨道定向参数误差(见彩图)

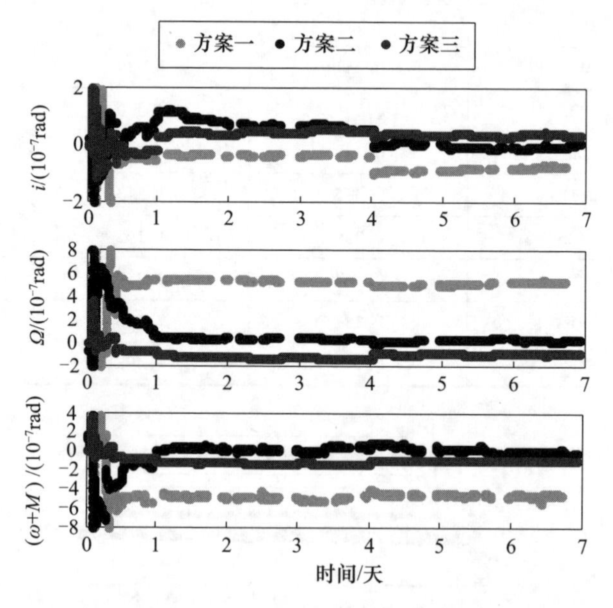

图 4.26　三种方案下 M2S 卫星轨道定向参数误差(见彩图)

通过对三种方案定轨结果的分析可以得出以下结论：

(1) 从图 4.24 ~ 图 4.26 可以看出,无基准支持下的星间链路定轨精度并不理想,而强基准和弱基准支持下的定轨精度均有明显改善。由此可见,强基准和弱基准均可以有效解决星间链路定轨中的星座旋转和漂移问题。由于这里可用的卫星和地面站个数较少,对系统误差的修正并不精确(如对流层延迟误差),因此自主定轨的精度有限。

(2) 滤波收敛后,强基准下的定轨结果与参考轨道之间的差异在径向小于

0.4m,三维位置小于3m。如果忽略地面站坐标误差的影响,强基准精度会受到星间、星地观测量系统误差、偶然误差甚至异常误差的影响,但是,可以通过合理的数据处理准则进行控制,没有出现误差累积的情况。因此,强基准对应的长期轨道测定仍能维持卫星星座的高精度基准。

(3) 本节算例中所采用的弱基准是通过附加先验 i 和 Ω 约束实现的,从定轨结果可以看出,仅对 i 和 Ω 施加先验约束可以同时改进 i、Ω 和 $\omega + M$ 的精度,说明星间链路观测数据的加入,使得本该独立的轨道定向参数间产生了相关性。滤波收敛后,弱基准对应的定轨结果与参考轨道之间的差异:径向小于0.8m,三维位置小于4m。

(4) 由于基于先验信息可以获取较高精度的 i 和 Ω 预报值,于是,基于弱基准的星间链路定轨可以对星座的旋转和漂移进行控制。必须说明,弱基准定轨只是在失去地面支持的情况下的一种选择,尽管计算简单,但是,相比强基准的轨道测定,先验轨道精度随时间推移,精度逐渐降低,基准的维持能力也会逐渐下降。对比图4.24~图4.26可以看出,强基准下得到的定轨结果略优于弱基准定轨结果,强基准对轨道定向参数的确定也更有利。

最后必须指出,本书自主定轨计算只是方法验证计算,所有计算都是基于北斗三号试验卫星星座的有限观测数据,而且只使用Ka频段观测数据。由于观测精度低,星间链路几何结构弱,定轨精度与未来完整星座的自主定轨精度存在较大差距。

4.5.5 本节主要结论

本节重点讨论卫星自主定轨中的空间基准维持方法,系统分析了多种星间、星地观测量的组合方式和参数估计准则所对应的空间基准;提出了卫星自主定轨强基准和弱基准的概念。结合理论分析和北斗试验卫星自主定轨试验结果,我们认为,强基准和弱基准均是维持卫星星座空间基准的有效方式。在实际自主定轨中,若有稳定的、分布合理的地面跟踪站观测,则强基准是合理选择;若特定条件下没有地面跟踪站数据的支持,则顾及卫星先验轨道信息的弱基准卫星自主定轨,也可以维持卫星星座的空间基准。弱基准定轨既利用星间几何测距信息,也利用卫星轨道的某些先验信息,甚至动力学信息。弱基准定轨可以保持卫星星座的平移、旋转基准的长时间维持。

4.6 轨道精度评估

轨道精度评估是综合检核自主定轨观测数据质量、自主定轨算法以及数据处理软件运行状态的有效手段。轨道精度评估包括内符合精度评估和外符合精度评估两种方式。

4.6.1 内符合精度评估

内符合精度评估主要依靠与本次定轨数据处理相关的信息评估定轨结果,如定轨残差评估、协方差信息评估、轨道重叠弧段评估等。

1）定轨残差评估

定轨残差评估是通过统计定轨数据处理弧段内残差信息评估定轨结果。定轨残差实质上反映了定轨计算采用的理论模型与真实模型之间的偏离程度，主要反映本次解算过程采用的模型和算法拟合精度。统计公式为

$$\sigma_{\text{res}} = \sqrt{\frac{\sum_{i=1}^{n} p_i (o_i - c_i)^2}{\sum_{i=1}^{n} p_i}} \tag{4.119}$$

式中：o_i 为观测量；c_i 为计算理论值；p_i 为观测量权。

2）定轨协方差信息评估

定轨协方差信息评估是指利用定轨解算参数的协方差信息评估定轨精度。定轨协方差与定轨残差类似，同样反映的是定轨采用的理论模型误差和算法拟合精度。实际上，采用最小二乘估计时，定轨协方差信息与定轨残差信息之间有如下简单的比例关系：

$$\boldsymbol{\Sigma}_X = \sigma^2 (\boldsymbol{A}^{\mathrm{T}} \boldsymbol{P} \boldsymbol{A})^{-1} \tag{4.120}$$

式中：$\boldsymbol{\Sigma}_X$ 为参数 $\boldsymbol{X}$ 协方差；σ 为定轨残差统计量；$\boldsymbol{A}^{\mathrm{T}}\boldsymbol{PA}$ 为法方程矩阵。因此，定轨协方差信息与定轨残差信息评估效果类似。

3）轨道重叠弧段评估

轨道重叠弧段评估是利用连续两个定轨弧段轨道相互重叠部分定轨结果之差评估定轨精度。轨道重叠弧段主要反映定轨采用的动力学模型精度。轨道重叠弧段评估可采用搭接点单点评估和重叠弧段多点评估两种，具体评估参数可分为轨道误差单分量评估和轨道三维位置评估，单分量评估公式为

$$\sigma_{X_j} = \sqrt{\frac{\sum_{i=1}^{n} (X_{i,j}^{k} - X_{i,j}^{k+1})^2}{n}} \tag{4.121}$$

式中：$X_{i,j}^{k}$、$X_{i,j}^{k+1}$ 分别为第 k 次定轨与后续第 $k+1$ 次定轨第 i 个重叠点第 j 个分量。

对三维位置统计可首先统计单分量位置误差，然后对三分量位置误差进行综合统计即可。

$$\sigma_{\text{pos}} = \sqrt{\sigma_{X_1}^2 + \sigma_{X_2}^2 + \sigma_{X_3}^2} \tag{4.122}$$

4.6.2 外符合精度评估

内符合精度评估不需要外部信息，评估方法简单。然而内符合精度只能评估定轨模型精度或数据拟合精度，并不能准确评估轨道位置绝对误差。评价轨道位置绝对误差的方法很简单，即将自主定轨的轨道与更高精度的轨道比较或将利用自主定

轨结果计算的观测量与更高精度的观测量比较。与后处理精密轨道比较或采用激光等高精度观测量检核是常用的外符合轨道精度评估方法。

与后处理精密轨道比较评估法是最简单的方式。IGS 分析中心或国际 GNSS 监测评估系统(iGMAS)分析中心目前利用全球布设的监测站数据定轨,能够获取最高精度的定轨和时间同步后处理结果。将自主定轨轨道转换到与 IGS 精密轨道相同的坐标系中,然后将相同历元轨道位置互比,用位置差统计量评估定轨结果。

激光评估法是定轨精度检核的另一种主要方式。激光检核法利用地面激光站与卫星之间的测距观测量评估卫星位置。由于现阶段激光测距精度可达 1 ~ 2cm,因此,利用激光测距可获得高精度的评估结果。

激光评估定轨精度的具体过程是:在相同的时间及空间坐标系下,利用自主定轨确定的卫星位置和激光站坐标计算激光测量时刻的理论星地距,然后对理论星地距进行卫星偏心改正、地面偏心改正、激光传播路径改正以及激光设备时延改正等,将理论星地距转换为激光观测量理论值,将激光观测理论值与实测值进行比较,按照时间序列统计激光测量理论值与观测值互差,可获取定轨精度的评估结果。

激光评估法是现阶段精度最高的轨道精度评估方法。激光评估法主要问题在于,需要卫星安装相应的激光反射器,对于早期 GPS 等没有搭载激光反射器的卫星,该评估方法不可用。另外,激光评估通常采用地面激光测量观测数据,地面激光测量数据主要对卫星轨道径向分量敏感,对轨道面沿迹及法向精度评估能力稍差。

4.7 导航星历轨道参数拟合

本章前面部分详细介绍了利用星间测量更新导航卫星轨道的方法。前面多次提到,自主导航作为卫星导航系统一种运控模式,以更新导航星历参数为目标,上述定轨过程获取的结果是卫星轨道状态矢量,为此,还需要将卫星轨道状态矢量离散值拟合为广播星历参数。

导航卫星轨道电文参数主要有两种表达方式。以 GPS、BDS、Galileo 系统为代表的卫星导航系统导航星历参数采用以卫星轨道根数常数项结合一阶摄动项为主的 16 参数或 18 参数形式表达,其优点是有动力学模型背景支持,轨道预报时间较长时,仍能够保持足够的精度。以 GLONASS 为代表的卫星导航系统则采用高阶多项式形式的导航星历表达方式,用卫星位置、速度、加速度表达一段时间内的卫星状态矢量,其优点是星历参数拟合过程简单,但缺点是由于星历参数模型缺乏明确的卫星运动物理模型支持,随轨道预报时间增加,星历预报精度快速衰减,为此需要高频度更新导航星历参数。目前看,以轨道根数为主的第一种星历表达方式更为合理。

在常规地面运控工作模式下,由于卫星导航星历参数更新过程需要经过地面监测站数据采集、地面运控系统数据收集处理、地面运控系统上注等多个环节,而且导航星历上注环节受卫星可见性及数据上注速率等因素影响,地面星历上注更新周期通常需要1h以上,如GPS星历上注周期一度曾长达8h。较长时间的星历上注周期需要对卫星轨道进行较长时间的预报,导致星历精度降低。常规导航星历参数拟合过程:以定轨和预报获取的3h或4h弧段导航卫星位置为伪观测量,利用导航星历参数与卫星位置之间的函数关系构建观测方程,采用最小二乘参数估计策略可得到优化估计的导航星历参数。这种方式数据拟合精度损失通常小于3cm。

自主导航运行模式下,由于采用星间测距数据和星载数据处理更新卫星轨道,相比地面运控模式,减少了数据传输环节,且不受地面站对卫星可见性影响,星历更新频度可以很高,甚至可达5min,因此,理论上采用多项式模式的星历表达方式精度已经足够。但为了保证与地面运控模式的一致性,通常仍采用16或18参数星历表达方式,此时,考虑到星历参数的更新频度因素,星历拟合仍采用地面运控类似方式,但数据弧段通常选择为2h。

广播星历参数的确定过程就是根据离散化的地固坐标系下的卫星位置和速度信息拟合开普勒轨道根数和调和项系数。下面以18参数星历表达式为例说明参数拟合方法。

4.7.1 拟合18参数广播星历

18参数广播星历模型同样采用轨道根数加摄动参数形式表示的,包括6个开普勒轨道参数、5个轨道根数变化项、6个调和项系数和一个参考历元 t_{oe},与16参数广播星历相比,两者不同之处在于轨道半长轴、卫星平均运行的角速度和升交点赤经的参数设置方面存在差异。下面给出了某参考历元 t_{oe} 时刻18参数广播星历的符号说明。

ΔA:相对于参考时刻半长轴 A_{ref} 的偏差。

$\dot{A}$:半长轴的变化率。

Δn_0:相对于参考时刻卫星平均角速度 n_0 的偏差。

$\Delta \dot{n}_0$:卫星平均运动角速度的变化率。

M_0:平近点角。

ω:近地点角距。

e:轨道椭圆的偏心率。

Ω_0:参考历元的升交点赤经。

$\Delta \dot{\Omega}_0$:相对于参考时刻升交点赤经变化率 $\dot{\Omega}_{ref}$ 的偏差。

i_0:轨道倾角。

$\dot{i}$:轨道倾角变化率。

C_{uc}:纬度幅角的余弦摄动调和改正振幅。

C_{us}:纬度幅角的正弦摄动调和改正振幅。

C_{rc}:轨道半径的余弦摄动调和改正振幅。

C_{rs}:轨道半径的正弦摄动调和改正振幅。

C_{ic}:轨道倾角的余弦摄动调和改正振幅。

C_{is}:轨道倾角的正弦摄动调和改正振幅。

通过卫星实时发布的广播星历,可以计算任意时刻的用户坐标,那么已知超过 18 个历元的卫星坐标,同样可以反求广播星历参数。由于在反推广播星历参数时 t_{oe} 是已知的,所以实际待求参数为 17 个,根据已知的广播星历用户算法,我们将卫星坐标与参数表示成如下的函数关系:

$$\boldsymbol{Y} = F(\Delta A, \dot{A}, e, i_0, \dot{i}, \Omega_0, \Delta\Omega, \omega, M_0, \Delta n_0, \Delta\dot{n}_0, C_{us}, C_{uc}, C_{rs}, C_{rc}, C_{is}, C_{ic}) \tag{4.123}$$

将式(4.123)在 t_{oe} 时刻处进行泰勒级数展开,舍掉二阶和二阶以上的小量后得到的线性化表达式如下:

$$\boldsymbol{Y} = \boldsymbol{F}_0 + \frac{\partial \boldsymbol{Y}}{\partial \Delta A}\delta\Delta A + \frac{\partial \boldsymbol{Y}}{\delta \dot{A}}\delta\dot{A} + \cdots + \frac{\partial \boldsymbol{Y}}{\partial c_{is}}\delta c_{is} + \frac{\partial \boldsymbol{Y}}{\partial c_{ic}}\delta c_{ic} \tag{4.124}$$

式中: $\boldsymbol{F}_0 = \begin{bmatrix} X_0 \\ Y_0 \\ Z_0 \end{bmatrix}$ 为坐标近似值,在拟合开始之前需给定参数一组近似值,近似值的选取是通过 t_{oe} 时刻的坐标和速度严格按照二体问题求解出来的 6 个开普勒轨道参数,并分别将它们作为 $A_{ref} + \Delta A, e, i_0, \Omega_0, \omega, M_0$, 的近似值,其余的 11 个参数近似值取为 0,利用这组近似值计算出 $\frac{\partial \boldsymbol{Y}}{\partial \Delta A}, \frac{\partial \boldsymbol{Y}}{\partial \dot{A}}, \cdots, \frac{\partial \boldsymbol{Y}}{\partial c_{is}}, \frac{\partial \boldsymbol{Y}}{\partial c_{ic}}$ 的值,组成误差方程:

$$\boldsymbol{V}_i = \boldsymbol{B}_i \Delta \boldsymbol{X} + \boldsymbol{L}_i \tag{4.125}$$

式中

$$\boldsymbol{V}_i = \begin{bmatrix} V_{X_i} \\ V_{Y_i} \\ V_{Z_i} \end{bmatrix}, \quad \boldsymbol{B}_i = \begin{bmatrix} \frac{\partial X_i}{\partial \Delta A} & \frac{\partial X_i}{\partial \dot{A}} & \cdots & \frac{\partial X_i}{\partial c_{ic}} \\ \frac{\partial Y_i}{\partial \Delta A} & \frac{\partial Y_i}{\partial \dot{A}} & \cdots & \frac{\partial Y_i}{\partial c_{ic}} \\ \frac{\partial Z_i}{\partial \Delta A} & \frac{\partial Z_i}{\partial \dot{A}} & \cdots & \frac{\partial Z_i}{\partial c_{ic}} \end{bmatrix}, \quad \boldsymbol{L}_i = \begin{bmatrix} X_{i0} - X_i \\ Y_{i0} - Y_i \\ Z_{i0} - Z_i \end{bmatrix}$$

$$\Delta \boldsymbol{X} = (\delta\Delta A \quad \delta\dot{A} \quad \cdots \quad \delta C_{is} \quad \delta C_{ic})^{\mathrm{T}}$$

每个历元可以列出如上所示的 3 个等式,那么 17 个参数最少需要 6 个历元就可根据最小二乘方法求解未知参数的改正数,设现在有 $K(k \geqslant 6)$ 个历元,那么可列误差方程如下:

$$\boldsymbol{V} = \boldsymbol{B}\Delta \boldsymbol{X} + \boldsymbol{L} \tag{4.126}$$

式中

$$V = \begin{bmatrix} V_1 \\ V_2 \\ \vdots \\ V_K \end{bmatrix}, \quad B = \begin{bmatrix} B_1 \\ B_2 \\ \vdots \\ B_K \end{bmatrix}, \quad L = \begin{bmatrix} L_1 \\ L_2 \\ \vdots \\ L_K \end{bmatrix}$$

那么根据最小二乘法则,有

$$\Delta X = (B^{\mathrm{T}}B)^{-1}B^{\mathrm{T}}L \tag{4.127}$$

$$X = X_0 + \Delta X \tag{4.128}$$

式中:$X_0 = (\Delta A_0 \quad \dot{A}_0 \quad \cdots \quad C_{\mathrm{is}_0} \quad C_{\mathrm{ic}_0})^{\mathrm{T}}$ 为参数初值。

为了提高参数拟合的精度,通常需进行循环迭代,迭代时将上一次计算结果作为下一次迭代的初值,则第 i 次计算结果如下:

$$X_i = X_{i-1} + \Delta X_i = \begin{bmatrix} \Delta A_{i-1} + \delta\Delta A_i \\ \dot{A}_{i-1} + \delta\dot{A}_i \\ \vdots \\ c_{\mathrm{ic}_{i-1}} + \delta C_{\mathrm{ic}_i} \end{bmatrix} \tag{4.129}$$

式中:ΔX_i 为第 i 次平差的改正数;X_{i-1} 为第 $(i-1)$ 次的计算结果。

$\sigma = \sqrt{\dfrac{V^{\mathrm{T}}V}{3K-17}}$ 为拟合的单位权方差,也是判断迭代收敛的条件,当 $\sqrt{\dfrac{V^{\mathrm{T}}V}{3K-17}} \leqslant \sigma_0$ 时,我们就认为迭代收敛,σ_0 取值一般为 1.0×10^{-5},由于该条件较为严格,常采用另外一种迭代终止条件 $|\sigma_{n+1}-\sigma_n| \leqslant \sigma_0$,这表示相邻两次迭代单位权中误差之差小于某个值时,我们就认为迭代收敛了,σ_0 为收敛的阈值,是预先给定的小量,可根据实际需要进行设置,通常 σ_0 越大,需要迭代次数就少,计算速度越快,σ_0 越小迭代的次数就多,相应的计算速度慢。

4.7.2 参数的偏导数表达式

忽略调和项对各个参数偏导数的影响,各个参数偏导数的表达形式如下:

$$\frac{r_k}{\partial\Delta A} = (1 - e\cdot\cos E_k)\begin{bmatrix} \cos u_k\cos\Omega_k - \sin u_k\cos i_k\sin\Omega_k \\ \cos u_k\sin\Omega_k + \sin u_k\cos i_k\cos\Omega_k \\ \sin u_k\sin i_k \end{bmatrix} \tag{4.130}$$

$$\frac{\partial r_k}{\partial\dot{A}} = t_k\cdot(1 - e\cdot\cos E_k)\begin{bmatrix} \cos u_k\cos\Omega_k - \sin u_k\cos i_k\sin\Omega_k \\ \cos u_k\sin\Omega_k + \sin u_k\cos i_k\cos\Omega_k \\ \sin u_k\sin i_k \end{bmatrix} \tag{4.131}$$

$$\frac{\partial r_k}{\partial e} = \frac{A_k(e - \cos E_k)}{1 - e\cos E_k}\begin{bmatrix} \cos u_k\cos\Omega_k - \sin u_k\cos i_k\sin\Omega_k \\ \cos u_k\sin\Omega_k + \sin u_k\cos i_k\cos\Omega_k \\ \sin u_k\sin i_k \end{bmatrix} +$$

$$\boldsymbol{r}_k \cdot \frac{2\sin E_k - e\cos E_k \sin E_k - e^2 \sin E_k}{\sqrt{1-e^2}\,(1 - e\cdot\cos E_k)^2}\begin{bmatrix} -\sin u_k \cos\Omega_k - \cos u_k \cos i_k \sin\Omega_k \\ -\sin u_k \sin\Omega_k + \cos u_k \cos i_k \cos\Omega_k \\ \cos u_k \sin i_k \end{bmatrix} \tag{4.132}$$

$$\frac{\partial \boldsymbol{r}_k}{\partial c_{\mathrm{rs}}} = \sin(2\Phi_k)\begin{bmatrix} \cos u_k \cos\Omega_k - \sin u_k \cos i_k \sin\Omega_k \\ \cos u_k \sin\Omega_k + \sin u_k \cos i_k \cos\Omega_k \\ \sin u_k \sin i_k \end{bmatrix} \tag{4.133}$$

$$\frac{\partial \boldsymbol{r}_k}{\partial c_{\mathrm{rc}}} = \cos(2\Phi_k)\begin{bmatrix} \cos u_k \cos\Omega_k - \sin u_k \cos i_k \sin\Omega_k \\ \cos u_k \sin\Omega_k + \sin u_k \cos i_k \cos\Omega_k \\ \sin u_k \sin i_k \end{bmatrix} \tag{4.134}$$

$$\begin{aligned} \frac{\partial \boldsymbol{r}_k}{\partial M_0} = {} & \frac{A_k \cdot e \cdot \sin E_k}{1 - e\cos E_k}\begin{bmatrix} \cos u_k \cos\Omega_k - \sin u_k \cos i_k \sin\Omega_k \\ \cos u_k \sin\Omega_k + \sin u_k \cos i_k \cos\Omega_k \\ \sin u_k \sin i_k \end{bmatrix} + \\ & \frac{r_k\sqrt{1-e^2}}{(1 - e\cdot\cos E_k)^2}\begin{bmatrix} -\sin u_k \cos\Omega_k - \cos u_k \cos i_k \sin\Omega_k \\ -\sin u_k \sin\Omega_k + \cos u_k \cos i_k \cos\Omega_k \\ \cos u_k \sin i_k \end{bmatrix} \end{aligned} \tag{4.135}$$

$$\begin{aligned} \frac{\partial \boldsymbol{r}_k}{\partial \Delta n_0} = {} & t_k \cdot \frac{A_k \cdot e \cdot \sin E_k}{1 - e\cos E_k}\begin{bmatrix} \cos u_k \cos\Omega_k - \sin u_k \cos i_k \sin\Omega_k \\ \cos u_k \sin\Omega_k + \sin u_k \cos i_k \cos\Omega_k \\ \sin u_k \sin i_k \end{bmatrix} + \\ & t_k \cdot \frac{r_k\sqrt{1-e^2}}{(1 - e\cdot\cos E_k)^2}\begin{bmatrix} -\sin u_k \cos\Omega_k - \cos u_k \cos i_k \sin\Omega_k \\ -\sin u_k \sin\Omega_k + \cos u_k \cos i_k \cos\Omega_k \\ \cos u_k \sin i_k \end{bmatrix} \end{aligned} \tag{4.136}$$

$$\begin{aligned} \frac{\partial \boldsymbol{r}_k}{\partial \Delta \dot{n}_0} = {} & \frac{t_k^2}{2} \cdot \frac{A_k \cdot e \cdot \sin E_k}{1 - e\cos E_k}\begin{bmatrix} \cos u_k \cos\Omega_k - \sin u_k \cos i_k \sin\Omega_k \\ \cos u_k \sin\Omega_k + \sin u_k \cos i_k \cos\Omega_k \\ \sin u_k \sin i_k \end{bmatrix} + \\ & \frac{t_k^2}{2} \cdot \frac{r_k\sqrt{1-e^2}}{(1 - e\cdot\cos E_k)^2}\begin{bmatrix} -\sin u_k \cos\Omega_k - \cos u_k \cos i_k \sin\Omega_k \\ -\sin u_k \sin\Omega_k + \cos u_k \cos i_k \cos\Omega_k \\ \cos u_k \sin i_k \end{bmatrix} \end{aligned} \tag{4.137}$$

$$\frac{\partial \boldsymbol{r}_k}{\partial \Omega_0} = r_k\begin{bmatrix} -\cos u_k \sin\Omega_k - \sin u_k \cos i_k \cos\Omega_k \\ \cos u_k \cos\Omega_k - \sin u_k \cos i_k \sin\Omega_k \\ 0 \end{bmatrix} \tag{4.138}$$

$$\frac{\partial \boldsymbol{r}_k}{\partial \Delta \dot{\Omega}} = t_k \cdot r_k\begin{bmatrix} -\cos u_k \sin\Omega_k - \sin u_k \cos i_k \cos\Omega_k \\ \cos u_k \cos\Omega_k - \sin u_k \cos i_k \sin\Omega_k \\ 0 \end{bmatrix} \tag{4.139}$$

$$\frac{\partial \boldsymbol{r}_k}{\partial i_0} = r_k \cdot \sin u_k \begin{bmatrix} \sin i_k \sin \Omega_k \\ -\sin i_k \cos \Omega_k \\ \cos i_k \end{bmatrix} \tag{4.140}$$

$$\frac{\partial \boldsymbol{r}_k}{\partial \dot{i}} = t_k \cdot r_k \cdot \sin u_k \begin{bmatrix} \sin i_k \sin \Omega_k \\ -\sin i_k \cos \Omega_k \\ \cos i_k \end{bmatrix} \tag{4.141}$$

$$\frac{\partial \boldsymbol{r}_k}{\partial c_{is}} = \sin(2\Phi_k) \cdot r_k \cdot \sin u_k \begin{bmatrix} \sin i_k \sin \Omega_k \\ -\sin i_k \cos \Omega_k \\ \cos i_k \end{bmatrix} \tag{4.142}$$

$$\frac{\partial \boldsymbol{r}_k}{\partial c_{ic}} = \cos(2\Phi_k) \cdot r_k \cdot \sin u_k \begin{bmatrix} \sin i_k \sin \Omega_k \\ -\sin i_k \cos \Omega_k \\ \cos i_k \end{bmatrix} \tag{4.143}$$

$$\frac{\partial \boldsymbol{r}_k}{\partial c_{us}} = \sin(2\Phi_k) \cdot r_k \begin{bmatrix} -\sin u_k \cos \Omega_k - \cos u_k \cos i_k \sin \Omega_k \\ -\sin u_k \sin \Omega_k + \cos u_k \cos i_k \cos \Omega_k \\ \cos u_k \sin i_k \end{bmatrix} \tag{4.144}$$

$$\frac{\partial \boldsymbol{r}_k}{\partial c_{uc}} = \cos(2\Phi_k) \cdot r_k \begin{bmatrix} -\sin u_k \cos \Omega_k - \cos u_k \cos i_k \sin \Omega_k \\ -\sin u_k \sin \Omega_k + \cos u_k \cos i_k \cos \Omega_k \\ \cos u_k \sin i_k \end{bmatrix} \tag{4.145}$$

$$\frac{\partial \boldsymbol{r}_k}{\partial \omega} = r_k \begin{bmatrix} -\sin u_k \cos \Omega_k - \cos u_k \cos i_k \sin \Omega_k \\ -\sin u_k \sin \Omega_k + \cos u_k \cos i_k \cos \Omega_k \\ \cos u_k \sin i_k \end{bmatrix} \tag{4.146}$$

4.8 改进自主导航星历参数拟合效率的方法

4.8.1 降参数导航星历拟合方法

1）设计思路

广播星历参数是卫星导航电文的重要组成部分，直接影响用户的导航定位精度。关于卫星广播星历参数拟合算法，自北斗系统设计建设以来，国内已有不少专家学者针对我国北斗混合星座的特点做了大量的研究工作，但这些研究大多是以地面运控系统应用为目标进行的算法改进。如：陈刘成分析了高轨与中轨卫星轨道根数变化规律不同对开普勒根数拟合算法的影响；崔先强针对小倾角 GEO 卫星拟合成功率低的问题，引入 Givens 变换解算广播星历参数等。

不同于地面运控系统，星上自主导航受到空间环境、数据传输能力等多种条件的限制，其中影响较大的还包括星载处理器数据处理能力的限制。目前自主导航星上

算法是分两步实现的,第一步是自主定轨与时间同步的解算,第二步是将解算结果进行星历拟合和播发。两者均是依靠星上自主导航单元实现的,耗费同一星载处理器的计算资源。通过地面演示验证发现,目前星上处理能力还不足以支持类似地面运控系统的全星座的集中式算法,即使牺牲部分解算精度采用次优的分布式滤波算法,也仍然需要采取一定手段控制迭代次数,以保证软件运行不超时。另外,地面仿真验证过程表明,星上自主定轨与时间同步软件同星上广播星历拟合软件耗费同等的机时。因此如何在保证精度的前提下,降低广播星历拟合算法的计算量,成为优化自主导航星上算法的一个研究方向。如陈忠贵采用遗忘因子递推最小二乘法,实现在轨星历实时拟合。该算法适合分时操作,对硬件水平要求低,但处理相同的数据弧段并不减少总运算量。常家超提出以前一弧段拟合结果作为下一弧段初值,减少迭代次数,并指出在收敛速度不满足时间要求情况下,以局部最优解作为拟合结果。该方法制定了保障工程稳定性方面的处理策略,但是以损失部分精度为代价的,并非最优结果。由此本章研究目标是在保证星历拟合精度不显著降低,并维持星历播发模式和用户算法不变的前提下,设计自主导航星上快速星历拟合算法,旨在保障自主定轨与时间同步星上处理软件有足够的运行机时,为自主导航服务能力的进一步提升提供可能[22]。

2）常规广播星历参数设置

广播星历是对精密星历的近似或者逼近,它的精度除了受精密星历本身精度的制约外,在很大程度上还和广播星历的参数选择有关。

GPS 针对 MEO 特点设计的 16 参数广播星历由 1 个参考时刻 t_{oe}、6 个轨道根数($\sqrt{A}, e, i_0, \Omega_0, \omega_0, M_0$)、3 个轨道根数长期变化率参数($\Delta n, \dot{\Omega}, \dot{i}$)和 6 个主要的短周期变化参数($C_{rs}, C_{rc}, C_{us}, C_{uc}, C_{is}, C_{ic}$)组成,具有明确的物理意义。其中 C_{rs}, C_{rc}, $C_{us}, C_{uc}, C_{is}, C_{ic}$ 分别吸收径向(R)、切向(T)、法向(N)两倍轨道周期的短周期项的主项,其余一倍和 1/3 轨道周期的短周期项,受参数间相关性的影响,由其他参数吸收。Δn 主要吸收 M 和 ω 的长期项和长周期项,为切向修正。$\dot{i}$ 和 $\dot{\Omega}$ 为轨道面整体摆动的修正。在拟合弧段较短的情况下可以不考虑径向的长周期项,因此 16 参数模型中并没有设计针对径向的长期修正参数。

为了适应更长的拟合弧段,提高预报精度,GPS 的 18 参数广播星历模型是在原 16 参数广播星历基础上将半长轴、卫星运行平均角速度和升交点赤经的瞬时状态参数重新定义。在参数表达形式上,将 $\sqrt{A}$ 修改为 δA。新增的两个参数:$\dot{A}$ 主要吸收由地球非球形引力 J_{22} 项共振所引起的半长径的长周期项,还吸收了 e 的长周期变化项;$\Delta\dot{n}$ 主要吸收由 $\dot{A}$ 引起的卫星运动角速度的变化率。

利用卫星位置拟合广播星历的过程通常可转化为参数优化估计问题,常采用滤波或最小二乘方法求解。滤波或最小二乘法的解算耗时依赖于待估参数的数量。如何在保证合理精度的前提下减少待估导航星历参数的数量是降低星历拟合耗时的有效途径。下面采用数据统计方法对降导航星历参数效果进行简要分析。

3）直接降参数星历拟合试验

由于在自主导航期间，用户服务精度指标要求相对降低，由此对广播星历参数拟合及预报的要求可在一定程度上放宽。要减少星历拟合算法的运算量，首先考虑的方法是减少广播星历参数的个数，降低矩阵运算的计算量。

为确定可删除的星历参数，这里首先从常规导航星历用户算法出发，计算各参数对卫星位置的影响量级，以反映短周期项及长期项在拟合弧段内的变化大小。具体实现方式为：在2h弧段内，通过将广播星历中指定星历参数值设定为0，等效于删除该参数，计算卫星位置，将计算结果与未删除参数的广播星历计算值作差，统计其对卫星R、T、N三方向的计算误差。以北斗三类卫星2014年1月15日广播星历为例，除6个轨道根数外其余主要星历参数的影响结果如表4.6所列。

表4.6 星历参数对位置影响统计STD

星历参数	MEO误差/m			GEO误差/m			IGSO误差/m		
	R	T	N	R	T	N	R	T	N
$\dot{\Omega}$	0.001	158.98	95.28	0.02	437.71	643.82	0.006	298.36	302.41
$\dot{i}$	7.97×10^{-6}	1.33×10^{-4}	14.01	1.33×10^{-7}	1.86×10^{-5}	2.93	1.62×10^{-5}	4.06×10^{-4}	19.90
C_{rs}	27.05	2.61×10^{-9}	2.28×10^{-9}	151.25	2.37×10^{-9}	4.96×10^{-10}	11.31	2.69×10^{-9}	2.86×10^{-9}
C_{rc}	26.01	2.65×10^{-9}	2.41×10^{-9}	30.78	2.67×10^{-9}	6.15×10^{-10}	64.33	2.27×10^{-9}	2.25×10^{-9}
C_{us}	4.85×10^{-4}	39.33	1.19×10^{-3}	5.30×10^{-4}	170.67	9.88×10^{-4}	1.01×10^{-8}	1.74	8.53×10^{-6}
C_{uc}	4.59×10^{-4}	78.83	5.83×10^{-4}	8.01×10^{-4}	53.02	3.82×10^{-4}	3.06×10^{-5}	27.92	2.46×10^{-4}
C_{is}	3.75×10^{-9}	3.53×10^{-6}	0.06	5.28×10^{-9}	5.10×10^{-7}	0.09	2.47×10^{-9}	3.48×10^{-6}	0.08
C_{ic}	1.64×10^{-8}	3.85×10^{-6}	0.49	4.92×10^{-9}	5.11×10^{-7}	0.08	1.90×10^{-9}	7.49×10^{-7}	0.08
$\dot{A}$	41.62	2.39×10^{-9}	2.16×10^{-9}	78.32	2.00×10^{-9}	3.76×10^{-10}	22.25	2.06×10^{-9}	2.15×10^{-9}
$\Delta\dot{n}$	5.88×10^{-3}	3.24	3.06×10^{-5}	0.01	36.32	2.16×10^{-4}	0.02	11.07	2.08×10^{-4}

由表中可以看出：同一星历参数对三类卫星位置的影响基本在同一量级，对GEO、IGSO的影响略大于MEO。对卫星位置影响量级在0.5m以内的参数有C_{is}和C_{ic}。另外$\dot{A}$、$\Delta\dot{n}$是18参数星历中新增的两个参数，在拟合弧段不长，精度要求不高时，也可不考虑，这样，导航星历18参数可减少到14参数。因此本书首先尝试采用14参数设置进行星历拟合。将1天弧段300s采样的MEO卫星位置信息作为输入，进行4h数据弧段1h滑动窗口的星历拟合，共进行了21组计算。采用武汉大学IGS分析中心提供的2014年3月17日北斗后处理MEO PRN11卫星精密sp3轨道作为输入，图4.27分别用为黑色方形标识和红色圆形标识给出了14参数和18参数各次星历拟合中各数据点的拟合残差。图4.28为采用拟合后的14参数与18参数进行2h轨道预报结果在R、T、N三方向的互差。由于星历拟合参考时间点为4h数据弧段中第4h的起点，因此图4.28中第1小时为数据弧段内预报，第2小时为拟合弧段外的完全外推结果。

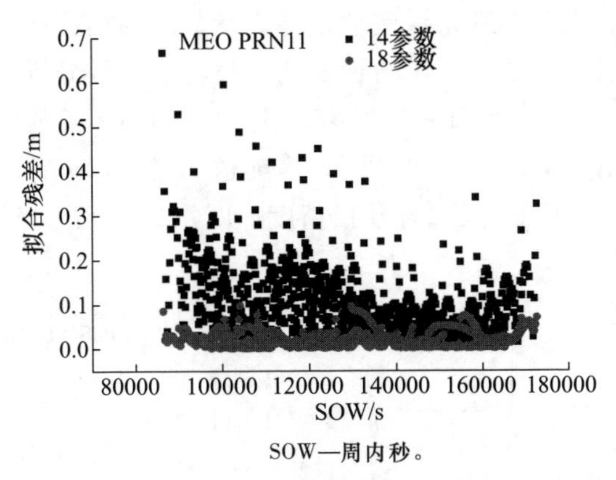

SOW—周内秒。

图 4.27　14 参数与 18 参数星历拟合残差(见彩图)

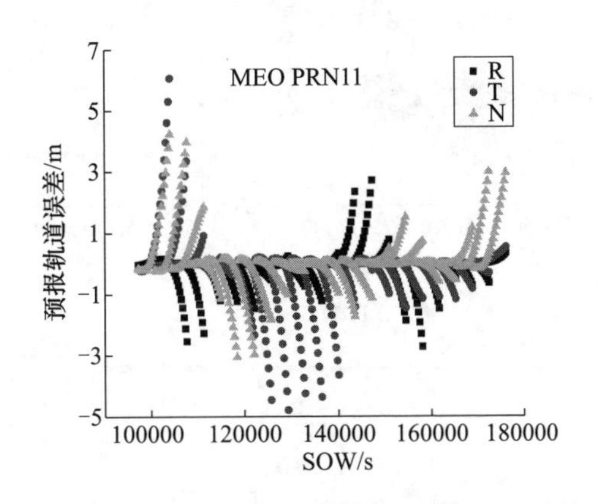

图 4.28　14 参数与 18 参数预报轨道误差(见彩图)

从图中可以得出:与 18 参数星历相比,采用 14 参数星历进行轨道拟合,拟合残差由原先的 0.1m 增大到最大 0.7m 左右。采用 14 参数星历进行轨道计算,拟合弧段外轨道误差增大非常迅速,外推 1h 误报误差可达到 6m,效果不十分理想。由此可见,完全不考虑星历参数先验信息,简单通过直接减少估计星历参数数量的方法不可取。

4）自主导航星历快速拟合算法

自主导航轨道确定,受到星间链路相对测量体制影响,缺少空间基准,存在星座整体旋转问题。为解决该问题星上需要上注卫星长期预报轨道,时长 60 天。可以认为长期预报轨道在一定程度上反映了真实轨道的轨道特征。如果能够有效利用预报轨道信息,将对提高星历拟合算法效率有益。由此针对自主导航这一已有特点,本书提出的星上快速星历拟合算法实现步骤如下:

(1) 将长期预报轨道通过 18 参数星历拟合算法拟合为长期预报星历形式,替代原有位置、速度形式的长期预报轨道上注卫星。

(2) 在星上进行星历拟合计算时仅解算部分星历参数,其余参数直接固定于上注的长期预报星历。通过减少未知参数的数量,减少矩阵运算量。

（3）固定参数所引起的残余误差通过星历参数间的相关性吸收。

采用上述方法首先需要对卫星轨道长期预报精度进行分析。本书采用武汉大学IGS分析中心2014年1月15日—2014年3月18日共63天的后处理精密sp3标准轨道作为输入，利用Bernese软件进行了轨道拟合与预报。GEO PRN04、IGSO PRN06、MEO PRN11卫星60天拟合预报精度如图4.29所示。预报轨道T方向误差最大，可达千米量级。

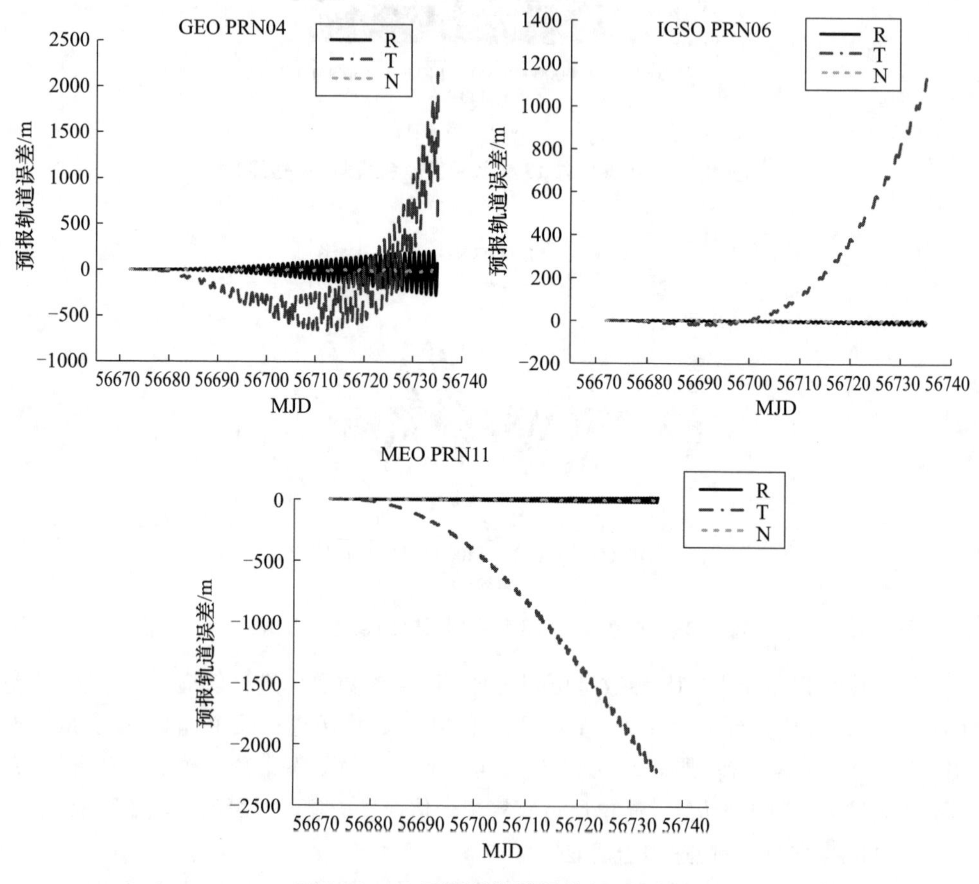

图4.29　60天预报轨道误差（见彩图）

5）顾及先验信息的星历参数变化量级分析

为分析长期预报轨道星历参数变化量及影响，本书以北斗MEO PRN11卫星为例，将长期预报轨道与标准轨道均采用18参数星历模型进行60天4h拟合弧段1h滑动窗口的星历拟合，生成两组星历拟合结果，简称长期预报星历和精密星历。将两组拟合结果作差，各星历参数差异统计结果如表4.7所列。

由于表4.7中各星历参数单位不统一，为评价各参数差异大小，现将各参数统计结果统一换算为m单位，在换算时各参数取均值和标准差绝对值较大的一组为准。

其中速度项按1h漂移量计算，卫星轨道半长轴以广播星历参考值27906100m为准。结果记录于表4.7“影响”一栏中。

由表4.7中结果，对轨道精度影响量级在0.5m左右的参数包括Δn、$\dot{\Omega}$、$\dot{i}$、C_{uc}、C_{us}、C_{rc}、C_{rs}、C_{ic}、C_{is}。

表4.7 MEO标准轨道与长期预报轨道18参数星历参数互差统计（单位：m）

轨道参数	标准差	均值	影响	轨道参数	标准差	均值	影响
δA/m	1.45	-2.05	2.05	C_{uc}/π	3.97×10^{-9}	5.11×10^{-11}	0.34
e	8.15×10^{-8}	6.50×10^{-8}	2.27	C_{us}/π	3.82×10^{-9}	8.76×10^{-11}	0.33
i_0/π	1.35×10^{-8}	-2.16×10^{-8}	1.89	C_{rc}/m	0.28	-0.01	0.28
Ω_0/π	1.33×10^{-8}	-1.46×10^{-8}	1.27	C_{rs}/m	0.29	-0.01	0.29
ω_0/π	2.35×10^{-5}	-3.02×10^{-5}	2647.62	C_{ic}/π	2.58×10^{-9}	8.64×10^{-11}	0.22
M_0/π	3.06×10^{-5}	3.87×10^{-5}	3392.81	C_{is}/π	1.85×10^{-9}	6.67×10^{-11}	0.16
$\Delta n/(\pi/\mathrm{s})$	1.21×10^{-12}	-8.86×10^{-14}	0.38	$\dot{A}/(\mathrm{m/s})$	2.52×10^{-4}	1.27×10^{-5}	0.90
$\dot{\Omega}/(\pi/\mathrm{s})$	1.72×10^{-12}	-1.94×10^{-14}	0.54	$\Delta\dot{n}/(\mathrm{rad/s^2})$	2.55×10^{-15}	-1.43×10^{-16}	0.91
$\dot{i}/(\pi/\mathrm{s})$	7.39×10^{-13}	2.84×10^{-14}	0.23				

6）固定部分参数的星历快速拟合算法

基于以上分析，在利用标准轨道进行精密星历拟合时，不解算Δn、$\dot{\Omega}$、$\dot{i}$、C_{uc}、C_{us}、C_{rc}、C_{rs}、C_{ic}、C_{is}参数，而是将参数值直接固定于长期预报星历中对应参数的已知值，星历拟合残差应在0.5m左右。另外，考虑$\dot{A}$与$\Delta\dot{n}$参数为18参数新增参数，由于$\dot{A}$与δA近似线性相关，$\Delta\dot{n}$与Δn近似线性相关，虽然$\dot{A}$与$\Delta\dot{n}$参数的影响达到了0.9m，但在拟合弧段不长时，将$\dot{A}$与$\Delta\dot{n}$参数采用长期预报星历结果进行固定的残差可由δA、Δn参数吸收。因此本书考虑固定$\dot{A}$与$\Delta\dot{n}$参数，转而估计δA与Δn参数。也就是虽然Δn参数的影响量级较小，但为了吸收$\Delta\dot{n}$参数的影响，Δn参数将作为$\Delta\dot{n}$参数的替代参数参与计算。综合考虑以上因素，这里最终采用固定$\dot{\Omega}$、$\dot{i}$、C_{uc}、C_{us}、C_{rc}、C_{rs}、C_{ic}、C_{is}、$\dot{A}$、$\Delta\dot{n}$共10参数，仅解算δA、e、i_0、Ω_0、ω_0、M_0、Δn 7参数的星历快速拟合算法。

各星历参数间存在一定的相关性，如表达轨道面形状及其变化的参数δA、e、ω_0、M_0、C_{rs}、C_{rc}、C_{us}、C_{uc}、$\dot{A}$、$\Delta\dot{n}$之间强相关，表达轨道面定向及其变化的参数i_0、Ω_0、C_{ic}、C_{is}、$\dot{i}$、$\dot{\Omega}$之间强相关。由此固定参数所造成的残余误差以及表4.7中$\dot{A}$与$\Delta\dot{n}$对应的0.90m、0.91m误差，受参数间相关性影响，会被其他参数吸收。由此采用参数固定方法的拟合误差还将小于前面分析中的0.5m。

7）试验验证

为验证上述固定部分参数的星历快速拟合算法，本书取60天最末一天的标准轨道与长期预报轨道对北斗 GEO PRN04、IGSO PRN06、MEO PRN11 三类卫星进行了试验验证。试验步骤为：首先将长期预报轨道进行 4h 弧段 1h 滑动窗口的 18 参数星历拟合（GEO 卫星采用 6h 弧段）。然后，在标准轨道星历拟合时，与长期预报轨道星历拟合选用相同的时间弧段，仅解算 δA、e、i_0、Ω_0、ω_0、M_0、Δn 参数，对 $\dot{\Omega}$、$\dot{i}$、C_{uc}、C_{us}、C_{rc}、C_{rs}、C_{ic}、C_{is}、$\dot{A}$ 以及 $\Delta\dot{n}$ 参数直接读取长期预报星历参数作为已知值参与计算。最后直接采用标准轨道进行 18 参数星历拟合，与固定部分参数的星历快速拟合算法结果进行比对。IGSO、MEO 卫星各自进行 21 组，GEO 卫星进行 19 组星历拟合的拟合残差如图 4.30 所示。其中红色标识表示 18 参数星历拟合残差，黑色标识表示固定部分参数法拟合残差。

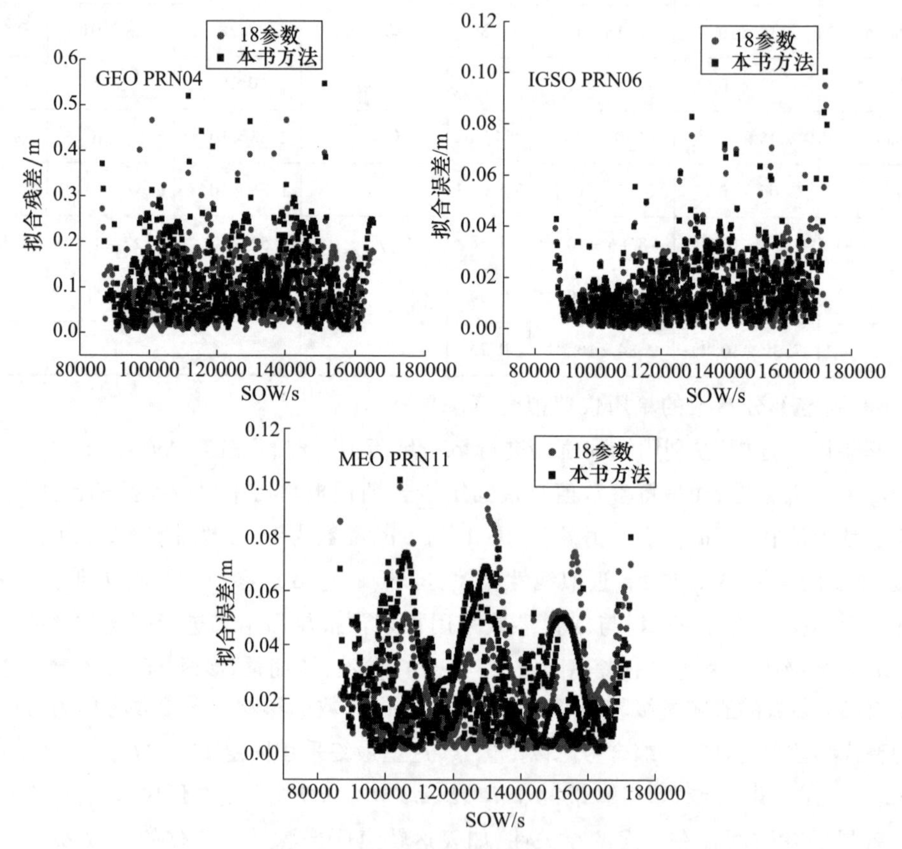

图 4.30 固定部分参数法与 18 参数星历拟合残差（见彩图）

图 4.30 中由于 GEO 卫星标准轨道精度相对较低，星历拟合残差较大，在 0.5m 左右。但固定部分参数法拟合残差与标准轨道 18 参数星历拟合残差达到同一水平。IGSO、MEO 固定部分参数法拟合残差最大在 0.1m 左右。

图 4.31 为将固定部分参数法拟合星历与 18 参数拟合星历各预报了 2h 的轨道互比结果。与 18 参星历相比，固定部分参数的快速星历拟合法在完全外推部分，轨

道精度下降速度较快,但外推 1h 也可以保证 0.1m 以内的互差,因此本书提出的固定部分参数法实现了 8 参数星历拟合,试验验证效果较为理想。

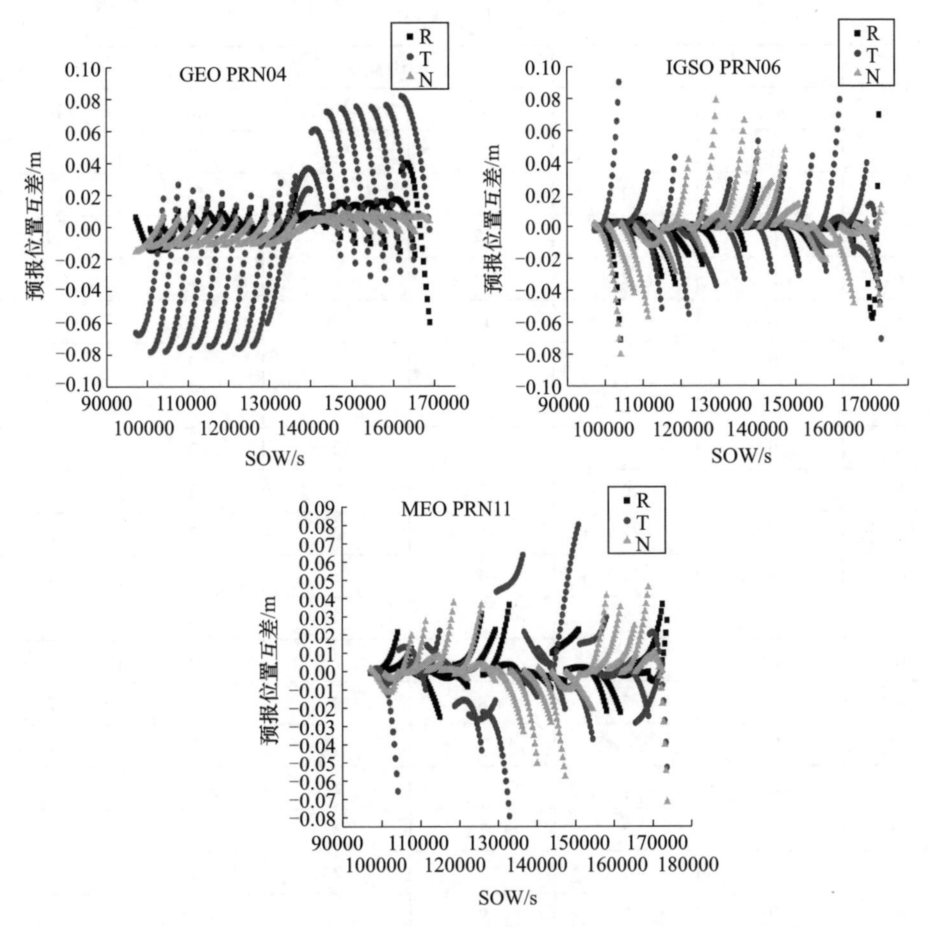

图 4.31　固定部分参数法与 18 参数星历预报轨道互差(见彩图)

从计算量方面考虑,与 18 参星历拟合相比,固定部分参数法矩阵求逆计算量仅为原来的 1/6。另外,若长期预报轨道以 18 参数星历的格式上注,则以长期预报轨道 15min 为一组,18 参数星历 2h 上注一组为例,上注信息量下降了 2/3。

8)星历迭代初值选择策略

在星历拟合中,影响计算量的另一重要因素是星历拟合的迭代次数。常规算法中星历拟合的初值是由参考时刻卫星在惯性系中的位置速度参量计算而来的,即开普勒 6 个轨道根数,而其他 9 个摄动修正参数设置为零。由此方法进行一天 4h 弧段三类卫星 18 参数星历拟合,迭代次数如表 4.8 所列。GEO 卫星迭代次数最高,在 10 次左右。IGSO 卫星迭代次数次之,在 4 ~ 14 次之间。MEO 卫星迭代次数最少,为 2 次。

为了降低迭代次数,这里以长期预报星历参数作为初值,并采用固定部分参数法固定非解算参数，则三类卫星迭代次数均降低为2次。这对GEO、IGSO卫星而言，计算量下降到仅为原来的1/5。

表4.8 星历拟合迭代次数

弧段	GEO		IGSO		MEO	
	标准	本文	标准	本文	标准	本文
1	9	2	10	2	2	2
2	10	2	14	2	2	2
3	10	2	12	2	2	2
4	10	2	11	2	2	2
5	10	2	11	2	2	2
6	10	2	10	2	2	2
7	10	2	10	2	2	2
8	10	2	10	2	2	2
9	10	2	9	2	2	2
10	10	2	8	2	2	2
11	10	2	4	2	2	2
12	10	2	7	2	2	2
13	10	2	8	2	2	2
14	10	2	8	2	2	2
15	10	2	7	2	2	2
16	10	2	4	2	2	2
17	10	2	7	2	2	2
18	10	2	8	2	2	2
19	10	2	9	2	2	2
20	10	2	9	2	2	2
21	10	2	9	2	2	2

9）本节结论

本书以降低星历拟合星载运算量为目标，以减少星历拟合期间解算参数个数为手段，首先分析了标准星历参数对卫星位置的影响，指出单纯降低星历参数个数会造成星历拟合及预报精度的严重下降，是不可取的。由此利用北斗卫星自主导航需要上注长期星历的特点，通过分析标准轨道与长期预报轨道18参星历参数互差，确定了影响相对较小的10个参数，并在此基础上提出了将该10个星历参数固定于长期预报星历已知值，仅解算其余7个参数的星载快速星历拟合算法。指出固定部分星历参数所引起的残余误差可利用星历参数之间的相关性由解算的7个参数吸收。通过试验验证证明，本书提出的星载星历快速拟合算法可达到与18参星历同等的拟合

精度。主要结论如下：

(1) 固定部分参数的星历快速拟合算法可实现 MEO/IGSO 卫星 0.1m、GEO 卫星 0.5m 的星历拟合及预报精度。

(2) 在仅解算 7 参数的情况下,矩阵求逆运算量与 18 参数拟合算法相比仅为原来的 1/6。

(3) 若长期预报轨道以 18 参数星历的格式上注,上注信息量仅为原来的 1/3。

(4) 以长期预报星历参数为初值,可有效降低 GEO、IGSO 卫星星历拟合的迭代次数,使计算量仅为原来的 1/5。

4.8.2 基于广播星历参数的集中式运动学定轨

4.8.2.1 设计思路

如前面所述,自主定轨面临的核心问题是如何利用有限的星载数据处理资源以特定的频度更新轨道。通过地面演示验证发现,目前星上处理能力还不足以支持类似地面运控系统采用的全星座集中式最优处理算法,需要采用以损失部分精度为代价的分布式自主定轨算法。然而由于分布式算法与生俱来的缺陷,使得算法的精度提升空间受限。当定轨精度优于 1m 时,即使星间测距观测量精度进一步提高,自主定轨精度也很难有对应的改善。由此,如何在有效降低自主定轨算法运算量的前提下,使得定轨算法能够实现尽可能高的精度,成为重要的研究方向。本节旨在探索自主导航模式下的集中式定轨新算法,尝试将处理精度更高的集中式算法应用于星载处理的可能性。

无论是传统运行模式下有地面运控系统支持的卫星导航还是自主导航,其进行轨道确定的目标都是以广播星历的形式生成产品播发给用户使用。在传统方法中定轨与广播星历拟合是分开进行的,均需要较大的计算量,且对于传统动力学定轨方法而言,无论是集中式还是分布式都需要进行大量的轨道积分计算,考虑到星间优越的测量几何,本书提出了一种新的全星座集中式运动学定轨方法,即利用几何信息对星历参数进行全星座集中式最优估计,将一定弧段内的卫星轨道表达成广播星历的形式,利用星间测距观测量直接拟合星历参数,将轨道确定与星历拟合合并为一步进行,既省略了轨道积分计算,又直接获取广播星历,可有效降低处理的计算量。

考虑到动力学法集中式定轨中,每颗卫星的解算参数为 6 个位置参数或根据精度要求增加 3 ~6 个光压参数,解算参数总数为 6 ~12 个,而完整的广播星历包括 16 参数和 18 参数两种,且以 18 参数最优。如果解算全部星历参数,在参数个数上本书提出的方法不占优势。但参考上一章节的分析结果,依靠自主导航上注的长期预报星历,可采用仅解算广播星历中的部分参数的方式,实现降低解算参数个数的目的。参考星历拟合相关经验,轨道确定弧长设定为 4h。该方法在地固坐标系内进行星历解算,在利用锚固站星地链路观测量进行星座整体旋转控制的条件下,无需上注 EOP 进行坐标转化,减少了通信数传压力[23]。

4.8.2.2 方法原理

星间测距采用双向测量分时观测体制,经过误差修正后,可采用插值或速度归算方法通过时间归化将对向观测的两条链路归算到同一接收时刻,再次经过双向距离归化,可实现距离观测量与时间观测量的分离。本书将归化后获得的收发同时,不含传播时延的距离观测量 $\bar{\rho}$ 作为基本观测量进行集中式运动学定轨。

通过多组星间、星地观测,将长期预报星历作为初值,计算距离观测量的计算值 $\bar{\rho}^{C}$,组成观测方程如下:

$$\boldsymbol{V}=\bar{\boldsymbol{\rho}}-\bar{\boldsymbol{\rho}}^{C}=\begin{bmatrix}\bar{\rho}_{AB}-\bar{\rho}_{AB}^{C}\\ \bar{\rho}_{AD}-\bar{\rho}_{AD}^{C}\\ \bar{\rho}_{BC}-\bar{\rho}_{BC}^{C}\\ \bar{\rho}_{AD}-\bar{\rho}_{AD}^{C}\\ \cdots\end{bmatrix}=\boldsymbol{HX}+\boldsymbol{\varepsilon}=\boldsymbol{H}\begin{bmatrix}(\delta A,e,i_0,\Omega_0,\omega_0,M_0)_A\\ (\delta A,e,i_0,\Omega_0,\omega_0,M_0)_B\\ (\delta A,e,i_0,\Omega_0,\omega_0,M_0)_C\\ (\delta A,e,i_0,\Omega_0,\omega_0,M_0)_D\\ \cdots\end{bmatrix}+\boldsymbol{\varepsilon} \tag{4.147}$$

式中:$\boldsymbol{X}$ 为待估参数,即18参数广播星历中的6个轨道根数($\delta A,e,i_0,\Omega_0,\omega_0,M_0$);$\boldsymbol{H}$ 为设计矩阵,其形式如式(4.147)。对星间链路,$\boldsymbol{H}$ 每一行包含两个子矩阵,分别对应该组观测值建链的两颗卫星,其余位置为0。若为星地锚固站链路,$\boldsymbol{H}$ 每一行仅包含一个子矩阵,即对地测量卫星所对应的矩阵。锚固站坐标设定为已知值,不进行解算。

以 R_{AB} 为例,计算公式见式(4.148)。该式由两部分组成:第一部分为距离观测量对卫星位置 X、Y、Z 的偏导数;第二部分为卫星位置对广播星历轨道根数的偏导数,第二部分的计算公式详见4.7.1节。

$$\boldsymbol{H}=\begin{bmatrix}R_{AB}&R_{BA}&0&0&\cdots\\ R_{AD}&0&0&R_{DA}&\cdots\\ 0&R_{BC}&R_{CB}&0&\cdots\\ R_{AD}&0&0&R_{DA}&\cdots\\ \cdots&\cdots&\cdots&\cdots&\cdots\end{bmatrix} \tag{4.148}$$

$$\boldsymbol{R}=\begin{bmatrix}\dfrac{X_A-X_B}{\rho}&\dfrac{Y_A-Y_B}{\rho}&\dfrac{Z_A-Z_B}{\rho}\end{bmatrix}\begin{bmatrix}\dfrac{\partial X}{\partial\delta A}&\dfrac{\partial X}{\partial e}&\dfrac{\partial X}{\partial i_0}&\dfrac{\partial X}{\Omega_0}&\dfrac{\partial X}{\partial\omega_0}&\dfrac{\partial X}{\partial M_0}\\ \dfrac{\partial Y}{\partial\delta A}&\dfrac{\partial Y}{\partial e}&\dfrac{\partial Y}{\partial i_0}&\dfrac{\partial Y}{\Omega_0}&\dfrac{\partial Y}{\partial\omega_0}&\dfrac{\partial Y}{\partial M_0}\\ \dfrac{\partial Z}{\partial\delta A}&\dfrac{\partial Z}{\partial e}&\dfrac{\partial Z}{\partial i_0}&\dfrac{\partial Z}{\Omega_0}&\dfrac{\partial Z}{\partial\omega_0}&\dfrac{\partial Z}{\partial M_0}\end{bmatrix} \tag{4.149}$$

由以上计算公式,采用4h弧段星间链路和星地锚固站观测数据和最小二乘最优估计,即可获得18参数星历估计结果。由于GEO卫星星历需要旋转55°,作为方法讨论,本书尚不对该类卫星进行分析,GEO卫星可在MEO卫星定轨后单独处理,或

考虑将所有卫星星历均旋转55°，定轨完成后再将MEO旋转回地固系进行播发。

4.8.2.3　试验验证

1）采用数据情况

试验验证中采用了由24颗MEO卫星构成的Walker24/3/2星座。轨道高度为21528km，倾角为55°，偏心率为0.006。星间链路采用UHF测量体制，卫星波束扫描范围为15～60°。锚固站3个，分别设定在北京、西安、喀什，星地建链地面截止高度角为25°。仿真时长60天，采样频度为1min。对自主定轨结果的评估，采用仿真时的理论轨道作为真值进行分析。

2）长期预报星历误差影响分析

由于本书提出的算法采用了部分长期预报星历参数作为已知值，由此长期预报星历精度直接影响定轨解算结果。根据常规处理经验，动力学定轨光压参数解算精度在2%～10%之间，由此这里设计了两组数据，即在原始精确轨道的基础上加入2%、10%的光压误差，外推60天进行星历拟合，获得长期预报星历。两组数据同样加入0.1m测量误差，采用一个锚固站（北京）支持，采样率设定为5min，定轨弧长选用4h。对比计算中采用滑动窗口模式，每小时计算1次，60天数据弧段内，共计算了1436组。图4.32给出了10%光压误差情况下PRN09卫星1436组URE统计结果。图4.33、图4.34给出了两组结果按卫星统计的URE和位置误差。

由图中计算结果，与传统方法中采用长期预报轨道进行定向参数（i_0、Ω_0）约束的滤波解算方法相比，本算法各次计算之间相对独立，虽然引用了长期预报星历，但由于引用的参数是对轨道影响量级较小的摄动参数。通过前面分析，其对轨道的影响小于0.5m。由此没有出现定轨结果随时间误差增大的现象。与2%光压误差相比，加入10%光压误差使URE增大了0.25m，位置增大了0.7m，但均满足设计要求，定轨精度良好。

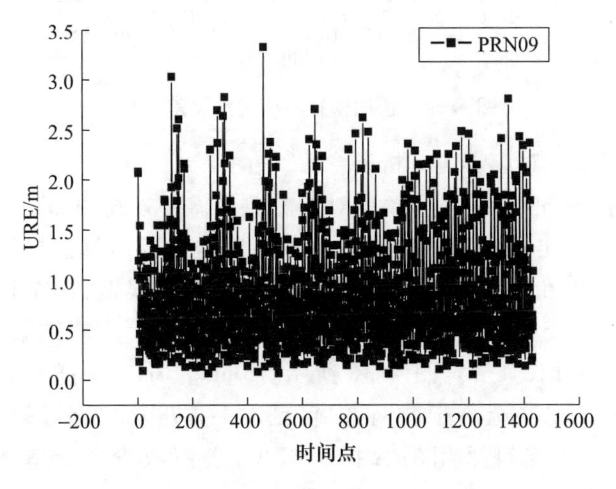

图4.32　10%光压各计算时间点URE结果

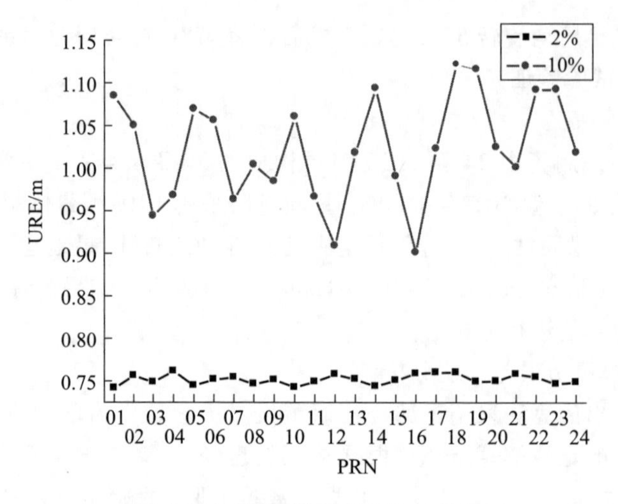

图 4.33 长期预报星历 URE 分析

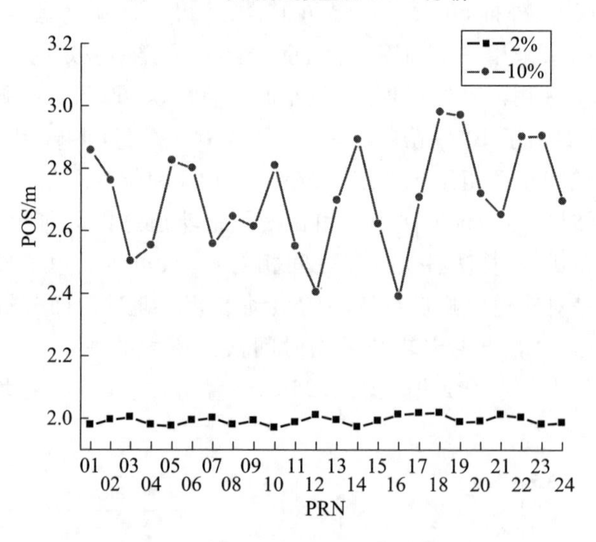

图 4.34 长期预报星历位置误差分析

3）定轨数据采样频度影响分析

定轨时采用较高的数据采样频度对应着卫星需要较高的测量频度及数据处理频度，由此对卫星提出了较高的要求。为了验证本书提出算法在定轨数据采样频度方面的优势，这里在加入 10% 光压误差，0.1m 测量误差，一个锚固站支持情况下，将采样率设定为 5min、10min、20min，对比计算了 3 组定轨结果，URE 及位置误差按卫星统计结果如图 4.35、图 4.36 所示。5min、10min 采样计算统计结果几乎相同，20min 采样结果甚至高于前两者，可见本书提出算法无需较高的采样频度，且降低采样频度，即定轨采用的数据量减少，进而减少了计算量，提高了解算速度。

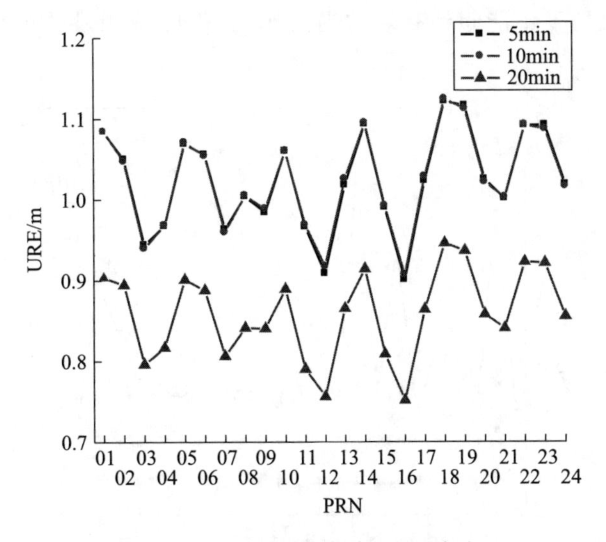

图4.35　不同采样频度URE统计

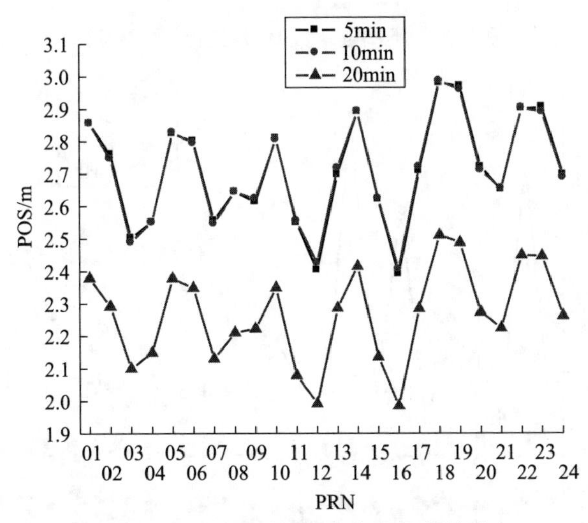

图4.36　不同采样频度位置误差统计

4）链路数量影响分析

定轨所需的链路数越多，对星间链路测量的需求越高。这里在10%光压误差，0.1m测量误差，20min数据采样间隔，一个锚固站支持下，计算了4种链路拓扑，单星链路数分别为3、4、8和UHF链路（约为15）。计算结果URE和位置统计见图4.37、图4.38。其中3链路方案即单星保留两条同轨和一条异轨链路。3链路方案在一个锚固站支持下无法完成定轨，由此图4.37、图4.38中的结果为将锚固站增加至3个的结果。由图中可以看出，4链路+1锚固下定轨精度较低，是本算法链路数的下限，8链路与UHF链路结果基本类似，即当链路数增大到一定程度，再增加链路数对定轨精度不能起到有效的提高作用，仅能从测量的可靠性上分析其必要性。

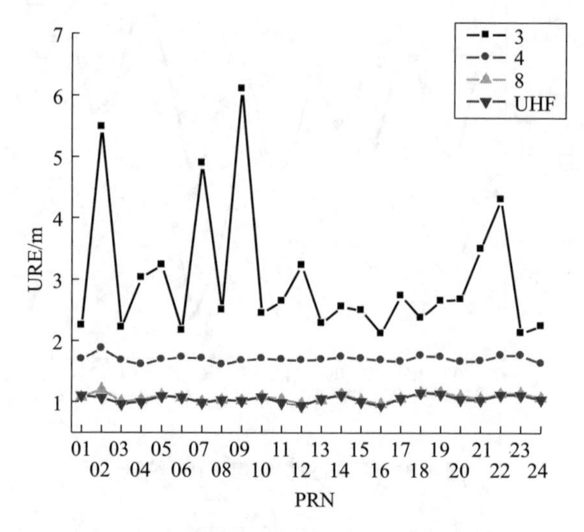

图 4.37 不同链路数 URE 统计（见彩图）

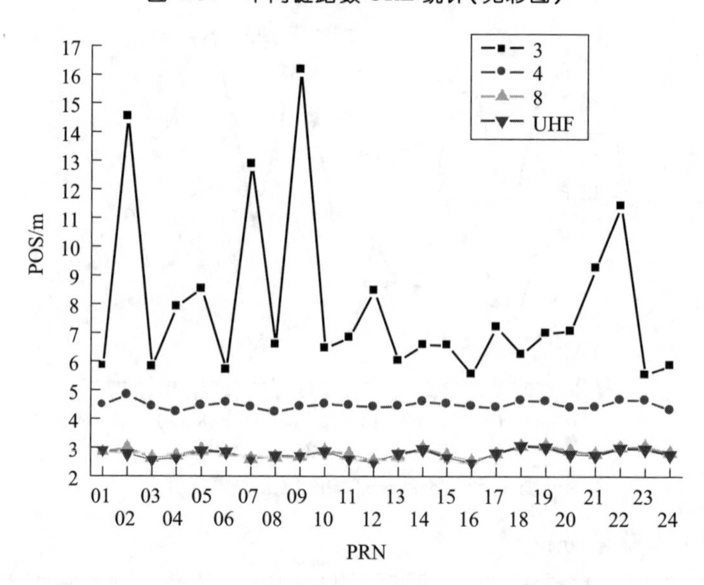

图 4.38 不同链路数位置误差统计（见彩图）

5）锚固站个数影响分析

为分析锚固站个数对定轨精度的影响，这里在加入 10% 光压误差，0.1m 测量误差，采样间隔取为 20min，UHF 测量体制下，对比了 1 个锚固站与 3 个锚固站的定轨精度。URE 及位置误差统计见图 4.39 和图 4.40。对比上节结果，虽然当链路数达到一定程度，增加星间链路已无法进一步提高定轨精度，但增加锚固站在控制星座旋转方面还是起到了一定的作用，将1个锚固站增加到3个，URE及位置精度分别提高了0.2m和0.5m。

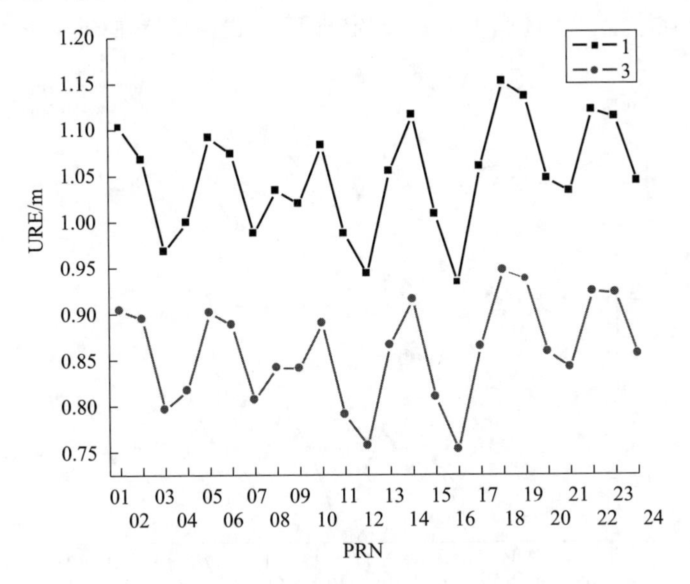

图4.39 不同锚固站数URE统计

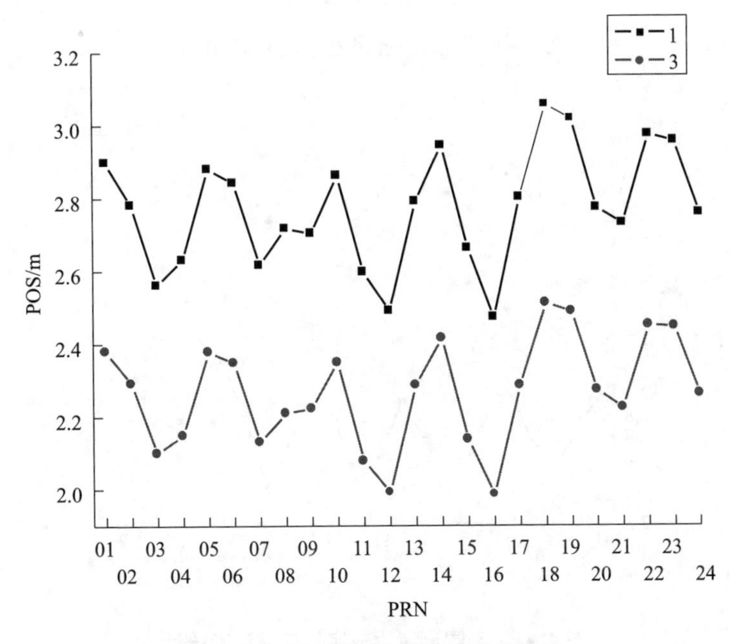

图4.40 不同锚固站数位置误差统计

6）测量误差影响分析

为分析测量误差对定轨精度的影响，这里在加入10%光压误差，1个锚固站，

20min 数据采样间隔，UHF 测量体制下，将星间链路测量误差分别设定为 0.1m、0.5m，进行定轨比对计算，结果如图 4.41 和图 4.42 所示。增加测量误差使 URE 及位置误差分别增大了 0.4m 和 1.1m。但定轨 URE 也均保持在 3m 以内。

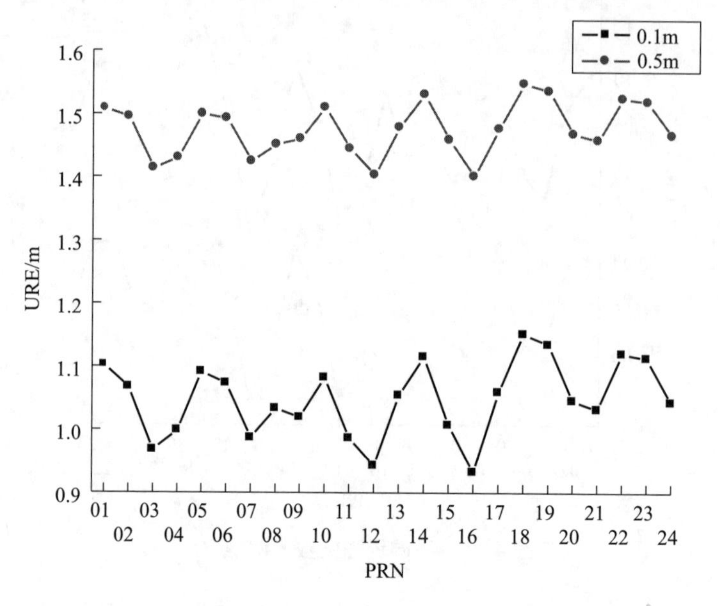

图 4.41　不同测量误差定轨 URE 统计

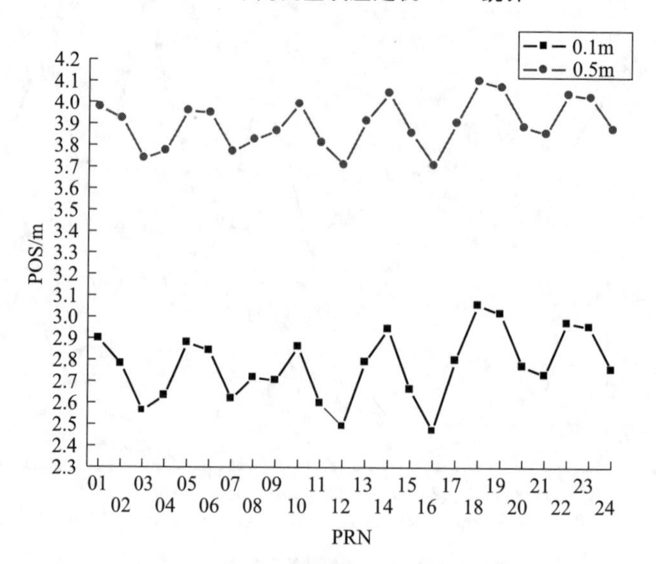

图 4.42　不同测量误差定轨位置误差统计

4.8.2.4　小结

（1）本章针对卫星自主导航体制，提出了一种以卫星长期预报星历为基础，以广播星历参数为变量，由观测数据直接获取广播星历修正结果的集中式运动学定轨方

法,该方法无需轨道积分运算,将定轨与星历拟合合并为一步进行,降低了数据处理计算量,为集中式定轨方法应用于星载处理提供了可能。

（2）该方法直接在地固系下进行轨道计算,不再进行惯性系与地固系间的坐标转换,由此无需注入高精度 EOP 预报参数,而锚固站设计可以起到固定空间基准作用。在一定程度上降低了星地数传的压力。

（3）与传统依靠长期预报轨道约束星座整体旋转的方法相比,该方法仅引用了长期预报星历中对轨道影响量级较小的轨道长期变化率参数和短周期变化参数,定轨结果没有随时间逐渐增大的现象。

（4）该方法在现有卫星轨道 60 天长期预报精度条件下,可满足 URE 1m、位置 3m 的定轨精度。

（5）该方法在 4h 弧段内可将数据采样间隔放宽至 20min,有效降低了自主导航对星间链路测量频度及数据处理频度的要求。

（6）该方法最低链路要求为单星 4 链路 +1 个锚固站。增加锚固站数量可在一定程度上提高星座整体旋转的控制能力。

（7）该方法对星间链路测量误差的上限为 0.5m。在该测量精度下,定轨位置误差将达到 4m,URE 为 3m。

参考文献

[1] 宋小勇. 北斗导航卫星精密定轨技术研究[D]. 西安:长安大学,2009.

[2] MONTENBRUCK O,GILL E. Satellite orbits models,methods,applications[M]. Berlin Heidelberg: Springer-Verlag,2000.

[3] MCCARTHY D D,PETIT G. IERS Conversions(2003): IERS technical note 32[M]. Frankfurt am Main: Verlag des Bundesamts für Kartographie und Geodäsie,2004.

[4] 秋宏兴. 多星精密定轨技术研究[D]. 北京: 中国科学院研究生院,2007.

[5] 赵齐乐. GPS 导航星座及低轨卫星的精密定轨理论和软件研究[D]. 武汉:武汉大学,2004.

[6] FLIEGEL H F,GALLINI T E,et al. Global positioning system radiation force model for geodetic applications [J]. Geophysical Research Letters,1992,97(B1): 559-568.

[7] 朗鲍 H. GPS 在大地测量和地球动力学中的应用[D]. 冯万营,译. 西安: 西安测绘研究所,1990.

[8] BAR-SEVER Y E. New and improved solar radiation models for GPS satellites based on flight data [R]. Pa-sadena California:Final Report of Air Force Material Command Space and Missile Systems Center,1997.

[9] SPRINGER T A. Modeling and validating orbits and clocks using the global positioning system [D]. Bern: Astronomical Institute of University Bern,1999.

[10] 刘林. 人造地球卫星轨道力学[M]. 北京: 高等教育出版社,1992.

[11] 宋小勇,毛悦,冯来平,等. BD 卫星星间链路定轨结果及分析[J]. 测绘学报,2017,46(5):

547-553.

[12] FERNÁNDEZ F A. Inter- satellite ranging and inter- satellite communication links for enhancing GNSS satellite broadcast navigation data[J]. Advances in Space Research,2011(47):786-801.

[13] ANANDA M P,BERNSTEIN H,CUNNINGHAM W A,et al. Global positioning system(GPS) autonomous navigation [C]//Location and Navigation Symposium. In proceedings of IEEE Position. Las Vegas,Nevada,March 20-23,1990: 497-508.

[14] RAJAN J A,BRODIE P,RAWICZ H. Modernizing GPS autonomous navigation with anchor capability[C]//ION GPS/GNSS 2003,Portland,Sept. 9-12,2003: 1534-1542.

[15] RAJAN J. Hightlights of GPS Ⅱ-R Autonomous Navigation[C]//The ION 58th Annual Meeting and the CIGTF 21st Guidance Test Symposium,Albuquerque,NM,June 24-26,2002:354-363.

[16] MENN M D,BERNSTEIN H. Ephemeris observability issues in the global positioning system(GPS) autonomous navigation (AUTONAV)[J]. IEEE,1994(94): 677-680.

[17] YANG Y XI,GUO C X,LIU N,et al. Datum and quality control for synthetic adjustment of absolute and relative gravity networks[J]. Engineering of Surveying and Mapping,2001,10(2): 11-19.

[18] REN X,YANG Y X,ZHU J,et al. Orbit determination of the next-generation BeiDou satellites with intersatellite link measurements and a priori orbit constraints[J]. Advances in Space Research, 2017(60): 2155-2165.

[19] IGNATOVICH E I,SCHEKUTIEV A F,et al. Results of imitating tests of some versions of onboard algorithms for SC GLONASS intersatellite measurement processing[C]//15th Saint Petersburg International Conference on Integrated Navigation Systems, Saint Petersburg, Russia, May 26 - 28, 2008: 348-355.

[20] ABUSALI P A. ,TAPLEY B D,SCHUTZ B E. Autonomous navigation of global positioning system satellites using cross-link measurements[J]. Journal of Guidance,Control,and Dynamics,1998,21(2): 321-327.

[21] 杨元喜,任夏. 自主卫星导航的空间基准维持[J]. 武汉大学学报(信息科学版),2018,43(12):1780-1787.

[22] 毛悦,宋小勇,胡小工. 自主导航星上快速星历拟合算法研究[J]. 测绘科学,2017,42(8):1-7.

[23] 毛悦,胡小工,宋小勇,等. 基于广播星历参数的卫星自主导航算法[J]. 中国科学:物理学 力学 天文学,2015,45(7):P079512.

第5章　自主时间同步技术

导航卫星自主时间同步是指导航卫星利用星间、星地观测数据通过星载数据处理自主实现卫星之间相对钟差确定的过程。采用伪码测距体制的导航卫星是通过时间测量实现距离测量的，星间时间同步精度直接影响距离测距精度。本章从导航卫星钟差确定原理、自主时间基准维持以及自主时间同步算法三方面简单介绍自主时间同步技术。

5.1　导航卫星钟差

5.1.1　卫星钟差解算

卫星导航实质上是通过实时测量用户与位置已知的卫星之间距离实现导航定位与授时的。因此，如何精确测量用户与卫星之间的位置成为卫星导航技术实现的关键之一。现有卫星导航系统大多利用L频段伪码或载波相位测距方式，即通过测量卫星发射信号时刻与用户接收时刻之间的时差确定星地距离。采用这种测距方式时，信号源时刻误差直接就映射为测距误差。为此，要获取精确的测距观测量，需要每颗卫星的信号发射时刻准确已知，同时卫星与地面之间的信号发射时间起算点保持严格统一，为此，要求导航卫星具有高精度的时间频率信号源，同时该信号源与地面信号源时间基准相同。现阶段，导航卫星的信号发射是利用星载高精度原子钟驱动的，实测获取的信号发射时刻为星载原子钟物理钟面时，卫星物理钟面时与地面准确时频中心系统时之间的误差称为卫星钟差，采用广播星历钟差参数形式播发给用户，用户综合利用原子钟物理钟面时和广播钟差参数可得到准确统一的钟面时。综合利用星间/星地观测量确定星载原子钟差参数的过程即为时间同步过程，时间同步精度是影响用户测距精度和授时精度的主要因素。

在卫星导航系统常规运行控制模式下，主要通过地面运行控制系统完成全星座时间同步。地面运控系统收集地面监测站对卫星跟踪观测数据，进行精密定轨和时间同步数据处理，以地面原子钟组维持的时间作为卫星导航系统时间，以系统时间为基准，确定每颗卫星星载原子钟在测量时刻相对系统时间的钟差，组合多个测量时刻钟差，对每颗卫星钟差时间序列采用二阶多项式模型进行建模，形成广播星历卫星钟差参数并上注到卫星，用户利用卫星播发的广播星历参数对其原子钟钟面时进行修正，实现卫星钟之间时间同步。卫星钟差确定原理如下：

地面监测站接收到的卫星伪距及载波相位观测方程为

$$P_i^j = \rho^j + c(\mathrm{d}t_r - \mathrm{d}t_s^j) + d_{\mathrm{trop}}^j + d_{\mathrm{ion}}^j + d_{\mathrm{rel}}^j + d_{\mathrm{tides}} + d_{\mathrm{hd}(i,r)} + d_{\mathrm{hd}(i,s)}^j + d_{\mathrm{ant,s}}^j + d_{\mathrm{ant,r}} + M_{i,P}^j + \varepsilon_{i,P}^j \tag{5.1}$$

$$\Phi_i^j = \rho^j + c(\mathrm{d}t_r - \mathrm{d}t_s^j) + d_{\mathrm{trop}}^j + d_{\mathrm{ion}}^j + d_{\mathrm{rel}}^j + d_{\mathrm{tides}} + d_{\mathrm{windup}} + d_{\mathrm{hd}(i,r)} + d_{\mathrm{hd}(i,s)}^j + d_{\mathrm{ant,s}}^j + d_{\mathrm{ant,r}} + M_{i,\Phi}^j + \lambda_i(\varphi_{r,0} - \varphi_{s,0}) + N_i^j\lambda_i + \varepsilon_{i,\Phi}^j \tag{5.2}$$

式中：P_i^j为伪距观测量(m)，i表示不同频率($i=1,2,3$)，j表示不同卫星号；Φ_i^j为载波相位观测量(m)；ρ^j为信号发射时刻的卫星位置$\boldsymbol{r}_s$到信号接收时刻的接收机天线位置$\boldsymbol{r}_r$间的几何距离(m)，$\rho^j = |\boldsymbol{r}_s - \boldsymbol{r}_r|$；$\mathrm{d}t_s^j$、$\mathrm{d}t_r$分别为卫星和接收机的钟差(s)；$\lambda_i$为载波$L_i$波长(m)；$N_i^j$为整周模糊度；$c = 2.99792458 \times 10^8$ m/s为光速；d_{ion}^j为电离层的延迟量(m)；d_{trop}^j为对流层的延迟量(m)；d_{windup}为wind-up延迟量(m)；$d_{\mathrm{ant,s}}^j$、$d_{\mathrm{ant,r}}$分别为卫星和接收机的天线相位中心偏差(m)；d_{rel}^i为相对论效应(m)；d_{tides}为地球固体潮、海潮和极移影响造成的潮汐延迟(m)；$d_{\mathrm{hd}(i,r)}$、$d_{\mathrm{hd}(i,s)}^i$分别为卫星和接收机的硬件延迟(m)；$\varphi_{r,0}$，$\varphi_{s,0}$分别为卫星和接收机的初始相位(<1周)；$M_{i,P}^j$、$M_{i,\Phi}^j$分别为伪距和载波相位受到的多路径效应(m)；$\varepsilon_{i,P}^j$、$\varepsilon_{i,\Phi}^j$分别为伪距、载波相位的观测噪声(m)。

地面运控系统综合利用多个监测站多天伪距及载波相位观测数据，利用坐标已知地面监测站位置参数，采用非差动力学定轨方法，同时解算卫星动力学参数、卫星钟差参数、地面测站钟差参数以及其他大气时延等参数，可得到每次观测瞬间的卫星钟差参数。

需要指出的是，上述伪距及载波相位观测方程中仅包含测站与卫星相对钟差信息，不包含两者绝对钟差信息，即仅采用伪距及载波相位观测量，只能确定测站与卫星之间钟差的相对变化量而不能确定绝对值，此为绝对钟差不可测问题。绝对钟差不可测问题体现在非差观测方程求解过程中，表现为非差观测方程的秩亏性。简单说明如下：假设卫星轨道参数、大气时延参数、载波相位模糊度等参数已知，待解算参数仅包含测站和卫星钟差参数时，观测方程如下：

$$\bar{\boldsymbol{Y}} = \bar{\boldsymbol{H}}\bar{\boldsymbol{X}} + \varepsilon \tag{5.3}$$

式中

$$\bar{\boldsymbol{X}} = \begin{pmatrix} \mathrm{d}t_{r1} \\ \vdots \\ \mathrm{d}t_{rn} \\ \mathrm{d}t_{s1} \\ \vdots \\ \mathrm{d}t_{sn} \end{pmatrix}, \quad \bar{\boldsymbol{H}} = \begin{pmatrix} 1 & \cdots & 0 & -1 & \cdots & 0 \\ 1 & \cdots & 0 & 0 & 0 & -1 \\ \vdots & & \vdots & \vdots & & \vdots \\ 0 & \cdots & 1 & -1 & \cdots & 0 \\ 0 & \cdots & 1 & 0 & \cdots & -1 \end{pmatrix}$$

由上式可见，$\bar{\boldsymbol{H}}$矩阵行矢量之和零，矩阵为列相关矩阵，当采用最小二乘方法解

算上述方程时，对应的法方程为秩亏的，也就是说钟差参数的解不唯一。

分析上述方程 $\bar{\boldsymbol{H}}$ 矩阵结构看出，钟差参数解算结果不唯一的主要原因在于伪距及载波相位观测量仅包含测站与卫星钟差之差信息，如果对所有测站、卫星钟差同时加上或减去一个常量，并不对上述方程结构造成影响。也就是说，仅利用伪距、载波相位观测量同时解算星地钟差时，缺少钟差基准约束信息。

地面运控系统解决上述问题的策略是，将一台地面监测站钟连接到卫星导航系统时频中心的原子频标上，保证监测站钟与时频中心基准时间同步。然后，以该监测站钟作为基准钟，将该测站钟差约束为零，解算其余测站及卫星钟差参数，从而获得全部观测历元的卫星钟差参数。这种方式实质上是通过约束一个测站钟参数(可以包含测站钟差及钟漂参数)来消除钟差解算方程奇异性的。这种方法实施的前提之一是地面有高精度时频中心维持准确时间，前提之二是卫星钟能够直接与地面时频中心之间构建测量链路。对于常规地面运控模式而言，上述两条件较容易实现，而对于卫星自主导航模式而言，前提之二的条件通常较难满足。

5.1.2 卫星钟差参数预报

通过对地面测站伪距或载波相位观测数据的非差综合处理，可得到事后卫星钟差时间序列。事后卫星钟差只能用于事后精密定位，不能用于实时导航，实时导航需要用户实时获取卫星钟差信息。解决实时钟差问题的思路是：利用原子钟频率稳定性好的特点，通过对原子钟差时间序列建模，构建能够准确表征原子钟短期变化特性的函数模型，采用该函数模型能够预报得到用户使用时刻的卫星钟差。通常星载原子钟频率天稳优于 2×10^{-13} 量级，即预报一天，预报钟差误差小于17.28ns，对应引起的测距误差小于5.18m。由此可见，解决导航卫星实时钟差问题的关键是对星载原子钟准确建模。

对星载原子钟建模，需要分析星载原子钟物理特性。关于星载原子钟物理特性的描述我们将在下节详细介绍。本节先简要介绍目前常用的卫星钟预报模型。

与其他随时间变化的物理过程类似，原子钟时差变化可用确定性分量和随机性分量描述。确定性分量描述原子钟变化的主要物理特征，具有固定的函数表达式，而随机性分量通常量级相对较小，反映多种不确定因素的组合影响。确定性分量通常用多项式、三角函数、自回归模型描述，而随机性分量建模则需要依赖原子钟噪声模型分析。

现阶段，包括GPS、GLONASS、BDS等卫星导航系统星载原子钟模型均采用最简单的二次多项式模型。通常，利用采样间隔为5min，时段长度为2～4h卫星钟差时间序列，进行二次多项式拟合，得到多项式系数。拟合得到的二次多项式系数作为广播星历参数的组成部分，通过卫星播发给用户，实现用户实时导航定位。对于导航卫星常用的铯、铷钟而言，二次多项式拟合得到的卫星钟差模型预报24h，误差小于20ns。

5.2 原子钟建模

导航卫星主要载荷是星载原子钟，导航系统各卫星之间导航信号时间系统的一致性主要由星载原子钟和钟差参数来维持。有地面站支持环境下，导航卫星之间的时间同步即钟差确定是借助中心站对星地测距数据的处理来实现的。无地面站支持条件下，为保证导航系统自主运行，必须借助双向星间链路测距等手段实现星间时间同步。依靠后处理获取的星间时间同步信息不能满足实时导航定位需求，为此，必须构建星载原子钟预报模型。如前所述，预报模型构建涉及原子钟确定性分量建模和随机性分量建模。而随机性分量建模则依赖于对原子钟动态噪声的分析。

5.2.1 原子钟随机噪声模型

对原子钟噪声模型的研究在国际上已经持续多年，尽管其噪声物理机制还不完全清楚，但普遍认为原子钟噪声可用五种随机过程噪声来描述，五种噪声在时域中相互独立，总噪声为五种噪声的线性叠加。描述原子钟的五种噪声分别为调相白噪声、调相闪变噪声、调频白噪声、调频闪变噪声及调频随机游走噪声。由于上述噪声的一阶差分在时域是平稳和各态历经的，因此可用阿伦方差描述其变化特性。上述五种噪声的阿伦方差及其对应的功率谱密度如表 5.1[1] 所列。

表 5.1 原子钟谱密度与阿伦方差对应表

噪声类型	功率谱密度（$S_y(f)$）	阿伦方差（σ_y^2）
调相白噪声	$h_2 f^2$	$\frac{3h_2 f_h}{4\pi^2\tau^2}$
调相闪变噪声	$h_1 f$	$h_1\frac{6+3\ln(2\pi f_h\tau)-\ln 2}{4\pi^2\tau^2}$
调频白噪声	h_0	$\frac{h_0}{2\tau}$
调频闪变噪声	h_{-1}/f	$h_{-1}2\ln(2)$
调频随机游走噪声	h_{-2}/f^2	$h_{-2}\frac{4\pi^2\tau}{6}$

表 5.1 中 h_{-2}、h_{-1}、h_0、h_1、h_2 分别为五种噪声参数，f 为傅里叶频率，τ 为采样间隔。

上述噪声模型是构建原子钟动态时间模型的基础。为了模拟原子钟观测数据，我们需要数学仿真上述五种噪声。上述噪声中，除了调频白噪声为随机噪声，可以直接模拟外，其他噪声均为有色噪声，需要借助成形滤波器用白噪声生成。实际上，表 5.1 中谱密度可认为就是对应噪声生成函数的功率谱密度。调相闪变噪声在目前钟差模型中不显著，通常不考虑。利用随机噪声生成四种噪声的公式如下[2]：

$$y_i^{\mathrm{WP}} = \sqrt{\frac{3h_2 f_h}{4\pi^2\tau^2}}(\mathrm{rand}_i - \mathrm{rand}_{i-1}) \tag{5.4}$$

$$y_i^{\mathrm{WF}} = \sqrt{\frac{3h_0}{2\tau}}(\mathrm{rand}_i) \tag{5.5}$$

$$y_i^{\mathrm{RW}} = y_{i-1}^{\mathrm{RW}} + \sqrt{\frac{4h_{-2}\pi^2\tau}{6}} \times 3(\mathrm{rand}_i) \tag{5.6}$$

$$y_i^{\mathrm{FF}} = \sqrt{2\ln(2)h_{-1}} \times \sqrt{5} \times \sum_{k=1}^{i}(i+1-k)^{-2/3}(\mathrm{rand}_k) \tag{5.7}$$

式中：rand_i 为正态分布均值为零、变化幅度小于1的随机数；y_i^{WP} 为调相白噪声；y_i^{WF} 为调频白噪声；y_i^{RW} 为调频随机游走噪声；y_i^{FF} 为调频闪变噪声。已知五种噪声参数 h_{-2}、h_{-1}、h_0、h_1、h_2 和采样间隔 τ，可仿真计算模拟噪声分量。

除调相闪变噪声外，基于上述四种模拟噪声生成钟差时间序列计算公式如下：

$$x_i = x_{i-1} + \tau(y_i^{\mathrm{WP}} + y_i^{\mathrm{WF}} + y_i^{\mathrm{FF}} + y_i^{\mathrm{RW}}) \tag{5.8}$$

5.2.2 原子钟误差确定性分量建模

原子钟确定性分量模型的精度是影响原子钟预报精度的主要因素。自卫星导航技术出现以来，国内外不同学者持续开展了这方面研究工作，并提出了多种建模方法，主要包括多项式模型、灰色模型、滑动自回归模型、神经网络模型以及小波建模方法等。下面就上述几种主要方法的特性进行简单介绍。

5.2.2.1 多项式模型

多项式模型以其简单和高效的特点成为现阶段包括GPS、BDS、Galileo系统等主流卫星导航系统普遍采用的方法。多项式模型的理论依据是：任意连续函数在一定范围内可用多项式连续逼近。对于原子钟模型，由于其频率高度稳定，常采用二阶多项式模型，形式为

$$y(t) = a_0 + a_1(t-t_0) + a_2(t-t_0)^2 + \varepsilon \tag{5.9}$$

式中：a_0 为钟差常数偏差；a_1 为钟频率偏移量；a_2 为频率漂移率。对于铷钟等频率长期漂移率相对较大原子钟，常采用上述形式，而对于铯钟等漂移率相对较小的原子钟，可采用一阶多项式模型。

由于卫星具有周期性轨道，使得卫星工作环境对卫星钟的影响同样具有周期性，进而引起星载原子钟相位变化也具有周期性。这种周期性很难用多项式建模。对于预报时间超过一天的星钟建模，为解决上述问题，通常卫星钟模型除了多项式模型，同时也增加周期函数模型。即具有如下形式：

$$y(t) = a_0 + a_1(t-t_0) + a_2(t-t_0)^2 + \sum_{i=1}^{k} b_i\sin(\omega_i t + \varphi_i) + \varepsilon \tag{5.10}$$

式中：k 为原子钟模型包含的周期分量的数量；ω_i、φ_i 分别为每个周期项对应的角速度分量以及初始相位分量。

上述模型为参数 a_0、a_1、a_2、b_i、ω_i、φ_i 的非线性函数，为采用迭代最小二乘方法解算，需要首先以先验参数为初值，对上述方程进行线性化，然后采用最小二乘估计上述先验值修正量，通过多次迭代计算，逐次逼近周期项。

5.2.2.2 灰色模型

灰色系统模型是由邓聚龙教授于 1982 年提出。该理论主要针对一些同时包含部分明确信息和不明确信息的系统，从控制论出发，借助研究各种因素之间的相关性，用"灰数据映射"方法降低随机影响，发现系统性影响规律，实现系统建模的目的。

灰色系统建模第一步是对原始信息进行预处理，降低随机性因素影响，显现时间序列中的系统性影响。这种预处理通过累加或累减实现。

我们以 GM(1,1)单变量一价微分方程灰色模型为例说明灰色模型原理。该模型实质通过指数函数来构建预处理后的时间序列模型[3]。

假设原始观测序列为 x_i，$i = 0,1,\cdots,n$，经过一次累加，生成新时间序列 x_i^1，其中 $x_i^1 = \sum_{j=0}^{i-1} x_j$，对该序列 x_i^1 建立微分方程：

$$\frac{\mathrm{d}x^1}{\mathrm{d}t} + ax^1 = u \tag{5.11}$$

将上述微分方程用差分方程近似替代，并将时间序列 x_i^1 代入，生成关于参数 a 和 u 的线性方程，并采用最小二乘求解，得到参数 a 和 u 的估计量 $\bar{a}$ 和 $\bar{u}$。随后可得到 x_i^1 预报模型：

$$x_{i+1}^1 = \left[x_i^0 - \frac{\bar{u}}{\bar{a}}\right]e^{-\bar{a}k} + \frac{\bar{u}}{\bar{a}} \tag{5.12}$$

得到 x_i^1 预报参数后，可得到 x_i 预报值。

5.2.2.3 滑动自回归模型

1）自回归滑动平均(ARMA)模型形式

自回归滑动平均(ARMA)是由 Box、Jenkins 创立的一种针对平稳随机时间序列的建模方法，有三种基本类型：自回归模型、滑动平均模型以及自回归滑动平均(ARMA)模型。完整形式如下：

设 x_i，$i=0,\pm 1,\cdots,\pm n$ 为零均值平稳时间序列，则 ARMA 模型为

$$x_n = b_1 x_{n-1} + \cdots + b_p x_{n-p} + \varepsilon_n + a_1 \varepsilon_{n-1} + \cdots + a_q \varepsilon_{n-q} \tag{5.13}$$

式中：$b_1,b_2,\cdots,b_p$ 和 $a_1,a_2,\cdots,a_q$ 分别为模型系数；p、q 分别为滑动平均模型和自回归模型阶数；$\varepsilon_1,\varepsilon_2,\cdots,\varepsilon_n$ 为零均值白噪声。当系数 $b_1,b_2,\cdots,b_p$ 为零时，上述 ARMA 模型退化为自回归模型，时间序列 x_i 可表示为 q 个随机白噪声序列的加权平均。当系数 $a_1,a_2,\cdots,a_q$ 为零时，上述模型退化为滑动平均模型，时间序列 x_i 用当前时刻之前 p 个历元时间序列 $x_{i-1},x_{i-2},\cdots,x_{i-p}$ 线性组合表示，而且这种表示在数据全时段范

围内有效。

如前所述,ARMA 模型可应用的前提条件是时间序列 x_i 为平稳时间序列。但现实条件下待建模的时间序列通常具有一定趋势项或循环特性,并非为平稳序列,为此,需要对原始数据进行预处理,将非平稳时间序列转化为平稳时间序列。

时间序列的平稳化处理通常采用差分法或函数拟合法。如果非平稳时间序列经过 d 阶差分后变为平稳时间序列,则对应可建立 d 阶 ARMA 模型。

对于原子钟时间序列,由于通常钟差趋势项为一阶或二阶线性多项式,因此,通常经过一次或二次差可实现平稳化处理。

2) ARMA 模型阶数确定

(1) 赤池信息准则(AIC)定阶。

经过平稳化处理的时间序列可用 ARMA 模型建模。利用时间序列构建 ARMA 模型的第一步是依据时间序列数据特性合理确定模型的阶数。阶数取值过大可得到较好拟合精度但影响预报精度。ARMA 模型阶数选择通常采用 AIC,AIC 定义的统计量形式如下:

$$\mathrm{AIC} = -2\ln L_x + 2(p+q+1) \tag{5.14}$$

式中:L_x 为采用一定长度时间序列 x_i 估计的似然函数;p、q 为 ARMA 模型阶次。当时间序列 $x_i, i=0, \pm 1, \cdots, \pm n$ 满足高斯分布函数时,似然函数 L_x 具有如下形式:

$$L_x = (2\pi)^{-n/2}(\sigma_0^2\sigma_1^2\cdots\sigma_{n-1}^2)^{-1/2}\exp\left[-\frac{1}{2}\sum_{j=1}^{n}(x_j - \bar{x}_j)^2/\sigma_{j-1}^2\right] \tag{5.15}$$

式中:$\sigma_0, \sigma_1, \cdots, \sigma_{n-1}$ 分别为时间序列 $x_0, x_1, \cdots, x_{n-1}$ 的预报方差;$\bar{x}_0, \bar{x}_1, \cdots, \bar{x}_{n-1}$ 分别为其对应时间序列的均值。当样本总数 n 确定时,忽略常数项,AIC 具有如下近似形式:

$$\mathrm{AIC} = n\ln(\sigma^2) + 2(p+q+1) \tag{5.16}$$

式中:n 为拟合样本数量;σ^2 是利用阶数为 p、q 的 ARMA 模型计算的拟合残差。

(2) 最终预报误差(FPE)准则定阶。

FPE 确定方法是,利用已知样本和一组备选模型阶次拟合一组 ARMA 模型参数,确定一个 ARMA 模型。利用该模型进行预报并计算预报误差,以预报误差最小作为优选模型阶次的依据,确定适合该组样本的最优 ARMA 模型阶次。FPE 准则预测误差估计公式为[4]

$$\mathrm{FPE} = \left[\left(1+\frac{p}{n}\right)/\left(1-\frac{p}{n}\right)\right]\sigma_k^2 \tag{5.17}$$

式中:p 为待识别模型阶次;n 为样本数量;σ_k^2 为预测误差方差。计算公式为

$$\sigma_k^2 = r(0) - \sum_{j=1}^{p} b_j r(j) \tag{5.18}$$

$$r(j) = \frac{1}{n}\sum_{i=0}^{n} x_i x_{i+j} \tag{5.19}$$

式中：b_j 为利用样本数为 n、阶次为 p 的模型计算的模型参数。

上述 FPE 计算公式中，系数$\left(1+\frac{p}{n}\right)\Big/\left(1-\frac{p}{n}\right)$是 p 的单调递增函数，而拟合残差 σ_k^2 随模型阶次 p 增加而减小，对于适当阶次 p，FPE 可取到极小值，此时对应的阶次为最佳拟合阶次。

5.3 集中式时间同步

获取高精度钟差信息是钟差建模前提。钟差参数解算可用集中式或分布式处理方式。利用星间观测资料的集中式时间同步是指借助星间通信技术，将星间或星地观测量集中到一个或几个处理节点上，通过在这些节点上对全部观测数据进行处理，生成卫星或星地之间的时间同步信息，然后通过通信网络将结果分发到各个卫星或地面站的处理方式。

集中式时间同步有以下特点：首先，集中式时间同步以获取星间相对钟差为目标，其处理的基本观测量为包含星间比钟信息的观测量，其处理结果为整网平差后的钟差、钟漂等信息；其次，集中式时间同步将一个测量循环全部观测量集中到一个或几个处理节点上统一处理，理论上可采用全局最优估计方法，处理结果精度相对较高；再次，集中式处理将整网数据集中到单个数据处理单元统一处理，处理器承担的运算量相对较大，对处理器性能要求较高；最后，由于集中式处理需要经过观测数据收集和处理结果分发两个过程，相对而言，数据处理周期依赖于网络数据通信能力和测量拓扑结构，处理实时性较差。

集中式处理可采用整网多历元数据集中处理和单历元集中处理两种模式。顾名思义，单历元集中处理每次的输入数据是同一测量时刻全网星间/星地数据，而多历元集中处理则处理一段时期内整网数据。

5.3.1 集中式时间同步观测方程

如前所述，集中式时间同步处理实质是已知多个时间频率源（原子钟）之间的比钟观测数据，通过优化处理，求解每个频率源钟差信息的过程。频率源之间的比钟观测量近距离可采用时间间隔计数测量或频率直接比对测量，远距离可采用卫星双向时频传递法、GNSS 共视比对测量法等。对于搭载星间链路载荷的卫星导航系统，基于星间双向测量，采用卫星双向时间传递原理，同样可生成卫星之间或星地之间高精度时间比对观测量。下面以 Ka 频段星间链路为例，说明星间比钟观测量生成原理。

如前所述，具有 Ka 星间链路的两颗卫星之间星间双向测距方程为[5]

$$
\begin{aligned}
P_{\mathrm{A}}^{\mathrm{B}}(t_{\mathrm{A}}) = {} & \rho_{\mathrm{A}}^{\mathrm{B}}(t_{\mathrm{A}}+\Delta_{\mathrm{AB}}) + C_{\mathrm{B}}(t_{\mathrm{A}}+\Delta_{\mathrm{AB}}) - C_{\mathrm{A}}(t_{\mathrm{A}}) + \\
& D_{\mathrm{B}}^{\mathrm{R}}(t_{\mathrm{A}}+\Delta_{\mathrm{AB}}) - D_{\mathrm{A}}^{\mathrm{T}}(t_{\mathrm{A}}) + O_{\mathrm{AB}} + \varepsilon_{\mathrm{AB}}
\end{aligned} \tag{5.20}
$$

$$P_{B}^{A}(t_{B}) = \rho_{B}^{A}(t_{B}+\Delta_{BA}) + C_{A}(t_{B}+\Delta_{BA}) - C_{B}(t_{B}) + D_{A}^{R}(t_{B}+\Delta_{BA}) - D_{B}^{T}(t_{B}) + O_{BA} + \varepsilon_{BA} \tag{5.21}$$

式中：P_{A}^{B}、P_{B}^{A} 分别为星间双向观测量；t_{A}、t_{B} 分别为卫星A、B信号名义发射时刻，由星间链路测量路由规划策略确定；ρ_{A}^{B}、ρ_{B}^{A} 分别为A、B卫星相互收发时刻的星间距；Δ_{AB}、Δ_{BA}分别为信号传播时延；C_{A}、C_{B} 分别为A、B卫星钟差；D_{A}^{T}、D_{A}^{R} 为卫星A发射及接收时延；D_{B}^{T}、D_{B}^{R} 为卫星B接收及发射时延；O_{AB}、O_{BA}为天线相位中心改正、相对论等其他观测修正量；ε_{AB}、ε_{BA}为测量噪声。

利用星间测距设备可直接获取两颗卫星之间的原始双向测距观测量，这一对互发互收双向星间测距观测量的名义发射和接收时刻并不相同，造成两个星间测距观测量对应的星间距、卫星钟差名义时刻各不相同，不能直接组合处理。为此，需要对星间测距观测量进行预处理，将不同名义时刻的星间测距观测量归化到同一收发时刻，将包含传播时延的观测量转化为瞬时观测量。预处理后的双向测距观测量组差，可生成仅包含星间钟差信息和系统偏差信息的观测方程如下：

$$\tilde{P}_{\overline{AB}} = \frac{\bar{P}_{A}^{B} - \bar{P}_{B}^{A}}{2} = \frac{2C_{B}(t_{0}) - 2C_{A}(t_{0}) + D_{A}^{R} + D_{A}^{T} - D_{B}^{R} - D_{B}^{T}}{2} + \tilde{\varepsilon}_{\overline{AB}} \tag{5.22}$$

式中：$\bar{P}_{A}^{B}$、$\bar{P}_{B}^{A}$ 为经过预处理后 t_0 时刻瞬间伪距观测量；$\bar{\rho}_{AB} = \bar{\rho}_{BA}$ 为 t_0 时刻星间距理论值（作差后已消除）；C_{A}、C_{B} 分别为卫星瞬间钟差；$\tilde{\varepsilon}_{\overline{AB}}$ 为残余误差；$\tilde{P}_{\overline{AB}}$ 分别为距离观测量和时间同步观测量。

由上述公式看出，星间双向测距观测量之差获取的钟差观测量包含测量设备接收和发射时延之和。利用预先估计的设备收发时延信息，可将上述方程转化为仅包含星间钟差信息的观测方程如下：

$$\tilde{P}_{\overline{AB}} = C_{B}(t_{0}) - C_{A}(t_{0}) + \tilde{\varepsilon}_{\overline{AB}} \tag{5.23}$$

上述钟差观测方程待解算参数为钟差参数，可用于单历元解算钟差参数。如果对卫星钟采用多项式建模，需要同时估计卫星钟差、频偏和频漂等参数，观测方程相应变为如下形式：

$$\tilde{P}_{\overline{AB}} = a_{A} + b_{A}(t_{1}-t_{0}) + c_{A}(t_{1}-t_{0})^{2} - a_{B} - b_{B}(t_{1}-t_{0}) - c_{B}(t_{1}-t_{0})^{2} + \tilde{\varepsilon}_{\overline{AB}} \tag{5.24}$$

式中：a_{A}、b_{A}、c_{A}、a_{B}、b_{B}、c_{B} 分别为卫星A和卫星B的钟差、频偏和频漂参数；t_1 为经过历元归化后的观测时间；t_0 为待解算参数对应的参考历元。

对于由多颗卫星星间双向测量组成的时间同步系统，如果同时估计多颗卫星的钟差和钟漂参数，则组合观测方程形式为

$$\overline{\boldsymbol{Y}} = \overline{\boldsymbol{H}}\overline{\boldsymbol{X}} + \boldsymbol{\varepsilon} \tag{5.25}$$

$$\overline{\boldsymbol{H}}=\begin{pmatrix} 1 & \Delta t & \Delta t^2 & -1 & -\Delta t & -\Delta t^2 & \cdots & 0 & 0 & 0 & 0 & 0 & 0 \\ 1 & \Delta t & \Delta t^2 & 0 & 0 & 0 & \cdots & 0 & 0 & 0 & 0 & 0 & 0 \\ \vdots & \vdots & \vdots & \vdots & \vdots & \vdots & & \vdots & \vdots & \vdots & \vdots & \vdots & \vdots \\ 0 & 0 & 0 & 0 & 0 & 0 & \cdots & 0 & 0 & 0 & 1 & \Delta t & \Delta t^2 \\ 0 & 0 & 0 & 0 & 0 & 0 & \cdots & -1 & \Delta t & \Delta t^2 & 1 & \Delta t & \Delta t^2 \end{pmatrix}$$

$$\overline{\boldsymbol{X}}^{\mathrm{T}}=(a_1 \quad b_1 \quad c_1 \quad a_2 \quad b_2 \quad c_2 \quad \cdots \quad a_{n-1} \quad b_{n-1} \quad c_{n-1} \quad a_n \quad b_n \quad c_n)$$

$$\boldsymbol{P}=\left(\tilde{P}_{1,2} \quad \tilde{P}_{1,i} \quad \cdots \quad \tilde{P}_{j,n} \quad \tilde{P}_{n-1,n}\right)^{\mathrm{T}}$$

式中：$\Delta t = t_1 - t_0$；$\boldsymbol{P}$ 为权矩阵。

上述 n 颗卫星具有 $3n$ 个未知参数，由于上述方程采用的是钟差多项式建模方式，可以采用多星多历元星间钟差观测量组成观测方程联合求解。

采用钟差建模方式组建观测方程时，由式(5.22)可见，星间钟差参数与星间链路设备收发时延之和有关系。但无论钟差是采用多历元解算模式还是单历元解算模式，采用上述方程同时解算钟差参数和设备时延参数时，钟差参数常数项均与系统设备收发时延参数强相关，也就是说仅采用上述方程而不加先验信息，钟差参数常数项与设备收发时延参数不能准确分离，因此，独立采用星间钟差观测量不能标定设备收发时延参数。要准确标定该参数，必须首先依靠外部信息独立确定卫星钟差参数，然后利用星间钟差观测方程并对钟差参数增加较强的约束方能实现设备收发时延和钟差参数的同时估计。

5.3.2 集中式时间同步参数估计

集中式时间同步是将全网卫星钟差观测量集中到一个或几个处理节点上统一处理，同时确定每颗卫星钟差参数。

上节已通过对星间双向观测量的预处理并进行组合，形成了星间钟差观测方程。星间钟差观测方程为线性方程，理论上可采用最小二乘法等线性最优估计理论求解。然而，通过对星间链路观测方程的设计矩阵 $\overline{\boldsymbol{H}}$ 元素之间关系的分析可看出，设计矩阵 $\overline{\boldsymbol{H}}$ 为秩亏矩阵，其对应的法 方程不能直接求逆因而不能直接采用传统方法解算。$\overline{\boldsymbol{H}}$ 秩亏原因很容易理解。星间测量本质为相对测量，相对测量只对卫星之间钟差的相对变化关系敏感，对全星座时间基准偏差包括时刻整体偏移、频率整体偏移等不敏感。消除秩亏的方法有多种，如2.4节指出，可通过选定参考钟、约束部分钟差参数、增加最小偏差约束条件、增加外部观测量约束等方法。以钟差参数约束法为例，简单说明方法的使用过程。

假设卫星 j 钟差参数先验值分别为 a_j^0、b_j^0、c_j^0，精度分别为 ε_{a_j}、ε_{b_j}、ε_{c_j}，则可构建虚拟观测方程如下：

$$\begin{pmatrix} a_j^0 \\ b_j^0 \\ c_j^0 \end{pmatrix} = \begin{pmatrix} a_j \\ b_j \\ c_j \end{pmatrix} + \begin{pmatrix} \boldsymbol{\varepsilon}_{a_j} \\ \boldsymbol{\varepsilon}_{b_j} \\ \boldsymbol{\varepsilon}_{c_j} \end{pmatrix} \tag{5.26}$$

简单记

$$\boldsymbol{Y}_0 = \boldsymbol{H}_0^j \overline{\boldsymbol{X}} + \boldsymbol{\varepsilon}_0^j \tag{5.27}$$

$$\boldsymbol{Y}_0 = \begin{pmatrix} a_j^0 \\ b_j^0 \\ c_j^0 \end{pmatrix}$$

$$\boldsymbol{H}_0^j = (0 \quad \cdots \quad 1 \quad 1 \quad 1 \quad \cdots \quad 0)$$

$$\boldsymbol{\varepsilon}_0^j = \begin{pmatrix} \boldsymbol{\varepsilon}_{a_j} \\ \boldsymbol{\varepsilon}_{b_j} \\ \boldsymbol{\varepsilon}_{c_j} \end{pmatrix}$$

组合上述观测方程与星间钟差观测方程,有关系式:

$$\hat{\boldsymbol{Y}} = \hat{\boldsymbol{H}}\overline{\boldsymbol{X}} + \hat{\boldsymbol{\varepsilon}} = \begin{pmatrix} \boldsymbol{H}_0^j \\ \overline{\boldsymbol{H}} \end{pmatrix} \overline{\boldsymbol{X}} + \hat{\boldsymbol{\varepsilon}} \tag{5.28}$$

采用最小二乘估计策略,上述观测方程有最优估计值:

$$\overline{\boldsymbol{X}} = (\hat{\boldsymbol{H}}^{\mathrm{T}} \boldsymbol{P} \hat{\boldsymbol{H}})^{-1} \hat{\boldsymbol{H}} \hat{\boldsymbol{Y}} \tag{5.29}$$

上述集中式处理方法事实上将卫星钟差时间基准约束到与卫星钟 j 一致的时间基准上。利用上述参数估计策略,可确定每颗卫星钟差参数。

如果采用单历元估计策略解算卫星钟差参数,可采用与上述公式类似方式,区别是待解算的参数仅包含卫星钟差参数 $a_i, i=1, n$,而不包含钟差参数高阶项。此时,需要逐历元对参考钟进行约束。

5.4　分布式时间同步

分布式时间同步是指每颗卫星利用可与自己建链卫星的星间钟差观测量与可建链卫星的钟差信息,独立确定自己钟差的参数估计过程。

如前所述,卫星钟差集中式参数估计方法可利用整网星间钟差观测量确定出卫星钟差参数。通过分析集中式卫星钟差观测方程设计矩阵 $\hat{\boldsymbol{H}}$ 的结构可看出,矩阵 $\hat{\boldsymbol{H}}$ 的大多数元素为零,为稀疏矩阵,采用常规最小二乘法等优化估计方法解算钟差观测方程时,需要对设计矩阵 $\hat{\boldsymbol{H}}$ 对应的法矩阵进行直接求逆运算,对于待估参数较多的稀疏矩阵,这种矩阵求逆方式运算效率极低,数据处理耗时较多。为此,借鉴分布式定轨数据处理思路,提出了采用分布式滤波的钟差参数估计策略。与分布式定轨类似,分布式钟差参数估计方法也可认为是集中式钟差估计的一种近似。为简化公式表达篇幅,以3颗卫星之间星间钟差观测方程为例,描述分布式钟差数据处理原理。

5.4.1 最小二乘解算模式

假设3颗卫星之间相互可以建立星间双向时间比对链路,单个观测历元可建立3个独立星间钟差估计方程,假设每个卫星估计钟差、频偏以及频漂项三个参数,同时观测量权矩阵为对角矩阵,则钟差观测方程可写为

$$\begin{pmatrix} Y_1 \\ Y_2 \\ Y_3 \end{pmatrix} = \boldsymbol{HX} + \boldsymbol{\varepsilon} = \begin{pmatrix} \boldsymbol{H}_1 & -\boldsymbol{H}_2 & \boldsymbol{0} \\ \boldsymbol{H}_1 & \boldsymbol{0} & -\boldsymbol{H}_3 \\ \boldsymbol{0} & \boldsymbol{H}_2 & -\boldsymbol{H}_3 \end{pmatrix} \begin{pmatrix} \boldsymbol{X}_1 \\ \boldsymbol{X}_2 \\ \boldsymbol{X}_3 \end{pmatrix} + \varepsilon \tag{5.30}$$

式中

$$\boldsymbol{H}_i = (1 \quad \Delta t \quad \Delta t^2) \qquad i = 1 \sim 3$$

$$\boldsymbol{X}_i = \begin{pmatrix} a_i \\ b_i \\ c_i \end{pmatrix} \qquad i = 1 \sim 3$$

$$\boldsymbol{P} = [\operatorname{cov}(\varepsilon_i, \varepsilon_j)]^{-1} = \begin{pmatrix} \boldsymbol{P}_1 & \boldsymbol{0} & \boldsymbol{0} \\ \boldsymbol{0} & \boldsymbol{P}_2 & \boldsymbol{0} \\ \boldsymbol{0} & \boldsymbol{0} & \boldsymbol{P}_3 \end{pmatrix} \qquad i = 1 \sim 3; \quad j = 1 \sim 3 \tag{5.31}$$

为保证钟差解算过程不奇异,需要对钟差参数进行约束,假设钟差参数 X_1、X_2、X_3 先验约束矩阵为 $\boldsymbol{\Sigma}_X$,$\boldsymbol{\Sigma}_X$ 为对角阵,形式为

$$\boldsymbol{\Sigma}_X = \begin{pmatrix} \boldsymbol{\Sigma}_{X_1} & \boldsymbol{0} & \boldsymbol{0} \\ \boldsymbol{0} & \boldsymbol{\Sigma}_{X_2} & \boldsymbol{0} \\ \boldsymbol{0} & \boldsymbol{0} & \boldsymbol{\Sigma}_{X_3} \end{pmatrix} \tag{5.32}$$

按照最小二乘估计方法和观测量等权条件确定的集中式参数估计值形式为

$$\begin{pmatrix} \boldsymbol{X}_1 \\ \boldsymbol{X}_2 \\ \boldsymbol{X}_3 \end{pmatrix} = (\boldsymbol{H}^{\mathrm{T}}\boldsymbol{PH} + \boldsymbol{\Sigma}_X)^{-1}\boldsymbol{H}^{\mathrm{T}}\boldsymbol{PY} \tag{5.33}$$

利用矩阵反转公式:

$$(\boldsymbol{D}_{21}^{\mathrm{T}}\boldsymbol{D}_{22}^{-1}\boldsymbol{D}_{21} + \boldsymbol{D}_{11})^{-1}\boldsymbol{D}_{21}^{\mathrm{T}}\boldsymbol{D}_{22}^{-1} = \boldsymbol{D}_{11}^{-1}\boldsymbol{D}_{21}^{\mathrm{T}}(\boldsymbol{D}_{22} + \boldsymbol{D}_{21}\boldsymbol{D}_{11}^{-1}\boldsymbol{D}_{21}^{\mathrm{T}})^{-1} \tag{5.34}$$

上述公式变为

$$(\boldsymbol{H}^{\mathrm{T}}\boldsymbol{PH} + \boldsymbol{\Sigma}_X)^{-1}\boldsymbol{H}^{\mathrm{T}}\boldsymbol{P} = \boldsymbol{\Sigma}_X^{-1}\boldsymbol{H}^{\mathrm{T}}(\boldsymbol{P}^{-1} + \boldsymbol{H}\boldsymbol{\Sigma}_X^{-1}\boldsymbol{H}^{\mathrm{T}})^{-1} \tag{5.35}$$

由于 $\boldsymbol{\Sigma}_X$、$\boldsymbol{P}$ 为对角阵,上述公式右端变为

$$\boldsymbol{\Sigma}_X^{-1}\boldsymbol{H}^{\mathrm{T}}=\begin{pmatrix}\boldsymbol{\Sigma}_{X_1}^{-1}\boldsymbol{H}_1^{\mathrm{T}} & \boldsymbol{\Sigma}_{X_1}^{-1}\boldsymbol{H}_1^{\mathrm{T}} & \boldsymbol{0}\\ -\boldsymbol{\Sigma}_{X_2}^{-1}\boldsymbol{H}_2^{\mathrm{T}} & \boldsymbol{0} & \boldsymbol{\Sigma}_{X_2}^{-1}\boldsymbol{H}_2^{\mathrm{T}}\\ \boldsymbol{0} & -\boldsymbol{\Sigma}_{X_3}^{-1}\boldsymbol{H}_3^{\mathrm{T}} & -\boldsymbol{\Sigma}_{X_3}^{-1}\boldsymbol{H}_3^{\mathrm{T}}\end{pmatrix}\tag{5.36}$$

$$(\boldsymbol{P}^{-1}+\boldsymbol{H}\boldsymbol{\Sigma}_X^{-1}\boldsymbol{H}^{\mathrm{T}})^{-1}=\begin{pmatrix}N_{11} & \boldsymbol{H}_1\boldsymbol{\Sigma}_{X_1}^{-1}\boldsymbol{H}_1^{\mathrm{T}} & -\boldsymbol{H}_2\boldsymbol{\Sigma}_{X_2}^{-1}\boldsymbol{H}_2^{\mathrm{T}}\\ \boldsymbol{H}_1\boldsymbol{\Sigma}_{X_1}^{-1}\boldsymbol{H}_1^{\mathrm{T}} & N_{22} & \boldsymbol{H}_3\boldsymbol{\Sigma}_{X_3}^{-1}\boldsymbol{H}_3^{\mathrm{T}}\\ -\boldsymbol{H}_2\boldsymbol{\Sigma}_{X_2}^{-1}\boldsymbol{H}_2^{\mathrm{T}} & \boldsymbol{H}_3\boldsymbol{\Sigma}_{X_3}^{-1}\boldsymbol{H}_3^{\mathrm{T}} & N_{33}\end{pmatrix}^{-1}\tag{5.37}$$

式中

$$N_{11}=\boldsymbol{H}_1\boldsymbol{\Sigma}_{X_1}^{-1}\boldsymbol{H}_1^{\mathrm{T}}+\boldsymbol{H}_2\boldsymbol{\Sigma}_{X_2}^{-1}\boldsymbol{H}_2^{\mathrm{T}}+P_1^{-1}\tag{5.38}$$

$$N_{22}=\boldsymbol{H}_1\boldsymbol{\Sigma}_{X_1}^{-1}\boldsymbol{H}_1^{\mathrm{T}}+\boldsymbol{H}_3\boldsymbol{\Sigma}_{X_3}^{-1}\boldsymbol{H}_3^{\mathrm{T}}+P_2^{-1}\tag{5.39}$$

$$N_{33}=\boldsymbol{H}_2\boldsymbol{\Sigma}_{X_2}^{-1}\boldsymbol{H}_2^{\mathrm{T}}+\boldsymbol{H}_3\boldsymbol{\Sigma}_{X_3}^{-1}\boldsymbol{H}_3^{\mathrm{T}}+P_3^{-1}\tag{5.40}$$

考虑上述公式中的直接相关项，忽略间接相关项，将 $\boldsymbol{X}_1$、$\boldsymbol{X}_2$、$\boldsymbol{X}_3$ 计算式分别写出，对于 $\boldsymbol{X}_1$，近似假设 $\boldsymbol{H}_2$、$\boldsymbol{H}_3$ 为零，利用式(5.36)反对角元素为零特性，近似有

$$(\boldsymbol{P}^{-1}+\boldsymbol{H}\boldsymbol{\Sigma}_X^{-1}\boldsymbol{H}^{\mathrm{T}})^{-1}\approx\begin{pmatrix}N_{11} & \boldsymbol{H}_1\boldsymbol{\Sigma}_{X_1}^{-1}\boldsymbol{H}_1^{\mathrm{T}} & \boldsymbol{0}\\ \boldsymbol{H}_1\boldsymbol{\Sigma}_{X_1}^{-1}\boldsymbol{H}_1^{\mathrm{T}} & N_{22} & \boldsymbol{0}\\ \boldsymbol{0} & \boldsymbol{0} & N_{33}\end{pmatrix}^{-1}\tag{5.41}$$

利用矩阵求逆公式：

$$\begin{pmatrix}\boldsymbol{A} & \boldsymbol{B}\\ \boldsymbol{C} & \boldsymbol{D}\end{pmatrix}^{-1}=\begin{pmatrix}\boldsymbol{E}\\ -\boldsymbol{D}^{-1}\boldsymbol{C}\end{pmatrix}(\boldsymbol{A}-\boldsymbol{B}\boldsymbol{D}^{-1}\boldsymbol{C})^{-1}(\boldsymbol{E}\quad -\boldsymbol{B}\boldsymbol{D}^{-1})+\begin{pmatrix}\boldsymbol{0} & \boldsymbol{0}\\ \boldsymbol{0} & \boldsymbol{D}^{-1}\end{pmatrix}\tag{5.42}$$

同时令 $\boldsymbol{B}=\boldsymbol{C}=\boldsymbol{0}$，则有

$$\begin{pmatrix}\boldsymbol{A} & \boldsymbol{0}\\ \boldsymbol{0} & \boldsymbol{D}\end{pmatrix}^{-1}=\begin{pmatrix}\boldsymbol{A}^{-1} & \boldsymbol{0}\\ \boldsymbol{0} & \boldsymbol{D}^{-1}\end{pmatrix}\tag{5.43}$$

则公式(5.33)近似变为

$$\begin{aligned}\boldsymbol{X}_1&=\begin{pmatrix}\boldsymbol{\Sigma}_{X_1}^{-1}\boldsymbol{H}_1^{\mathrm{T}} & \boldsymbol{\Sigma}_{X_1}^{-1}\boldsymbol{H}_1^{\mathrm{T}} & \boldsymbol{0}\end{pmatrix}(\boldsymbol{P}^{-1}+\boldsymbol{H}\Sigma_X^{-1}\boldsymbol{H}^{\mathrm{T}})^{-1}\begin{pmatrix}Y_1\\ Y_2\\ Y_3\end{pmatrix}\approx\\ &\begin{pmatrix}\boldsymbol{\Sigma}_{X_1}^{-1}\boldsymbol{H}_1^{\mathrm{T}} & \boldsymbol{\Sigma}_{X_1}^{-1}\boldsymbol{H}_1^{\mathrm{T}}\end{pmatrix}\begin{pmatrix}N_{11} & \boldsymbol{H}_1\boldsymbol{\Sigma}_{X_1}^{-1}\boldsymbol{H}_1^{T}\\ \boldsymbol{H}_1\boldsymbol{\Sigma}_{X_1}^{-1}\boldsymbol{H}_1^{T} & N_{22}\end{pmatrix}^{-1}\begin{pmatrix}Y_1\\ Y_2\end{pmatrix}\end{aligned}\tag{5.44}$$

$$\begin{aligned}\boldsymbol{X}_2&=\begin{pmatrix}\boldsymbol{\Sigma}_{X_2}^{-1}\boldsymbol{H}_2^{\mathrm{T}} & \boldsymbol{0} & \boldsymbol{\Sigma}_{X_2}^{-1}\boldsymbol{H}_2^{\mathrm{T}}\end{pmatrix}(\boldsymbol{P}^{-1}+\boldsymbol{H}\Sigma_X^{-1}\boldsymbol{H}^{\mathrm{T}})^{-1}\begin{pmatrix}Y_1\\ Y_2\\ Y_3\end{pmatrix}\approx\\ &\begin{pmatrix}\boldsymbol{\Sigma}_{X_2}^{-1}\boldsymbol{H}_2^{\mathrm{T}} & \boldsymbol{\Sigma}_{X_2}^{-1}\boldsymbol{H}_2^{\mathrm{T}}\end{pmatrix}\begin{pmatrix}N_{11} & \boldsymbol{H}_2\boldsymbol{\Sigma}_{X_2}^{-1}\boldsymbol{H}_2^{\mathrm{T}}\\ \boldsymbol{H}_2\boldsymbol{\Sigma}_{X_2}^{-1}\boldsymbol{H}_2^{\mathrm{T}} & N_{33}\end{pmatrix}^{-1}\begin{pmatrix}Y_1\\ Y_3\end{pmatrix}\end{aligned}\tag{5.45}$$

$$
\boldsymbol{X}_3=\begin{pmatrix}\boldsymbol{0} & \boldsymbol{\Sigma}_{X_3}^{-1}\boldsymbol{H}_3^{\mathrm{T}} & \boldsymbol{\Sigma}_{X_3}^{-1}\boldsymbol{H}_3^{\mathrm{T}}\end{pmatrix}(P^{-1}+\boldsymbol{H}\boldsymbol{\Sigma}_X^{-1}\boldsymbol{H}^{\mathrm{T}})^{-1}\begin{pmatrix}Y_1\\Y_2\\Y_3\end{pmatrix}\approx
$$

$$
\begin{pmatrix}\boldsymbol{\Sigma}_{X_3}^{-1}\boldsymbol{H}_3^{\mathrm{T}} & \boldsymbol{\Sigma}_{X_3}^{-1}\boldsymbol{H}_3^{\mathrm{T}}\end{pmatrix}\begin{pmatrix}N_{22} & \boldsymbol{H}_3\boldsymbol{\Sigma}_{X_3}^{-1}\boldsymbol{H}_3^{\mathrm{T}}\\ \boldsymbol{H}_3\boldsymbol{\Sigma}_{X_3}^{-1}\boldsymbol{H}_3^{\mathrm{T}} & N_{33}\end{pmatrix}^{-1}\begin{pmatrix}Y_2\\Y_3\end{pmatrix} \tag{5.46}
$$

再一次利用矩阵反转公式：

$$
\boldsymbol{D}_{11}^{-1}\boldsymbol{D}_{21}^{\mathrm{T}}(\boldsymbol{D}_{22}+\boldsymbol{D}_{21}\boldsymbol{D}_{11}^{-1}\boldsymbol{D}_{21}^{\mathrm{T}})^{-1}=(\boldsymbol{D}_{21}^{\mathrm{T}}\boldsymbol{D}_{22}^{-1}\boldsymbol{D}_{21}+\boldsymbol{D}_{11})^{-1}\boldsymbol{D}_{21}^{\mathrm{T}}\boldsymbol{D}_{22}^{-1} \tag{5.47}
$$

并记

$$
\tilde{\boldsymbol{P}}_{11}^{-1}=\boldsymbol{H}_2\boldsymbol{\Sigma}_{X_2}^{-1}\boldsymbol{H}_2^{\mathrm{T}}+\boldsymbol{P}_1^{-1} \tag{5.48}
$$

$$
\tilde{\boldsymbol{P}}_{12}^{-1}=\boldsymbol{H}_3\boldsymbol{\Sigma}_{X_3}^{-1}\boldsymbol{H}_3^{\mathrm{T}}+\boldsymbol{P}_2^{-1} \tag{5.49}
$$

$$
\tilde{\boldsymbol{P}}_{21}^{-1}=\boldsymbol{H}_1\boldsymbol{\Sigma}_{X_1}^{-1}\boldsymbol{H}_1^{\mathrm{T}}+\boldsymbol{P}_1^{-1} \tag{5.50}
$$

$$
\tilde{\boldsymbol{P}}_{22}^{-1}=\boldsymbol{H}_3\boldsymbol{\Sigma}_{X_3}^{-1}\boldsymbol{H}_3^{\mathrm{T}}+\boldsymbol{P}_3^{-1} \tag{5.51}
$$

$$
\tilde{\boldsymbol{P}}_{31}^{-1}=\boldsymbol{H}_1\boldsymbol{\Sigma}_{X_1}^{-1}\boldsymbol{H}_1^{\mathrm{T}}+\boldsymbol{P}_2^{-1} \tag{5.52}
$$

$$
\tilde{\boldsymbol{P}}_{32}^{-1}=\boldsymbol{H}_2\boldsymbol{\Sigma}_{X_2}^{-1}\boldsymbol{H}_2^{\mathrm{T}}+\boldsymbol{P}_3^{-1} \tag{5.53}
$$

上述公式进一步变为

$$
\boldsymbol{X}_1=\left[\begin{pmatrix}\boldsymbol{H}_1^{\mathrm{T}} & \boldsymbol{H}_1^{\mathrm{T}}\end{pmatrix}\begin{pmatrix}\tilde{P}_{11} & \boldsymbol{0}\\ \boldsymbol{0} & \tilde{P}_{12}\end{pmatrix}\begin{pmatrix}\boldsymbol{H}_1\\ \boldsymbol{H}_1\end{pmatrix}+\boldsymbol{\Sigma}_{X_1}\right]^{-1}\begin{pmatrix}\boldsymbol{H}_1^{\mathrm{T}} & \boldsymbol{H}_1^{\mathrm{T}}\end{pmatrix}\begin{pmatrix}\tilde{P}_{11} & \boldsymbol{0}\\ \boldsymbol{0} & \tilde{P}_{12}\end{pmatrix}\begin{pmatrix}Y_1\\Y_2\end{pmatrix} \tag{5.54}
$$

$$
\boldsymbol{X}_2=\left[\begin{pmatrix}\boldsymbol{H}_2^{\mathrm{T}} & \boldsymbol{H}_2^{\mathrm{T}}\end{pmatrix}\begin{pmatrix}\tilde{P}_{21} & \boldsymbol{0}\\ \boldsymbol{0} & \tilde{P}_{22}\end{pmatrix}\begin{pmatrix}\boldsymbol{H}_2\\ \boldsymbol{H}_2\end{pmatrix}+\boldsymbol{\Sigma}_{X_2}\right]^{-1}\begin{pmatrix}\boldsymbol{H}_2^{\mathrm{T}} & \boldsymbol{H}_2^{\mathrm{T}}\end{pmatrix}\begin{pmatrix}\tilde{P}_{21} & \boldsymbol{0}\\ \boldsymbol{0} & \tilde{P}_{22}\end{pmatrix}\begin{pmatrix}Y_1\\Y_3\end{pmatrix} \tag{5.55}
$$

$$
\boldsymbol{X}_3=\left[\begin{pmatrix}\boldsymbol{H}_3^{\mathrm{T}} & \boldsymbol{H}_3^{\mathrm{T}}\end{pmatrix}\begin{pmatrix}\tilde{P}_{31} & \boldsymbol{0}\\ \boldsymbol{0} & \tilde{P}_{32}\end{pmatrix}\begin{pmatrix}\boldsymbol{H}_3\\ \boldsymbol{H}_3\end{pmatrix}+\boldsymbol{\Sigma}_{X_3}\right]^{-1}\begin{pmatrix}\boldsymbol{H}_3^{\mathrm{T}} & \boldsymbol{H}_3^{\mathrm{T}}\end{pmatrix}\begin{pmatrix}\tilde{P}_{31} & \boldsymbol{0}\\ \boldsymbol{0} & \tilde{P}_{32}\end{pmatrix}\begin{pmatrix}Y_2\\Y_3\end{pmatrix} \tag{5.56}
$$

如果不考虑卫星钟差参数协方差之间的相关性，同时假设星间观测量相互独立，每颗卫星仅采用与自己建链卫星的钟差观测量估计自己钟差，则星间钟差观测方程可分解为三个类似于式(5.57)相互独立的观测方程：

$$
\begin{pmatrix}Y_1+\boldsymbol{H}_2\boldsymbol{X}_2\\ Y_2+\boldsymbol{H}_3\boldsymbol{X}_3\end{pmatrix}=\begin{pmatrix}\boldsymbol{H}_1\\ \boldsymbol{H}_1\end{pmatrix}\boldsymbol{X}_1+\begin{pmatrix}\varepsilon_1\\ \varepsilon_2\end{pmatrix} \tag{5.57}
$$

参数先验协方差阵为 $\boldsymbol{\Sigma}_{X_1}$，观测量权矩阵为

$$\begin{pmatrix} \tilde{P}_{11} & \mathbf{0} \\ \mathbf{0} & \tilde{P}_{12} \end{pmatrix} = \begin{pmatrix} [\boldsymbol{P}_1^{-1} + \boldsymbol{H}_2\boldsymbol{\Sigma}_{X_2}^{-1}\boldsymbol{H}_2^{\mathrm{T}}]^{-1} & \mathbf{0} \\ \mathbf{0} & [\boldsymbol{P}_2^{-1} + \boldsymbol{H}_3\boldsymbol{\Sigma}_{X_3}^{-1}\boldsymbol{H}_3^{\mathrm{T}}]^{-1} \end{pmatrix} \tag{5.58}$$

将 $\boldsymbol{X}_2$、$\boldsymbol{X}_3$ 先验值0代入上述两个方程，并分别对 $\boldsymbol{X}_1$ 进行最小二乘估计，$\boldsymbol{X}_1$ 参数估值为

$$\boldsymbol{X}_1 = \left[(\boldsymbol{H}_1^{\mathrm{T}} \quad \boldsymbol{H}_1^{\mathrm{T}}) \begin{pmatrix} \tilde{P}_{11} & \mathbf{0} \\ \mathbf{0} & \tilde{P}_{12} \end{pmatrix} \begin{pmatrix} \boldsymbol{H}_1 \\ \boldsymbol{H}_1 \end{pmatrix} + \boldsymbol{\Sigma}_{X_1} \right]^{-1} (\boldsymbol{H}_1^{\mathrm{T}} \quad \boldsymbol{H}_1^{\mathrm{T}}) \begin{pmatrix} \tilde{P}_{11} & \mathbf{0} \\ \mathbf{0} & \tilde{P}_{12} \end{pmatrix} \begin{pmatrix} Y_1 \\ Y_2 \end{pmatrix} \tag{5.59}$$

$$\begin{pmatrix} Y_1 - \boldsymbol{H}_1\boldsymbol{X}_1 \\ Y_3 + \boldsymbol{H}_3\boldsymbol{X}_3 \end{pmatrix} = \begin{pmatrix} -\boldsymbol{H}_2 \\ \boldsymbol{H}_2 \end{pmatrix} \boldsymbol{X}_2 + \begin{pmatrix} \varepsilon_1 \\ \varepsilon_3 \end{pmatrix} \tag{5.60}$$

参数先验协方差阵为 $\boldsymbol{\Sigma}_{X_2}$，观测量权矩阵为

$$\begin{pmatrix} \tilde{P}_{21} & \mathbf{0} \\ \mathbf{0} & \tilde{P}_{22} \end{pmatrix} = \begin{pmatrix} [\boldsymbol{P}_1^{-1} + \boldsymbol{H}_1\boldsymbol{\Sigma}_{X_1}^{-1}\boldsymbol{H}_1^{\mathrm{T}}]^{-1} & \mathbf{0} \\ \mathbf{0} & [\boldsymbol{P}_3^{-1} + \boldsymbol{H}_3\boldsymbol{\Sigma}_{X_3}^{-1}\boldsymbol{H}_3^{\mathrm{T}}]^{-1} \end{pmatrix} \tag{5.61}$$

将 $\boldsymbol{X}_1$、$\boldsymbol{X}_3$ 先验值0代入上述两个方程，并分别对 $\boldsymbol{X}_2$ 进行最小二乘估计，$\boldsymbol{X}_2$ 参数估值为

$$\boldsymbol{X}_2 = \left[(\boldsymbol{H}_2^{\mathrm{T}} \quad \boldsymbol{H}_2^{\mathrm{T}}) \begin{pmatrix} \tilde{P}_{21} & \mathbf{0} \\ \mathbf{0} & \tilde{P}_{22} \end{pmatrix} \begin{pmatrix} \boldsymbol{H}_2 \\ \boldsymbol{H}_2 \end{pmatrix} + \boldsymbol{\Sigma}_{X_2} \right]^{-1} (\boldsymbol{H}_2^{\mathrm{T}} \quad \boldsymbol{H}_2^{\mathrm{T}}) \begin{pmatrix} \tilde{P}_{21} & \mathbf{0} \\ \mathbf{0} & \tilde{P}_{22} \end{pmatrix} \begin{pmatrix} Y_1 \\ Y_3 \end{pmatrix} \tag{5.62}$$

$$\begin{pmatrix} Y_2 - \boldsymbol{H}_1\boldsymbol{X}_1 \\ Y_3 - \boldsymbol{H}_2\boldsymbol{X}_2 \end{pmatrix} = \begin{pmatrix} -\boldsymbol{H}_3 \\ -\boldsymbol{H}_3 \end{pmatrix} \boldsymbol{X}_3 + \begin{pmatrix} \varepsilon_2 \\ \varepsilon_3 \end{pmatrix} \tag{5.63}$$

参数先验协方差阵为 $\boldsymbol{\Sigma}_{X_3}$，观测量权矩阵为

$$\begin{pmatrix} \tilde{P}_{31} & \mathbf{0} \\ \mathbf{0} & \tilde{P}_{32} \end{pmatrix} = \begin{pmatrix} [\boldsymbol{P}_2^{-1} + \boldsymbol{H}_1\boldsymbol{\Sigma}_{X_1}^{-1}\boldsymbol{H}_1^{\mathrm{T}}]^{-1} & \mathbf{0} \\ \mathbf{0} & [\boldsymbol{P}_3^{-1} + \boldsymbol{H}_2\boldsymbol{\Sigma}_{X_2}^{-1}\boldsymbol{H}_2^{\mathrm{T}}]^{-1} \end{pmatrix} \tag{5.64}$$

将 $\boldsymbol{X}_1$、$\boldsymbol{X}_2$ 先验值0代入上述两个方程，并分别对 $\boldsymbol{X}_3$ 进行最小二乘估计，$\boldsymbol{X}_3$ 参数估值为

$$\boldsymbol{X}_3 = \left[(\boldsymbol{H}_3^{\mathrm{T}} \quad \boldsymbol{H}_3^{\mathrm{T}}) \begin{pmatrix} \tilde{P}_{31} & \mathbf{0} \\ \mathbf{0} & \tilde{P}_{32} \end{pmatrix} \begin{pmatrix} \boldsymbol{H}_3 \\ \boldsymbol{H}_3 \end{pmatrix} + \Sigma_{X_3} \right]^{-1} (\boldsymbol{H}_3^{\mathrm{T}} \quad \boldsymbol{H}_3^{\mathrm{T}}) \begin{pmatrix} \tilde{P}_{31} & \mathbf{0} \\ \mathbf{0} & \tilde{P}_{32} \end{pmatrix} \begin{pmatrix} Y_2 \\ Y_3 \end{pmatrix} \tag{5.65}$$

由此证明，不考虑协方差阵非直接相关元素条件下，集中式时间同步处理结果与多个分布式时间同步处理结果近似等效。在最小二乘意义下，集中式处理可近似分解为多个分布式处理。

5.4.2 卡尔曼滤波解算模式

仍以3颗卫星的星间钟差观测方程为例说明分布式卡尔曼滤波参数解算原理。假设3颗卫星相互可以建立星间双向时间比对链路,单个观测历元可建立3个独立星间钟差估计方程,假设每个卫星估计钟差、频偏以及频漂项三个参数,同时观测量权矩阵为对角矩阵,则钟差观测方程可写为

$$Y=\begin{pmatrix}Y_1\\Y_2\\Y_3\end{pmatrix}=\boldsymbol{HX}+\varepsilon=\begin{pmatrix}\boldsymbol{H}_1&-\boldsymbol{H}_2&\boldsymbol{0}\\\boldsymbol{H}_1&\boldsymbol{0}&-\boldsymbol{H}_3\\\boldsymbol{0}&\boldsymbol{H}_2&-\boldsymbol{H}_3\end{pmatrix}\begin{pmatrix}\boldsymbol{X}_1\\\boldsymbol{X}_2\\\boldsymbol{X}_3\end{pmatrix}+\varepsilon \tag{5.66}$$

式中

$$\boldsymbol{H}_i=(1\quad \Delta t\quad \Delta t^2)\qquad i=1\sim3$$

假设卫星钟差参数协方差阵在 $k-1$ 次滤波后为 $\boldsymbol{\Sigma}_{X_{k-1}}$,参数协方差阵近似为对角阵,形式为

$$\boldsymbol{\Sigma}_{X_{k-1}}=\begin{pmatrix}\boldsymbol{\Sigma}_{X_{k-1}^1}&\boldsymbol{0}&\boldsymbol{0}\\\boldsymbol{0}&\boldsymbol{\Sigma}_{X_{k-1}^2}&\boldsymbol{0}\\\boldsymbol{0}&\boldsymbol{0}&\boldsymbol{\Sigma}_{X_{k-1}^3}\end{pmatrix} \tag{5.67}$$

假设观测量权矩阵为对角阵,形式为

$$P=\begin{pmatrix}P_1&\boldsymbol{0}&\boldsymbol{0}\\\boldsymbol{0}&P_2&\boldsymbol{0}\\\boldsymbol{0}&\boldsymbol{0}&P_3\end{pmatrix}$$

卫星钟差状态转移方程为

$$\boldsymbol{X}_k=\boldsymbol{\Phi X}_{k-1}+\omega \tag{5.68}$$

式中:卫星钟差状态转移矩阵 $\boldsymbol{\Phi}$ 为对角阵,形式为

$$\boldsymbol{\Phi}=\begin{pmatrix}\boldsymbol{\Phi}_1&\boldsymbol{0}&\boldsymbol{0}\\\boldsymbol{0}&\boldsymbol{\Phi}_2&\boldsymbol{0}\\\boldsymbol{0}&\boldsymbol{0}&\boldsymbol{\Phi}_3\end{pmatrix}$$

其中

$$\boldsymbol{\Phi}_i=\begin{pmatrix}1&\Delta t&\Delta t^2\\0&1&\Delta t\\0&0&1\end{pmatrix}\qquad i=1\sim3$$

卡尔曼滤波测量更新计算公式为

$$\boldsymbol{K}=\boldsymbol{\Sigma}_{X_{k-1}}^{-1}\boldsymbol{H}^{\mathrm{T}}\ (\boldsymbol{H\Sigma}_{X_{k-1}}^{-1}\boldsymbol{H}^{\mathrm{T}}+\boldsymbol{P}^{-1})^{-1} \tag{5.69}$$

$$\bar{\boldsymbol{X}}_k=\boldsymbol{X}_{k-1}+\boldsymbol{K}(\boldsymbol{Y}-\boldsymbol{HX}) \tag{5.70}$$

$$\Sigma_{\bar{X}_k}=(\boldsymbol{I}-\boldsymbol{KH})\boldsymbol{\Sigma}_{X_{k-1}} \tag{5.71}$$

时间更新计算公式为

$$\boldsymbol{X}_{k+1}=\boldsymbol{\Phi}\bar{\boldsymbol{X}}_{k} \tag{5.72}$$

$$\boldsymbol{\Sigma}_{X_{k+1}}^{-1}=\boldsymbol{\Phi}\sum_{X_k}^{-1}\boldsymbol{\Phi}^{\mathrm{T}} \tag{5.73}$$

将设计矩阵 $\boldsymbol{H}$、协方差阵 $\boldsymbol{\Sigma}_{X_{k-1}}$、权矩阵 $\boldsymbol{P}$ 代入增益阵 $\boldsymbol{K}$ 计算公式,采用与上节相同的近似处理方式,增益阵 $\boldsymbol{K}$ 近似公式为

$$\boldsymbol{K}=\begin{pmatrix}K_1\\K_2\\K_3\end{pmatrix}=\boldsymbol{\Sigma}_X^{-1}\boldsymbol{H}^{\mathrm{T}}\begin{pmatrix}\boldsymbol{N}_{11} & \boldsymbol{H}_1\boldsymbol{\Sigma}_{X_1}^{-1}\boldsymbol{H}_1^{\mathrm{T}} & -\boldsymbol{H}_2\boldsymbol{\Sigma}_{X_2}^{-1}\boldsymbol{H}_2^{\mathrm{T}}\\ \boldsymbol{H}_1\boldsymbol{\Sigma}_{X_1}^{-1}\boldsymbol{H}_1^{\mathrm{T}} & \boldsymbol{N}_{22} & \boldsymbol{H}_3\boldsymbol{\Sigma}_{X_3}^{-1}\boldsymbol{H}_3^{\mathrm{T}}\\ -\boldsymbol{H}_2\boldsymbol{\Sigma}_{X_2}^{-1}\boldsymbol{H}_2^{\mathrm{T}} & \boldsymbol{H}_3\boldsymbol{\Sigma}_{X_3}^{-1}\boldsymbol{H}_3^{\mathrm{T}} & \boldsymbol{N}_{33}\end{pmatrix}^{-1} \tag{5.74}$$

$$\boldsymbol{N}_{11}=\boldsymbol{H}_1\boldsymbol{\Sigma}_{X_1}^{-1}\boldsymbol{H}_1^{\mathrm{T}}+\boldsymbol{H}_2\boldsymbol{\Sigma}_{X_2}^{-1}\boldsymbol{H}_2^{\mathrm{T}}+\boldsymbol{P}_1^{-1} \tag{5.75}$$

$$\boldsymbol{N}_{22}=\boldsymbol{H}_1\boldsymbol{\Sigma}_{X_1}^{-1}\boldsymbol{H}_1^{\mathrm{T}}+\boldsymbol{H}_3\boldsymbol{\Sigma}_{X_3}^{-1}\boldsymbol{H}_3^{\mathrm{T}}+\boldsymbol{P}_2^{-1} \tag{5.76}$$

$$\boldsymbol{N}_{33}=\boldsymbol{H}_2\boldsymbol{\Sigma}_{X_2}^{-1}\boldsymbol{H}_2^{\mathrm{T}}+\boldsymbol{H}_3\boldsymbol{\Sigma}_{X_3}^{-1}\boldsymbol{H}_3^{\mathrm{T}}+\boldsymbol{P}_3^{-1} \tag{5.77}$$

与式(5.41)~式(5.56)推导过程类似,式(5.70)近似为

$$\bar{\boldsymbol{X}}_k^1=\boldsymbol{X}_{k-1}^1+\Delta\boldsymbol{X}_k^1 \tag{5.78}$$

式中

$$\Delta\boldsymbol{X}_k^1=\boldsymbol{\Sigma}_{X_1}^{-1}(\boldsymbol{H}_1^{\mathrm{T}}\quad\boldsymbol{H}_1^{\mathrm{T}})\left[\begin{pmatrix}\boldsymbol{N}_{11}-\boldsymbol{H}_1\boldsymbol{\Sigma}_{X_1}^{-1}\boldsymbol{H}_1^{\mathrm{T}} & \boldsymbol{0}\\ \boldsymbol{0} & \boldsymbol{N}_{22}-\boldsymbol{H}_1\boldsymbol{\Sigma}_{X_1}^{-1}\boldsymbol{H}_1^{\mathrm{T}}\end{pmatrix}+\boldsymbol{H}_1\boldsymbol{\Sigma}_{X_1}^{-1}\boldsymbol{H}_1^{\mathrm{T}}\right]\begin{pmatrix}Y_1\\Y_2\end{pmatrix}$$

$$\boldsymbol{N}_{11}-\boldsymbol{H}_1\boldsymbol{\Sigma}_{X_1}^{-1}\boldsymbol{H}_1^{\mathrm{T}}=\boldsymbol{H}_2\boldsymbol{\Sigma}_{X_2}^{-1}\boldsymbol{H}_2^{\mathrm{T}}+\boldsymbol{P}_1^{-1}$$

$$\boldsymbol{N}_{22}-\boldsymbol{H}_1\boldsymbol{\Sigma}_{X_1}^{-1}\boldsymbol{H}_1^{\mathrm{T}}=\boldsymbol{H}_3\boldsymbol{\Sigma}_{X_3}^{-1}\boldsymbol{H}_3^{\mathrm{T}}+\boldsymbol{P}_2^{-1}$$

$$\bar{\boldsymbol{X}}_k^2=\boldsymbol{X}_{k-1}^2+\Delta\boldsymbol{X}_k^2 \tag{5.79}$$

式中

$$\Delta\boldsymbol{X}_k^2=\boldsymbol{\Sigma}_{X_2}^{-1}(\boldsymbol{H}_2^{\mathrm{T}}\quad\boldsymbol{H}_2^{\mathrm{T}})\left[\begin{pmatrix}\boldsymbol{N}_{11}-\boldsymbol{H}_2\boldsymbol{\Sigma}_{X_2}^{-1}\boldsymbol{H}_2^{\mathrm{T}} & \boldsymbol{0}\\ \boldsymbol{0} & \boldsymbol{N}_{33}-\boldsymbol{H}_2\boldsymbol{\Sigma}_{X_2}^{-1}\boldsymbol{H}_2^{\mathrm{T}}\end{pmatrix}+\boldsymbol{H}_2\boldsymbol{\Sigma}_{X_2}^{-1}\boldsymbol{H}_2^{\mathrm{T}}\right]\begin{pmatrix}Y_1\\Y_3\end{pmatrix}$$

$$\boldsymbol{N}_{11}-\boldsymbol{H}_2\boldsymbol{\Sigma}_{X_2}^{-1}\boldsymbol{H}_2^{\mathrm{T}}=\boldsymbol{H}_1\boldsymbol{\Sigma}_{X_1}^{-1}\boldsymbol{H}_1^{\mathrm{T}}+\boldsymbol{P}_1^{-1}$$

$$\boldsymbol{N}_{33}-\boldsymbol{H}_2\boldsymbol{\Sigma}_{X_2}^{-1}\boldsymbol{H}_2^{\mathrm{T}}=\boldsymbol{H}_3\boldsymbol{\Sigma}_{X_3}^{-1}\boldsymbol{H}_3^{\mathrm{T}}+\boldsymbol{P}_3^{-1}$$

$$\bar{\boldsymbol{X}}_k^3=\boldsymbol{X}_{k-1}^3+\Delta\boldsymbol{X}_k^3 \tag{5.80}$$

式中

$$\Delta\boldsymbol{X}_k^3=\boldsymbol{\Sigma}_{X_3}^{-1}(\boldsymbol{H}_3^{\mathrm{T}}\quad\boldsymbol{H}_3^{\mathrm{T}})\left[\begin{pmatrix}\boldsymbol{N}_{22}-\boldsymbol{H}_3\boldsymbol{\Sigma}_{X_3}^{-1}\boldsymbol{H}_3^{\mathrm{T}} & \boldsymbol{0}\\ \boldsymbol{0} & \boldsymbol{N}_{33}-\boldsymbol{H}_3\boldsymbol{\Sigma}_{X_3}^{-1}\boldsymbol{H}_3^{\mathrm{T}}\end{pmatrix}+\boldsymbol{H}_3\boldsymbol{\Sigma}_{X_3}^{-1}\boldsymbol{H}_3^{\mathrm{T}}\right]\begin{pmatrix}Y_2\\Y_3\end{pmatrix}$$

$$\boldsymbol{N}_{22}-\boldsymbol{H}_3\boldsymbol{\Sigma}_{X_3}^{-1}\boldsymbol{H}_3^{\mathrm{T}}=\boldsymbol{H}_1\boldsymbol{\Sigma}_{X_1}^{-1}\boldsymbol{H}_1^{\mathrm{T}}+\boldsymbol{P}_2^{-1}$$

$$\boldsymbol{N}_{33}-\boldsymbol{H}_3\boldsymbol{\Sigma}_{X_3}^{-1}\boldsymbol{H}_3^{\mathrm{T}}=\boldsymbol{H}_2\boldsymbol{\Sigma}_{X_2}^{-1}\boldsymbol{H}_2^{\mathrm{T}}+\boldsymbol{P}_3^{-1}$$

上述公式表明，采用卡尔曼滤波方式时，在一定近似假设基础上，全星座整体时间同步卡尔曼滤波处理过程可近似用多个分布式处理结果替代。

5.4.3 分布式时间同步处理

上两节分析结果表明，利用全星座卫星之间星间钟差观测量估计卫星钟差的集中式处理过程，无论是采用滤波估计方法或最小二乘估计方法，均可近似分解为每颗卫星独立采用可建链卫星星间钟差观测量估计自己钟差的多个分布式处理过程。分布式处理相比集中式处理有一些突出优势。首先，分布式处理的运算量极大减小。我们知道，无论采用卡尔曼滤波还是最小二乘参数估计策略，计算机的数据处理过程均可分解为矩阵的加、减、乘、求逆等运算，其中矩阵求逆运算是运算量最大的部分，矩阵求逆运算量与矩阵维数的三次幂成正比例关系。因此，减少求逆矩阵的维数是减少数据处理运算量的最有效方式。分布式滤波可极大减小矩阵维数，从而极大减少数据处理运算量。其次，分布式处理仅需要待估参数的卫星以及与其可建链卫星之间的星间钟差观测数据，不需要全星座其他卫星信息，观测数据和处理结果不需要在全网卫星之间传输，减少了星间传输数据量和数据传输环节，有利于缩短全星座时间同步数据处理耗时。当然，由于分布式处理是集中式处理的近似，因此处理结果不是最优的。分布时间同步的精度要稍差于集中式处理。分布式处理方式的两个优势使得其适合于星载数据处理。

按照处理流程不同，分布式处理可分为单步滤波处理和两步滤波处理两种，两种处理方法过程简述如下。

5.4.3.1 分布式处理

1）两步滤波处理

星间时间同步数据的处理可分为两步进行，第一步利用卫星钟差先验信息及单历元星间时间同步观测量采用最小二乘方法确定单历元卫星钟差，第二步以第一步解算得出的单历元钟差信息及协方差为虚拟观测量，结合卫星钟动态模型采用卡尔曼滤波法确定卫星钟差及钟漂。具体过程如下。

（1）历元卫星钟差计算。

将经过历元归化后的一对星间双向观测方程直接相减可得到星间时间同步观测方程如下[6]：

$$\delta t^j - \delta t^i = \frac{1}{2c}(\rho^{ij} - \rho^{ji}) + \varepsilon' \tag{5.81}$$

假设在某个历元，卫星 j 观测了 k 个卫星，k 个卫星钟先验钟差分别为 Δt_i，协方差信息分别为 $C_i, i=1,2,\cdots,k$，卫星 j 钟先验钟差为 Δt_j，协方差阵为 $\boldsymbol{C}_j$，则在该观测历元采用平方根信息滤波法同时解算卫星 j 及其他 k 个卫星钟差的先验信息阵 $\boldsymbol{R}$ 可写为如下形式：

$$\boldsymbol{R} = \begin{pmatrix} C_1^{-\frac{1}{2}} & 0 & 0 & 0 \\ \vdots & \vdots & \vdots & \vdots \\ 0 & \cdots & C_k^{-\frac{1}{2}} & 0 \\ 0 & \cdots & 0 & C_j^{-\frac{1}{2}} \end{pmatrix} \tag{5.82}$$

单历元卫星 j 与其所观测到的 k 个卫星之间时间同步观测方程可写为

$$\boldsymbol{A}^j\boldsymbol{X}^j = \boldsymbol{B}^j + \varepsilon \tag{5.83}$$

式中：$\boldsymbol{A}^j$ 为系数矩阵；$\boldsymbol{X}^j$ 为卫星 j 与其所观测到 k 个卫星的卫星钟差；ε 为方差为1的观测噪声。基于最小二乘原理，综合先验信息单历元卫星钟差最小二乘解要求下式最小：

$$J(x) = \left\| \begin{pmatrix} \boldsymbol{R} \\ \boldsymbol{A}^j \end{pmatrix} \boldsymbol{X}^J - \begin{pmatrix} \boldsymbol{X}_0^j \\ \boldsymbol{B}^j \end{pmatrix} \right\| \tag{5.84}$$

式中：$\boldsymbol{X}_0^j$ 为卫星钟差先验值，通过参数适当排列，可将卫星 j 钟差排在矢量 $\boldsymbol{X}^j$ 最后一列。用 GIVENS 变换或 HOUSEHOLDER 变换，可将上述 X^j 系数阵变为上三角阵，其最后一列仅含卫星 j 钟差参数，其系数为卫星 j 钟差协方差阵逆阵的平方根。直接解算方程最后一列可得到卫星 j 钟差及协方差。

(2) 卫星钟差的卡尔曼滤波。

用(1)中方法可得到含先验信息及历元观测信息的卫星钟差，并没有考虑卫星钟的物理特性。仅考虑调频白噪声及调频随机游走噪声，卫星钟误差可用含两个状态的线性模型表征[7-9]，公式如下：

$$\begin{pmatrix} b_{k+1} \\ d_{k+1} \end{pmatrix} = \begin{pmatrix} 1 & \mathrm{d}t \\ 0 & 1 \end{pmatrix} \begin{pmatrix} b_k \\ d_k \end{pmatrix} + \begin{pmatrix} \omega_b \\ \omega_d \end{pmatrix} = \boldsymbol{\Phi}_{k+1,k} \begin{pmatrix} b_k \\ d_k \end{pmatrix} + \begin{pmatrix} \omega_b \\ \omega_d \end{pmatrix} \tag{5.85}$$

式中：b_k 为 t_k 时刻卫星钟差；d_k 为卫星钟漂；$\mathrm{d}t$ 为采样间隔；ω_b、ω_d 分别为白色调频噪声及随机游走调频噪声，由卫星钟统计特性决定。综合卫星钟观测信息及卫星钟误差模型信息的卡尔曼滤波方程为

$$\begin{cases} \boldsymbol{x}_{k/k-1} = \boldsymbol{\Phi}_{k,k-1}\boldsymbol{x}_{k-1} \\ \boldsymbol{P}_{k/k-1} = \boldsymbol{\Phi}_{k,k-1}\boldsymbol{P}_{k-1}\boldsymbol{\Phi}_{k,k-1}^{\mathrm{T}} + \boldsymbol{Q}_{k-1} \\ \boldsymbol{K}_k = \boldsymbol{P}_{k/k-1}\boldsymbol{H}_k^{\mathrm{T}}(\boldsymbol{H}_k\boldsymbol{P}_{k/k-1}\boldsymbol{H}_k^{\mathrm{T}} + \boldsymbol{R}_k)^{-1} \\ \boldsymbol{x}_k = \boldsymbol{x}_{k/k-1} + \boldsymbol{K}_k(\boldsymbol{Z}_k - \boldsymbol{H}_k\boldsymbol{x}_{k/k-1}) \\ \boldsymbol{P}_k = (\boldsymbol{I} - \boldsymbol{K}_k\boldsymbol{H}_k)\boldsymbol{P}_{k/k-1} \end{cases} \tag{5.86}$$

式中：$\boldsymbol{R}_k$ 为钟差协方差阵。

$$\boldsymbol{x}_k = \begin{pmatrix} b_k \\ d_k \end{pmatrix}, \quad \boldsymbol{H}_k = \begin{pmatrix} 1 \\ 0 \end{pmatrix}, \quad \boldsymbol{Q}_{k-1} = \begin{pmatrix} q_b & q_{bd} \\ q_{bd} & q_d \end{pmatrix}$$

$\boldsymbol{Q}_{k-1}$ 阵元素可利用卫星钟噪声统计值确定，计算公式如下：

$$\boldsymbol{Q}_{k-1} = \begin{pmatrix} \dfrac{h_0}{2}\cdot\Delta t + \dfrac{2\pi^2 h_{-2}}{3}\cdot\Delta t^3 & \pi^2 h_{-2}\cdot\Delta t^2 \\ \pi^2 h_{-2}\cdot\Delta t^2 & \dfrac{2\pi^2 h_{-2}}{3}\cdot\Delta t \end{pmatrix} \tag{5.87}$$

式中：h_0、h_{-2} 分别为调频白噪声及调频随机游走噪声的功率谱密度。

2）星间同步数据的单步滤波法

上述采用两步法对星间时间同步数据的处理过程中，第一步处理中每颗卫星需要解算其本身与所有可见卫星的钟差，该方法优点是充分利用了星间钟差相关信息，缺点是对先验信息太敏感，计算量大。如果在每颗卫星钟差解算中直接将其余可见星作为基准星，将基准星钟差作为已知值，以星间时间同步观测量为观测值，每个卫星仅求解自己钟差参数，可得到简化的卡尔曼滤波时间同步法。

假设 A 星为需要进行时间同步的卫星，B 星为能与 A 星组成星间链路的其中一颗可见卫星，B 星钟差已知时，A、B 两星星间钟差观测方程可简写为

$$\Delta t_{\mathrm{A}} = \begin{pmatrix} 1 & \frac{1}{2} & -\frac{1}{2} \end{pmatrix} \begin{pmatrix} \Delta t_{\mathrm{B}} \\ \frac{\bar{\rho}_{\mathrm{AB}}}{c} \\ \frac{\bar{\rho}_{\mathrm{BA}}}{c} \end{pmatrix} + \varepsilon \tag{5.88}$$

由误差传播定律可得到卫星钟差 Δt_{A} 的观测量方差：

$$\Sigma_{\Delta t_{\mathrm{A}}} = \Sigma_{\Delta t_{\mathrm{B}}} + \frac{1}{4}(\Sigma_{\bar{\rho}_{\mathrm{AB}}} + \Sigma_{\bar{\rho}_{BA}}) + \Sigma_{\varepsilon} \tag{5.89}$$

利用上述观测方程结合卫星钟差状态转移方程同样采用卡尔曼滤波可得到每颗卫星钟差及钟漂参数。

5.4.3.2 基于卡尔曼滤波的集中式处理

上述星间时间同步处理方法均是基于分布式处理模式，即每颗卫星仅处理自己与其可见卫星的星间时间同步数据，这种处理模式实质上仅考虑了每颗卫星与其直接可见卫星间的相关信息，并没有考虑通过卫星共视而产生的间接相关信息，因此，滤波处理结果是次优的。集中处理模式是处理星间时间同步数据的更加严密的模式。集中处理方法是将同一时刻全部星间时间同步观测量采用卡尔曼滤波统一处理，相当于对整个星间测距的时间同步网整体平差，因此其处理结果是最小方差意义下最优的。集中处理卡尔曼滤波观测方程及状态转移方程分别为

$$\boldsymbol{y}_{i-1} = \boldsymbol{H}\boldsymbol{x}_{i-1} + \varepsilon \tag{5.90}$$

$$\boldsymbol{x}_{i} = \boldsymbol{\Phi}_{i-1,i}\boldsymbol{x}_{i-1} + \omega \tag{5.91}$$

$$\boldsymbol{H} = \begin{pmatrix} 1 & \cdots & 0 & \cdots & -1 & \cdots & 0 \\ \vdots & \vdots & \vdots & & \vdots & \vdots & \vdots \\ 0 & \cdots & 1 & \cdots & 0 & \cdots & 0 \end{pmatrix}$$

$$\boldsymbol{\Phi}_{i-1,i} = \begin{pmatrix} 1 & \Delta t & \cdots & 0 & 0 \\ 0 & 1 & \cdots & 0 & 0 \\ \vdots & \vdots & & \vdots & \vdots \\ 0 & 0 & \cdots & 1 & \Delta t \\ 0 & 0 & \cdots & 0 & 1 \end{pmatrix}$$

式中：$\boldsymbol{x}_i$ 为 n 颗卫星组成星座中由 $2n$ 个元素组成的列矢量，包含星座中所有卫星的钟差及频差参数；矩阵 $\boldsymbol{H}$ 为 $m\times 2n$ 其偶数列为零矢量的矩阵，其每行除了两个元素分别为 1 及 −1 外，其余元素为零。

5.4.3.3　卡尔曼滤波的稳定性

由上面推导看出，星间测距观测量只包含星间相对钟差信息，对整个星座绝对钟差并不敏感，滤波器观测方程是秩亏的。从卡尔曼滤波稳定性定义可知，当线性滤波系统初值产生微小变化时，对其后续滤波结果的影响能够稳定控制在指定范围内，则称该线性滤波系统对于该参数是稳定的[10]。滤波器的稳定性条件实质上是要求滤波器参数估值及其均方误差阵随滤波时间的增加不受初值影响，而从上面星间钟差观测方程可看出，我们可以给所有卫星钟差初值加上任意指定的数值不影响星间时间同步滤波器解算的相对钟差参数，因此观测方程不满足卡尔曼滤波稳定性要求的严格意义上的随机可测条件。按照 2.4 节分析，上述星间钟差滤波参数可分为可测部分和不可测部分。滤波参数可测部分参数协方差随观测量增加而减小，该部分参数是严格稳定。滤波器不可观测部分参数协方差不受观测量方程测量更新过程影响，但其协方差数值会随着滤波器时间更新过程逐渐增大，导致滤波器解算过程整体发散，因此，上述算法并不稳定，表现在滤波器协方差阵的逐渐增大。但是通过将卡尔曼滤波器解算参数分为可测部分和不可测部分，在滤波时间更新过程中对滤波参数的不可测协方差进行约束，上述滤波器是可以收敛的。通过选定参考钟并用参考钟作为虚拟观测方程，上述观测方程即可满足卡尔曼滤波的完全可检测条件，此时，卡尔曼滤波结果能够稳定收敛[1]。

文献[1]中指出，以原子钟面时互差作为观测量采用卡尔曼滤波解算原子钟钟差等效于对原子钟频率偏差及频率漂移的加权平均，其解算值为单个原子钟相对所有原子钟组成的理想钟的钟差。文献[11]中用星间卡尔曼滤波算法及 AT1 采用的原子钟算法计算结果也验证了卡尔曼滤波算法解算钟差的有效性。

上述滤波算法仅考虑了调频随机噪声及调频随机游走噪声，当采样间隔很稀时，需要考虑随机奔跑噪声，此时时间同步卡尔曼滤波观测方程可写为

$$Z_i=(1\quad 0\quad 0)\begin{pmatrix}b_i\\d_i\\r_i\end{pmatrix}+\varepsilon \tag{5.92}$$

式中：b_i、d_i、r_i 分别为钟差、钟漂及钟漂移率参数；Z_i 为钟差观测量。状态转移方程可写为

$$\begin{pmatrix}b_{i+1}\\d_{i+1}\\r_{i+1}\end{pmatrix}=\begin{pmatrix}1 & \mathrm{d}t & \mathrm{d}t^2\\0 & 1 & \mathrm{d}t\\0 & 0 & 1\end{pmatrix}\begin{pmatrix}b_i\\d_i\\r_i\end{pmatrix}+\begin{pmatrix}\omega_\mathrm{b}\\\omega_\mathrm{d}\\\omega_\mathrm{r}\end{pmatrix} \tag{5.93}$$

式中：$\mathrm{d}t$ 为采样间隔；ω_b、ω_d 分别为白色调频噪声、随机游走调频噪声以及随机奔跑调频噪声，卫星钟噪声协方差阵为

$$E\left(\begin{pmatrix}\omega_b\\ \omega_d\\ \omega_r\end{pmatrix}\begin{pmatrix}\omega_b & \omega_d & \omega_r\end{pmatrix}\right)=\begin{bmatrix} q_1\tau+q_2\tau^3/3+q_3\tau^5/20 & q_2\tau^2/2+q_3\tau^4/8 & q_3\tau^3/6\\ q_2\tau^2+q_3\tau^4/8 & q_2\tau+q_3\tau^3/3 & q_3\tau^2/2\\ q_3\tau^3/6 & q_3\tau^2/2 & q_3\tau\end{bmatrix} \tag{5.94}$$

式中：q_1、q_2 分别为调频白噪声及调频随机游走噪声功率谱密度；q_3 为调频随机奔跑噪声（Random Run FM）谱密度，该参数在低频端表现显著，短期内具有系统误差趋势，可不在随机模型中处理。

由于调频闪变噪声与白噪声功率谱密度之间不是简单的积分关系，考虑调频闪变噪声的卡尔曼滤波算法相当复杂，一般做法是采用巴恩斯提出的多级函数逼近方法或多个一阶马尔可夫过程的线性组合逼近，用积分白噪声组合逼近调频闪变噪声，实现卡尔曼滤波动力学模型构建，具体实现方法见文献[11]。

5.4.4 仿真处理结果

利用 Walker 24/3/1 星座 24 颗卫星，均匀分布于个三个轨道面内，相邻轨道面对应卫星之间的相位系数为 1 构型作为仿真星座，卫星轨道高度为 28494km，轨道倾角 55°。星间测距体制采用类似 GPS 的 UHF 测距模式，测距天线波束范围为 120°时，为防止地面信号干扰，将地球半径以上 1000km 范围作为信号屏蔽区域，实际信号屏蔽区域范围近似为以卫星地心连线为主轴的 30°锥形区域。测距方式采用时分多址（TDMA）扩频通信技术，测距及数据通信分时完成。在测距时段同一时刻仅一颗卫星发射测距信号，其余卫星接收测距信息；在数据通信时段每颗卫星与所有可视卫星交换测距信息。这样，当一个测距周期结束后每颗卫星均具有可见卫星的双向测距数据。仿真卫星钟选择为铷钟，钟差模型仅考虑调频白噪声、调频随机游走噪声及相位随机游走噪声。调频白噪声参数 h_0 取为 4.09×10^{-22}，调频随机游走噪声参数 h_{-2} 取为 8.8×10^{-34}。

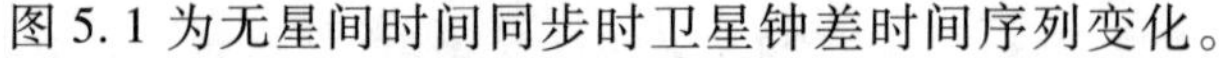
图 5.1 为无星间时间同步时卫星钟差时间序列变化。

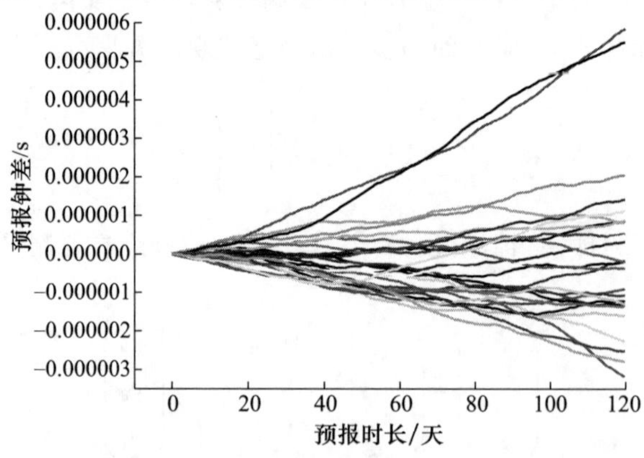

图 5.1　无星间时间同步时卫星钟差时间序列图（见彩图）

用上述星座仿真了UHF星间测距观测量。仿真星间观测数据时考虑的误差源包括卫星测距信号发射端常数硬件时延、发射端周期性时延、接收端常数硬件时延、接收端周期性时延及信号接收噪声共五种。五种噪声均用相互独立的随机噪声模拟，前四种为系统性噪声，仅需模拟一次，其数值在整个后续数据仿真中保持不变；而最后一种为单程测距相互独立的随机噪声，每个星间距观测均需要独立模拟。模拟误差量级按照文献[7]GPS卫星试验数据给出，模拟测距误差中系统性噪声约为1.92m，随机噪声约为0.75m。

利用5.4.3节所述直接卡尔曼滤波方法以1h采样间隔计算星间钟差，卫星钟差及钟漂先验值精度分别为16ns、1.6×10^{-12}Hz。为方便，我们随机选取了8颗卫星结果画图。图5.2～图5.5为8颗卫星相对观测历元全部卫星钟差均值误差图。图5.6为全部卫星钟差均值随时间变化图。

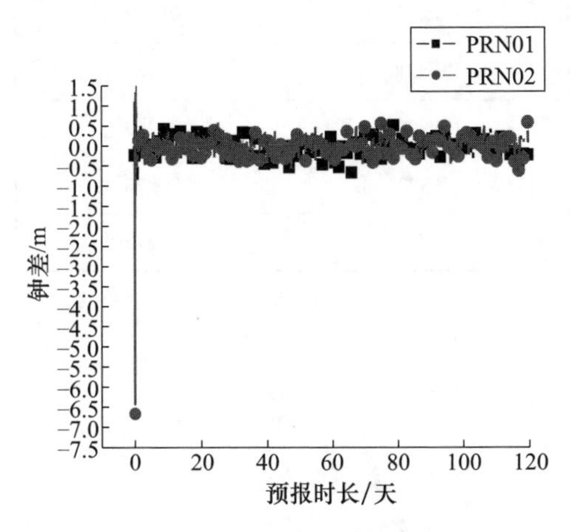

图5.2　PRN01、PRN02钟差变化图(见彩图)

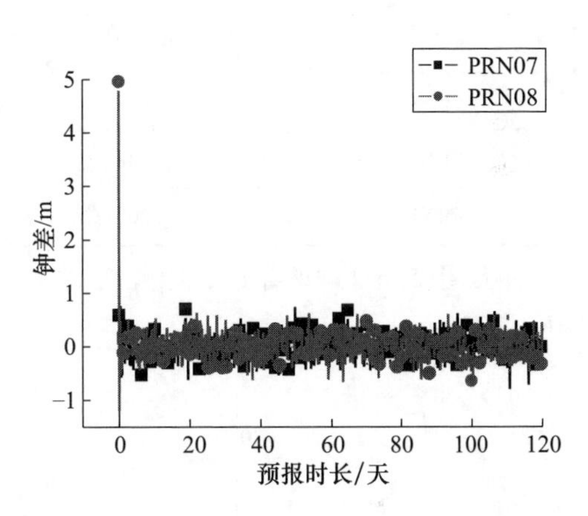

图5.3　PRN07、PRN08钟差变化图(见彩图)

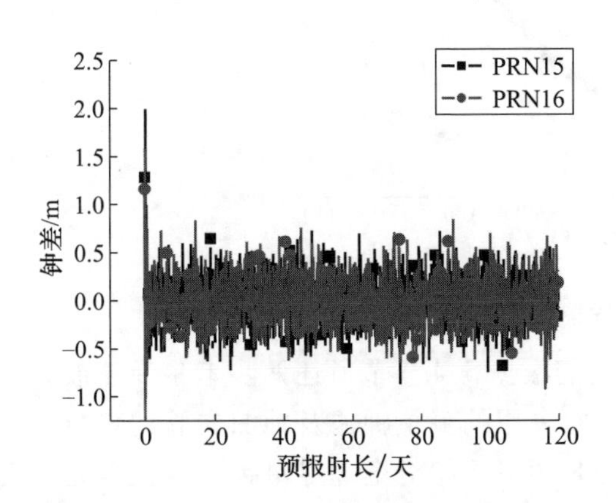

图5.4　PRN15、PRN16钟差变化图(见彩图)

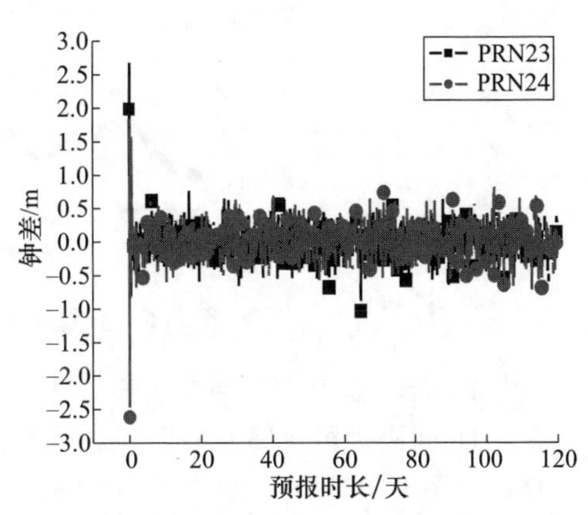

图5.5　PRN23、PRN24钟差变化图(见彩图)

60天全部卫星钟差相对其均值统计如表5.2所列。

表 5.2　直接滤波法卫星钟差统计表

卫星号	卫星钟差/m	卫星号	卫星钟差/m
PRN01	0.231	PRN13	0.253
PRN02	0.279	PRN14	0.256
PRN03	0.267	PRN15	0.255
PRN04	0.258	PRN16	0.260
PRN05	0.270	PRN17	0.267
PRN06	0.263	PRN18	0.259
PRN07	0.252	PRN19	0.264
PRN08	0.253	PRN20	0.273
PRN09	0.268	PRN21	0.283
PRN10	0.250	PRN22	0.263
PRN11	0.248	PRN23	0.273
PRN12	0.260	PRN24	0.275

从图 5.6 可以看出,卫星钟差均值最大为 29.988m,最小值 0.266m,均值 9.823m。

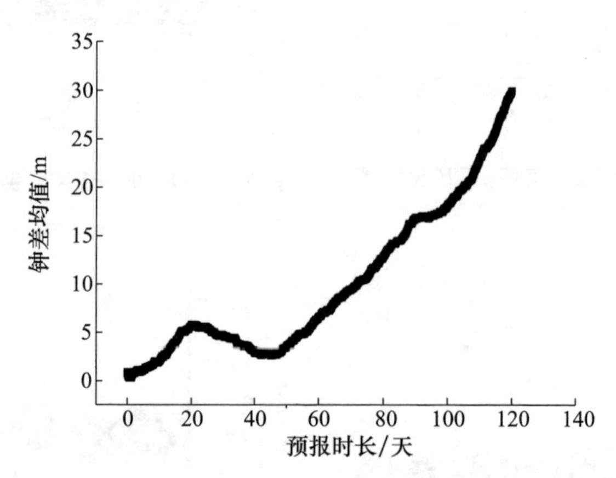

图 5.6　卫星钟差均值随时间变化图

为了比较,基于上述同样仿真数据。我们根据 5.4.3 节所述两步卡尔曼滤波方法采用 1h 间隔进行星间时间同步试验。试验采用的卫星钟差及钟漂先验约束分别为 16ns、1.6×10^{-12}Hz。图 5.7 ~ 图 5.10 为 8 颗卫星相对全部卫星钟差均值偏差时间序列,图 5.11 为全部卫星钟差均值变化图。表 5.3 为两步滤波法卫星钟差统计表。

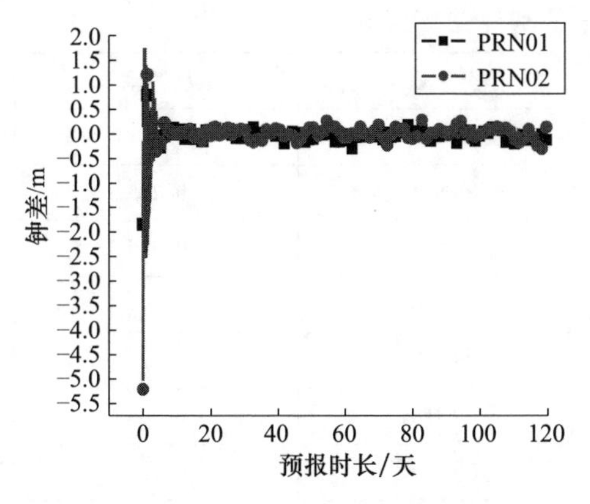

图5.7 PRN01、PRN02 钟差变化图(见彩图)

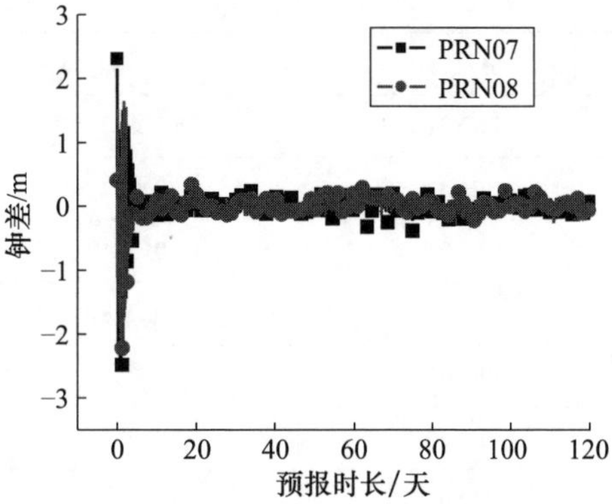

图5.8 PRN07、PRN08 钟差变化图(见彩图)

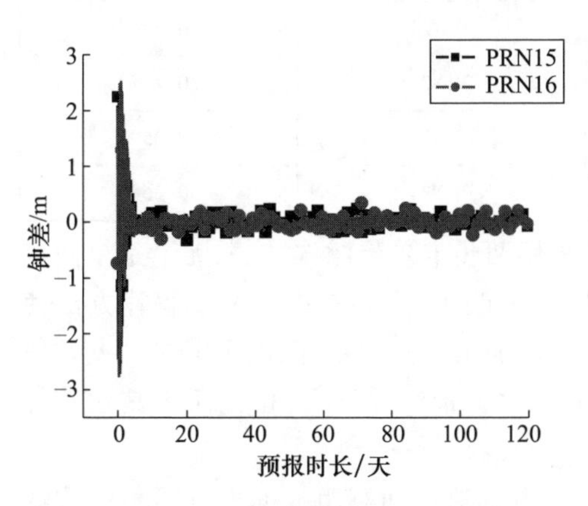

图5.9 PRN15、PRN16 钟差变化图(见彩图)

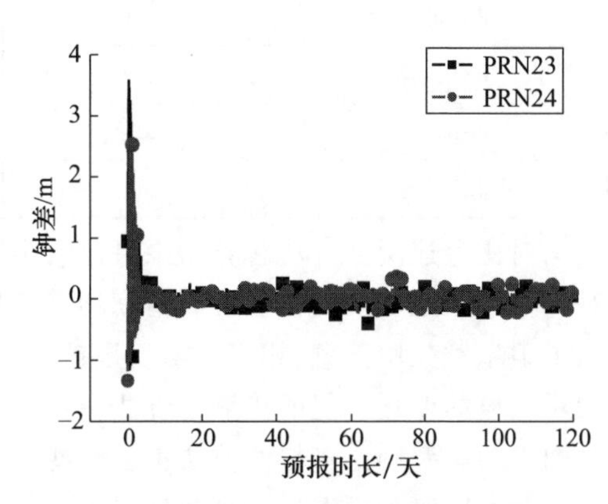

图5.10 PRN23、PRN24 钟差变化图(见彩图)

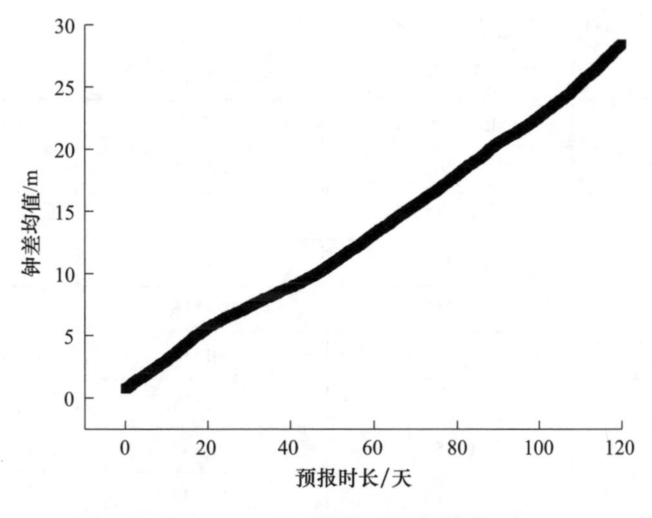

图5.11 卫星钟差均值变化图

表 5.3　两步滤波法卫星钟差统计表

卫星号	卫星钟差/m	卫星号	卫星钟差/m
PRN01	0.197	PRN13	0.221
PRN02	0.272	PRN14	0.225
PRN03	0.234	PRN15	0.225
PRN04	0.248	PRN16	0.244
PRN05	0.245	PRN17	0.275
PRN06	0.234	PRN18	0.263
PRN07	0.233	PRN19	0.250
PRN08	0.226	PRN20	0.264
PRN09	0.231	PRN21	0.274
PRN10	0.229	PRN22	0.247
PRN11	0.221	PRN23	0.259
PRN12	0.243	PRN24	0.268

对比上述两种方法解算结果可以看出，采用两步卡尔曼滤波方法，无论是星间相对钟差还是卫星平均钟差解算精度均有不同程度改善，主要是由于两步解算方法使用了卫星钟先验信息，相当于给卫星钟差均值增加了先验约束，限制了卫星钟差均值相对初值的变化。但两步解算方法在精度上的改善量级并不大，相比而言其在计算时间上的花费则比直接滤波法稍多一些。

我们同时利用上述仿真数据采用5.4.3节方法对星间测距数据进行了集中式滤波处理，滤波采用的钟差初始约束与上述两方法相同。处理得到的卫星钟差相对全部卫星钟差均值变化统计如表5.4所列。

表 5.4　集中处理法卫星钟差统计表

卫星号	卫星钟差/m	卫星号	卫星钟差/m
PRN01	0.202	PRN13	0.233
PRN02	0.217	PRN14	0.219
PRN03	0.207	PRN15	0.234
PRN04	0.216	PRN16	0.207
PRN05	0.222	PRN17	0.240
PRN06	0.209	PRN18	0.217
PRN07	0.250	PRN19	0.218
PRN08	0.216	PRN20	0.210

（续）

卫星号	卫星钟差/m	卫星号	卫星钟差/m
PRN09	0.244	PRN21	0.251
PRN10	0.226	PRN22	0.221
PRN11	0.217	PRN23	0.224
PRN12	0.197	PRN24	0.204

对比上述集中式处理结果与两种分布式卡尔曼滤波处理结果可看出，集中处理模式钟差同步精度比前两种方法稍好，但精度提高量级仅在厘米级，相比而言，集中处理模式时间花费大幅增加。因此，单就星间时间同步而言，集中处理模式优势并不明显。

对比 5.4.3节给出的两步卡尔曼滤波方法与同节给出的直接滤波方式，其主要区别在于两步滤波方法实质上是顾及先验信息的最小二乘法，在每个测距周期内每颗星载处理器同时需要估计本星及所有可见卫星钟差，而直接滤波方法则是不考虑先验信息的最小二乘法，每颗星载处理器仅估计本星钟差。正是由于两步滤波方法顾及了更多的星间钟差相关信息，因此该方法对卫星钟差均值的约束相对较强，仿真分析结果也验证了这一点。需要指出的是，两步滤波方法在观测数据存在粗差时解算稳定性较直接滤波方法差，这一点可通过在数据预处理过程中增加剔除粗差功能改进。

5.5　自主导航时间基准维持

5.5.1　无主钟卡尔曼滤波时间基准维持

卫星导航系统采用原子时作为时间基准。原子时间基准的维持需要高精度原子钟和原子钟之间的高精度比钟观测量。常规卫星导航系统是利用地面一组高精度原子钟组和原子钟之间的比钟测量维持卫星导航系统时间的。卫星导航系统时间与UTC 之间的差异由卫星导航钟组与 UTC 维持中心（如美国海军天文台）之间定期时间比对获取。

自主导航模式下，没有地面运控系统原子钟支持，导航系统时间基准维持只能依靠每颗卫星的星载原子钟和卫星之间的星间链路测距观测量维持卫星导航系统时间。星间双向测距链路获取的是星间比钟观测量。严格意义上，自主导航钟差确定过程实际上是一种无主钟线性集中式滤波系统。在前面 2.4 节已证明，利用星间比钟观测量和卡尔曼滤波处理可维持虚拟原子时间基准，组合时间基准维持的稳定性与星间比钟观测量精度相关[12]。

假设卫星钟的钟面时为 T_i，采用的时间基准为 T_i^0，则卫星钟差可表示为

$$\delta t_i = T_i - T_i^0 \tag{5.95}$$

如果我们能够得到每颗卫星钟差参数值 $\delta \bar{t}_i$,利用钟面时,可计算时间基准:

$$T_i^0 = T_i - \delta \bar{t}_i \tag{5.96}$$

因此,时间基准维持问题可转化为钟差参数估计问题。

在自主导航模式下,双向星间链路测距数据经过预处理和误差修正后,可形成星间钟差观测方程如下:

$$\Delta\rho^{ji} = \frac{1}{2c}(\rho^{ij} - \rho^{ji}) = \delta t^j - \delta t^i + \varepsilon' \tag{5.97}$$

每颗卫星仅估计钟差和钟漂参数时,钟差参数状态转移方程形式为

$$\delta t_i^{k+1} = \boldsymbol{\Phi}_i \delta t_i^k + \omega \tag{5.98}$$

$$\boldsymbol{\Phi}_i = \begin{pmatrix} 1 & \mathrm{d}t \\ 0 & 1 \end{pmatrix}$$

综合多颗卫星星间比钟观测量和卫星钟状态转移矩阵,采用卡尔曼滤波法,在解算得到卫星钟差估计量同时,隐含可得到卫星钟差对应的时间基准。

针对这种滤波系统,2.4 节已经证明,如果组成上述观测系统的原子钟动力学噪声成比例,则组合时间基准绝对值完全与星间比钟观测量无关,星间比钟观测量仅影响组合时间基准稳定性;当原子钟动力学噪声差异较大,极端情况是部分原子钟出现跳变时,此时组合时间基准绝对值将受星间比钟观测量精度的影响。

5.5.2 分布式时间基准维持

上节简单介绍了采用集中式卡尔曼滤波方法实现无主钟时间基准维持的原理及影响基准维持精度的因素。上节采用的卡尔曼滤波方法使用了全星座观测数据进行整体滤波处理,理论上可得到最优钟差参数的最优估计。在自主导航分布式处理模式下,卫星钟差解算过程分解为多个分布式滤波处理过程,正如 5.4.2 节所述,分布式处理策略是集中化滤波处理的近似。采用分布式处理策略,每颗卫星独立利用与自己可建链卫星的星间链路观测数据更新自己钟差参数。与上节无主钟集中式时间基准维持原理类似,分布式滤波处理解算过程在获取单个卫星钟差参数的同时,也隐含定义了全星座时间基准。在近似意义上,影响分布式时间基准维持精度及稳定性的因素与集中式滤波类似,上述集中式滤波分析结果同样适用于分布式处理。

5.6 钟差星历参数生成

与第 4 章自主定轨星历参数更新过程类似,自主时间同步的结果同样需要转化为导航星历参数。目前大多数导航卫星导航电文中的钟差参数用简单的二阶多项式建模。为此,需要将时间同步处理结果拟合为二阶多项式形式。考虑到自主时间同

步星历参数更新频度远小于地面运控模式,因此,可采用一阶多项式模型进行导航星历钟差参数拟合。由于采用滤波处理模式的自主时间同步过程能够同时获取当前时刻的卫星钟差和钟偏参数,因此,导航星历钟差参数可直接通过历元归化算法而不需要进行数据拟合获取。

参考文献

[1] 卫国. 原子钟噪声模型分析与原子钟算法得数学原理[D]. 西安:中国科学院陕西天文台,1991.

[2] DIEZ J,D'ANGELO P,et al. Clock errors simulation and characterisation[C]//ION GNSS 19th International technical meeting of the satellite division, Fort Worth, Texas, Sept. 26 - 29, 2006:815 - 821.

[3] 邓聚龙. 灰色系统基本方法[M]. 武汉:华中工学院出版社,1987.

[4] BROCKWELL P J, DAVIS R A. Time series theory and methods[M]. 2nd . Berlin Heidelberg: Springer-Verlag,2001.

[5] 宋小勇,毛悦,冯来平,等. BD 卫星星间链路定轨结果及分析[J]. 测绘学报,2017,46(5):547-553.

[6] 宋小勇. 北斗导航卫星精密定轨技术研究[D]. 西安:长安大学,2009.

[7] ANDY W. Estimate the GPS block IIR autonav clock behavior[C]//Proceeding of the 1999 Joint Meeting of European Frequency and the Forum and the IEEE International Frequency Control Symposium. besancon, France, 1999:279-282.

[8] ANANDA M P, BERNSTEIN H, CUNNINGHAM W A, et al. global positioning system(GPS) autonomous navigation[C]//Location and Navigation Symposium. In proceedings of IEEE Position, Las Vegas, Nevada, March 20-23, 1990:497-508.

[9] MARTOCCIA D, BERNSTEIN H. GPS satellite timing performance using the autonomous navigation (Autonav)[C]//Proceedings of the ION GPS-98, Nashville, Tennessee, Sept. 15 - 18, 1998:1705 - 1712.

[10] 秦永元,张洪钺,汪叔华. 卡尔曼滤波与组合导航原理[M]. 西安:西北工业大学出版社,2004.

[11] DAVIS J A, GREENHALL C A, Stacey P W. A kalman filter clock algorithm for use in the presence of flicker frequency modulation noise[J]. Metrologia, 2005(42):1-10.

[12] BROWN K R. The theory of the GPS composite clock[C]//Proceedings of the 4th International Technical Meeting of the Satellite Division of the ION GPS, Sept. ,1991:223-241.

第6章　卫星自主完好性

导航卫星自主完好性监测(SAIM)是指卫星通过星间/星地测量和处理,结合卫星载荷自主监测,在轨确定导航卫星完好性信息的能力。相比地面完好性监测技术,自主完好性监测具有实时性更高、综合成本低以及对地面设施依赖度较少等优势。卫星自主完好性监测技术是由 GPS 最早提出,拟在 GPS Ⅲ卫星使用[1]。本章重点介绍自主完好性监测概念以及两种主要实现方式。

6.1　卫星自主完好性概念

导航系统完好性(Integrity)指标是卫星导航系统核心服务指标之一。完好性是评价系统所提供信息的正确性的可信度的指标。对于卫星导航系统而言,主要是指系统不能提供预期导航服务能力时,能够为用户提供及时和有效告警的能力。在民航、港口等涉及生命安全因而对导航定位可靠性要求极高的应用领域,完好性需求具有特殊重要意义[2]。

完好性概念主要包括四个指标[3]。①报警门限:系统规定的安全运行限值。在评估的服务区内,当用户定位误差超过该限值时,必须向用户发出告警,包括水平报警门限和垂直报警门限。②报警时间:系统发现故障的时刻到系统向用户发出报警的时刻之间的时差。③告警能力:在导航系统覆盖区域内,系统向用户发出及时报警的面积与覆盖区域的百分比。④误警或漏警概率:系统出现错误报警的概率以及系统出现故障而不能及时向用户提供告警信息的能力。

传统的卫星导航系统完好性主要依靠两种方式保障。第一种是地基完好性(GIC)监测方式,通过在地面布设监测网络,依靠监测站对卫星导航系统服务能力的连续监测实时掌握卫星健康状况和导航系统的服务性能,并及时将相关完好性信息通过某种形式的无线电传输链路发送给用户。广域差分和区域差分是该工作模式对应的两种主要实现方式。地基完好性监测的完好性服务能力通常也用告警门限、告警时间、漏警概率、虚警概率等指标评估。GIC 应用中主要问题是经过监测处理后的完好性信息需要通过地面网络或卫星通信链路传输给用户,完好性信息传输环节过多,信息的实时性难以保障。接收机自主完好性监测(RAIM)是 20 世纪 80 年代后期发展的另一种完好性监测方法。RAIM 一词是 1987 年由 R. M. Kalafus 首先提出。RAIM 技术本质上是在某种测量一致性假设前提下利用接收机得到的冗余测量信息

来监测导航定位性能的。依据采用的冗余观测信息不同,RAIM 技术也有不同的实现方式。一种是仅将当前冗余测量用于一致性监测;另一种则综合利用当前测量信息、历史测量信息、其他类型导航信息和载体运动状态信息形成完好性信息。相对于地基完好性监测法,RAIM 技术完好性信息在用户端生成,解决了传输实时性问题,但对于接收机信号接收能力、处理能力提出了更高要求,而且,RAIM 可靠性相对较差。

传统的完好性监测主要在地面实现,由于很难兼顾完好性告警信息的实时性和可靠性,其应用拓展受到限制。为此,SAIM 技术应运而生。卫星自主完好性监测包括完好性自主保障模式和基于星间链路的完好性监测两种途径[4]。相对于地面监测模式,卫星自主完好性监测主要在卫星端实现。该项技术通过在卫星端搭载监测接收机,可实时监测卫星异常信号功率、伪码信号失真、卫星钟异常、导航信号错误以及导航信号比特码异常反转等,并将监测结果发送到星载导航任务处理载荷,通过导航信息发送单元,在短时期内(1s)将不可用监测结果信息发送给用户。利用星间链路观测数据在轨监测导航信号完好性是自主完好性监测的另一个发展方向。ESA 开展的部分试验结果表明,星间测量对卫星轨道及钟差的监测效果非常好,可以监测轨道上 18cm 的径向误差和卫星钟相位、频率跳变状态。GPS Ⅲ计划采用卫星自主完好性技术,可以将单颗卫星差错漏检概率从现在的 10^{-4}/h 降低到 10^{-7}/h。相比地基完好性监测技术,SAIM 方法具有告警时间短、综合成本低、对地面依赖性小等优点,成为现代卫星导航系统完好性监测的重要技术手段。但 SAIM 技术也存在不足,主要是不能监测空间信号传播段和用户接收端异常,同时,增加了卫星载荷负担。

卫星自主完好性监测概念最早由美国斯坦福大学(Standford University)报道。早期方法是在卫星上安装 3 台以上星载接收机,通过该接收机接收所在导航卫星发射的导航信号实现对卫星导航信号完好性的自主监测。斯坦福大学研制了卫星自主完好性监测原型机,并分类开展了完好性监测实验。几乎在同一时期,美国罗克韦尔(Rockwell)开展了基于星间链路技术的完好性监测技术研究,表 6.1 为几种完好性监测方法对比。上述两种研究方向催生了现阶段 SAIM 的主要实现方式[4]。

表 6.1　现有导航卫星完好性监测技术

完好性分类	覆盖范围和监测站	监测方法和完好性参数	参数播发方式	性能指标	应用现状
全球卫星导航系统基本完好性	全球服务,7~10 个测站	轨道和钟差误差的用户测距精度(URA)或空间信号精度(SISA)/空间信号监测精度(SISMA)	导航电文	GPS: 漏检概率:1×10^{-4}/h。 告警时间:小时到分。 Galileo 系统: 告警时间:6s。 漏检概率:2×10^{-7}/(150s)	GPS Galileo 系统

（续）

完好性分类	覆盖范围和监测站	监测方法和完好性参数	参数播发方式	性能指标	应用现状
广域增强完好性	几千千米，10 个测站	轨道钟差及电离层改正数，如 UDRE、GIVE	GEO RTCA	告警时间：6s。 漏检概率：2×10^{-7}/(150s)	WAAS EGNOS MSAS GAGAN
区域增强完好性	几十千米，几个测站	用于伪距综合改正的完好性参数	VHF RTCA RTCM	告警时间：2s。 漏检概率：2×10^{-9}/(150s)	LAAS NDGPS RBN-DGPS
接收机自主完好性	可视范围内卫星观测量	利用多个冗余观测量探测并剔除故障卫星观测量		无告警时延。 漏检概率：1×10^{-3}	接收机
卫星自主完好性	卫星反馈的信号	可监测的完好性参数包括卫星信号功率异常、伪距畸变、钟差超限以及导航电文错误等	导航电文	告警时间 2s。 漏检概率：1×10^{-7}/h	在研
星间链路完好性	星间链路数据	可监测的完好性参数包括轨道及钟差异常参数	导航电文	未明确	在研

注：UDRE—用户差分距离误差； GIVE—格网点电离层垂直延迟改正数误差；RTCA—航空无线电技术委员会；WAAS—广域增强系统；EGNOS—欧洲静地轨道卫星导航重叠服务；MSAS—多功能卫星（星基）增强系统；GAGAN—GPS 辅助型静止地球轨道卫星增强导航；RTCM—海事无线电技术委员会；LAAS—局域增强系统；NDGPS—国家差分 GPS；RBN-DGPS—中国沿海无线电指向标差分 GPS

尽管卫星自主完好性监测技术具有实时性强的显著优势，但由于地面监测、RAIM、SAIM 三种完好性监测方法对完好性监测覆盖能力不同，卫星自主完好性监测现阶段不能取代其他两种完好性监测技术。三种完好性监测方法覆盖能力如表 6.2 所列。

表 6.2　三种完好性监测方法覆盖能力表

完好性监测技术	卫星钟/导航星历	卫星信号发射单元	空间传播段（电离层）	用户接收段（接收机）
SAIM				
地面监测站				
RAIM				

从表 6.2 看出，影响卫星导航完好性的因素主要可分为四类：第一类为卫星钟和卫星导航星历，包括卫星钟跳变、导航星历中卫星轨道及钟差参数不准确等；第二类为卫星信号发射单元，包括发射天线几何物理性能变化、卫星导航任务信号处理单元差错等；第三类为空间传播段，包括电离层异常引起的信号接收性能差异；第四类为用户接收机段因素。

基于星间测量的卫星自主完好性监测技术主要监测卫星钟和导航星历引起的性能衰减，通过在卫星上安装监测接收机，可监测卫星信号发射单元完好性。地面监测

技术可监测用户接收机以外从卫星到信号传播段全部空间信号范围内的完好性,而RAIM方法则可以监测导航信号从发射到接收全范围完好性。

6.2　卫星自主完好性保障实现方式

卫星自主完好性保障是一种全新理念的完好性服务模式。该模式基于防护优于监测和告警的理念,最早是针对GPS Ⅲ完好性监测能力提升而提出的[1]。该思想来源于国际民航组织(ICAO)对GPS Ⅱ完好性故障模式及影响分析(IFMEA)结果。该结果将影响空间信号完好性性能的主要因素归结为两类:即卫星钟跳变和地面运控系统数据上注错误。为此,针对性地提出了卫星在轨自主监测和预判可能的卫星钟故障方式,结合地面运控系统在运行和注入阶段对待上注数据的检测来消除数据注入错误的完好性预防方式。空间段和地面运控段两种方式组合,可确保在第一时间检测到导航卫星核心功能的错误,提高系统完好性服务能力。

基于上述思想,自主完好性监测可分为运控段完好性监测和卫星自主完好性监测两部分。

6.2.1　运控段完好性监测

运控段完好性监测侧重于地面运控上注信息和指令准确性评估方面。通过预先评估可防止将错误的信息上注到卫星。

运控段完好性信息监测内容主要包括地面控制指令信息、地面上注导航星历信息以及卫星设备状态信息等多种。

对上述导航星历信息的监测有多种方式,第一种可采用与历史数据比较方式,即导航信息上注前,将待注入导航信息中的轨道及钟差参数与上次已上注参数进行比较,如果差异超过一定门限值,则需要对新上注信息延迟上注。对导航星历信息的监测结果是通过更新用户测距精度(URA)相关信息实现播发的。

对卫星设备状态信息的监测重点为星载原子钟运行状态检测,通过对地面运控系统实测数据分析可检测并修复卫星钟漂移,同时,通过对卫星钟长期数据时间序列变化特性分析可检测出卫星钟异常状态,预判卫星钟可能出现的故障。

6.2.2　卫星自主完好性监测

SAIM技术能够监测的完好性故障包括信号功率异常、测距码信号畸变、码与载波信号一致性偏差、卫星钟异常漂移、导航星历信息错误、单粒子反转等[5]。对上述故障的在轨监测通过在轨设备直接监测和星间测量监测两种方式实现。在轨监测设备包括:可测量温度、电压、电流等信息的卫星工作环境监测设备;可测量卫星轨道及姿态变化的惯性测量设备及推力发动机监测设备;可监测卫星钟在轨变化的星载钟监视和控制设备;可监测卫星导航信号异常的星载完好性接收机。在轨工作环境设备提供的监测信息包括载荷开关机状态、载荷使用状态等数字信息以及设备电流、电压、工作状态指示信号、温控状态等模拟信息。惯性测量设备能够提供的信息包括卫星加速度、卫星姿态变化等信息。星载钟监测和控制设备提供的信息包括组合钟频率、相位、调频调相信息等。通过将完好性监测接收机搭载到卫星上,实现对导航信号异常的直接监测是文献[4]最早提出的思想,利用搭载的独立监测设备,可实现对大多数卫星完好性故障的及时监测。但由于这种方式对星载设备技术能力要求较高,目前包括 GPS Ⅲ在内的导航卫星仅利用了其核心思想而未完全采用该方法。目前卫星导航系统多采用在导航卫星核心载荷(如信号生成单元、卫星钟等)内部设计自监测模块,实现完好性信息的自主监测[5]。

在卫星总体设计中增加有自主检测能力的星载设备,具备对可能发生的卫星钟故障以及其他卫星导航载荷故障的在轨监测能力。借助该设备的检测信息,可及时发现卫星相关的故障,并及时停发受故障设备影响的信息,将相关问题上报卫星运行控制中心,及时对卫星故障进行修复。在轨运行的卫星通过将伪随机码替代为不可用信号或在导航电文卫星健康状态信息中播发不可用信息,可实现对用户及时告警的目的。采用该方式时,由于完好性信息的监测和播发均在卫星端实现,因此,可最大限度减小完好性信息反应时间,同时也可减小用户对潜在完好性信息损失的影响。对于大多数民航用户完好性指标需求而言,要求发现故障并告知用户的响应时间不大于 5.2s,实际上,采用上述检测模式时,由于采用的是预先探测模式,实际上完好性响应时间为负值。

利用星间链路监测完好性实际上是卫星自主完好性监测的方式之一,这种完好性监测以导航星历精度及卫星钟状态信息监测为主。

6.3 自主导航信息完好性监测方法

如前所述,完好性监测指标主要包括告警门限、虚警/漏警概率以及告警时间等。告警门限确定是其中最重要的部分。告警门限通常采用一定时间一定范围内用户测距误差上限指标表征,而用户测距误差则主要依据卫星广播星历计算的卫星位置和钟差计算。利用星地、星间测量信息可监测导航卫星星历参数(含卫星轨道、卫星钟差参数)精度和卫星导航载荷在轨运行状态。其中导航星历参数精度的监测是完好性监测的最主要内容,也是确定告警门限的主要依据。不同卫星导航系统采用不同的指标定义门限参数。Galileo 系统采用空间信号精度(SISA)参数表征广播星历精度,用空间信号监测精度(SISMA)表征完好性监测系统对空间信号的监测精度,这两种参数是计算告警门限的依据,两种参数的差别在于 SISA 用于描述无故障模式,而 SISMA 用于描述有故障模式。与 Galileo 系统不同,GPS 则采用 URA 指标计算门限参数。

SISA 定义为在一定时间段内,对于导航服务区内的任意用户,由于导航星历中卫星轨道及钟差参数误差造成的具有一定置信度的空间信号误差的上限。

导航卫星广播星历误差包括卫星轨道三个分量误差 Δr、Δt、Δn 和一个卫星钟差 Δclk 表示，实际计算中，卫星钟误差 Δclk 可合并到卫星轨道误差径向分量 Δr 上，形成组合轨道误差。将组合卫星轨道误差投影到用户测量方向，可得到用户测距误差。对于特定的组合卫星轨道误差矢量，对应一个最差用户位置(WUL)，即组合卫星轨道误差矢量延长线与用户服务区交点位置或距离交点最近位置，该位置常用于计算门限值。SISA 和 SISMA 可采用标量或矢量方式计算。采用标量方式时，SISA 用一定时间一定范围内，利用最差用户位置计算的用户测距误差上限统计值的 1 倍中误差表示。与标量 SISA 计算方式对应，矢量 SISMA 计算方法为，利用完好性监测设备获取的观测量，可计算实测卫星轨道钟差误差矢量，进而得到实测组合轨道误差矢量。同样该矢量对应一个最差用户位置，SISMA 即为最差用户位置计算的用户测距误差上限统计值的 1 倍中误差。为了更加准确描述卫星位置对用户测距误差的影响，可考虑定义误差三分量的矩阵形式——空间信号精度矩阵(MSISA)、空间信号监测精度矩阵(MSISMA)，详情可见文献[2]。

虽然 SISA 与 URA 定义上有一定区别，但两者均反映卫星轨道及钟差误差在用户测距方向的投影误差。对上述两种完好性参数的监测均通过在轨监测卫星轨道及钟差的误差方式实现，因此，我们以 GPS 采用的 URA 参数为例说明完好性监测方法。

6.3.1　自主导航 URA 信息的确定

URA 指标是导航电文信息中包含的与轨道和钟差等导航星历参数相关联的信息之一，主要用于表征与卫星段和运控段相关的导航电文参数的精度水平。导航定位用户可利用 URA 指标选择卫星或利用 URA 信息对导航电文计算的卫星位置及钟差信息加权。GPS 采用 URA 作为计算告警门限的依据，使得 URA 成为完好性参数的一部分，用于指示导航系统存在的完好性风险。

按照 ICD-GPS-200，GPS 导航卫星 URA 定义为：URA 为表征用户对特定卫星可实现的测距精度统计量的指标。通常可利用导航用户与播发测距信号的卫星之间测距观测量精度的 1 倍中误差表示，主要包含卫星段和地面运控段相关误差，但并不包含用户端和传播介质误差。为减少导航电文信息播发数据量，GPS 导航卫星导航电文中的 URA 信息采用 URA 等级指标给出，以现阶段可实现的最高导航电文 URE 精度指标为起点，共设置 16 个精度等级，对应 16 个 URA 水平，表示的精度范围为 0.0～6144.0m。

GPS URA 计算模型如下[6]：

$$\mathrm{URA}=\sqrt{\sigma_{\mathrm{R}}^{2}+\frac{1}{16}\sigma_{\mathrm{T}}^{2}+\frac{1}{16}\sigma_{\mathrm{N}}^{2}+\sigma_{\mathrm{t}}^{2}+\sigma_{\mathrm{m}}^{2}} \tag{6.1}$$

式中：σ_{R}、σ_{T}、σ_{N} 分别为采用预报导航星历计算的卫星轨道位置的径向、沿迹、法向三分量误差统计量；σ_{t} 为卫星钟预报误差统计量；σ_{m} 为运控软件模型误差统计量。以上统计量均为对应统计量的 1 倍中误差(1σ)。尽管 URA 指标希望用于表示用户测距精度1倍中误差,但通过对GPS URA的分析发现,不同卫星URA差异并不大,究其原因,主要由于主控站采用的通用模型误差σ_m占URA主项,这些误差包括监测站位置误差、对流层模型误差以及卫星动力学模型误差等。

上述参数中,σ_R、σ_T、σ_N、σ_t参数可借助对卫星预报轨道及钟差误差的统计得出,而σ_m则采用的是经验值。GPS早期,该经验值选择为3m。GPS第二运行控制中心H. Michael通过分析比较监测站实测数据计算的卫星URE与同期广播星历参数中给出的URA之间时间序列差异,得出结论:对于数据龄期在4h以内的广播星历参数,不考虑σ_m参数影响,URA估计精度反而更高;当导航星历参数数据龄期超过4~6h以上时,计算URA时考虑σ_m影响精度更加合理。GPS的URA利用预报法而非监测法计算。

6.3.1.1 常规导航模式下利用监测法计算URA方法

在常规以地面运控为主体的运行模式下,导航卫星轨道、钟差以及模型误差均由地面运控系统给出。地面运控系统计算上述误差的方法有多种,主要思路介绍如下。

1) 定轨协方差法

该方法利用定轨软件计算结果中与轨道钟差信息相对应的协方差信息作为评估轨道钟差精度的依据,确定中误差统计量,进而计算URA统计量。由于地面运控系统定轨软件解算的参数通常为特定的参考历元,因此定轨软件输出的协方差信息也仅为特定历元的误差协方差信息。为了计算导航星历参数有效期内的URA误差统计量,需要将该历元误差协方差信息外推到导航星历全部数据龄期内。卫星轨道协方差信息的外推需要利用卫星轨道动力学模型。地面运控系统采用动力学法定轨时,协方差信息外推通常借助轨道动力学状态转移矩阵计算;卫星钟差误差信息外推则直接利用卫星钟差模型,通常采用一阶线性模型计算。

2) 地面监测法

利用地面运控系统或其他地面监测系统布设的监测站收集导航卫星伪距和载波相位观测量,然后借助已知地面监测站坐标以及其他辅助信息逐历元确定卫星轨道及钟差,进而确定卫星轨道及钟差误差统计量,最后确定URA。地面监测法是一种相对更可靠的URA计算方法。计算流程如下:

假设k个地面监测站观测到卫星m的伪距观测量为ρ_i^m,则有

$$\rho_i^m = \bar{\rho}_i^m + c(\delta t_i - \delta t^m) + \Delta I_i^m + \Delta T_i^m + \Delta M_i + \varepsilon \tag{6.2}$$

式中:$\bar{\rho}_i^m$为理论星地距,形式为

$$\bar{\rho}_i^m = \sqrt{(x^m(t-\tau) - x_i(t))^2 + (y^m(t-\tau) - y_i(t))^2 + (z^m(t-\tau) - z_i(t))^2} \tag{6.3}$$

式中:x^m、y^m、z^m为卫星位置三分量;x_i、y_i、z_i为测站位置三分量;δt_i为测站钟差;δt^m为卫星钟差;c为光速;ΔI_i^m、ΔT_i^m分别为电离层、对流层误差;ΔM_i为多径误差;ε为测量噪声。

已知监测站位置矢量、测站钟差后,利用双频组合消减电离层影响,利用经验模

型消减对流层误差，利用载波相位平滑伪距消减多路径误差，则上述方程仅包含卫星位置和钟差参数作为待解算参数。利用卫星参考位置及监测站坐标为初值，对上述方程进行线性化后，可得到线性观测方程：

$$\Delta\rho_i^m = \begin{pmatrix} \dfrac{x^m - x_i}{\bar{\rho}_i^m} & \dfrac{y^m - y_i}{\bar{\rho}_i^m} & \dfrac{z^m - z_i}{\bar{\rho}_i^m} & c \end{pmatrix} \begin{pmatrix} \Delta x^m \\ \Delta y^m \\ \Delta z^m \\ \Delta t^m \end{pmatrix} + \varepsilon_i^m \tag{6.4}$$

利用四个以上地面监测观测量，可得到四个以上线性化观测方程，采用最小二乘法可计算卫星位置及钟差参数。

记上述方程设计系数阵为 $\boldsymbol{G}$，噪声协方差阵为 $\boldsymbol{C}_\rho$，$\boldsymbol{C}_\rho = E(\boldsymbol{\varepsilon} \cdot \boldsymbol{\varepsilon}^{\mathrm{T}})$

噪声协方差阵 $\boldsymbol{C}_\rho$ 与残余对流层误差、测量噪声以及用于消除电离层的双频频点有关，考虑到残余对流层误差和多径误差主要与卫星高度角有关，该协方差阵同样为卫星高度角函数，可简单用下面公式估计[7]：

$$\boldsymbol{C}_\rho = [d^2\sigma_\varepsilon^2(\mathrm{el}) + \sigma_{\mathrm{trop}}^2(\mathrm{el}) + \sigma_{\mathrm{clock}}^2]^{-1} \tag{6.5}$$

式中：d 为双频组合测量噪声放大因子；el 为卫星高度角；σ_ε 为包含多径误差的单频测量噪声；σ_{trop} 为残余对流层误差；σ_{clock} 为接收机钟差误差。

则卫星位置及钟差修正量为

$$(\Delta x^m \quad \Delta y^m \quad \Delta z^m \quad \Delta t^m)^{\mathrm{T}} = (\boldsymbol{G}^{\mathrm{T}}\boldsymbol{C}_\rho^{-1}\boldsymbol{G})^{-1}\boldsymbol{G}^{\mathrm{T}}\boldsymbol{C}_\rho^{-1}\Delta\boldsymbol{\rho} \tag{6.6}$$

对应的参数解算协方差阵为

$$\boldsymbol{P}^m = (\boldsymbol{G}^{\mathrm{T}}\boldsymbol{C}_\rho^{-1}\boldsymbol{G})^{-1} \tag{6.7}$$

计算出每颗卫星每个历元的协方差阵后，可利用协方差阵计算 URA。由于实际计算的卫星位置钟差协方差信息随时间变化，为此需要采用不同的统计策略。加权法和最大方差法是两种常用策略。

（1）加权法：加权法通过对参数协方差矩阵 $\boldsymbol{P}^m$ 的对角线元素取倒数、求和、取倒数的操作，求出卫星轨道及钟差对 URA 综合影响。采用该方法计算的 URA 不能对服务区最大误差实现包络。计算公式为[8]

$$\sigma_{\mathrm{URA}}^2 = \left[\sum_{i=1}^{M} \frac{1}{\boldsymbol{P}_{ii}^m}\right]^{-1} \tag{6.8}$$

（2）最大方差法：将参数协方差矩阵 $\boldsymbol{P}^m$ 对角线元素最大值作为计算 URA 的依据，该方法可对服务区内最大误差以 99.9% 的概率进行包络。该方法虽能提高用户完好性，但结果过于保守，可能导致用户对系统使用的连续性下降。

（3）上注星历互比法：地面运控系统计算 URA 的另一种方式是与上次注入广播星历参数互比法。该方法原理上类似于评价精密定轨精度采用的轨道重叠弧段法。即利用地面运控系统上次注入的导航星历参数计算本次导航星历数据龄期内的卫星轨道及钟差，将其与本次注入的导航星历计算的对应值比较，得到卫星轨道三维位置差以及卫星钟差，然后按照上述式(6.6)～式(6.8)统计计算卫星 URA。

(4) 最小可监测 URA 计算法:最小可监视 URA(MMU)是文献[9-10]提出的 URA 计算方法,按照该方法,地面上注 URA 为运控系统计算 URA 与地面监测获取 MMU 中的最大值。利用地面监测站计算 MMU 方法有多种,其中一种近似公式为

$$\mathrm{MMU} = \mathrm{Max}\left[\frac{T_i + K_{\mathrm{md}}\sigma_{i,\mathrm{mean}}}{5.73}\right] \tag{6.9}$$

$$T_i = k_{\mathrm{T}}\sqrt{\sigma_{i,\mathrm{mean}}^2 + \sigma_{i,\mathrm{ure}}^2} \tag{6.10}$$

$$\mathrm{URA} = \max\{\mathrm{URA_p}, \mathrm{MMU}\} \tag{6.11}$$

式中:k_{T} 为依照告警概率计算的系数;$\sigma_{i,\mathrm{mean}}$ 为利用地面监测站计算的卫星轨道及钟差误差投影到指定区域地面格网点 i 与卫星连线方向时,格网点 i 对应的测距误差统计值中误差;$\sigma_{i,\mathrm{ure}}$ 为广播星历中卫星轨道及钟差误差在地面格网点 i 与卫星连线方向投影;K_{md} 为利用漏检概率计算的系数;$\mathrm{URA_p}$ 为定轨解算过程得到的 URA;T_i 为告警门限值。

按照上述方法计算出 URA 后,可利用图 6.1 所示流程监测 URA。

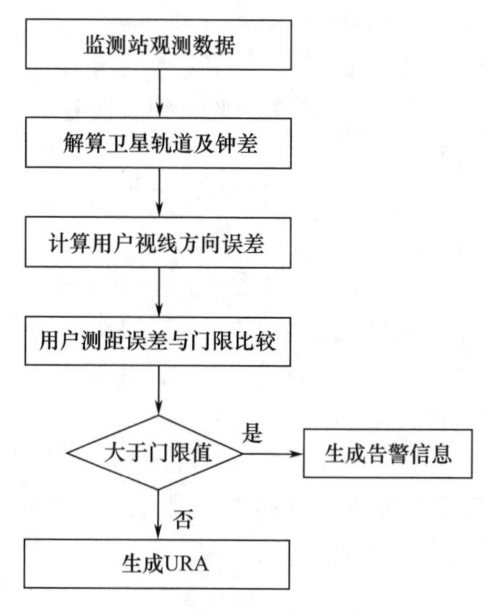

图 6.1 地面完好性监测流程图

3) 星间链路与地面观测联合监测法

利用地面监测站获取的星地观测量监测导航卫星轨道及钟差误差虽然方法简单,但独立利用地面数据采用几何法确定轨道方法存在明显缺陷:即几何法确定的轨道及钟差精度受地面测站观测几何结构影响严重,精度变化幅度较大,对于监测站分布较少的区域,部分时段甚至难以实现定轨,因而不能实现连续监测。现代导航卫星搭载星间链路测量载荷,星间观测数据不受地面观测条件影响,数据连续性相对较好。组合利用星间、星地观测数据采用几何法定轨更加有利于实现对卫星轨道及钟

差误差的连续监测。我们以星间单向观测为例，对星地联合定轨方法简单介绍如下。

星地观测方程形式为

$$\rho_i^{\mathrm{m}} = \bar{\rho}_i^{\mathrm{m}} + c(\delta t_i - \delta t^{\mathrm{m}}) + \Delta I_i^{\mathrm{m}} + \Delta T_i^{\mathrm{m}} + \Delta M_i + \varepsilon \tag{6.12}$$

式中：$\bar{\rho}_i^{\mathrm{m}}$ 为理论星地距；δt_i 为测站钟差；δt^{m} 为卫星钟差；c 为光速；ΔI_i^{m}、ΔT_i^{m} 分别为电离层、对流层误差；ΔM_i 为多径误差；ε 为测量噪声。

星间单向测距观测方程形式为

$$\begin{aligned} P_{\mathrm{m}}^{\mathrm{l}}(t_{\mathrm{m}}) = & \rho_{\mathrm{m}}^{\mathrm{l}}(t_{\mathrm{m}} + \Delta_{\mathrm{ml}}) + \delta t_{\mathrm{l}}(t_{\mathrm{m}} + \Delta_{\mathrm{ml}}) - \delta t_{\mathrm{m}}(t_{\mathrm{m}}) + \\ & D_{\mathrm{l}}^{\mathrm{R}}(t_{\mathrm{m}} + \Delta_{\mathrm{ml}}) - D_{\mathrm{m}}^{\mathrm{T}}(t_{\mathrm{m}}) + O_{\mathrm{ml}} + \varepsilon_{\mathrm{ml}} \end{aligned} \tag{6.13}$$

式中：$P_{\mathrm{m}}^{\mathrm{l}}$ 为星间双向观测量；t_{m}、t_{l} 分别为卫星 m、l 信号名义发射时刻，由星间链路的路由规划确定；$\rho_{\mathrm{m}}^{\mathrm{l}}$ 为 m、l 卫星相互收发时刻的星间距；Δ_{ml} 为信号传播时延；δt_{m}、δt_{l} 分别为 m、l 卫星钟差；$D_{\mathrm{l}}^{\mathrm{R}}$ 为卫星 l 接收时延；$D_{\mathrm{m}}^{\mathrm{T}}$ 为卫星 m 发射时延，考虑到设备收发时延的相对稳定性，可认为该项时延在 3 天内为常数；O_{ml} 为天线相位中心改正、相对论等其他观测修正量。

对星间观测数据进行历元归化，将信号收发时刻归化到与星地观测时刻一致，并利用地面标校的卫星收发时延解算结果对星间观测量进行修正，同时进行天线相位中心和相对论修正。组合多颗卫星的星间、星地观测方程进行联合定轨，可解算出卫星轨道及钟差参数。解算出卫星轨道及钟差参数后，可采用与上节类似的方法计算 MMU 参数，进而计算告警门限。组合利用星间、星地观测量监测完好性流程图如图 6.2所示。

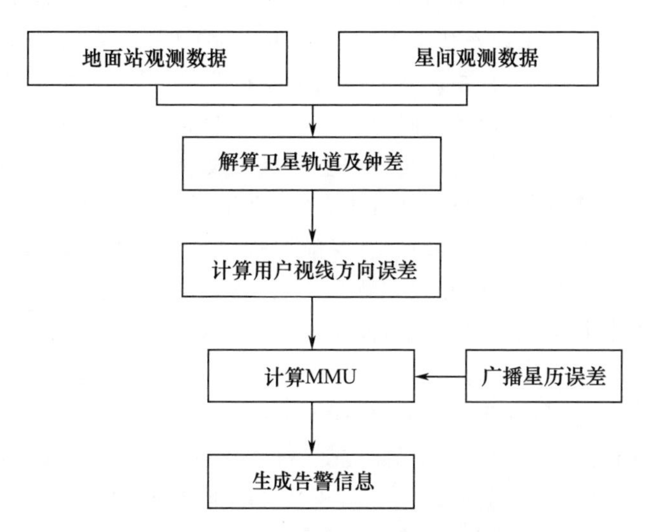

图 6.2　星地联合监测完好性流程图

上述过程是针对空间信号精度的监测，如果要求监测用户位置误差，则需要综合考虑空间信号精度、对流层、接收机噪声、多径等影响，将空间信号误差影响投影到用

户位置方向。考虑用户端误差的用户等效测距误差计算公式为

$$w_{i,i}^{-1} = \sigma_{\text{tot},i}^2 = \text{MMU}_i^{\ 2} + \sigma_{\text{trop}}^2 + d^2(\sigma_{\text{mp}}^2 + \sigma_{\text{m}}^2) \tag{6.14}$$

式中:MMU_i 为第 i 颗卫星空间信号误差;σ_{trop}、σ_{mp}、σ_{m} 分别为残余对流层误差、多径误差以及接收机噪声;$w_{i,i}$ 为观测权矩阵 $\boldsymbol{W}$ 的对角线元素;$\sigma_{\text{tot},i}$ 为第 i 颗卫星用户测距误差。

如果用户定位观测方程设计矩阵为 $\boldsymbol{H}$,则用户定位误差协方差为

$$\boldsymbol{C} = (\boldsymbol{H}^{\text{T}}\boldsymbol{W}\boldsymbol{H})^{-1} \tag{6.15}$$

垂直保护级(VPL)计算公式为

$$\text{VPL} = K_{\text{VPL}}\sqrt{C_{3,3}} \tag{6.16}$$

式中:K_{VPL} 为利用漏警概率计算的门限系数;$C_{3,3}$ 为用户定位误差垂直分量协方差。上述计算过程详细论述参见文献[10]。

6.3.1.2 自主导航模式下 URA 计算方法

在自主导航模式下,由于卫星广播星历参数主要依靠星间测量和星载数据处理得到,没有地面监测站数据,因此,自主导航模式下 URA 信息只能依靠自主定轨或时间同步过程中产生的协方差或利用连续两次计算的导航星历参数互比法确定。也可以利用星间测量直接计算完好性信息,本小节简要介绍前两种方式,下一节详细介绍基于星间链路观测量的完好性直接计算方法。

1）利用自主定轨和时间同步协方差确定 URA

自主导航模式下,卫星利用星间测量和自主定轨、自主时间同步两个滤波器解算卫星位置及钟差参数。与地面运控处理模式类似,两个星载滤波器在获取 6 个卫星位置状态矢量及 3 个卫星钟差状态矢量同时,也得到卫星位置矢量及钟差状态矢量协方差信息,该信息包含了自主定轨或时间同步确定的卫星轨道及钟差的内符合精度,该信息通常以卫星三维位置、速度以及卫星钟差、钟漂参数精度形式给出。利用卫星姿态信息,将 6 个卫星状态矢量协方差信息转换到卫星轨道坐标系后,可得到卫星轨道径向、沿迹和法向三个方向估计误差,以及卫星钟差估算误差,然后利用上节提到的加权法或最大方差法可计算自主导航模式下卫星 URA。需要注意的是,由于自主导航采用的观测量为星间相对观测量,不包含基准信息,因此,按照上述方法估计的轨道及钟差误差不包含时间及空间基准整体漂移误差,其估计值小于真实 URA 误差。

2）利用两次星历参数互比法确定 URA

与常规导航模式下 URA 计算思路类似,自主导航模式下也可以利用两次导航星历互比方法评估 URA。考虑到自主导航模式下导航星历更新频度较短,通常仅为 5 ~ 60min,且自主导航模式下通常卫星之间的星间测距几何构型相对稳定,定轨及时间同步结果随卫星空间位置变化不显著,因此,自主导航模式下星历互比可采用卫星位置或钟差直接比较方式,而非导航星历互比方式。具体方法是,每次自主定轨及时间同步计算过程完成后,利用本次定轨计算的卫星位置和钟差与上一次定轨结果预

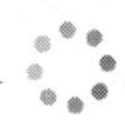

报到本历元的结果作差,统计卫星三维位置误差并将结果转化到卫星轨道径向、沿迹、法向三个方向,同时计算卫星钟误差,进而按照加权法或最大方差法计算本历元卫星段空间信号 URA。每颗卫星依次统计连续 60min 内单历元的 URA,将该时段 URA 最大值作为播发 URA 信息的依据。按照这种更新方式,URA 信息播发频度与自主导航星历更新频度相同。这种方式计算的 URA 易受星载轨道动力学模型预报精度影响。

3) 自主导航模式下告警门限确定

采用上述两种方法计算出 URA 后,利用预设的漏警或虚警概率可计算告警因子 K,$K \times$ URA 即可作为告警门限参数参与完好性判别。考虑到自主导航模式下,由于没有其他手段对卫星自主处理获取的导航星历轨道及钟差精度进行评估,URA 估计只能采用上述定轨协方差法或轨道重叠弧段方法,这两种方法计算的 URA 更多反映了轨道内符合精度。因此自主导航完好性监测置信度相比地面监测结果差。

6.3.2　直接利用星间测量监测卫星完好性的方法

无论是激光还是无线电频段星间测量技术均以卫星钟作为测量时间基准,因此,两颗卫星之间的星间单向测距观测量在包含卫星之间距离信息的同时,也包含了卫星之间相对钟差信息,也就是说卫星钟之间的实时相对变化和卫星相对位置变化均可以在星间测距观测量中得到反映。因此,星间测距观测可独立于自主定轨过程直接用于监测卫星钟、卫星导航星历参数等[11]。具体来说,星间测距观测量可用于监测卫星轨道机动引起的星历异常、卫星钟相位和频率异常抖动和漂移等导航卫星状态信息,为卫星完好性监测提供比地面监测技术实时性更强的信息。当然,星间测距观测量反映的是卫星之间位置或钟差相对变化信息,并非绝对变化量。理论上,如果一对卫星轨道和钟差同时出现同样异常变化,则这种变化量并不能在星间测距观测量中体现。因此,利用星间测距观测量对完好性的监测必须是基于多星多链路条件。

6.3.2.1　星间链路可监测的完好性参数

如前所述,完好性是表征卫星导航服务安全性的指标。其评价指标包括告警门限、告警时间、漏警概率、虚警概率等。从导航信号传播路径分析,可将影响完好性的因素分为卫星导航星历和卫星钟、卫星导航信号发生单元、卫星空间信号传播段以及用户接收机段等四个方面。完整的完好性评估计算采用的测量信息应覆盖上述四个环节,即使将完好性概念缩小为空间信号完好性,也需要包含上述前三个方面的观测量。采用星间链路监测完好性时,由于星间测量仅对卫星导航星历参数和卫星钟参数敏感而不包含从卫星信号发射单元到用户接收单元设备状态信息,利用星间测量监测的完好性仅限于星历参数和卫星钟,因此,利用星间测量计算的漏警概率、虚警概率只能是条件概率。基于上述分析,利用星间链路监测完好性重点是利用星间测量监测卫星位置及钟差异常[12]。卫星导航系统长期运行经验表明,系统绝大多数完好性故障几乎全部集中于导航星历和卫星钟异常两方面,因此,利用星间测量监测完好性事实上是有效的。

卫星完好性信息是针对单颗卫星位置和钟差统计的,而星间链路观测量直接反映的是卫星之间的位置及距离变化,如何从卫星之间测量信息统计量中合理分解出单颗卫星统计量是星间测量完好性监测的重点及难点问题[13]。下面引用文献[13]的方法介绍利用星间链路观测量监测完好性的具体实现过程。

6.3.2.2 星间链路完好性监测基本观测量

为了便于从星间测量中解偶出卫星位置及卫星钟差信息,现阶段星间测量多采用双向测量模式。采用与前面第 4 章、第 5 章类似的表述方式,对星间测距观测量进行测量时刻归化、传播路径延迟修正、多径改正、收发时延改正以及相对论改正后,卫星 i、j 间星间双向测距观测方程可简写为

$$\rho^{ij} = \rho_0^{ij} + ct^j - ct^i + \varepsilon_{ij} \tag{6.17}$$

$$\rho^{ji} = \rho_0^{ji} + ct^i - ct^j + \varepsilon_{ji} \tag{6.18}$$

式中:ρ^{ij}为卫星 i 接收卫星 j 伪距观测量;ρ^{ji}为卫星 j 接收卫星 i 伪距观测量;t^i、t^j 分别为卫星钟差;ρ_0^{ij}、ρ_0^{ji} 分别为卫星 i、j 间理论星间距。

上述一对卫星之间星间测距观测量组合,可得到星间距离观测量和星间钟差观测量。利用卫星广播星历参数可计算待评估的卫星位置和钟差参数,两者结合,可得到评估观测方程如下:

$$|\boldsymbol{X}_i^* - \boldsymbol{X}_j^*| = \frac{\rho^{ij} + \rho^{ji}}{2} + m_{ij,\mathrm{p}} \tag{6.19}$$

$$t_j^* - t_i^* = \frac{\rho^{ij} - \rho^{ij}}{2c} + m_{ij,\mathrm{t}} \tag{6.20}$$

式中:$\boldsymbol{X}_i^*$、$\boldsymbol{X}_j^*$ 分别为广播星历参数计算的卫星位置;t_i^*、t_j^* 为广播钟差计算的卫星钟差;$m_{ij,\mathrm{p}}$、$m_{ij,\mathrm{t}}$为利用星间测量获得的星间距离和星间钟差偏差。

上述星间钟差偏差与卫星钟差之间的关系为线性关系,而卫星位置与距离偏差参数之间的关系为非线性函数关系。假设每颗卫星钟差误差符合正态分布,星间测距误差符合正态分布,则星间钟差偏差也符合正态分布。如果卫星位置误差和星间测距观测量同时符合正态分布,则星间测距偏差并不符合正态分布。事实上,如果不考虑星间测距误差,星间测距偏差应为瑞利分布。为了便于从卫星位置统计特性分析星间距离统计特性,需要将星间测距计算公式进行近似线性展开。利用广播星历参数对星间测距观测方程进行线性展开后,近似得到

$$m_{ij,\mathrm{p}} = |\boldsymbol{X}_i^* - \boldsymbol{X}_j^*| - \frac{\rho^{ij} + \rho^{ji}}{2} = r^i e_{ij} - r^j e_{ij} + \varepsilon_{ij} \tag{6.21}$$

上述关系将星间距离偏差表示为卫星位置误差与星间测距误差之间的线性关系。这样,如果卫星位置误差符合正态分布,且卫星之间不相关,则星间距离偏差同样符合正态分布。

事实上,关于卫星位置及钟差参数误差之间不相关的假设也有条件。通常,导航

卫星星历参数采用地面集中式处理解算得到，卫星轨道和钟差参数之间是有一定相关性的。相比卫星自相关参数，这种相关性较弱，通常可忽略。

将卫星观测方程进行线性化后，卫星位置偏差统计量与卫星钟差偏差统计量具有类似的形式，卫星钟差完好性信息计算方式与卫星轨道类似，因此，我们随后仅以卫星轨道为例对完好性计算方法进行说明。

6.3.2.3　完好性信息统计分析

如上一节指出，利用双向星间链路观测量可计算卫星之间相对位置和相对钟差偏差。受星间测量误差和卫星正常轨道、钟差误差影响，星间链路计算的卫星位置和钟差偏差为一定范围内变化的随机变量，如何综合利用实测偏差参数确定告警信息需要依靠假设检验原理。

1）星间测量无告警（正常）假设检验条件

将卫星轨道、钟差参数误差在正常范围，不出现完好性告警的场景定义为0假设检验条件，假设卫星位置误差之间相互独立，并符合零均值正态分布，具有同样的方差且三个位置方向误差各向同性，即

$$\mathrm{d}\boldsymbol{r}^i = (\mathrm{d}r_x^i \quad \mathrm{d}r_y^i \quad \mathrm{d}r_z^i)$$

式中：$(\mathrm{d}r_x^i, \mathrm{d}r_y^i, \mathrm{d}r_z^i)$符合0均值，方差为$\sigma_r^2$的正态分布。

星间链路监测测距偏差定义为

$$m_{ij,\mathrm{p}} = \boldsymbol{r}^i \boldsymbol{e}_{ij} - \boldsymbol{r}^j \boldsymbol{e}_{ij} + \varepsilon_{ij} \tag{6.22}$$

如果星间测距观测量误差也符合0均值、方差为σ_1^2的正态分布，同时考虑到卫星位置偏差$m_{ij,\mathrm{p}}$为两颗卫星位置矢量和星间测距观测量之间的线性组合，则卫星位置偏差$m_{ij,\mathrm{p}}$符合0均值、方差为σ_m^2的正态分布。
其中

$$\sigma_\mathrm{m}^2 = 2\sigma_\mathrm{r}^2 + \sigma_1^2 \tag{6.23}$$

定义假设检验统计量为

$$\bar{m}_i = \sum_{j=1}^{n_i} \left(\frac{m_{ij,\mathrm{p}}}{\sqrt{2\sigma_\mathrm{r}^2 + \sigma_1^2}} \right)^2 \tag{6.24}$$

式中：n_i为与卫星i建链的卫星数量。上述统计量综合反映了单颗卫星以及与其建链卫星的位置误差、星间链路测量误差等因素的影响。

考虑到$m_{ij,\mathrm{p}}$为正态分布，如果$m_{ij,\mathrm{p}}$之间相互独立，则$\bar{m}_i$满足开方分布（Chi-Square）。事实上，由于同一颗卫星相对不同卫星的星间测距偏差$m_{ij,\mathrm{p}}$均与该卫星位置误差相关，因此，同一颗卫星的$m_{ij,\mathrm{p}}$之间是相关的，其相关系数可用星间测量矢量之间夹角的函数表示。形式如下：

$$\rho(m_{ij,\mathrm{p}} \quad m_{ik,\mathrm{p}}) = \frac{\mathrm{cov}(m_{ij,\mathrm{p}}, m_{ik,\mathrm{p}})}{\sqrt{\mathrm{cov}(m_{ij,\mathrm{p}}, m_{ij,\mathrm{p}}) \cdot \mathrm{cov}(m_{ik,\mathrm{p}}, m_{ik,\mathrm{p}})}} = \frac{e_{ij} \cdot e_{ik}}{2\sigma_\mathrm{r}^2 + \sigma_\mathrm{r}^2} \tag{6.25}$$

文献[13]通过数值仿真研究结果表明，由于星间测距观测矢量之间夹角在一定

范围内变化，导致相关系数对开方分布概率密度计算的影响在一定范围。

确定了统计检验量 $\bar{m}_i$ 的概率密度函数，如果给定漏检概率 P_{fa}，则可依据概率密度函数计算报警门限 T。

$$P\{\bar{m}_i \leqslant T\} = 1 - P_{fa} \tag{6.26}$$

考虑到 $\bar{m}_i$ 的概率密度函数受星间观测几何结构影响，因此，上述方法计算的门限值 T 存在多个值，为保证检验结果的可靠性，我们选取多个 T 中的最小值作为门限估计量。该最小值对应于星间测距偏差相关性最弱条件下的概率密度函数，对应于星间测距观测量夹角最大时的概率密度函数。

2）星间测量有告警假设条件

如果单颗卫星存在超过告警限差的位置误差，则与正常 0 假设检验条件对应，可定义备选假设检验条件如下：

$$m_{ij,p} = \boldsymbol{r}^i \boldsymbol{e}_{ij} + \boldsymbol{r}_b \boldsymbol{e}_{ij} - \boldsymbol{r}^j \boldsymbol{e}_{ij} + \varepsilon_{ij} \tag{6.27}$$

$$\boldsymbol{r}_b \boldsymbol{e}_{ij} = \| \boldsymbol{r}_b \| \boldsymbol{e}_b \cdot \boldsymbol{e}_{ij} = k_{ij} \| \boldsymbol{r}_b \| \tag{6.28}$$

式中：$\boldsymbol{r}_b$ 为卫星位置偏差矢量；$\| \boldsymbol{r}_b \|$ 为偏差量绝对值；$\boldsymbol{e}_b$ 为偏差矢量方向；k_{ij} 为偏差矢量在星间测距观测量矢量方向的投影。与 0 假设检验条件类似，同时可构建与 $m_{ij,p}$ 对应的统计量 $\bar{m}_i$。

采用与正常分布条件下告警门限计算同样思路，如果给定误检概率，可定义最小可监测偏差（MDB）如下：

$$\mathrm{MDB}_i \leqslant \frac{1}{\min\limits_i |k_{ij}|} \arg \min_{\|r_b\|} (P(\bar{m}_i \leqslant T) \leqslant P_{md}) \tag{6.29}$$

式中：$\bar{m}_i$ 为卫星位置偏差为 r_b 时与有偏星间测距偏差 $m_{ij,p}$ 对应的统计量；MDB_i 为相对卫星 i 星间测距观测量而言最小可监测的位置偏差。MDB 同时与偏差量大小及方向相关。

3）告警卫星识别

前面已提到，星间链路基本观测量为卫星之间的距离及钟差。如果某颗卫星位置出现偏差，则造成与该卫星存在建链观测的其他所有卫星的星间测距观测量出现偏差。也就是本测量时段同时出现多个星间测距观测量误差超出检测限差。如何从多个超限观测量中区分出单个超限卫星需要针对性方法。

构造出有偏星间链路统计量 $\bar{m}_i$ 并确定门限值 T 后，针对超过门限值的每颗卫星，以下式确定超限卫星：

$$i = \arg \max_k \left\{ \frac{\bar{m}_k}{\sqrt{n_k}}, \forall \bar{m}_k > T \right\} \tag{6.30}$$

也就是对所有星间距观测超限卫星星间距偏差取平均，以星间距偏差最大卫星作为偏差超限卫星。该判别方法出错概率为

$$\gamma_{i,j} = P\left\{\frac{\bar{m}_j}{\sqrt{n_j}} \geqslant \frac{\bar{m}_i}{\sqrt{n_i}} \geqslant T\right\}, \quad \gamma_i = \sum_j \gamma_{i,j} \tag{6.31}$$

采用上述数据处理过程可生成完好性监测需要的告警信息，满足自主完好性监测需要。本节仅介绍了利用星间测距观测资料在轨监测导航星历完好性的基本原理和方法。利用星间测距监测完好性属于较新领域，理论上仍存在许多不完善之处，需要在随后研究中逐步完善。

参考文献

[1] KOVACH K, DOBYNE J, et al. GPS Ⅲ integrity concept[C]//ION GNSS 21st International Technical Meeting of the Satellite Division, Savannah, GA, Sept. 16-19, 2008:2250-2257.

[2] 秘金钟. GNSS 完备性监测方法及应用[D]. 武汉:武汉大学,2010.

[3] 苏先礼. GNSS 完好性监测体系及辅助性能增强技术研究[D]. 上海:上海交通大学,2013.

[4] VITHARSSON L, PULLEN S, GREEN G, et al. Satellite autonomous integrity monitoring and its role in enhancing GPS user performance[C]//Proceedings of ION GPS 2001, Salt Lake, Sept. 11-14, 2001:690-702.

[5] 边朗,韩红,蒙艳松,等. 卫星自主完好性监测(SAIM)技术研究与发展建议[C]//中国卫星导航学术年会,北京,5月18-20日,2011:1-5.

[6] MICHAEL H R. The 2SOPS user range accuracy (URA) improvement and broadcast inter-frequency bias (TGD) updates[C]//Proceedings of the ION GPS 2000 Meeting, Saltlake City, Sept. 19-22, 2000:2551-2555.

[7] BRIAN B, DANIEL O, SHIVELY C A. Independent control segment URA monitor incorporating crosslink ranging measurements for meeting LPV200 integrity requirements[C]//Proceeding of ION GPS 2011, Portland, Sept. 19-23, 2011:2696-2712.

[8] 王陆潇,黄智刚,赵昀. GPS 电文用户测距精度参数设计分析[J]. 南京理工大学学报,2014,38(5),620-625.

[9] FERNÁNDEZ L, CATALÁN C, MOZO A, et al. Improved signal in space accuracy based on matrix indicators[C]//Proceeding of ION GPS 2009, Savannah, GA, Sept. 22-25, 2009:2839-2851.

[10] BRAFF R, BRIAN B, SHIVELY C. Independent control segment URA monitor for GPS Ⅲ C with application to LPV200[C]//Proceedings of the ION GNSS 2010, Portland, Sept. 21-24, 2010:3123-3142.

[11] 牛飞,韩春好,张义生,等. 基于星间链路支持的导航卫星自主完好性监测设计仿真[J]. 测绘学报,2011,40(增刊):73-79.

[12] WEISS M, PRADIPTA S, RON B. On-board signal integrity for GPS[C]//23rd International Technical Meeting of the Satellite Division of ION2010, Portland, Sept . Sept. 21-24, 2010:3199-3212.

[13] XU H L, WANG J L, ZHAN X Q. GNSS satellite autonomous integrity monitoring(SAIM) using inter-satellite measurements[J]. Advances in Space Research. 2010(47):1116-1126.

第7章　自主导航广播电文参数

导航卫星广播电文参数是用户赖以进行导航定位的基本信息。广播电文参数除了包含卫星轨道、卫星钟差、完好性等导航卫星星历参数外,还包含电离层模型参数、卫星频间偏差参数、历书参数等信息。在导航卫星常规运行状态下,电离层、频间偏差等信息依靠地面运控系统上注。自主导航模式下,主要观测量为星间测距观测量,很难自主更新电离层参数和导航信号频段的频间偏差参数,为此需要采用新的策略。本节重点介绍自主导航模式下电离层参数、频间偏差参数、地球自转参数、UTC修正参数、历书参数等导航电文参数的更新策略。

7.1　自主导航UTC参数

地面用户通常采用与地球自转一致的UT1作为时间基准,由于地球自转速率的不稳定性,依据地球自转测量确定的UT1作为时间基准其精度和稳定性难以满足现代高精度授时需求。为此,同时具备综合原子时高精度和地球自转时方便性优点的UTC被定为世界标准时间。UTC实质是由原子钟组维持的原子时间,但需要定期进行时刻调整,以保证其与UT1时间偏差在1s以内。国际UTC由全球多个时频中心原子钟组共同维持。卫星导航系统时间通常由原子钟组维持,实质为原子时。目前,为保证卫星导航时间与大多数用户采用的UTC尽可能统一,卫星导航系统时间基准起点通常利用UTC定义。如美国GPS采用的时间系统溯源到UTC(UNSO(美国海军天文台))。UTC(UNSO)由美国海军天文台一组高精度原子钟共同维持,现阶段,其在形成国际UTC中的权比超过40%,一年内与国际UTC差异不超过10ns。GPS时间起点定义为UTC(UNSO)1980年1月5日午夜或1980年1月6日凌晨0点。

卫星导航系统时间通常定义为由星载原子钟和地面原子钟组合维持的纸面时,本质为一种连续计时的原子时;而UTC时间则由包括美国海军天文台(UNSO)在内的全球多个时频中心原子钟组维持的原子时,同时需要进行定期跳秒修正。故此,长期运行过程中,卫星导航系统时间将会从时刻和频率两方面偏离UTC。为保证卫星导航系统时间与UTC的统一,保证授时精度,卫星导航地面运控系统需要将导航系统时与UTC之间的差异控制到1μs以内。同时,为保证对时频精度要求较高的特殊用户需求,在导航电文中需要播发UTC与卫星导航系统时间之间的偏差参数。

卫星导航系统正常运行状态下,通过在UTC时频中心布设监测站或建立UTC时频中心与地面运控参考钟之间的双向时间比对链路,可确定两者之间的时间基准

和频率偏差。并将其上注到导航电文中。

导航电文中UTC参数通常包括时间偏差参考历元信息(周/秒)、时间偏差参数、频率偏差参数、跳秒信息等。以GPS卫星为例,用户计算UTC时间改正的公式为[1]

$$\Delta t_{\mathrm{UTC}} = \Delta t_{\mathrm{LS}} + A_0 + A_1 [t_{\mathrm{E}} - t_{\mathrm{ot}} + 604800(\mathrm{WN} - \mathrm{WN_t})] \tag{7.1}$$

式中:$\mathrm{WN_t}$、t_{ot}分别为以GPS周和周内秒表示的导航电文UTC参数参考时间;Δt_{LS}为电文中与该参考时间对应的UTC跳秒;A_0、A_1分别为与该参考时间对应的导航系统时间基准与UTC基准除跳秒外的钟偏和钟漂参数修正量;WN、t_{E}分别为用户使用时刻的GPS周和周内秒计数;Δt_{UTC}为用户计算的UTC修正量。

考虑到UTC时间偏差变化的缓慢性,GPS常规运行状态下,上述UTC参数注入频度为6天。

自主导航模式下,由于没有地面运控系统地面钟支持,卫星导航系统时间依靠星间链路测量和卫星钟维持,如果有地面锚固站,可通过地面锚固站与UTC时频中心之间建立时间比对链路确定UTC偏差,如果没有地面锚固站,只能依靠星载原子钟和星间链路建立的原子钟组维持系统时间。由于该系统时间与地面时频中心之间很难建立时间比对链路,因此,该系统时间在自主运行过程中将偏离UTC和卫星导航系统地面运控时间,导航电文中的UTC偏差参数不能定期准确更新,利用导航电文中的预先上注历史UTC计算的UTC修正量误差将会随时间逐步增大,直接影响用户UTC授时准确度。

7.2 自主导航卫星端时延参数

导航卫星的卫星端时延参数定义为卫星信号发射点(通常为导航卫星信号发射天线相位中心)信号输出时刻与导航卫星频率源信号输出时刻之间的时间偏差。卫星端时延包括时延偏差与时延稳定性两个概念。时延偏差指信号发射点与频率源输出点之间相对稳定的系统性偏差。在导航卫星常规运行状态下,地面运控系统采用L频段监测站数据确定卫星轨道及钟差参数时,该部分偏差将被吸收到卫星钟差参数常数项中,不需要单独考虑。当导航卫星采用自主导航模式时,由于采用星间链路数据定轨并确定卫星钟差,星间链路天线信号发射点与L频段导航信号发射天线并不重合,因此,需要单独修正该系统偏差。

导航卫星设备时延稳定性以及不同频点之间设备时延差异对用户使用性能有直接影响,需要在导航电文中独立给出。不同卫星导航系统设备时延稳定性要求不同,对于GPS,要求设备时延稳定性不超过3.0ns(2σ)。

7.2.1 常规导航时延参数

1) 时延参数类型及应用

为消除电离层误差影响,改善用户使用性能,卫星导航系统需要播发多个频点导航信号。虽然,不同频点导航信号由同一星载原子钟驱动产生,但由于其对应的发射天线相位中心不同,不同频点设备时延参数有差异,称之为频间偏差参数或群时间延迟(TGD)参数。该差异不能被卫星钟差参数吸收,需要在导航电文参数中给出。

对于多频点导航卫星,不同频点之间的频间偏差包括系统性偏差和随机性偏差两部分。通常意义的频间偏差是指偏差分量的均值,即系统性偏差分量。导航卫星发射前,通过地面标校,可以将频间偏差的系统性偏差控制到一定范围。对于 GPS 导航卫星,地面校正后的频间偏差均值不超过 15ns。导航卫星在载荷运行环境设计方面通常也需要针对此要求进行特殊设计,保证在轨运行环境下,由于频间偏差受包括温度变化、空间辐射干扰等工作环境影响引起的随机性变化量范围不超过 3.0ns(2σ)。

受卫星工作环境、卫星载荷设备老化等因素影响,地面标校的频间偏差系统性分量在轨运行时会发生变化,需要利用地面观测数据处理进行在轨修正并播发给用户。考虑到不同频点或同一频点不同调制方式均对频间偏差影响不同,广播星历参数中需要设置多个与频间偏差相关的参数。如 GPS 常规广播星历中设置了 T_{GD}、$ISC_{L1C/A}$、ISC_{L2C}、ISC_{L5I5}、ISC_{L5Q5} 等多个与频间偏差相关的参数。其中 T_{GD} 表示 L1P(Y)与 L2P(Y)之间的频间偏差参数,$ISC_{L1C/A}$ 表示 L1P(Y)与 L1CA 之间的频间偏差参数,ISC_{L2C} 表示 L1P(Y)与 L2C 之间的频间偏差参数,ISC_{L5I5} 表示 L1P(Y)与 L5I5 之间的频间偏差参数,ISC_{L5Q5} 表示 L1P(Y)与 L5Q5 之间的频间偏差参数,利用频间偏差参数修正 L1P(Y)、L2P(Y)频点钟差计算的公式为

$$(\Delta t_{SV})_{L1P(Y)} = \Delta t_{SV} - T_{GD} \tag{7.2}$$

$$(\Delta t_{SV})_{L2P(Y)} = \Delta t_{SV} - \gamma T_{GD} \tag{7.3}$$

式中:Δt_{SV} 为利用导航星历钟差参数计算的卫星钟差;T_{GD} 为广播星历给出的频间偏差;γ 为双频组合系数。对于 GPS,计算公式为

$$\gamma = \left(\frac{f_{L1}}{f_{L2}}\right)^2 \tag{7.4}$$

广播星历中的 T_{GD} 参数是利用两个频点观测量计算得到,是对卫星钟差的修正量。由于广播星历中的卫星钟差参数是利用双频组合观测量计算的,因此,其计算参考点为双频观测量组合形成的虚拟参考点。由此参考点计算的 T_{GD} 并不等于双频点时间延迟之差,而是双频点时间延迟之差乘一个延迟因子 $1/(1-\gamma)$,即

$$T_{GD} = \frac{1}{1-\gamma}(\Delta t_{L1P(Y)} - \Delta t_{L2P(Y)}) \tag{7.5}$$

式中:$\Delta t_{L1P(Y)}$、$\Delta t_{L2P(Y)}$ 分别为某时刻卫星导航信号 $P(Y)$ 从天线相位中心到计算时间参考点之间的传播时延。

上述计算过程是针对不同频点的修正,对于不同测距码修正计算公式为

$$(\Delta t_{SV})_{L1C/A} = \Delta t_{SV} - T_{GD} + ISC_{L1C/A} \tag{7.6}$$

$$(\Delta t_{SV})_{L2C} = \Delta t_{SV} - T_{GD} + ISC_{L2C} \tag{7.7}$$

$$(\Delta t_{SV})_{L5I5} = \Delta t_{SV} - T_{GD} + ISC_{L5I5} \tag{7.8}$$

$$(\Delta t_{SV})_{L5Q5}=\Delta t_{SV}-T_{GD}+ISC_{L5Q5} \tag{7.9}$$

2）时延参数解算方法

时延参数本质上体现的是不同频点或同一频点不同测距码之间信号传播路径差异。测距码的时延参数信息包含在不同频点测距观测量或同一频点不同测距码观测量中。可以利用伪码测距观测方程通过后处理解算。由伪码测距观测方程（消除对流层、天线相位中心等误差）：

$$P_{L_i}=\rho_i+\frac{I}{f_i^2}+ct_r-ct^s+B_{r,i}-B^{s,i}+\varepsilon \tag{7.10}$$

对同一卫星同一接收机不同测距码作差，消除信号传播时延 ρ_i，有

$$P_{L_i}-P_{L_j}=I\left(\frac{1}{f_i^2}-\frac{1}{f_j^2}\right)+(B_{r,i}-B_{r,j})-(B^{s,i}-B^{s,j}) \tag{7.11}$$

式中：P_{L_i}、P_{L_j}分别为不同测距码；$(B_{r,i}-B_{r,j})$、$(B^{s,i}-B^{s,j})$分别为接收机和卫星码间偏差参数。对于同一测站同一卫星不同频点载波相位观测量，同样有

$$\Phi_{L_i}-\Phi_{L_j}=I\left(\frac{1}{f_i^2}-\frac{1}{f_j^2}\right)+(N_{r,i}^s-N_{r,j}^s) \tag{7.12}$$

式中：Φ_{L_i}、Φ_{L_j}分别为载波相位观测量；$N_{r,i}^s$、$N_{r,j}^s$分别为两个频点载波相位模糊度参数。对于载波相位观测量，同样存在频间偏差信息，只是该频点偏差信息主要分量被模糊度参数吸收，而残余部分相比伪码测距观测量小两个数量级，通常可以忽略。

联合载波相位观测量和伪距观测量，在估计电离层参数时，可同时估计出接收机和卫星码间偏差参数，可通过对码间偏差时间序列建模修正。

7.2.2　自主导航时延参数

1）码间偏差参数

自主导航模式下，由于用于钟差解算的星载数据处理过程不包含L频段观测数据，因此不能修正L频段码间偏差信息。该信息只能采用地面运控系统预先注入的参数。由于设备老化，预先注入参数的使用误差将随时间逐步增加，增大量级依赖于硬件物理特性和卫星环境参数，可通过对码间偏差时间序列建模修正。

2）星间链路偏差参数

自主导航依靠星间测量在轨更新卫星轨道及钟差参数。星间测量为Ka频段或UHF频段伪码测距观测量，与L频段类似，星间测量同样含有码间偏差参数。如本书第3章所讲，星间链路码间偏差参数定义为接收或发射天线相位中心到星载原子钟信号输出点之间的时间延迟，即每个星间测距设备存在两个时延参数D_A^T、D_A^R。这两个参数不能在自主定轨模式下在轨标校，只能利用地面运控系统集中式处理解算，并预先上注到卫星。与L频段载荷类似，自主导航模式下星间链路设备时延参数误差也随卫星工作环境变化而变化，其时延稳定性只能由载荷设计和制造保证，该项偏差参数同样可建模修正。

7.3 自主导航电离层参数

电离层大约位于地球表面 50 ~ 1000km 范围，导航卫星信号由卫星传播到地面过程中需要经过地球电离层，电离层对导航卫星信号传播产生时延，电离层为耗散介质，其对无线电信号造成的时延系数与信号频率相关，近似有[2]

$$n_{\text{ion}} = 1 + \frac{c_2}{f^2} + \frac{c_3}{f^3} + \cdots \tag{7.13}$$

通常仅考虑电离层延迟中 c_2 项影响，高阶项可忽略。利用延迟系数，通过沿着导航信号传播路径对时间延迟积分，可计算卫星信号时延量，有

$$\Delta_{\text{ion}} = \int n_{\text{ion}} \mathrm{d}s - \int \mathrm{d}s_0 \approx -\frac{40.3}{f^2}\int N_{\mathrm{e}} \mathrm{d}s_0 = \frac{40.3}{f^2}\text{TEC} \tag{7.14}$$

$$\text{TEC} = \int N_{\mathrm{e}} \mathrm{d}s_0 \tag{7.15}$$

式中：TEC 为电子总含量。

通常，电子总含量单位（TECU）定义为每平方米包含 10^{16} 个电子。

上述公式是基于信号沿天顶方向垂直穿透电离层条件下的计算式，如果考虑信号实际传播路线倾斜因素，电离层延迟计算公式近似为

$$\Delta_{\text{ion}} = -\frac{1}{\cos z}\frac{40.3}{f^2}\text{TEC} \tag{7.16}$$

式中：z 为信号传播路线与天顶方向夹角。

由此可见，电离层对导航信号影响与信号传播路线上 TEC 有关，该电子含量与太阳相对地球运动变化特性相关，具有与太阳黑子近似同样的 11 年周期变化、季节变化和周日变化。由于卫星导航信号的影响在 0.15 ~ 50m 之间，因此该项影响必须考虑。

对于双频用户，由于利用双频组合观测量：

$$P = \frac{f_1^2 P_{\mathrm{L}_1} - f_2^2 P_{\mathrm{L}_2}}{f_1^2 - f_2^2} \tag{7.17}$$

可得到消电离层伪距观测量，因此可方便处理电离层影响。

对于单频用户，则需要系统依据电离层变化特性构建模型消除电离层影响。电离层模型参数编排到导航电文中，随导航电文播发给用户。

7.3.1 常规导航电离层参数

1）GPS 电离层模型

不同卫星导航系统构建电离层模型方法不同，其采用的电离层模型参数也不同。GPS 采用 Klobuchar 电离层模型，其模型理论计算公式为[2]

$$\Delta_{\text{ion}} = A_1 + A_2\cos\left(\frac{2\pi(t - A_3)}{A_4}\right) \qquad \left|\frac{2\pi(t - A_3)}{A_4}\right| \geqslant 1.57,\quad \Delta_{\text{ion}} = A_1 \tag{7.18}$$

$$A_1=5\text{ns},A_3=14\text{h}(\text{地方时})$$

$$A_2=\alpha_1+\alpha_2\varphi_{IP}^m+\alpha_3(\varphi_{IP}^m)^2+\alpha_4(\varphi_{IP}^m)^3 \tag{7.19}$$

$$A_4=\beta_1+\beta_2\varphi_{IP}^m+\beta_3(\varphi_{IP}^m)^2+\beta_4(\varphi_{IP}^m)^3 \tag{7.20}$$

$$t=\frac{\lambda_{IP}}{15}+t_{UT} \tag{7.21}$$

$$\sin\varphi_{IP}^m=\sin\varphi_{IP}\sin\varphi_P+\cos\varphi_{IP}\cos\varphi_P\cos(\lambda_{IP}-\lambda_P) \tag{7.22}$$

$$\varphi_P=78.3,\quad \lambda_P=291.0$$

式中：φ_{IP}、λ_{IP}为电离层穿刺点地磁经纬度；α_i、β_i（$i=1\sim4$）为电离层模型系数，电离层模型参数编排在导航电文中，由卫星播发给用户。

为了减小计算量，GPS的接口控制文件（ICD）对上述模型计算过程进行了简化，GPS的ICD计算公式为

$$\Delta_{ion}=\begin{cases}A_1+A_2(1-\frac{x^2}{2}+\frac{x^4}{24}) & |x|<1.57\\ A_1 & |x|\geqslant1.57\end{cases} \tag{7.23}$$

$$A_1=F*5.0*10^{-9} \tag{7.24}$$

$$A_2=F\cdot\begin{cases}\sum_{n=0}^{3}\alpha_n\phi_m^n & A_2/F\geqslant0\\ 0 & A_2/F<0\end{cases} \tag{7.25}$$

$$A_4=\begin{cases}\sum_{n=0}^{3}\beta_n\phi_m^n & A_4\geqslant72000\\ 72000 & A_4<72000\end{cases} \tag{7.26}$$

$$x=\frac{2(t-50400)}{A_4} \tag{7.27}$$

$$F=1.0+16.0[0.53-E]^3 \tag{7.28}$$

$$\phi_m=\phi_i+0.06\cos(\lambda_i-1.617) \tag{7.29}$$

$$\lambda_i=\lambda_u+\frac{\psi\sin A}{\cos\phi_i} \tag{7.30}$$

$$\phi_i=\begin{cases}\phi_u+\psi\cos A & |\phi_i|\leqslant0.416\\ +0.416 & \phi_i>+0.416\\ -0.416 & \phi_i<-0.416\end{cases} \tag{7.31}$$

$$\psi=\frac{0.0137}{E+0.11}-0.022 \tag{7.32}$$

$$t=4.32(10^4)\lambda_i+t_{GPS}\qquad 0\leqslant t<86400$$

式中：α_n、β_n 分别为广播星历中给出的电离层参数；ϕ_u、λ_u 分别为用户地理位置经纬度；E、A 分别为卫星相对用户的高度角和方位角；t_{GPS}为用户接收信号的GPS时间；F 为映

射函数因子；t 为地方时；ϕ_m 为电离层穿刺点地磁纬度，计算穿刺点的电离层球面高度为 350km；ϕ_i、λ_i 为电离层穿刺点大地纬度和经度；ψ 为电离层穿刺点与用户天顶方向夹角。

上述 8 个广播电离层参数由地面运控系统每 6 天计算一次并上注到卫星。对于单频用户，用户综合利用接收的电离层参数和用户概略位置，采用上述计算公式可计算电离层改正量。上述模型可修正大于 50% 的电离层误差。

2）BDS 电离层模型

为改善电离层模型修正精度，借鉴欧洲定轨中心（CODE）球谐函数全球电离层模型思路，北斗卫星导航系统采用了不同于 GPS 的电离层模型，其模型计算公式为[3]

$$\Delta_{\text{ion}} = M_F \cdot \frac{40.28 \cdot 10^{16}}{f^2} \cdot \text{VTEC} \tag{7.33}$$

$$M_{\text{F}} = \frac{1}{\sqrt{1 - \left(\frac{R_{\text{e}}}{R_{\text{e}} + H_{\text{ion}}}\right)\cos(E)}} \tag{7.34}$$

$$\text{VTEC} = A_0 + \sum_{i=1}^{9} \alpha_i A_i \tag{7.35}$$

式中：R_{e} 为地球平均半径；E 为卫星高度角；H_{ion} 为球形电离层模型高度，约为 400km；Δ_{ion} 为传播路径方向电离层修正量；M_{F} 为投影函数；f 为信号频率；VTEC 为垂直电子总含量；α_i（$i = 1 \sim 9$）为导航电文中播发的电离层模型修正系数；A_i（$i = 0 \sim 9$）为球谐函数系数，计算公式如下：

$$A_i = \begin{cases} N_{n_i,m_i} \cdot P_{n_i,m_i}(\sin\varphi')\cos(m\lambda') & m_i > 0 \\ N_{n_i,m_i} \cdot P_{n_i,m_i}(\sin\varphi')\sin(m\lambda') & m_i < 0 \end{cases}$$

$$\begin{cases} A_0 = \sum_{j=1}^{17} \beta_j \beta_j \\ B_j = \begin{cases} N_{n_j,m_j} \cdot P_{n_j,m_j}(\sin\varphi')\cos(m\lambda') & m_j > 0 \\ N_{n_j,m_j} \cdot P_{n_j,m_j}(\sin\varphi')\sin(-m\lambda') & m_j < 0 \end{cases} \end{cases}$$

$$\begin{cases} \beta_j = \sum_{k=0}^{12} \left(a_{k,j}\cos(\omega_k t_{\text{p}}) + b_{k,j}\sin(\omega_k t_{\text{p}}) \right) \\ \omega_k = \frac{2\pi}{T_k} \end{cases}$$

式中：$a_{k,j}$、$b_{k,j}$ 分别为北斗全球电离层修正模型（BDGIM）非播发参数；T_k 为非播发系数对应的预报周期；t_{p} 为与用户当前计算时刻对应的儒略日整点时刻。

BDGIM 参数包括低阶球谐函数系数和高阶系数，9 个低阶系数由广播星历参数播发，而高阶系数则由 ICD 给出。

7.3.2 自主导航电离层参数确定策略

无论是 GPS 采用的 Klobuchar 电离层模型还是 BDGIM，其模型参数均由地面运

控系统定期利用地面观测数据确定并上注到卫星。由于电离层季节性变化、周年变化等因素影响,电离层模型参数随时间变化。如果地面运控系统不及时更新,则电离层模型修正精度会相应下降。

7.3.2.1　自主电离层模型设计思考

在自主导航模式下,由于没有地面星地观测量数据参与数据处理,星间观测量对星地传播路径上的电离层主分量不敏感,电离层模型修正方式需要进行相应调整。对于自主导航模式下的全球电离层模型实现,应考虑以下几个方面的技术因素:

(1) 自主全球电离层修正模型的实现应尽可能基于已有经验电离层模型。

在自主导航模式下,由于缺乏必要的星地电离层观测数据,因此,全球电离层修正模型的实现应基于已有的经验电离层模型(如国际参考电离层(IRI))模型实现,而不能采用简单的函数(球谐函数等)展开拟合的方式实现。这主要是考虑到电离层具有明显的年(太阳活动高、低年)、季节和日变化特点。自主导航模式下,一般3~6个月没有包含电离层信息的实测数据,因此,北斗自主导航全球电离层修正模型的参数只能采用时间跨度上较早的历史星地观测数据进行估计。由于电离层模型的年、季节变化特性,因此,基于函数分析拟合的实现方法不再具有适用性。

相比之下,经验电离层模型实现中包含了对电离层内在变化规律的描述,所需的参量为更基础的、能够描述驱动电离层变化的太阳活动参量。太阳活动参量一般以“月”的时间跨度进行描述(如太阳黑子数月平均值)。因此,对太阳活动参量的变化进行预报,远较对每日变化的电离层环境参量进行预报更为准确。

(2) 自主全球电离层修正模型实现应考虑地面运控模式和自主导航模型下的兼容实现。

全球电离层修正模型的实现应考虑地面运控模式和自主导航模式下实现形式的统一,即全球电离层修正模型应基于同一种经验电离层模型和相近的实现方法,并应保证模型在地面运控模式和自主导航模型下,模型实现的平滑过渡。

7.3.2.2　自主电离层模型实现途径

基于上述分析,提出如下的自主导航模式下全球电离层修正模型的实现技术途径。

北斗电离层修正模型应以已有的经验电离层模型为基础进行开发。经验电离层模型描述了电离层的内在变化规律,主要包括电离层的分层结构及每层具体实现方法的描述,并且这些电离层变化规律的描述均已开发为较成熟且公开发布的经验电离层模型代码。用户仅输入指定的时间、地点及日地空间环境参量,经验电离层模型计算软件即可以给出电离层在指定时间内任意一点的电子密度值。

自主导航模式下的北斗全球电离层修正模型技术实现包括:

1) 经验电离层模型的选择和改进

已有的经验电离层模型(如通用的国际参考电离层(IRI)模型、中国参考电离层(CRI)模型,以及欧洲经常采用的 NeQuick 模型等)给出了地面至1000~2000km 高度的电离层电子密度分布,通过积分可以给出垂直方向的电离层 TEC 值。当其应用于自主导航模式下，必须进行以下改进：

(1) 应用高度的改进。导航卫星位于 2 万 km 以上的高空，远远超出了经验电离层模型定义的电离层范围。因此，在卫星导航系统应用中，必须考虑经验电离层模型在应用高度上的改进。改进的方法包括增加顶部磁层模型或增加顶部分层模型，扩展经验电离层模型的应用范围至导航卫星的高度。

(2) 倾斜路径的改进。已有的经验电离层模型只能给出测站上方的电离层垂直延迟，而卫星一般并不位于测站或用户的正上方，因此，必须对模型加以改进。由于经验电离层模型可以给出更为基础的电子密度分布，而电离层延迟为沿卫星信号传播路径的电子密度积分。卫星导航应用中的电离层延迟修正模型可以采用如下方法实现：利用经验电离层模型给出卫星信号传播路径上的电子密度，沿卫星信号传播路径进行积分，获得该颗卫星星地观测量的电离层延迟估计，并用于伪距测量的修正。

(3) 卫星导航系统电离层修正模型的实测数据驱动技术。经验电离层模型一般为后处理的分析模型，应用中需用户指定模型实现所需求的日地空间环境参量。而在卫星导航系统的全球单频电离层修正模型实现中，用户需要实时电离层修正量，因此，必须利用系统实测的电离层数据，对系统电离层修正模型实现所需日地空间环境参量进行实时估计，形成星历参数并播发给用户。用户利用星历参数，获得单频电离层修正模型所需的日地空间环境参数，并代入电离层修正模型获得电离层延迟修正。上述过程的实现即为电离层修正模型实测数据驱动更新技术。

(4) 适用于卫星导航系统的其他改进。电离层修正模型应用于北斗卫星导航系统实现时，需要针对应用特点做相应的改进（如参数估计算法的优化，模型输入输出量的设计等），以提高电离层修正模型在系统及用户端实现的效率。

国内学者在北斗电离层模型研究方面已经做了大量的工作，上述卫星导航系统用电离层修正模型的开发工作已经初步实现[3]。

2) 自主运行模式下系统全球电离层修正模型的实现

在卫星导航系统地面运控运行模式下，系统利用地面监测站实测数据对系统电离层模型参数进行估计，形成导航星历参数并播发。而在自主导航模式下，系统在最长时间 6 个月内没有实测数据，因此，必须考虑利用其他方法对系统电离层修正模型实现所需的空间环境参量进行预报估计。

卫星导航系统电离层修正模型实现中，估计的日地空间环境参量为描述太阳活动状态的参量，一般称为等效辐射（ER）参量。等效太阳活动参量 ER 具有随时间和地点变化的特性。在地面运控运行模式下，可以通过系统每天的实测数据对 ER 参量进行估计和发布。在系统自主运行模式下，则可以考虑通过利用历史数据对 ER 参量进行建模并估计预报。

由于 ER 为描述太阳活动状态的参量，因此可以考虑利用太阳黑子数据、太阳 F10.7 射电通量等参数进行 ER 的建模并预报估计。利用太阳黑子数或太阳 F10.7 射电通量数据进行 ER 预报的优势在于：

（1）上述参量具有长期的历史积累，可用于ER参数的外推估计，方法上具有可实现性。

（2）上述参量的发布和更新可由国际/国内相关机构定期公开发布数据获得，数据的获取具有可行性，且减少了对系统实测数据的依赖。

（3）上述参量也可以利用卫星导航系统的实测数据后处理估计获得。在全部获得非实时的测量数据后，采用后处理估计方式，对相应观测时段内的参数值进行估计，并对已有历史数据进行更新。这样，系统的自主性和独立性可以保证。

综上所述，上述方法既保留了利用导航系统实测数据进行电离层修正模型参数估计的灵活性和自主性，也可以支持利用已有历史参数进行外推估计，降低了对导航系统实时数据的依赖性。

利用历史数据建模预报的具体实现中，可以采用时间序列模型中的自回归方法，利用太阳F10.7参量，对等效辐射（ER）参数进行估计。在卫星导航系统常规运行模式下，具体计算过程如下：

（1）获取太阳F10.7参量的历史时间序列 $X_n(n=1,2,\cdots,N)$，该时间序列为逐日观测值，国内外有标准的公开发布格式，其历史数据可提前获取，置于运控中心数据库中。

（2）对历史太阳F10.7参量的逐日观测值采用自回归模型进行建模，获取模型中的待定系数；利用估计的自回归模型参数，给出下一个27天的太阳F10.7参量的逐日预报值；将第一次预报结果（27个太阳F10.7预报值）代入模型，得到第二次27天的太阳F10.7参量的逐日预报值。依此类推，进行7次预报，进而得到所需6个月的太阳F10.7参量值。

（3）由估计得到的太阳F10.7参量值，获得系统电离层修正模型实现所需的ER估计，并形成星历信息进行发布。

（4）当系统获取观测数据后（可以是非实时观测数据，也可以是实时观测数据），利用北斗电离层修正模型实现中的参数估计方法，获得相应时间段内的ER估计和太阳F10.7参数估计。其中，太阳F10.7参数用于运控中心数据库中历史数据的更新。

3）多种运行模式下北斗全球电离层修正模型的实现

在系统地面运控模式和自主运行多模式下，北斗全球电离层修正模型的完整实现如下：

当系统有实时的电离层观测数据时，采用地面运控模式下的电离层修正模型实现方式。在北斗系统地面运控模式下，利用系统实测数据（系统的实测TEC值），采用数据驱动模型更新的方法，对系统星历参数进行估计。星历参数为“等效辐射参量”，共包含 $[a_0,a_1,a_2,a_3,a_4,a_5]$ 6个参数。由该组参数，可获得描述太阳活动变化的ER参数。用户接收播发的星历电离层参数 $[a_0,a_1,a_2,a_3,a_4,a_5]$，估计获得用户处相应的ER参量。然后，将用户所处的时间、地点、ER参量代入系统电离层修正模型进行电离层延迟估计。

当没有系统的实时电离层观测数据时，采用自主导航模式下的电离层修正模型实现方式。对太阳活动参数（如可采用太阳 F10.7 参数）进行建模，利用太阳活动参数的历史数据（可预先获得，置于运控中心），对太阳活动参数进行预报，并对“等效辐射参数”效辐进行估计，获得相应的星历参数。同时，估计的太阳活动参量可以作为进一步估计的先验数据。当可以获得系统的电离层观测数据时（非实时数据），利用实测数据，通过北斗电离层修正模型的数据驱动技术，对太阳活动参量进行估计，并对太阳活动参量数据库进行更新。

对于用户而言，仅需接收同样格式和内容的星历数据（$[a_0, a_1, a_2, a_3, a_4, a_5]$），并利用星历数据获得“等效辐射参数”效辐的估计，代入用户端的北斗系统电离层修正模型，即可实现对特定卫星信号路径上的电离层延迟估计，并用于测距误差修正。

上述北斗系统电离层修正模型实现途径，充分考虑了不同运行模式下，系统电离层修正模型实现的兼容性。同时，实现的系统电离层修正模型具有良好的精度（地面运控模式下满足系统预定指标，自主运行模式下，可达到 60% 的精度）。

7.3.3 Klobuchar 电离层模型长期变化分析

Klobuchar 模型是 GPS 实用的电离层模型，为了构建基于 Klobuchar 模型的自主导航电离层模型，需要对其模型参数的长期变化特性进行分析。为分析 Klobuchar 电离层模型参数随时间变化规律，将上述 8 参数模型的各个参数每年的时间序列进行独立分析，观测其周年项规律，发现其参数每年内具有相同的年变化规律。也就是说，利用模型参数前一年对应时间的参数值可作为当前时刻的预报模型参数。为了分析电离层模型的预报精度，采用了比较简单的每 30 天或 60 天取平均的方法，然后预报 60 天，比较 60 天预报精度的平均值。

下面将 2008 年太阳活动低峰年与 2011 年太阳活动高峰年进行比较。

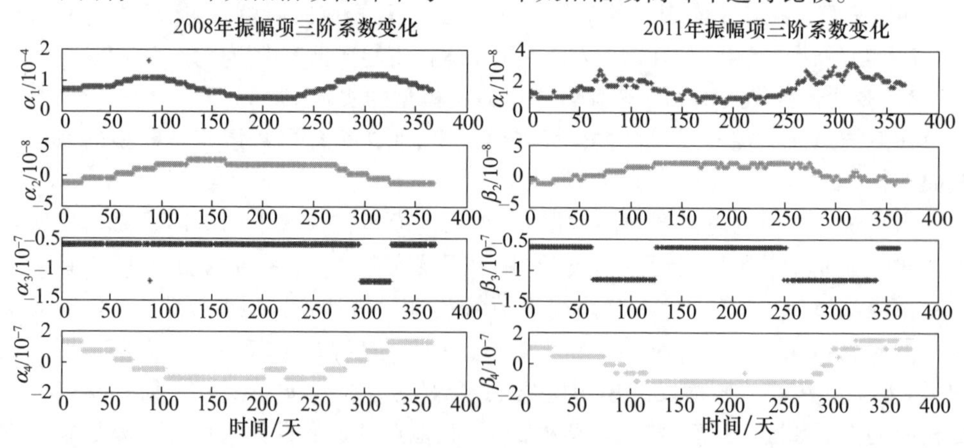

图 7.1　2008 年和 2011 年电离层模型参数振幅项系数变化（见彩图）

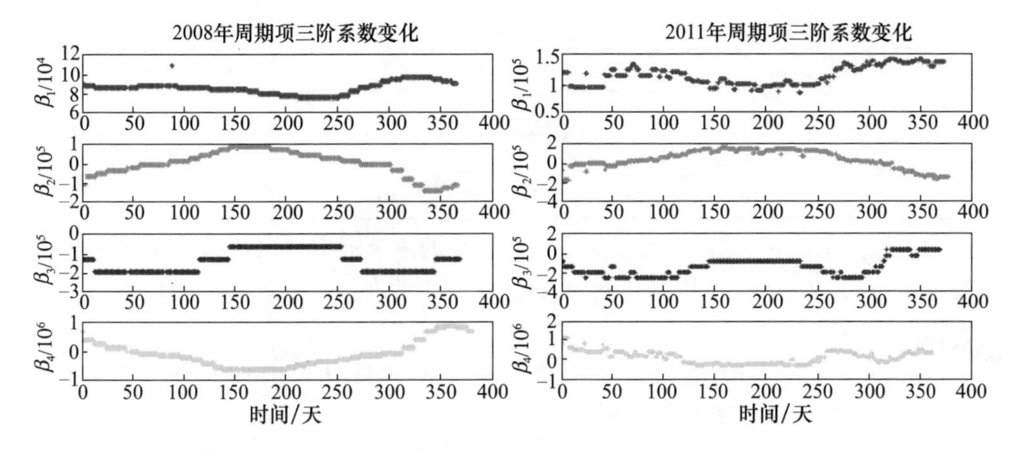

图 7.2　2008 年和 2011 年电离层模型参数周期项系数变化(见彩图)

从上面的几幅图可以看出：电离层一年内各个系数的变化趋势基本符合。可采用简单的取平均值预报的方法来进行电离层预报。

分别采用 1 个月内的数据对 8 参数取平均值,用这 8 个参数作为下 60 天的电离层参数,与 code 公布的实测结果比较,分析其预报误差大小,给出极限情况下的误差统计量如表 7.1 所列。

表 7.1　电离层模型预报误差统计表

实测月份	预报 60 天平均精度
1	68.3%
2	67.6%
3	67.4%
4	65.4%
5	65.2%
6	64.3%
7	65.3%
8	64.2%
9	65.4%
10	66.8%

采用两个月内的平均值,预报 60 天后的结果,与真实电离层的结果比较分析。采用 2 个月拟合结果预报 60 天结果(表 7.2)。

表 7.2　电离层模型预报误差统计表

实测月份	预报 60 天平均百分比
1,2	67.6%
3,4	66.4%

（续）

实测月份	预报 60 天平均百分比
5,6	63.4%
7,8	65.6%
9,10	62.4%

由上述结果看出，电离层模型参数具有明显的季节周期变化特征，通过对电离层模型参数逐年取平均，并将其作为下年度参数预报值，预报 60 天，同样可以修正 60% 以上电离层误差。

因此，对于 Klobuchar 模型，自主导航模式下，可以近似采用电离层模型参数年度平均值作为自主导航电离层模型修正参数。

7.3.4 北斗全球广播电离层模型长期变化特性分析

为了分析北斗电离层模型长期变化特性，首先利用北斗系统正常运行模式下（图 7.3 中 A_0A_1 时段）BDGIM 播发参数信息直接计算用于星间自主导航模式期间（图 7.3 中 A_1A_2 段，60 天）下与更新 BDGIM 参数对应时间的参数信息（该信息在 A_1 时刻上行到各 BDS 卫星），然后基于星间自主导航模式下 BDGIM 播发参数的更新方案计算例行播发给用户的 BDGIM 参数（图 7.3 中 A_1A_2 时段，60 天），然后分析比较两者在时间重叠段上修正效果的差异，以其统计量作为评估精度的依据。

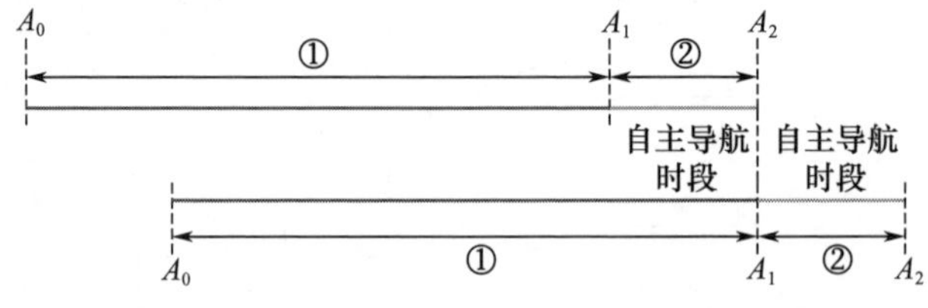

图 7.3 星间自主导航模式下 BDGIM 应用示意图

为全面评估自主导航期间 BDGIM 的应用精度，选取 2002 年至 2013 年近 1 个太阳活动周期每年的年积日 001 天至 060 天以及 2002 年（电离层活动高年）、2004 年（电离层活动中年）和 2008 年（电离层活动低年）三个整年作为测试时段，并在全球范围内选取 32 个检核站用于模型精度评估（如图 7.4 所示，在全球各大洲的大陆地区基本有 3 ~ 5 个检核站，海洋区域有 3 个检核站）。

1）BDGIM 在星间自主导航模式下的修正精度评估

以电离层修正百分比及标准差作为分析星间自主导航模式期间 BDGIM 精度的指标，修正百分比可以作为模型的相对精度指标，标准差可以作为模型的绝对精度指标。

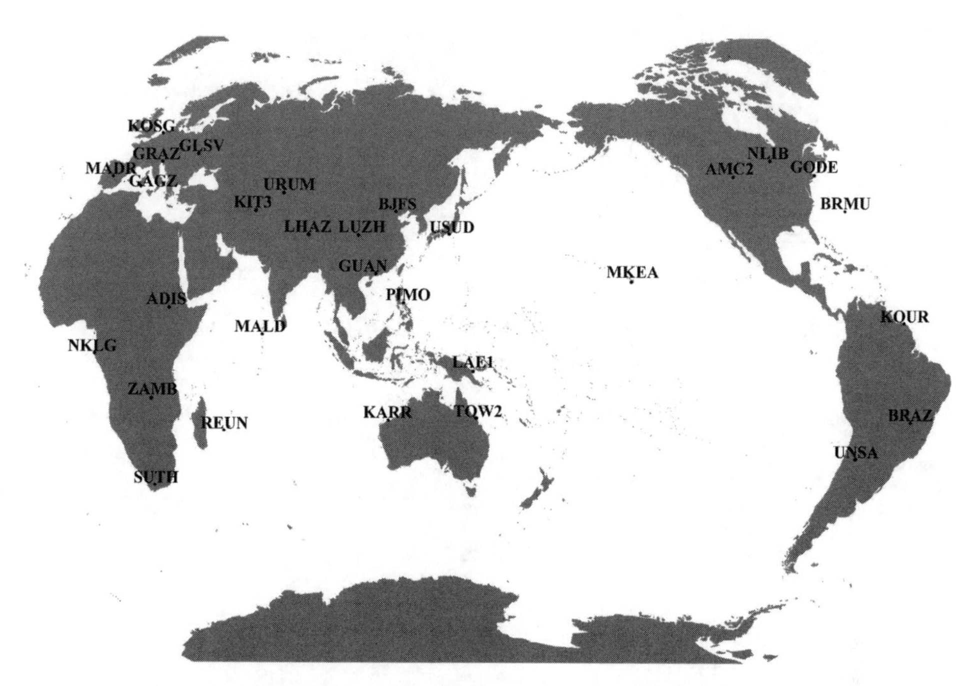

图 7.4　用于测试星间自主导航模式下 BDGIM 精度的全球检核站分布图

图 7.5 ~图 7.8 给出了 2004 年第 001 天至 060 天星间自主导航模式期间 BDGIM 在 BJFS(中国)、GUAN(中国)、KOSG(欧洲)、AMC2(北美洲)、TOW2(澳大利亚)、SUTH(非洲)、BRAZ(南美洲)及 MKEA(海洋)等测试站上的修正百分比。需要说明的是,Klobuchar 模型采用的是 GPS 例行播发的非自主导航期间的 8 个参数,BDGIM 使用的是根据初步设计的更新方案计算得到的星间自主导航应用模式下的预报参数(图中以 BDGIM[Predicted]表示)。由于Klobuchar模型在某些测试站的修正百分比为负值,图中仅给出了大于 0 的部分。从图中可以看出:在 TOW2(澳大利亚)和 SUTH(非洲)站,BDGIM 在自主导航应用模式下的修正精度与 GPS 例行播发的 Klobuchar 模型精度相当;在其他各测试站,BDGIM 在自主导航应用模式下的修正精度要优于 GPS 例行播发的 Klobuchar 模型。

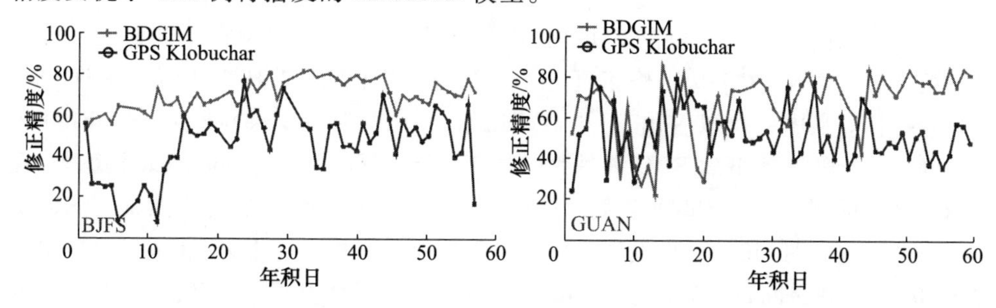

图 7.5　中国地区自主导航模式下 BDGIM 与 GPS Klobuchar 模型修正精度(见彩图)

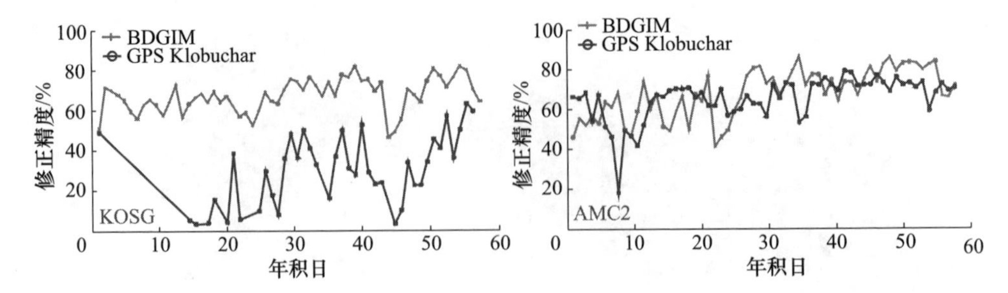

图 7.6 欧洲及北美洲地区自主导航模式下 BDGIM 与 GPS Klobuchar 模型修正精度(见彩图)

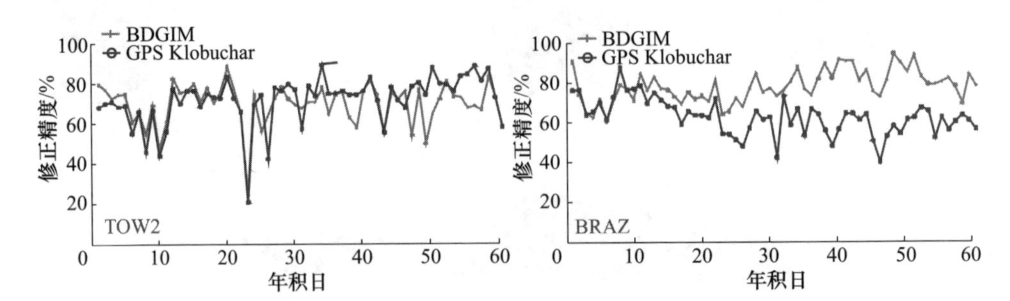

图 7.7 澳大利亚及南美洲地区自主导航模式下 BDGIM 与 GPS Klobuchar 模型修正精度(见彩图)

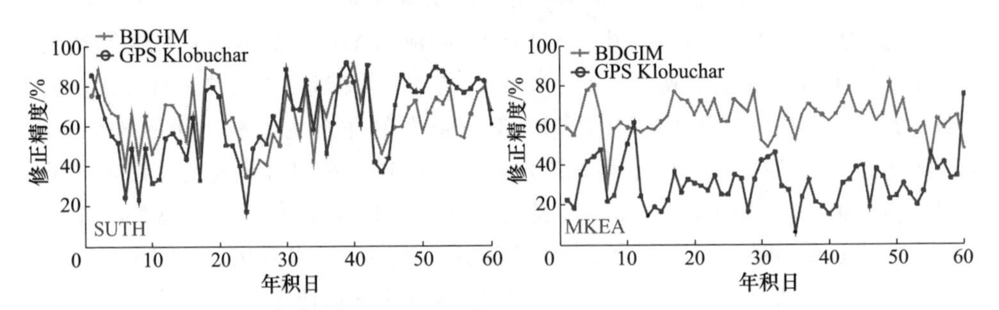

图 7.8 非洲及海洋地区自主导航模式下 BDGIM 与 GPS Klobuchar 模型修正精度(见彩图)

图 7.9 和图 7.10 给出了该时段内 BDGIM 及 Klobuchar 模型在不同监测站上的平均精度统计情况,图 7.9 以修正百分比作为统计指标,图 7.10 以标准差(STD)作为统计指标。从图中可以看出,除少数测试站(LHAZ、TOW2、GODE、ZAMB、BRMU)上星间自主导航模式下的 BDGIM 精度略差于 GPS 例行播发的 Klobuchar 模型外,在全球大部分的测试站上,星间自主导航模式下 BDGIM 的修正精度依然优于 Klobuchar 模型。这表明,基于初步设计的星间自主导航运行模式下 BDGIM 播发系数更新方案,BDGIM 在星间自主导航期间(60 天)的平均修正精度仍要优于 GPS 例行播发的 Klobuchar 模型。

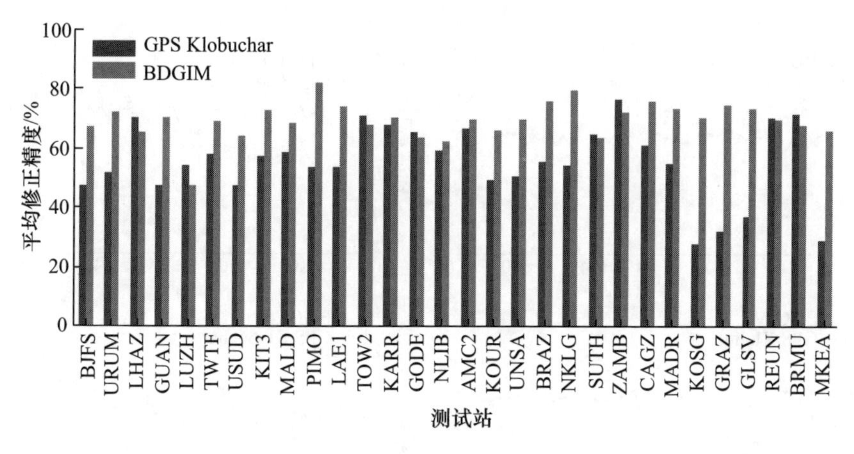

图 7.9　不同测站自主导航模式下 BDGIM 与 GPS Klobuchar 模型平均修正精度

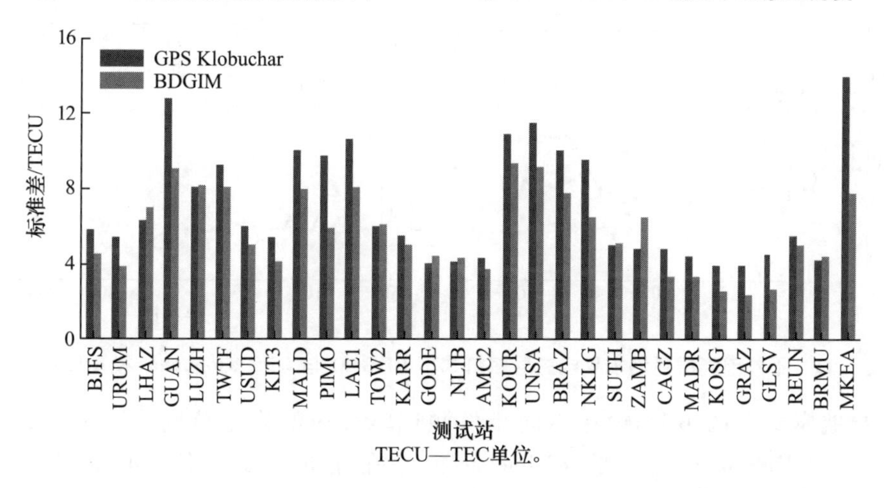

TECU—TEC单位。

图 7.10　不同测站自主导航模式下 BDGIM 与 GPS Klobuchar 模型标准差

图 7.11 给出了星间自主导航模式下的 BDGIM 与 GPS 例行播发的Klobuchar模型在电离层活动高(2002 年)、中(2004 年)、低(2008 年)年年积日 001—060 天内在全球范围内修正精度的时间序列。从图中可以看出,星间自主导航模式下的 BDGIM 在大部分时段的修正精度能够达到 65% ,而 GPS 例行播发的 Klobuchar 模型改正精度只有 50% ~55% 。同时,星间自主运行模式下的 BDGIM 的修正精度在测试时段内无明显的精度损失现象。表 7.3 给出了星间自主导航模式下的 BDGIM 及 GPS 例行播发的 Klobuchar 模型在电离层活动高、中、低年不同测试时段内的修正精度。可以看出:星间自主导航模式下的 BDGIM 在电离层活动高、中、低年内的平均修正分别可达 65.1% 、66.1% 及 71.6% ;而 GPS 例行播发的Klobuchar模型在相同测试条件下的平均修正精度只有 55.8% 、53.4% 及 44.7% 。

表 7.3 给出了星间自主导航模式下的 BDGIM 及 GPS 例行播发的 Klobuchar 模型在不同年份测试时段内(年积日 001 至 060 天)的修正精度统计。可以看出,星间

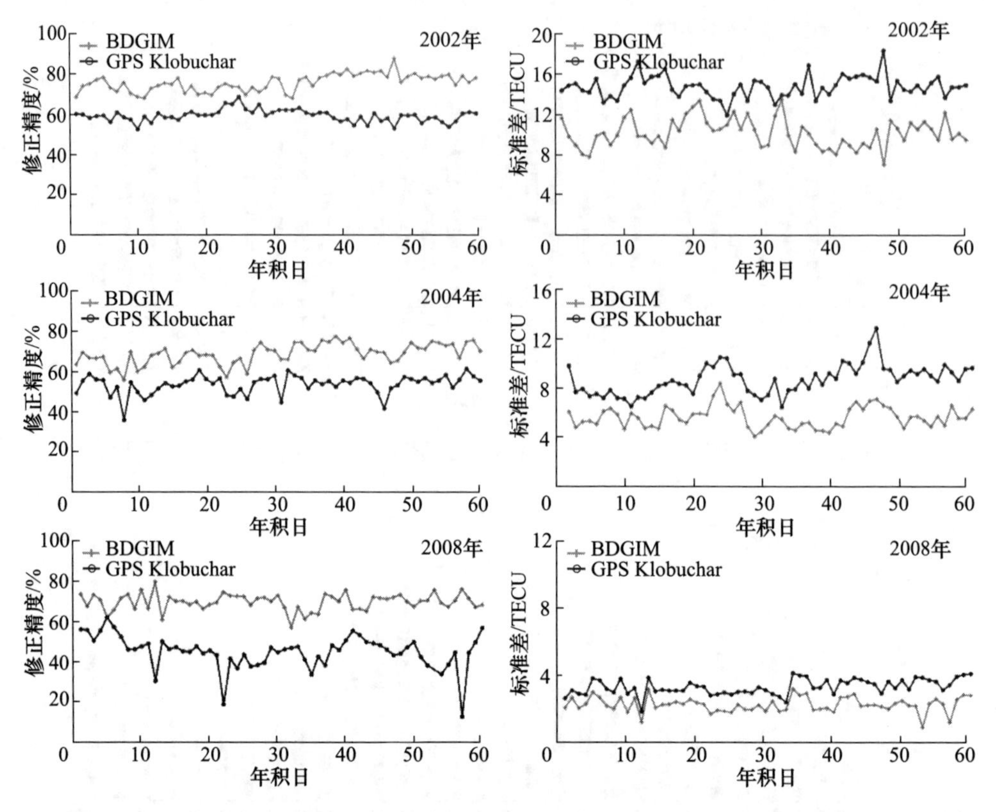

图 7.11 不同电离层活动水平自主导航模式下 BDGIM 与 GPS Klobuchar 模型修正精度

自主导航模式下的 BDGIM 在不同年份测试时段内的修正精度范围为 67.4% ~ 75.1%，而 GPS 例行播发的 Klobuchar 模型在相同测试条件下的修正精度为 44.6% ~58.6%。结果表明，星间自主导航模式下的 BDGIM 在不同年份测试时段内的修正精度依然可以优于 GPS 例行播发的 Klobuchar 模型。

表 7.3 星间自主导航模式下的 BDGIM 与 GPS 例行播发的 Klobuchar 模型在电离层活动高中低年不同测试时段内的精度统计

统计指标	年份	电离层模型	统计时段(年积日)				平均值
			001—060	120—180	180—240	300—360	
修正精度/%	2002	BDGIM	75.1	64.8	53.2	67.1	65.1
		Klobuchar	58.6	55.6	52.7	56.3	55.8
	2004	BDGIM	67.4	72.5	63.7	61.6	66.1
		Klobuchar	52.4	55.2	54.1	51.9	53.4
	2008	BDGIM	70.3	73.2	70.7	72.3	71.6
		Klobuchar	44.6	48.9	48.0	37.5	44.7

（续）

统计指标	年份	电离层模型	统计时段(年积日)				平均值
			001—060	120—180	180—240	300—360	
标准差/TECU	2002	BDGIM	10.32	11.14	8.47	9.51	9.86
		Klobuchar	14.90	14.57	11.34	14.34	13.79
	2004	BDGIM	5.75	5.32	4.86	5.57	5.42
		Klobuchar	8.45	8.99	7.01	8.22	8.17
	2008	BDGIM	2.44	2.93	2.44	2.49	2.57
		Klobuchar	3.49	4.97	3.22	3.59	3.82

2）结论

基于初步设计的自主导航运行模式下BDGIM播发参数更新方案，测试分析了该方案下BDGIM在不同电离层活动水平在全球范围内的应用精度。初步测试结果表明，星间自主导航模式下的BDGIM在不同电离层活动水平下的平均修正精度可达68.3%，GPS例行播发的Klobuchar模型在相同测试条件下的平均精度为51.8%，星间自主导航模式下的BDGIM在测试时段内的修正精度要优于GPS例行播发的Klobuchar模型。基于初步设计的星间自主导航模式下的BDGIM播发参数更新方案，BDGIM在自主导航期间(如60天)内可达到优于65%的平均修正精度。

7.4　地球自转参数

地球定向参数(EOP)是用于实现地心地固(ECEF)坐标系与地心惯性(ECI)坐标系之间相互转换的一组参数，包含描述地球自转速率变化和地球极移不规则变化的两组信息。

地心地固(ECEF)坐标系适用于描述地球表面物体之间的相对运动关系，是由一组地面点坐标维持的。GPS使用的1984世界大地坐标系(WGS-84)、中国北斗系统使用的2000中国大地坐标系(CGCS2000)和国际地球参考框架(ITRF)坐标系均为地心地固坐标系。目前，全球地心地固坐标系定义和实现均有统一到ITRF坐标系的趋势，上述几种地心地固坐标系之间的差异在厘米级以内。

地心惯性(ECI)坐标系是描述惯性空间物体绝对运动采用的坐标系，由于在现实环境中很难找到在惯性空间内绝对静止不动的目标，因此地心惯性坐标系实现只能采用相对方式。目前，以遥远河外射电源和类星体的位置定义的国际天球参考框架(ICRF)目前被认为是精度最高的地心惯性坐标系实现。

地心地固坐标系便于表述地面物体位置，而地心惯性系坐标便于描述外层空间物体的运动。对于卫星导航系统这种由地面段和空间段共同组成的系统，要建立精确的相互运动模型，需要涉及地心地固坐标系与地心惯性坐标系之间的相互转换。

按照 IERS 协议,地心地固坐标系与地心惯性坐标系之间的相互转换涉及岁差、章动、极移和地球自转修正四个部分[4]。形式如下:

$$\boldsymbol{r}_{\mathrm{ITRS}} = \boldsymbol{\Pi}(t)\boldsymbol{\Theta}(t)\boldsymbol{N}(t)\boldsymbol{P}(t)\boldsymbol{r}_{\mathrm{ICRS}}$$

式中:$\boldsymbol{r}_{\mathrm{ITRS}}$、$\boldsymbol{r}_{\mathrm{ICRS}}$分别为地心地固坐标系及地心惯性坐标系中的位置坐标;$\boldsymbol{P}(t)$为岁差矩阵;$\boldsymbol{N}(t)$为章动矩阵;$\boldsymbol{\Theta}(t)$为地球自转矩阵;$\boldsymbol{\Pi}(t)$为极移矩阵。岁差、章动及地球自转等相对变化比较有规律的部分体现为岁差矩阵 $\boldsymbol{P}(t)$、章动矩阵 $\boldsymbol{N}(t)$、地球自转矩阵 $\boldsymbol{\Theta}(t)$ 的主分量三个矩阵,在 IERS 2010 协议中有明确的计算模型,其模型系数在 IAU80 中确定。极移矩阵 $\boldsymbol{\Pi}(t)$、$\boldsymbol{\Theta}(t)$ 中的不规则分量、两个章动角补偿参数共同组成 EOP,这些参数需要依据地面站对卫星或河外射电源实测数据测定。

现阶段,IERS 组合利用全球甚长基线干涉测量(VLBI)、卫星激光测距(SLR)、GPS、星基多普勒轨道和无线电定位组合系统(DORIS)等数据,定期发布 EOP 后处理结果及预报结果,为全球用户提供统一且高精度的地固与惯性坐标系之间的转换参数。

利用导航星历计算的卫星位置,其采用的坐标系为 ECEF,为了满足 ICRF 中用户的导航定位需求,需要播发 EOP 支持。导航电文中的 EOP 包括极移参数 x_{p}、y_{p} 和极移速率参数 $\dot{x}_{\mathrm{p}}$、$\dot{y}_{\mathrm{p}}$,地球自转速率修正参数 ΔUT1、dUT1/dt 参数等。利用广播 EOP 计算单历元 EOP 的公式如下:

$$\mathrm{UT1} = \mathrm{UTC} + \Delta\mathrm{UT1} + \mathrm{dUT1}/\mathrm{d}t(t - t_{\mathrm{EOP}})$$

$$x_{\mathrm{p}}(t) = x_{\mathrm{p}} + \dot{x}_{\mathrm{p}}(t - t_{\mathrm{EOP}})$$

$$y_{\mathrm{p}}(t) = y_{\mathrm{p}} + \dot{y}_{\mathrm{p}}(t - t_{\mathrm{EOP}})$$

自主导航模式下,由于地面运控系统不能提供及时 EOP 上注支持,卫星不能在轨及时更新 EOP,超出数据有效期后,EOP 精度将降低。考虑到 EOP 仅在用户精密定位时使用,而且自主导航星历参数本身存在空间基准不确定误差,因此,自主导航模式下不建议进行该项修正。

7.5 自主导航历书参数

历书参数是卫星导航星历参数和钟差参数的子集,主要用于确定导航卫星初始位置并引导接收机快速捕获导航信号。导航信号捕获需要预先计算接收机相对卫星的概略多普勒频移和导航卫星大致方位信息,多普勒频移计算需要卫星速度信息、方位计算需要卫星位置信息,因此,卫星的位置和速度精度要求是历书参数确定的重点需求;另外,为尽可能减小历书信息对卫星和接收设备存储和传输数据量的要求,在保证精度前提下,历书参数的数据量应尽可能少。

1) 常规导航历书参数

在卫星导航系统常规运行模式下,历书参数由地面运控系统定期更新并上注。

对于 GPS，地面运控系统在常规运行期间，对历书信息的更新周期为 6 天。为保证 GPS 自主导航模式下历书信息需求，GPS Block ⅡR 以后卫星需要预先注入并存储 60 天以上的历书信息。为保证与常规导航历书信息的使用一致性，GPS 将自主导航历书信息分为 5 组，第 1 组～第 3 组历书均采用 6 天数据拟合，每次发送给用户 6 天的历书信息。第 4 组和第 5 组数据拟合长度分别为 32 天，每次发送给用户 32 天历书信息。5 组参数能够满足最少 60 天历书参数更新需求。

导航卫星轨道为小偏心率椭圆轨道，椭圆轨道理论上仅需要 6 个开普勒轨道根数可描述卫星轨道概略位置。对 GPS 导航卫星，为保证历书参数与导航星历参数计算方法的一致性，其历书参数选择采用导航星历参数中的 6 个轨道根数加一个轨道升交点经度变化速率项，具体包括$\sqrt{A}$、e、δ、Ω、ω、M、$\dot{\Omega}$，其中轨道倾角采用 δ 表示，$\delta = i - 0.3\pi$，采用这种表示方式主要是考虑到 GPS 卫星轨道倾角接近 55 轨道，采用 δ 表示可以增加轨道倾角数据有效位。

卫星钟差历书参数包含钟差和钟漂两项，分别为 a_0、a_1。GPS 卫星钟差参数分别用 11 位表示，能够在数据有效期内提供优于 2ms 的历书钟差确定精度。

在计算历书钟差时，由于相对论效应中的周期性影响小于 25m，相对历书钟差误差为小量，不需要单独计算。在数据有效期内，由历书钟差计算误差引起的 URE 误差小于 135m。这主要是由于仅采用 11 位有效位表示钟差和钟漂参数，将使得历书钟差参数的截断误差达 150m，钟漂参数截断误差为 50m/天。

钟差参数精度仅在数据有效期内保证，如果卫星发生钟跳变或调频调相操作，历书钟差计算精度将不能够保证。

采用上述历书参数，在 GPS 常规运行状态下，历书预报时间小于 6 天时，历书精度为 URE 小于 900m；当预报时间超过 60 天以上时，历书参数精度为 URE 小于 3600～300000m。

为了进一步缩短用户接收机对卫星信号的搜索和捕获时间，GPS 在民用导航（CNAV）服务导航电文中设计了一种简约历书参数，这组参数仅给出了 δ、Ω、$\Phi(\omega + M_0)$三组参数，预设其余历书参数值如下：

$e = 0$；

$a = 26559710\text{m}$；

$\dot{\Omega} = -2.6 \times 10^{-9}$；

$\delta_i = 0.0056\pi$（相对于历书参数 δ_0 改正量）。

这组简约历书参数精度相比原中等精度历书参数更差，但由于数据量少，发送频度更高，用户收到该历书信号后很短时间就能够确定全部卫星的概略位置。

2）自主导航历书参数

卫星导航系统常规运行模式下，地面运控系统每隔 6 天即可产生并上注新的一组历书参数，用户随时可收到小于 6 天的历书信息，历书信息精度有充分保障。在自主导航模式下，由于不能定期接收到运控系统上注历书信息，只能采用其他历书更新策略。

GPS 在自主导航运行模式下的历书信息是采用分段对预报轨道进行拟合的方式实现。地面运控系统生成预报 60 天以上的预报历书并分段上注到卫星,卫星依据各段历书有效时间段分批次发布不同时段的历书信息。

考虑到自主导航模式下利用星间链路观测量可得到高频次更新的导航卫星星历信息,而定期更新的卫星星历参数包含历书参数信息,因此,本书设想自主导航模式下可利用星间链路产生的自主导航星历参数直接更新历书信息。具体过程如下:

(1) 导航卫星进入自主导航运行模式后,按照星载数据处理流程依次更新每颗卫星的导航星历参数。

(2) 在完成一次星载处理后,卫星在更新导航任务处理单元中的导航星历参数的同时,将导航星历参数中与历书参数对应的 7 个参数$\sqrt{A}$、e、δ、Ω、ω、M、Ω 采用下述方法取均值:

$$\bar{a}_{i+1} = \frac{i * \bar{a}_i + a_{i+1}}{i+1}$$

式中:a_{i+1}为导航星历参数中上述 7 个历书参数之一;$\bar{a}_{i+1}$为其多历元均值。

(3) 上述累加平均值超过 6 天后,对 M、Ω 参数进行时间归化处理,将时间参考点归化到 6 天中间历元,并将上述历书参数更新到历书存储单元中。

(4) 对于不能产生星间自主定轨结果的卫星,历书参数保留地面运控系统预先上注的参数值。

上述方法可结合自主导航 60 天历书参数分段特性,对最近 6 天历书参数实现在轨自主更新。

7.6 自主导航差分改正参数

有些卫星导航系统(如北斗系统、GPS)在播发导航电文参数同时也播发广域差分改正信息,卫星通过播发高时效性的卫星钟差和卫星位置参数的差分改正数,可实现对特定用户高精度的导航定位增强需求。早期以广域增强系统(WAAS)为代表的广域差分采用航空无线电技术委员会(RTCA)数据协议,直接播发卫星钟差和地固系中的卫星位置、速度改正数。考虑到利用这种改正数计算的卫星位置预报误差随时间增加较快,因此在 CNAV 导航电文中采用了精度更高的轨道根数差分改正数形式。我们以 CNAV 导航电文中的差分改正数为例,简单进行说明。

CNAV 导航电文中的差分改正数包括卫星钟差和卫星轨道差分改正数两部分。卫星钟差差分改正数为 Δa_0、Δa_1 两项,分别代表广播星历钟差参数 a_0、a_1 项的差分修正量。轨道差分改正数包括 $\Delta\alpha$、$\Delta\beta$、$\Delta\gamma$、Δi、$\Delta\Omega$、ΔA,分别代表对轨道根数的差分修正量,利用差分改正数计算广播星历参数具体计算公式为

$$\alpha_c = e_i \cos\omega_i + \Delta\alpha$$

$$\beta_c = e_i \sin\omega_i + \Delta\beta$$
$$\gamma_c = M_0 + \omega_i + \Delta\gamma$$
$$A_c = A_i + \Delta A$$
$$i_c = \bar{i}_i + \Delta i$$
$$\Omega_c = \Omega_i + \Delta\Omega$$
$$e_c = (\alpha_c^2 + \beta_c^2)^{1/2}$$
$$\omega_c = \arctan(\beta_c / \alpha_c)$$
$$M_{0-c} = \gamma_c + \omega_c - \frac{3\sqrt{\mu}}{A_c^2}(t_D - t_{oe})$$

式中:A_i、$\bar{i}_i$、Ω_i、e_i、M_0 分别为运控上注广播星历参数中的六个轨道根数;μ 为地球引力场常数;t_D、t_{oe}分别为差分改正数计算时刻以及轨道根数参考时刻。

卫星导航系统常规运行状态下,地面运控系统在定期更新广播星历参数的同时,每隔一定时间(GPS 为5min)生成一组差分改正数(钟差及轨道改正数)并上注,用户利用该改正数,采用上述公式可计算改进的广播星历参数,利用改进的星历参数计算卫星位置和钟差,进而实现高精度的导航定位授时。

自主运行模式下,广播星历参数由星载数据处理自主更新,地面运控系统不能上注差分改正数,地面运控预先上注的差分改正信息由于失去时效性不足以实现高精度定位,此时常规差分修正模式不再有效。考虑到 $\Delta\alpha$、$\Delta\beta$、$\Delta\gamma$、Δi、$\Delta\Omega$、ΔA 六个轨道差分改正参数[5]和两个钟差改正参数 Δa_0、Δa_1 在形式上与自主导航在线自主定轨和时间同步软件解算的卫星轨道及钟差参数形式完全相同,针对自主导航星历更新频度与数据处理频度不完全匹配这一特性,可设计一种新的自主导航模式下的差分服务方式。我们以星载自主数据处理频度 5min 为例对这种差分服务模式进行说明。

当星载自主导航数据处理频度为 5min 且自主导航星历更新频度同时也为 5min 时,由于播发给用户的自主导航星历精度已经体现了星间链路定轨和时间同步轨道及时间改进最新结果,此时用户不需要差分修正,差分改正数为零;当星载自主导航数据处理频度为 5min 而导航星历更新频度大于 5min 且为 5min 的整倍数时,此时可利用差分改正信息对两次导航星历更新时段之间的卫星位置和钟差参数进行修正。具体做法如下:导航卫星连续利用星间测量和星载数据处理自主生成 CNAV 形式卫星轨道及钟差参数修正信息,当处于导航星历更新时间节点时,卫星利用该节点自主产生的星历和钟差修正信息生成导航星历参数,与此历元对应的差分改正数为零,用户仅需要使用自主导航星历参数即可;当处于连续两次导航星历更新时间节点之间的历元时,在与星载数据处理时间相同的间隔为 5min 的历元,可将卫星自主处理生成的轨道及钟差修正信息作为当前历元的差分改正数通过差分信息播发方式传递给用户,用户综合利用导航星历参数和差分修正参数实现导航定位。此时差分定位结果略优于仅采用自主导航星历实现的定位结果。需要指出的是,当卫星处于轨道机动或卫星钟调频调相等异常处理时,利用上述差分修正方式可较快速地实现高精度的导航定位服务。

7.7 小　结

综合本章分析,在自主导航模式下,由于不能使用地面运控系统注入的导航星历参数,使得自主导航模式下电离层参数、UTC 参数、EOP、历书参数、差分改正数参数等辅助参数的产生及使用策略均要进行相应的调整。通过总体分析可看出,相比常规运行模式,自主导航模式下导航星历中包含的几乎所有参数的精度均有一定程度降低。

参考文献

[1] Navstar GPS space segment/navigation user segment interface, revision F [S]. Sept. 21, 2011, Arinc Engineering Services.

[2] HOFMANN - WELLENHOF B, LICHTENEGGER H. GPS theory and practice [M]. New York: Springer-Verlag, 1992.

[3] YUAN Y, WANG N, LI Z, et al. The BeiDou global broadcast ionospheric delay correction model (BDGIM) and its preliminary performance evaluation results [J]. NAVIGATION, 2019, 66: 55-69.

[4] MCCARTHY D D, PETIT G. IERS conversions (2003): IERS technical note no. 32 [M]. Frankfurt am Main: Verlag des Bundesamts für Kartographie und Geodäsie, 2004.

[5] ANANDA M P, BERNSTEIN H, CUNNINGHAM W A, et al. Global positioning system (GPS) autonomous navigation [C]//Location and Navigation Symposium. In proceedings of IEEE Position. Las Vegas, Nevada, March 20-23, 1990: 497-508.

第8章 自主导航用户算法及应用

卫星导航系统以为全球用户提供导航、定位和授时服务为目标。通常,普通用户通过接收多颗导航卫星播发的导航星历、伪码测距信号可获取系统承诺的标准导航定位服务。在常规运行模式下,卫星导航星历由地面运控系统提供;自主导航模式下,导航星历由卫星在轨自主生成。由于自主导航星历在时空基准、精度水平等方面与地面运控星历有差异,使得自主导航模式下用户获取的导航定位结果相应有变化。本章首先分析自主导航星历与地面运控星历的差异,在此基础上讨论自主导航模式下用户单点定位、差分定位修正算法,介绍自主导航对低轨卫星定轨、精密测量、精密授时等多种卫星导航应用的影响。

8.1 卫星导航定位授时原理

8.1.1 卫星定位原理

人类的任何活动轨迹均可在特定的坐标系中用一定时间和空间坐标描述,导航定位实际上就是确定目标点在时空坐标系中的坐标。目标点在三维空间的位置通常可用笛卡儿坐标三分量描述,如果同时需要描述目标点处于该位置的时刻,则需要增加一个时间维度参数,也就是说,三个位置参数加一个时刻参数可完整描述目标点在时空中运动状态。

卫星导航定位是以卫星为参考点、以卫星到目标点之间距离为观测量确定目标的空间位置。卫星导航基本测距观测量为伪距,伪距测量值实质上是导航卫星信号发射时刻与用户接收时刻之差,伪距观测量同时包含卫星与用户之间的距离信息和时间差信息,假设在时刻 t_i 卫星 i 位置为 $(x_i \quad y_i \quad z_i)$,待确定用户位置为 $(x_0 \quad y_0 \quad z_0)$,待测用户钟差参数为 Δt_0,已知卫星位置、卫星钟差 Δt_i 和伪距观测量 ρ_i 后,不考虑其他误差,有观测方程[1]:

$$\rho_i = \sqrt{(x_i - x_0)^2 + (y_i - y_0)^2 + (z_i - z_0)^2} + c(\Delta t_0 - \Delta t_i) \tag{8.1}$$

上述方程中卫星钟差 Δt_i、卫星位置 $(x_i \quad y_i \quad z_i)$ 为已知参数,用户钟差 Δt_0、用户位置 $(x_0 \quad y_0 \quad z_0)$ 为未知参数,第一部分为信号空间传播距离,第二部分为时刻差异,如果 t_i 时刻用户同时接收到4颗以上卫星伪距信号,则可组成4个独立方程,确定4个未知参数,即实现用户空间位置和时刻同时确定。此即卫星导航原理。利用上述方程确定的用户位置和卫星位置在同一个时间和空间坐标系。

由式(8.1)可见,影响用户卫星导航定位精度的因素除了卫星与用户之间的距离测量精度外,还包括卫星发射信号时的位置和时刻精度。卫星位置和时刻是通过卫星播发导航星历方式传递给用户的。因此,同一用户利用不同方式生成的基准、精度互异的导航星历参数将直接导致其定位结果出现差异。

8.1.2 常规卫星导航星历

卫星导航系统常规运行过程中,卫星位置和钟差参数是依靠地面运控系统利用星地测量和数据处理确定的。考虑到地面运控星历参数从数据采集处理到上注播发并为用户所接收需要一定时间,为了满足用户实时定位和授时需要,运控星历和钟差参数需要一定预报期限。考虑到地面上注负担和卫星存储代价,运控上注星历和钟差参数的数据量有一定限制。为了用尽可能少的参数高精度描述尽可能长时间的卫星位置和钟差变化,需要对导航星历参数进行特殊设计。

1) 卫星位置计算

设计导航星历和钟差参数的主要依据是卫星轨道和钟差变化特性。导航卫星受力以地球引力为主,三体摄动、太阳光压等摄动力为辅,轨道运动特征表现为受摄椭圆轨道,因此,GPS 导航星历参数设计是在卫星轨道一阶摄动长期解基础上,增加周期项形成。GLONASS 导航星历参数设计相对简单,采用以卫星位置、速度、加速度为主的多项式形式表示,其日月摄动和地球引力场一阶摄动修正在用户算法中实现。GLONASS 星历参数最主要问题是用户算法运算量相对过大,程序实现复杂,其导航星历参数长时间描述精确轨道的能力相比 GPS 星历参数差。因此,现阶段,包括北斗系统在内的大多数卫星导航系统采用类似 GPS 的星历形式,仅有某些广域差分系统的差分修正量采用多项式形式给出。

GPS 导航星历参数有 18 参数和 16 参数之分,18 参数是 16 参数的改进。我们以现阶段广泛采用的 16 参数为例描述 GPS 导航星历参数的设计。16 个星历参数包括:6 个轨道根数 a、e、i_0、Ω_0、ω、M_0,3 个一阶长期摄动项参数 Δn、$\mathrm{d}i/\mathrm{d}t$、$\dot{\Omega}$ 和 6 个沿轨道面径向、沿迹和法向分解的短周期参数 C_{rc}、C_{rs}、C_{uc}、C_{us}、C_{ic}、C_{is},同时增加 1 个轨道根数的参考时间参数 t_0[2]。

上述卫星星历参数是在惯性坐标系中给出,为了转换到地固坐标系,还需要考虑地球自转影响。如前所述,惯性坐标系到地固坐标系之间的坐标转换需要考虑岁差、章动、极移和 EOP 等信息。考虑到导航星历能够表达的精度水平,短期内 EOP 通常仅需要考虑地球运动主项——地球自转速率影响。

采用上述 16 参数星历参数,对于 4 ~ 6h 弧段 MEO 卫星,轨道拟合精度优于 5cm,能够满足厘米级导航星历表达精度需求。

利用 16 参数导航星历参数计算卫星在地心地固坐标系中位置的过程如下[3]:

首先计算当前时刻瞬时平近点角 M,即

$$M = M_0 + \left(\sqrt{\frac{GM_e}{a^3}} + \Delta n\right)(t - t_0) \tag{8.2}$$

然后利用已知瞬时平近点角 M 和偏心率 e 解开普勒方程,通过迭代计算,得到瞬时偏近点角 E 为

$$E - e\sin E = M \tag{8.3}$$

计算瞬时轨道面坐标系中的卫星位置 $\bar{x}$、$\bar{y}$ 为

$$\begin{aligned} \bar{x} &= a(\cos E - e) \\ \bar{y} &= a\sqrt{1 - e^2}\sin E \end{aligned} \tag{8.4}$$

计算卫星在轨道面内真近点角 $\bar{u}$ 为

$$\bar{u} = \omega + \arctan\frac{\bar{y}}{\bar{x}} \tag{8.5}$$

计算卫星位置三个方向短周期修正量:

$$\delta r = C_{rs}\sin(2\bar{u}) + C_{rc}\cos(2\bar{u}) \tag{8.6}$$

$$\delta u = C_{us}\sin(2\bar{u}) + C_{uc}\cos(2\bar{u}) \tag{8.7}$$

$$\delta i = C_{is}\sin(2\bar{u}) + C_{ic}\cos(2\bar{u}) \tag{8.8}$$

计算短周期修正后的轨道半径、卫星真近点角及轨道倾角:

$$r = a(1 - e\cos E) + \delta r \tag{8.9}$$

$$u = \bar{u} + \delta u \tag{8.10}$$

$$i = i_0 + \frac{\mathrm{d}i}{\mathrm{d}t}(t - t_0) + \delta i \tag{8.11}$$

$$\lambda_\Omega = \Omega_0 + \dot{\Omega}(t - t_e) - \omega(t - t_0) \tag{8.12}$$

式中:ω 为地球自转速率。最后计算卫星位置笛卡儿坐标矢量:

$$\boldsymbol{r} = R_z(-\lambda_\Omega)R_x(-i)\begin{pmatrix} r\cos u \\ r\sin u \\ 0 \end{pmatrix} \tag{8.13}$$

卫星速度计算可利用近似微分法,利用两个相近时刻位置差计算:

$$\dot{\boldsymbol{r}} = \frac{\mathrm{d}\boldsymbol{r}(t + \Delta t) - \mathrm{d}\boldsymbol{r}(t)}{\Delta t} \tag{8.14}$$

2) 卫星钟差计算

导航卫星均采用星载原子钟维持卫星时间基准。星载原子钟相对地面系统时间之间的钟差变化特性可用二阶多项式建模。因此,导航星历参数中的卫星钟差参数用 t_0 时刻 a_0、a_1、a_2 三参数表示。任意时刻卫星钟差参数计算公式为

$$\Delta t = a_0 + a_1(t - t_0) + a_2(t - t_0)^2 \tag{8.15}$$

利用钟差参数,可将全星座原子钟时刻和频率统一到地面系统时间。

3）常规导航星历时空基准

空间基准是描述物体在三维空间运动的基本参考。空间基准由空间基准原点位置、三个坐标轴指向和空间基准尺度等信息唯一确定。在笛卡儿坐标系中，空间基准由三个坐标原点参数、三个坐标轴指向参数和一个尺度参数七个参数确定。已知两个坐标系之间的坐标原点差（$\Delta x_0 \quad \Delta y_0 \quad \Delta z_0$），两个坐标系之间坐标轴指向旋转欧拉角 $\Delta\varepsilon_x$、$\Delta\varepsilon_y$、$\Delta\varepsilon_z$ 以及两个坐标系之间尺度参数差异 $\Delta\mu$，则同一空间点坐标在两个坐标系之间转换关系为[4]

$$\begin{pmatrix} X_{\mathrm{I}} \\ Y_{\mathrm{I}} \\ Z_{\mathrm{I}} \end{pmatrix} = \begin{pmatrix} \Delta x_0 \\ \Delta y_0 \\ \Delta z_0 \end{pmatrix} + (1+\Delta\mu)\boldsymbol{R}_1(\Delta\varepsilon_x)\boldsymbol{R}_2(\Delta\varepsilon_y)\boldsymbol{R}_3(\Delta\varepsilon_z)\begin{pmatrix} X_{\mathrm{II}} \\ Y_{\mathrm{II}} \\ Z_{\mathrm{II}} \end{pmatrix} \tag{8.16}$$

式中

$$\boldsymbol{R}_1(\Delta\varepsilon_x) = \begin{bmatrix} 1 & 0 & 0 \\ 0 & \cos\Delta\varepsilon_x & \sin\varepsilon_x \\ 0 & -\sin\Delta\varepsilon_x & \cos\Delta\varepsilon_x \end{bmatrix}, \quad \boldsymbol{R}_2(\Delta\varepsilon_y) = \begin{bmatrix} \cos\Delta\varepsilon_y & 0 & -\sin\Delta\varepsilon_y \\ 0 & 1 & 0 \\ \sin\Delta\varepsilon_y & 0 & \cos\Delta\varepsilon_y \end{bmatrix}$$

$$\boldsymbol{R}_3(\Delta\varepsilon_z) = \begin{bmatrix} \cos\Delta\varepsilon_z & \sin\Delta\varepsilon_z & 0 \\ -\sin\Delta\varepsilon_z & \cos\Delta\varepsilon_z & 0 \\ 0 & 0 & 1 \end{bmatrix}$$

当坐标旋转角 $\Delta\varepsilon_x$、$\Delta\varepsilon_y$、$\Delta\varepsilon_z$ 为小量时，上述公式简化为

$$\begin{pmatrix} X_{\mathrm{I}} \\ Y_{\mathrm{I}} \\ Z_{\mathrm{I}} \end{pmatrix} = \begin{pmatrix} \Delta x_0 \\ \Delta y_0 \\ \Delta z_0 \end{pmatrix} + (1+\Delta\mu)\begin{pmatrix} X_{\mathrm{II}} \\ Y_{\mathrm{II}} \\ Z_{\mathrm{II}} \end{pmatrix} + \begin{pmatrix} 0 & \Delta\varepsilon_z & -\Delta\varepsilon_y \\ -\Delta\varepsilon_z & 0 & \Delta\varepsilon_x \\ \Delta\varepsilon_y & -\Delta\varepsilon_x & 0 \end{pmatrix}\begin{pmatrix} X_{\mathrm{II}} \\ T_{\mathrm{II}} \\ Z_{\mathrm{II}} \end{pmatrix} \tag{8.17}$$

由导航星历参数计算卫星位置的过程可看出，卫星位置矢量可用描述卫星在瞬时轨道面中的半径 r 和真近点角 u 以及描述瞬时轨道面定向的角度 λ_Ω 和 i 完全表征。常规导航星历利用地面测站星地观测量确定卫星轨道和钟差，采用的空间基准与地面监测站基准相同，其时间基准与地面运控系统时间基准相同。

如前所述，地面运控系统精密定轨和时间同步处理的直接结果为离散点的卫星位置和时间偏差时间序列，而导航星历参数为适用于特定时间段的一组模型参数。如 4.7 节所述，为了将定轨结果转化为星历参数，需要采用一定的参数估计算法。通常的做法是：以一定弧段卫星位置时间序列为虚拟观测量，利用星历参数与卫星位置之间的关系构建观测方程，以导航星历参数为待估计参数，采用最小二乘或滤波法等参数估计策略，通过迭代计算可确定适用于特定弧段的导航星历参数。

8.1.3 自主导航星历

如前所述，导航星历参数是表述在一定的时间及空间坐标系中的。如果不考虑导航星历参数转换过程中的地球自转参数影响，导航星历采用的坐标系与定轨结果

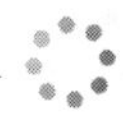

使用的坐标系完全相同。

正如前几章的分析，自主导航采用星间测距作为自主定轨及时间同步的基本观测量。由于星间测距观测量为相对观测量，对空间基准整体旋转和时间基准的漂移参数不敏感，因此，星间测距观测量并不能改进空间基准整体旋转和包括时刻参考点及频率参考点在内的时间基准变化。

为了保持用户算法的一致性，自主导航星历参数采用与常规导航相同的形式，导航星历参数拟合方法也基本相同。尽管两类星历参数具有相同的形式，但由于采用的时间及空间基准有差异，导致其对用户使用方法和效果产生影响。

8.2　自主导航模式下用户单点定位授时方法

用户单点定位是指单个导航用户利用已知卫星轨道及钟差信息，结合用户接收的伪距或载波相位观测数据，确定用户当前位置的过程。分为载波相位单点定位和伪距单点定位两种。对于卫星导航用户而言，伪距单点定位是使用频度最高的定位方式，也是最基础的定位方式。

8.2.1　常规导航伪距单点定位

地固坐标系中的卫星导航用户伪距观测方程为

$$\rho_i^k = \rho_{i,0}^k + c\Delta t_i - c\Delta t^k + \delta_{\text{ion}} + \delta_{\text{trop}} + \delta_{\text{rot}} + \varepsilon \tag{8.18}$$

式中：ρ_i^k 为观测伪距；$\rho_{i,0}^k$ 为几何星地距；Δt_i、Δt^k 为卫星和接收机钟差；δ_{ion}、δ_{trop}、δ_{rot} 为电离层、对流层和地球自转修正。

对上述观测方程进行对流层、电离层和地球自转修正后，形式为

$$\bar{\rho}_i^k + c\Delta t^k = \rho_{i,0}^k + c\Delta t_i + \varepsilon \tag{8.19}$$

写为卫星坐标的函数，形式为

$$\bar{\rho}_i^k + c\Delta t^k = \left| \boldsymbol{X}^k\left(t - \frac{\rho_i^k}{c}\right) - \boldsymbol{X}_i \right| + c\Delta t_i + \varepsilon \tag{8.20}$$

式中：$\boldsymbol{X}^k$ 为卫星位置；$\boldsymbol{X}_i$ 为用户位置；Δt^k 为卫星钟差。

利用导航卫星广播星历参数，可计算地固坐标系中的卫星位置和钟差参数，已知卫星位置和钟差后，上述方程未知数仅有地面用户位置和钟差 4 个参数，组合 4 个以上卫星观测量，可解算用户位置和钟差。

上述方程为非线性方程，为了便于使用线性最优估计理论求解，需要对上述方程进行线性化，以用户先验位置为初值，线性化后的观测方程形式为

$$\Delta\hat{\rho}_i^k = \begin{pmatrix} \dfrac{x^k - x_i}{\rho_i^k} & \dfrac{y^k - y_i}{\rho_i^k} & \dfrac{z^k - z_i}{\rho_i^k} & c \end{pmatrix} \begin{pmatrix} \Delta x \\ \Delta y \\ \Delta z \\ \Delta t \end{pmatrix} + \varepsilon \tag{8.21}$$

组合单用户多颗卫星观测量,可形成观测方程:

$$\boldsymbol{Y}=\boldsymbol{A}\Delta\boldsymbol{X}+\boldsymbol{\varepsilon} \tag{8.22}$$

采用最小二乘或滤波估计算法,可得到参数 $\Delta\boldsymbol{X}$ 最优估计值如下:

$$\Delta\boldsymbol{X}=(\boldsymbol{A}^{\mathrm{T}}\boldsymbol{P}\boldsymbol{A})^{-1}\boldsymbol{A}\boldsymbol{Y} \tag{8.23}$$

得到参数 $\Delta\boldsymbol{X}$ 修正量后,采用迭代解算策略,直到收敛可得到用户位置和钟差参数估计值。

8.2.2 自主导航伪距单点定位

在自主导航模式下,导航星历和卫星钟差具有与常规导航同样的形式。因此,用户定位算法也相同。考虑到自主导航模式下导航星历参数的时空基准不确定问题,利用自主导航星历参数计算的卫星位置和钟差相对常规卫星导航系统的计算值存在坐标旋转和时间基准偏移[5],假设自主导航星历空间基准相对地面基准之间的旋转矩阵为 $\Delta\boldsymbol{M}_{\mathrm{sat}}$,时间基准漂移量为 δt_{sat},则经过基准修正后的单点定位方程变为

$$\bar{\rho}_i^k+c\Delta t^k=\left|\Delta\boldsymbol{M}_{\mathrm{sat}}\cdot\boldsymbol{X}^k\left(t-\frac{\rho_i^k}{c}\right)-\boldsymbol{X}_i\right|+c(\Delta t_i-\delta t_{\mathrm{sat}})+\varepsilon \tag{8.24}$$

考虑到坐标旋转矩阵的正交性,以 $X_i=\boldsymbol{M}\bar{X}_i$,$\Delta\bar{t}_i=\Delta t_i-\delta t_{\mathrm{sat}}$ 代入上述公式,则变为

$$\bar{\rho}_i^k+c\Delta t^k=\left|\boldsymbol{X}^k\left(t-\frac{\rho_i^k}{c}\right)-\bar{\boldsymbol{X}}_i\right|+c\Delta\bar{t}_i+\varepsilon \tag{8.25}$$

上述推导过程表明自主导航单点定位结果 $\Delta\bar{X}_i$、$\Delta\bar{t}_i$ 相当于常规导航对应结果 ΔX_i、Δt_i,即用户位置进行了与导航星历相同的坐标旋转修正,用户钟差进行了同样的时间偏移改正。即自主导航条件下,用户通过导航星历参数计算的位置和钟差相对用户常规定位确定的位置将会产生时间基准和坐标基准偏移误差。

由于自主导航卫星位置误差对用户定位结果的影响表现为坐标旋转误差,属于坐标系角度偏差。在地心坐标系中,角度偏差对位置误差的影响与用户地心距成正比。同样的卫星位置误差,对不同地心距自主导航用户造成的位置偏差量级不同。对于地面用户,自主导航位置误差约为卫星位置误差的1/4,对于高度为500km左右的卫星,位置误差则增加到卫星位置误差的1/3.8以上。

需要特别指出的是,上述自主导航伪距单点定位方法预设采用双频组合消除电离层延迟。当用户仅能获取单频伪距观测量时,需要采用广播电离层模型消除电离层误差。如第7章所述,自主导航模式下,广播星历电离层模型为电离层预报模型,该模型与常规地面运控上注电离层模型相比,模型修正误差增加。采用上述观测方程,电离层模型误差直接转化为测量误差,导致用户定位误差增大。与星座整体旋转

不同，电离层模型误差导致的用户定位误差表现为随机误差。

8.2.3　自主导航定位结果修正

由上节分析得出，由于自主导航星历参数的时空基准旋转问题，造成用户定位结果产生相应误差。基准旋转问题体现为坐标系之间的差异，可以用同一位置点在不同坐标系之间的位置差修正。

假设地面已知点坐标为 $\boldsymbol{X}_i$，利用自主导航星历测定的点位坐标为 $\bar{\boldsymbol{X}}_i$，考虑到坐标旋转为小量，则建立方程

$$\boldsymbol{X}_i = \Delta \boldsymbol{M} \bar{\boldsymbol{X}}_i \tag{8.26}$$

式中

$$\Delta \boldsymbol{M} = \begin{pmatrix} 1 & \Delta\varepsilon_z & -\Delta\varepsilon_y \\ -\Delta\varepsilon_z & 1 & \Delta\varepsilon_x \\ \Delta\varepsilon_y & -\Delta\varepsilon_x & 1 \end{pmatrix} \tag{8.27}$$

如果有多个坐标已知点，可采用最小二乘法解算 $\Delta \boldsymbol{M}$。得到后 $\Delta \boldsymbol{M}$，可计算任意点自主导航模式下的位置误差修正量。

8.3　自主导航模式下用户相对定位方法

相对定位是两个站点通过对导航卫星的同步观测实现利用已知点坐标确定未知点坐标的目的。相对定位原理如下：

单点定位方程形式为

$$\bar{\rho}_i^k + c\Delta t^k = \left| \boldsymbol{X}^k\left(t - \frac{\rho_i^k}{c}\right) - \boldsymbol{X}_i \right| + c\Delta \bar{t}_i + \varepsilon \tag{8.28}$$

两个站点对同一颗卫星观测量作差，假设 X_j 为坐标已知点，X_i 为未知点，有相对定位观测方程如下：

$$\bar{\rho}_i^k - \bar{\rho}_j^k = \left| \boldsymbol{X}^k\left(t - \frac{\rho_i^k}{c}\right) - \boldsymbol{X}_i \right| - \left| \boldsymbol{X}^k\left(t - \frac{\rho_j^k}{c}\right) - \boldsymbol{X}_j \right| + c(\Delta \bar{t}_i - \Delta \bar{t}_j) + \varepsilon \tag{8.29}$$

假设 $\boldsymbol{X}_i = \boldsymbol{X}_j + \boldsymbol{X}_{ij}$，代入式(8.29)，则得到以 $\boldsymbol{X}_{ij}$、$\Delta \bar{t}_i$、$\Delta \bar{t}_j$ 为待估参数的方程：

$$\bar{\rho}_i^k - \bar{\rho}_j^k + \left| \boldsymbol{X}^k\left(t - \frac{\rho_j^k}{c}\right) - \boldsymbol{X}_j \right| = \left| \boldsymbol{X}^k\left(t - \frac{\rho_i^k}{c}\right) - \boldsymbol{X}_j - \boldsymbol{X}_{ij} \right| + c(\Delta \bar{t}_i - \Delta \bar{t}_j) + \varepsilon \tag{8.30}$$

上述方程有 5 个未知参数：3 个位置参数 $\boldsymbol{X}_{ij}$，2 个钟差参数 Δt_i、Δt_j，如果 2 个测站同时观测 5 颗以上卫星，利用最优估计理论可同时计算出 3 个基线矢量和 2 个测站钟差参数。

上述相对定位方法相比单点定位，不需要卫星钟差参数，同时，对于距离接近的

2 个测站,由于站间观测量作差可消除绝大多数空间环境相关误差如对流层、电离层等,因此,相对定位精度通常比单点定位精度高。

在自主导航模式下,自主导航星历时间基准相比常规导航模式下有差异,由于相对定位不需要卫星钟差参数,而且待估计参数为测站相对钟差,因此,时间基准误差不影响解算结果。

在自主导航模式下,由于星间距离观测量对星座整体旋转不可测,自主导航星载数据处理确定的星历参数存在整体旋转误差,此旋转误差可以用坐标旋转矩阵 $\Delta\boldsymbol{M}_{\text{sat}}$表示,此时考虑整体旋转修正的相对定位公式为

$$\bar{\rho}_i^k - \bar{\rho}_j^k + \left|\Delta\boldsymbol{M}_{\text{sat}} \cdot \boldsymbol{X}^k\left(t - \frac{\rho_j^k}{c}\right) - \bar{\boldsymbol{X}}_j\right| = \left|\Delta\boldsymbol{M}_{\text{sat}} \cdot \boldsymbol{X}^k\left(t - \frac{\rho_i^k}{c}\right) - \bar{\boldsymbol{X}}_j - \bar{\boldsymbol{X}}_{ij}\right| + c(\Delta\bar{t}_i - \Delta\bar{t}_j) + \varepsilon \tag{8.31}$$

由式(8.31)看出,如果固定已知点坐标 $\bar{\boldsymbol{X}}_j$,则上述观测方程不再能够保持星地距的正交不变性,此时,采用自主导航星历确定的相对基线 $\bar{\boldsymbol{X}}_{ij}$将偏离准确值。

为解决上述问题,可考虑在相对定位过程中第一步同时将 $\bar{\boldsymbol{X}}_j$、$\bar{\boldsymbol{X}}_{ij}$作为待估参数,这样如果 2 个测站同时能够观测 8 颗以上卫星,按照最优估计理论,上述方程则存在确定解。此时相对定位观测方程形式为

$$\bar{\rho}_i^k - \bar{\rho}_j^k = \left|\Delta\boldsymbol{M}_{\text{sat}} \cdot \boldsymbol{X}^k\left(t - \frac{\rho_i^k}{c}\right) - \boldsymbol{X}_j - \boldsymbol{X}_{ij}\right| - \left|\Delta\boldsymbol{M}_{\text{sat}} \cdot \boldsymbol{X}^k\left(t - \frac{\rho_j^k}{c}\right) - \boldsymbol{X}_j\right| + c(\Delta\bar{t}_i - \Delta\bar{t}_j) + \varepsilon \tag{8.32}$$

利用 $\bar{\boldsymbol{X}}_j = \Delta\boldsymbol{M}_{\text{sat}}\boldsymbol{X}_j$, $\bar{\boldsymbol{X}}_{ij} = \Delta\boldsymbol{M}_{\text{sat}}\boldsymbol{X}_{ij}$,并考虑 $\Delta\boldsymbol{M}_{\text{sat}}$正交性,上述方程变为

$$\bar{\rho}_i^k - \bar{\rho}_j^k = \left|\boldsymbol{X}^k\left(t - \frac{\rho_i^k}{c}\right) - \bar{\boldsymbol{X}}_j - \bar{\boldsymbol{X}}_{ij}\right| - \left|\Delta\boldsymbol{M}_{\text{sat}} \cdot \boldsymbol{X}^k\left(t - \frac{\rho_j^k}{c}\right) - \bar{\boldsymbol{X}}_j\right| + c(\Delta\bar{t}_i - \Delta\bar{t}_j) + \varepsilon \tag{8.33}$$

此方程与常规相对定位方程形式相同,也就是,采用自主导航星历参数确定的相对定位结果相当于对已知点和基线 $\boldsymbol{X}_j$、$\boldsymbol{X}_{ij}$均同步进行了整体旋转,此时利用已知点原始坐标 $\boldsymbol{X}_j$ 和估计的参数 $\bar{\boldsymbol{X}}_j$ 可确定整体转换矩阵 $\Delta\boldsymbol{M}_{\text{sat}}$,进而利用确定的整体旋转矩阵 $\Delta\boldsymbol{M}_{\text{sat}}$修正基线矢量 $\boldsymbol{X}_{ij}$,修正后的已知点坐标与基线矢量组合可以确定不包含整体旋转影响的未知点坐标。

采用上述方法坐标旋转矩阵 $\Delta\boldsymbol{M}_{\text{sat}}$可确定,因此,基线矢量以及未知点坐标不受星座整体性旋转影响。即在自主导航模式下,只要采用合理的参数估计策略,相对定位能够获得准确位置坐标。

8.4 自主导航对多卫星导航系统融合定位的影响

多卫星导航系统融合导航定位是指组合利用多个卫星导航系统伪距或载波相位观测量确定待定点位置坐标和时间偏差。

不同卫星导航系统采用的时间、空间基准不同,如果采用多卫星导航系统组合定位,需要预先对不同导航系统时空基准差异进行修正,或在组合定位解算过程中同时解算时空基准偏差参数。当采用自主导航的卫星导航系统与其他卫星导航系统组合应用时,以非自主导航卫星导航系统时空基准为参考,在估计位置钟差参数同时,也估计3个坐标旋转修正参数,可实现消除自主导航星座整体旋转的目的。由于此方法与常规融合导航方法类似,本书不再细述。

8.5 自主导航对GNSS星载低轨卫星定轨影响

GNSS星载低轨卫星定轨是指低轨卫星通过其搭载的GNSS接收机接收到的导航卫星伪距及载波相位观测数据和导航卫星位置钟差信息确定自己的轨道。

依照定轨过程采用的参数估计方式,星载GNSS定轨可分为几何法定轨、动力学定轨及约化动力学定轨;依照参与定轨解算参数估计过程的卫星数量,星载GNSS定轨可分为同时估计导航卫星和低轨卫星轨道参数的整体一步解算方式和第一步首先确定导航卫星轨道钟差,第二步解算中仅估计低轨卫星轨道参数的两步解算方式两类。

如前所述,自主导航模式与常规导航模式主要区别在于导航星历的生成方式差异,因此,仅当星载GNSS定轨过程中使用自主导航星历时,低轨卫星定轨结果方受其影响。与单点定位原理类似,利用自主导航星历采用两步解算模式确定低轨卫星轨道时,星座整体旋转误差和时间基准漂移误差将直接导致低轨卫星定轨结果产生类似的时间、空间基准整体偏差,该项偏移只能通过空间基准变换或时间基准补偿实现。如果采用整体一步解或利用精密星历并采用两步解算方式,则星载GNSS定轨结果不受自主导航运行模式影响。

8.6 自主导航系统设计

8.6.1 自主导航系统组成

自主导航系统由地面支持部分和卫星支持部分组成。地面支持部分包括地面运控子系统、地面测控子系统及锚固站(能够建立星地双向测量链路、坐标已知的地面站),卫星支持部分包括卫星平台、卫星载荷、卫星自主运行分系统。结构组成如图8.1所示。

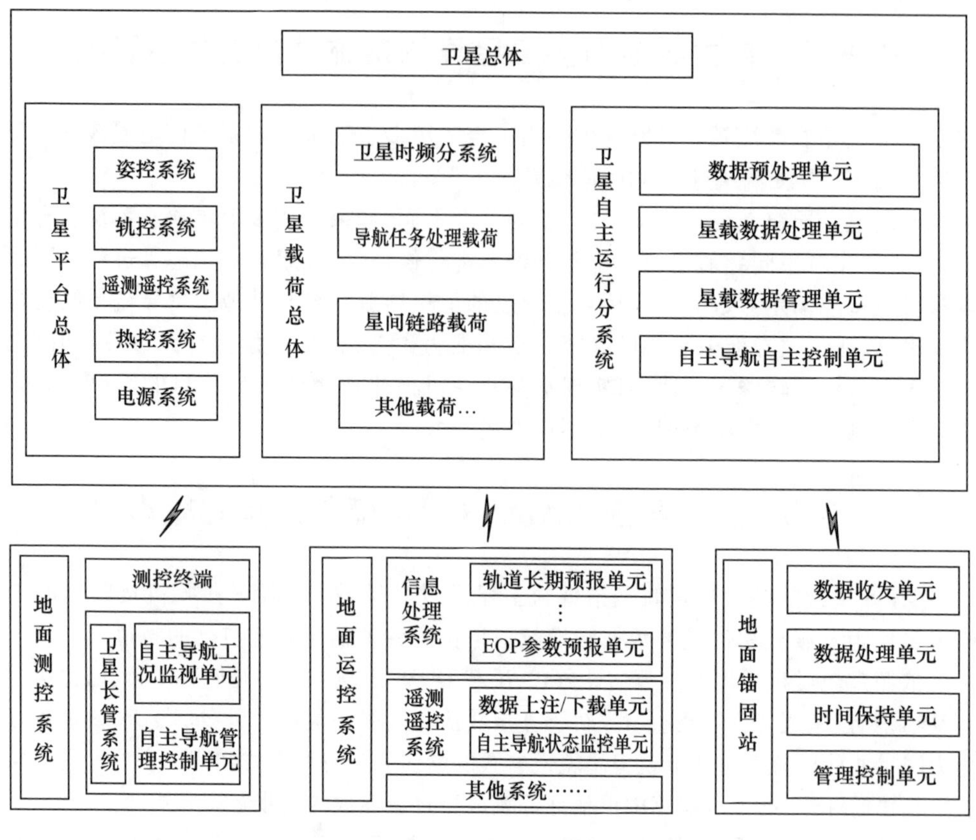

图 8.1　系统功能组成图

卫星系统主要功能是综合利用星间链路数据和地面运控上注的参考信息更新导航星历，产生下行导航信号；依据星间链路数据对卫星状态进行监视评估，并实现不同数据源导航星历之间的切换。

作为地面支持系统的锚固站是自主导航主要地面辅助单元，其主要功能是为自主导航提供空间基准，完成自主导航性能的在线检核。自主运行期间，锚固站仅完成星地时间同步处理和单点定位检核处理，并不进行自主定轨处理。锚固站具备星地测量、星地数据传输功能。

地面运控系统和测控系统是自主导航辅助数据的主要提供者，同时在卫星导航系统常规运行期间负责对自主导航功能的控制管理。

地面运控系统主要功能包括提供自主导航必需的参考星历、EOP、电离层参数等支持信息，配置自主导航参数，控制自主星历切换，监视自主导航运行状态并对自主导航运行结果进行评估。

地面测控系统是自主导航备份控制单元，主要功能是监视自主导航运行状态，控制自主导航星历切换。

8.6.2 自主导航数据流程

自主导航数据处理流程如图8.2所示。

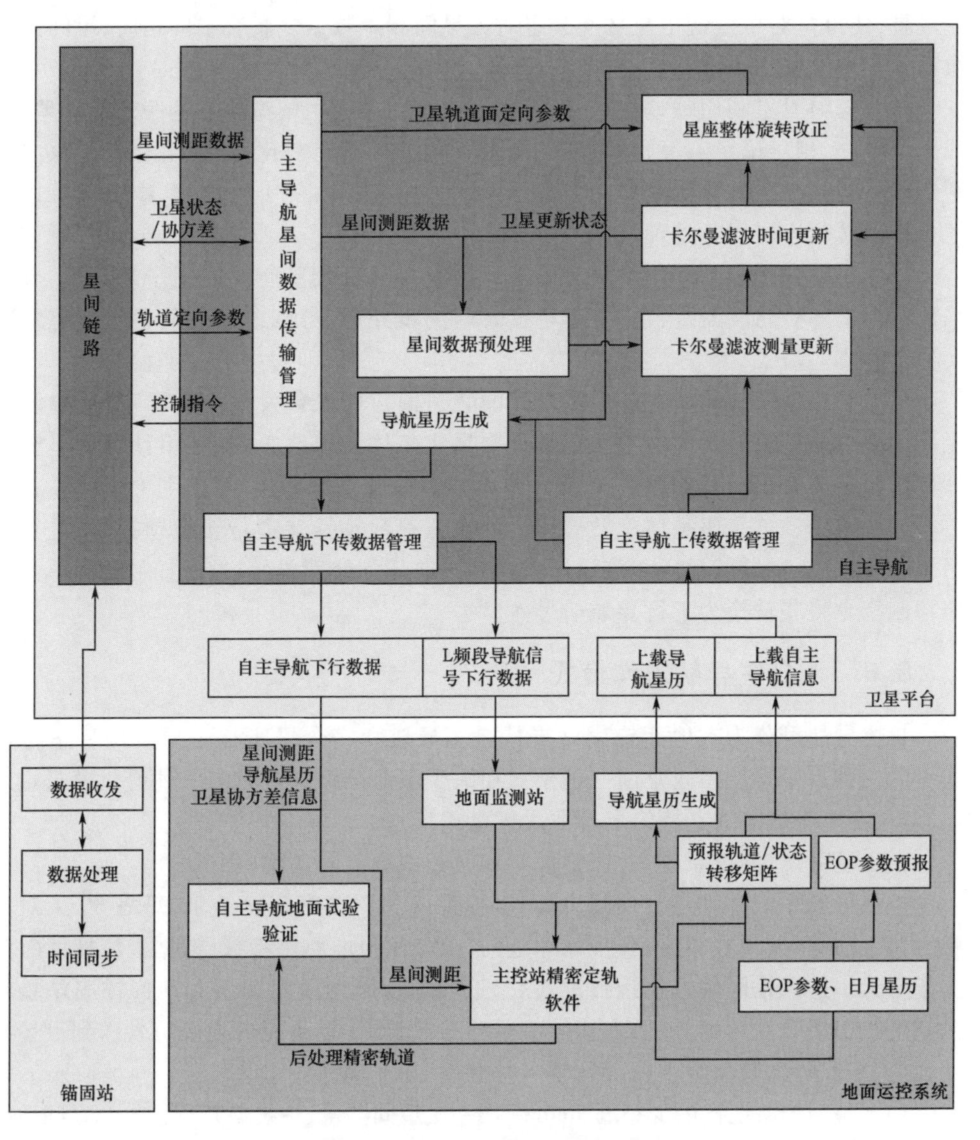

图8.2 自主导航数据处理流程图

(1) 地面运控子系统信息处理单元利用地面监测站多天观测数据进行精密定轨,并生成预报轨道和状态转移矩阵;此外,地面运控子系统利用后处理EOP建模预报,生成预报EOP。

(2) 地面运控注入单元定期(30天)将预报轨道、状态转移阵及EOP上注到每颗卫星,并利用卫星下行链路实时监控自主导航载荷运行状态。

(3) 卫星的星间链路载荷定期进行双向星间测距,获取与其他卫星之间的伪距观测资料,并将测距信息及卫星轨道协方差信息、卫星钟差及协方差信息等发送到对应卫星,使得每对可建链卫星之间具有对方星间测距数据。具有锚固站时,星间测距数据可集中发送到锚固站。

(4) 每颗卫星利用钟差信息修正伪距时标,同时利用模型修正伪距系统误差、天线相位中心、相对论影响等,并对双向伪距资料进行历元归化,然后组合利用双向伪距形成星间测距观测量及时间同步观测量。采用锚固站集中处理时,本步骤可以由卫星处理转化为锚固站处理。

(5) 每颗卫星分别利用解耦后的星间测距观测量及星间时间同步观测量,分别采用两个卡尔曼滤波器进行自主定轨及时间同步处理,得到改进后的卫星状态参数及协方差阵。

(6) 利用星间链路将每颗卫星计算的轨道面定向参数发送到每颗卫星,每颗卫星利用全部卫星轨道定向参数改正量计算星座整体旋转改正,并利用计算的星座整体旋转改正值修正解算的轨道根数。

(7) 利用经过星座整体旋转修正后的轨道根数及钟差进行轨道预报,并进行星历拟合,形成自主导航星历。该星历发送到导航任务处理单元,导航任务处理单元按照控制指令将其转换为下行导航信号。

8.6.3 自主导航工作模式

自主导航可分为有地面锚固站支持自主导航和完全星座自主导航两种运行模式。后一种自主导航模式是前一种模式在缺少星地链路支持时的一种退化模式。

1) 有地面站锚固支持的半自主运行模式

由卫星系统、测控系统、地面锚固站和时频中心共同实现(图 8.3)。

卫星导航系统常规运行期间,地面运控系统利用精密定轨结果,每隔 30 天对每颗卫星上注 90 天预报轨道,预报地球定向参数、预报电离层参数,数据上注持续时间小于 7 天。进入锚固站自主运行模式后,卫星综合利用星间测量和地面锚固站星地测量进行卫星自主数据处理,完成导航星历参数更新,更新的自主星历发送到卫星导航任务处理单元,转化为下行导航信号并播发,在此期间:

(1) 星间链路设备最少每隔 5min 完成一次星间测量、系统偏差自标校和星间数据传输,与此同时自主运行单元完成数据准备,包括计算天线相位中心改正、剔除粗差等;每颗卫星接收可建链卫星(含锚固站)位置、速度、钟差,以及对应的协方差信息。

(2) 测量型锚固站作为伪卫星最少需要在每隔 7 天时间段内完成一次连续 12h 的星地星间双向测距、测量自标校和数据传输任务,与此同时锚固站处理单元完成天线相位中心改正、剔除粗差等功能;如果不具备星地测量功能,则需要每隔 7 天完成一次最新 EOP 上注。具备时间比对功能锚固站每隔 1h 与时频中心完成共视时间比

对测量,用以确定锚固站时间基准相对 UTC 偏差。

(3) 每颗卫星每隔 5min 利用地面运控上注的参考轨道、星间/星地链路的观测数据,结合可视卫星的位置、速度、钟差及协方差信息,独立更新自己位置、速度和钟差,每隔 1h 预报生成自主导航星历;同时,测量型锚固站进行时间同步滤波处理,实现锚固站钟与卫星钟同步;测量型锚固站和节点卫星每隔 2h 完成一次集中式时间基准维持处理,并在下一个测量循环将结果发送给相应的卫星。

(4) 具备时间比对功能地面锚固站与时频中心之间每隔 1h 完成一次时间比对,产生自主运行时间基准偏差改正信息。

(5) 卫星导航任务处理单元依据控制指令将自主导航星历转化为下行导航信号并播发。

按(1) ~ (5)流程依次完成数据处理循环。

为保证自主导航功能可靠性,在常规运行状态,卫星和锚固站在后台依次完成(1) ~ (4)流程,生成自主导航星历但并不播发,卫星导航任务处理单元正常播发地面运控上注星历。同时卫星每隔 1h 对自主导航时间与地面运控上注时间之间的差异进行校正,每隔 24h 将自主导航结果下传到地面运控系统用于评估。当地面运控导航星历更新期限超过指定数据龄期(初定为 3 天)而没有更新时,卫星导航任务处理单元产生导航星历自主切换指令,或依据接收到地面运控/测控发送的星历切换指令,将播发自主导航星历。当地面运控系统能够正常提供服务时,导航任务处理单元产生星历切换指令,或依据地面运控/测控指令切回到播发地面运控导航星历模式。

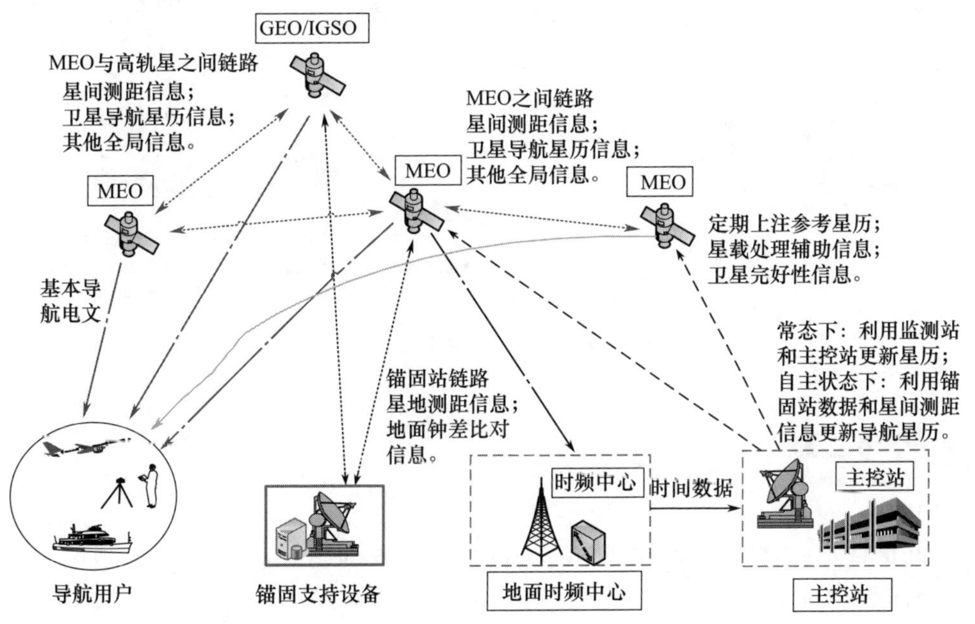

图 8.3　有地面锚固站支持的半自主导航模式

2）完全星座自主运行模式

当地面运控系统和地面锚固站同时被毁后，系统进入完全星座自主导航运行模式（图 8.4）。

（1）星间链路设备每隔 5min 完成一次星间测量、系统偏差自标校、星间数据传输。

（2）每颗卫星接收可建链卫星的位置、速度、钟差，以及对应的协方差信息。

（3）每颗卫星综合利用地面运控上注的参考轨道、星间/星地链路的观测数据，结合可视卫星的位置、速度、钟差及协方差信息，独立更新本星的位置、速度和钟差，并预报生成自主导航星历。

（4）卫星导航任务处理单元将自主导航星历转化为下行导航信号，完成一次数据处理循环。

按（1）～（4）流程依次完成数据处理循环。

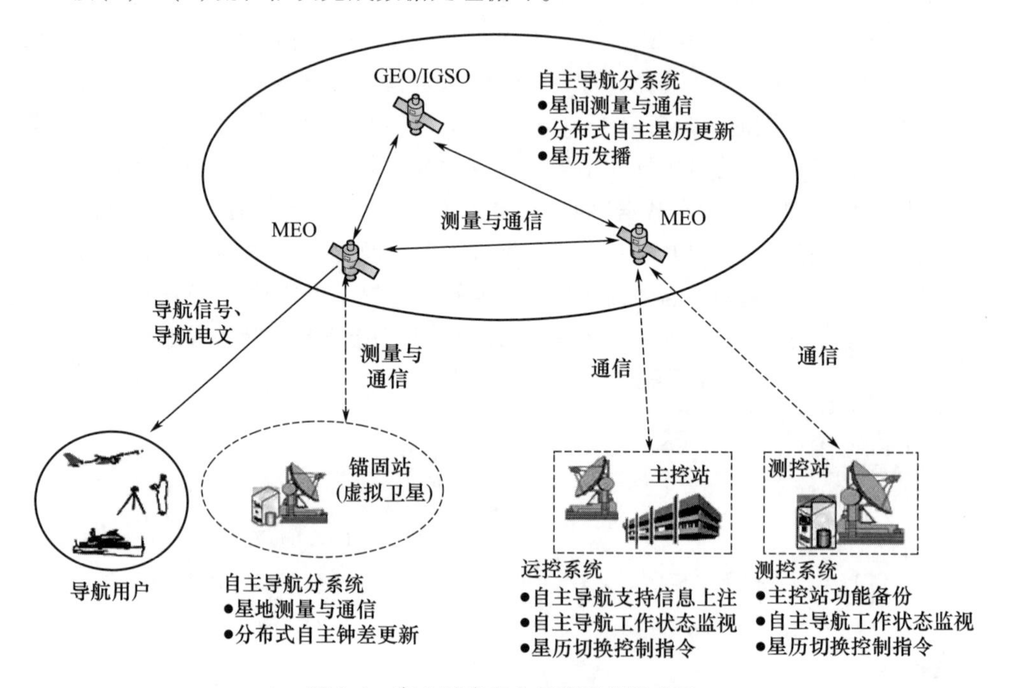

图 8.4　完全星座自主导航运行模式图

参考文献

[1] HOFMANN - WELLENHOF B, LICHTENEGGER H. GPS theory and practice[M]. New York: Springer-Verlag, 1992.

[2] PARKINSON B W, SPILKER J J, AXELRAD P, et al. Global positioning system-theory and applications[M]. Washington D C: American Institute of Aeronautics and Astronautics, 1996.

[3] MONTENBRUCK O,GILL E. Satellite orbits models,methods,applications[M]. Berlin Heidelberg: Springer-Verlag,2000.

[4] 刘大杰,施一民,过静珺. 全球定位系统(GPS)的原理与数据处理[M]. 上海,同济大学出版社,1996.

[5] 李征航,卢珍珠,刘万科. 导航卫星自主定轨中系统误差 $\Delta\Omega$ 和 Δt 的消除方法[J]. 武汉大学学报(信息科学版),2007,32(1):27-30.

第 9 章　自主导航发展方向展望

9.1　现有自主导航方法存在的主要问题

自主导航技术自 20 世纪 80 年代 GPS 首次提出以后，经过国内外学者从理论和工程实践方面多年探索，已经取得了丰富成果。在 20 世纪 90 年代后期 GPS Block ⅡR 系列及后续 GPS 卫星上，自主导航技术已得到工程应用，并有了初步在轨测试结果。然而，GPS 自主导航技术作为卫星导航系统应对地面运控系统被毁等极端或灾难条件的备份技术，并没有得到实用的前提条件和机会。一方面，当今世界美国强大的军事实力使得世界上没有任何国家和组织具备直接损毁位于美国本土 GPS 卫星导航地面运控系统的能力；另一方面，美国 GPS 地面运控系统也有地面备份设计，具有极强的可靠性，自正式运行以来没有因自然或人为因素中断过。美国 GPS 自主导航技术经历 20 世纪八九十年代快速发展阶段后，很少见到后续研究。欧盟 Galileo 系统和俄罗斯 GLONASS 也仅在系统预研阶段进行过相应研究。自主导航技术后续发展缓慢，除了其作为备份技术本身局限性外，现有自主导航技术主要存在以下问题：

（1）现有分布式自主定轨及时间同步算法精度相对较差，限制了系统性能的进一步提升，已经不能满足新一代卫星导航系统维持基本导航定位服务的需求。自主导航技术发展初期，受星载处理器运算和存储能力限制，设计了一种近似分布式处理算法，然而分布式处理算法并非最优参数估计算法，其定轨和时间同步精度仅能实现 URE 优于 3m 的要求。目前，新一代 GPS 空间信号精度 URE 目标是优于 1m，现有分布式处理策略很难满足要求。

（2）自主导航技术主要采用星间测距观测量，星间测距观测量对空间基准和时间基准不敏感，造成采用自主导航星历确定的定位和授时结果与常规地面运控模式解算的位置和时间产生系统性偏差。尽管现阶段采用多种方法可在一定程度上消减这种基准偏差的影响，但不能根除该种影响。

（3）自主导航技术主要依靠星间测距观测量，星间测距观测量通过星间测量载荷而不是 L 频段导航载荷获取，星间观测量可以改进卫星位置和钟差，但不能修正电离层、L 频段频间偏差、UTC、地球自转参数等信息，不能实现完整意义上的导航电文自主更新。

（4）自主导航技术对星间测量和星载处理能力具有较高要求，而导航卫星受运行空间复杂电磁环境干扰，星载处理器长期稳定运行的能力有限。复杂的星间测量、

星载数据处理要求和较高的卫星存储能力要求对卫星设计提供了额外的负担。卫星载荷复杂性的增加导致卫星整体可靠性要求难以保证。

9.2　自主导航技术的发展方向

鉴于卫星导航系统在军用民用领域广泛应用的现状,其系统运行安全性和可靠性应该得到重点保障。自主导航技术作为卫星导航系统应对地面运控系统灾难性损毁的备份技术,对于维持卫星导航系统稳定可靠运行具有不可替代的作用。然而随着现代卫星导航系统空间信号精度的不断提高,自主导航最初采用的数据处理算法已经不能满足维持常规导航定位服务精度的需求,同时,星载数据处理技术水平的不断进步,也为改进星载处理方法提供了可能。自主导航技术发展,应将改善自主定轨与时间同步精度作为首要目标。现阶段星载处理器已经能够支持简化的星载集中式处理运算,因此,星载处理算法应该向集中式处理或分区数据处理方式转变;其次,考虑到将来太空战技术发展使得卫星也成为可能被摧毁的目标,因此,为避免节点卫星成为敌对方攻击目标,在每颗卫星上独立完成数据处理运算,每颗卫星均具有接收全星座数据独立改进星历参数的能力应该是发展方向;再次,针对自主导航不能独立维持时空基准问题,除了对全星座卫星钟组合维持时间基准算法进行改进外,将来自主导航运行期间仍需要在地面建设部分流动“伪卫星”地面站,能够为自主导航提供 UTC 改正量和最新 EOP。考虑到将来双频民用信号应用已成为主流方式,电离层参数更新的必要性将逐步下降,能够高频度更新轨道和钟差参数的自主导航运行模式仍在一定时期内具有存在的必要。

总体来看,在星载设备可靠性有技术保障的前提下,让每颗卫星独立承担数据处理任务,采用高精度星载处理算法,用尽可能少的地面支持,借助星间、星地数据传输,维持卫星导航系统正常运行应该是自主导航的发展方向。

缩略语

AIC	Akaike Information Criterion	赤池信息准则
ARMA	Autoregressive Moving Average	自回归滑动平均
BDGIM	BeiDou Global Ionospheric Delay Correction Model	北斗全球电离层修正模型
BDS	BeiDou Navigation Satellite System	北斗卫星导航系统
BIPM	Bureau International des Poids et Mesures	国际计量局
BPSK	Binary Phase-Shift Keying	二进制相移键控
CGCS2000	China Geodetic Coordinate System 2000	2000 中国大地坐标系
CNAV	Civil Navigation	民用导航
CODE	Center for Orbit Determination in Europe	欧洲定轨中心
CPU	Central Processing Unit	中央处理器
CRI	China Reference Ionosphere	中国参考电离层
CTDU	Crosslink Transponder and Data Unit	星间链路数据传输单元
DE405	JPL Development Ephemerides 405	JPL 历书 405
DORIS	Doppler Orbitography and Radio Positioning Integrated by Satellite	星基多普勒轨道和无线电定位组合系统
ECEF	Earth Centered Earth Fixed	地心地固(坐标系)
ECI	Earth Centered Inertial	地心惯性(坐标系)
ECOM	Empirical CODE Orbit Model	CODE 经验光压模型
EGNOS	European Geostationary Navigation Overlay Service	欧洲静地轨道卫星导航重叠服务
EKF	Extended Kalman Filter	扩展卡尔曼滤波
EOP	Earth Orientation Parameter	地球定向参数
ER	Equivalent Radiation	等效辐射
ESA	European Space Agency	欧洲空间局
FPE	Final Prediction Error	最终预报误差
GAGAN	GPS-Aided GEO Augmented Navigation	GPS 辅助型静止地球轨道卫星增强导航
GEO	Geostationary Earth Orbit	地球静止轨道
GIC	Ground Integrity Channel	地基完好性(监测)
GIVE	Grid-Point-Ionosphere Vertical Delay Error	格网点电离层垂直延迟改正数误差

GLONASS	Global Navigation Satellite System	(俄罗斯)全球卫星导航系统
GNSS	Global Navigation Satellite System	全球卫星导航系统
GPS	Global Positioning System	全球定位系统
IAU	International Astronomical Union	国际天文学联合会
ICAO	International Civil Aviation Organization	国际民航组织
ICD	Interface Control Documents	接口控制文件
ICRF	International Celestial Reference Frame	国际天球参考框架
IERS	International Earth Rotation Service	国际地球自转服务(机构)
IFMEA	Integrity Failure Modes and Effects Analysis	完好性故障模式及影响分析
IGS	International GNSS Service	国际 GNSS 服务
IGSO	Inclined Geosynchronous Orbit	倾斜地球同步轨道
INS	Inertial Navigation System	惯性导航系统
IRI	International Reference Ionosphere	国际参考电离层
IRNSS	Indian Regional Navigation Satellite System	印度区域卫星导航系统
ISC	Inter Signal Correction	频间通道改正
ITRF	International Terrestrial Reference Frame	国际地球参考框架
ITT	International Telephone and Telegraph Corporation	国际电话电报公司
iGMAS	International GNSS Monitoring and Assessment System	国际 GNSS 监测评估系统
JGM	Gravity Model	重力场模型
JPL	Jet Propulsion Laboratory	喷气推进实验室
LAAS	Local Area Augmentation System	局域增强系统
LEO	Low Earth Orbit	低地球轨道
MDB	Minimal Detectable Bias	最小可监测偏差
MDU	Mission Data Unit	业务处理单元
MEO	Medium Earth Orbit	中圆地球轨道
MJD	Modified Julian Day	修正儒略日
MMU	Minimum Monitorable URA	最小可监测 URA
MSAS	Multi-Functional Satellite Augmentation System	多功能卫星(星基)增强系统
MSISA	Matrix Signal in Space Accuracy	空间信号精度矩阵
MSISMA	Matrix Signal in Space Monitoring Accuracy	空间信号监测精度矩阵
NDGPS	Nationwide Differential Global Positioning System	国家差分 GPS
NIST	National Institute of Standards and Technology	美国国家标准与技术研究所
PCO	Phase Center Offset	相位中心偏移
PNT	Positioning, Navigation and Timing	定位、导航与授时
PPP	Precise Point Positioning	精密单点定位

PRN	Pseudo Random Noise	伪随机噪声
QZSS	Quasi-Zenith Satellite System	准天顶卫星系统
RAIM	Receiver Autonomous Integrity Monitoring	接收机自主完好性监测
RBN-DGPS	Coastal RBN-DGPS System of China	中国沿海无线电指向标差分 GPS
RDSS	Radio Determination Satellite System	卫星无线电测定业务
RK	Runge-Kutta Methods	龙格-库塔积分法
RKF	Runge-Kutta-Fehlberg Methods	龙格-库塔校正积分法
RMS	Root Mean Square	均方根
RNSS	Radio Navigation Satellite System	卫星无线电导航业务
RTCA	Radio Technical Commission for Aeronautics	航空无线电技术委员会
RTCM	Radio Technical Committee for Maritime Services	海事无线电技术委员会
RTK	Real Time Kinematic	实时动态
SAIM	Satellite Autonomous Integrity Monitoring	卫星自主完好性监测
SISA	Signal in Space Accuracy	空间信号精度
SISMA	Signal in Space Monitoring Accuracy	空间信号监测精度
SLR	Satellite Laser Ranging	卫星激光测距
SOW	Second of Week	周内秒
STD	Standard Deviation	标准差
TDMA	Time Division Multiple Access	时分多址
TEC	Total Electron Content	电子总含量
TECU	Total Electron Content Unit	电子总含量单位
TGD	Time Group Delay	群时间延迟
TKS	Time Keeping System	时间保持系统
UDRE	User Differential Range Error	用户差分距离误差
UHF	Ultra High Frequency	特高频
UNSO	United States Naval Observation	美国海军天文台
URA	User Range Accuracy	用户测距精度
URE	User Range Error	用户测距误差
UT1	Universal Time 1	一类世界时
UTC	Coordinated Universal Time	协调世界时
VLBI	Very Long Baseline Interferometry	甚长基线干涉测量
VPL	Vertical Protection Level	垂直保护级
VTEC	Vertical Total Electron Content	垂直电子总含量
WAAS	Wide Area Argument System	广域增强系统
WGS-84	World Geodetic System 1984	1984 世界大地坐标系
WUL	Worst User Location	最差用户位置